R

냉동기계기술실무

REfrigeration

윤세창
이정근 공저
이진국

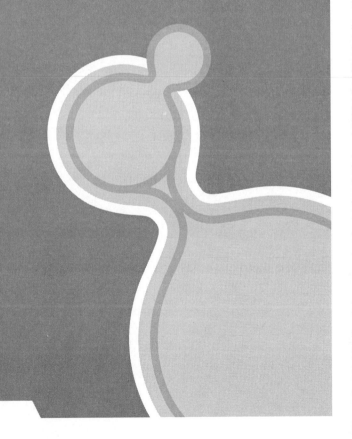

도서출판 건기원

머 리 말

1973년 이후 찾아온 오일 쇼크로 인해 부존자원이 열악한 우리나라는 크게 경제가 위축되어 많은 어려움을 겪었다. 그러나 어려운 상황을 극복한 우리는 눈부신 경제발전을 이룩하여 나라가 점차 부강하게 되면서 동시에 우리의 문화생활과 환경의 쾌적함을 원하게 되었다.

오늘날 첨단과학의 산업사회가 눈부시게 발전하면서 냉동 관련 분야 또한 다방면으로 많은 연구가 이루어졌던 것이다. 다시 말하면 의학, 식품, 전자제품, 반도체, 클린룸, 건축설비 등에 필수 불가결한 분야로 자리를 확고히 다져가고 있다.

따라서, 냉동관련 지식과 실무를 겸한 냉동 기술자가 매우 절실하게 요구되고 있는 현실에 본 교재는 냉동 분야로 진출하고자 하는 분들에게 냉동의 기초부터 실무까지 필요한 부분을 이해하기 쉽도록 다룬 교재라 하겠다.

오랫동안 냉동공조설비 분야의 경험을 토대로 집필한 본 교재가 냉동공학 분야에 깊이 종사하거나 연구하는 분들에게는 미비할 것으로 사료되어 부끄러우나 실무냉동기술을 익히고자 하는 독자들에게는 많은 참고와 이해가 될 것으로 믿는다.

끝으로 본 교재가 완성되기까지 수고를 아끼지 않은 도서출판 건기원의 노고에 감사를 드리면서 본 교재를 통하여 냉동기술을 접하고 계신 여러분의 진취적인 미래가 개척되기를 바랍니다.

저 자

Contents

차 례

Chapter 03

냉동기의 구성장치   59

<table>
<tr><td>Chapter
05</td><td>**냉동배관**</td><td>**137**</td></tr>
</table>

· 동 · 기 · 계 · 기 · 술 · 실 · 무 · 냉 · 동 · 기 · 계 · 기 · 술 · 실 · 무 · 냉 · 동 · 기 · 계 · 기 · 술 · 실 · 무 · 냉 · 동 · 기 · 계 · 기 · 술 · 실 ·

차례 · 9

냉동 기초 열역학

01 냉동 기초 열역학

1 냉동 기초 열역학

1-1 단위계

(1) 절대 단위계

물리 단위계라고도 하며 우주의 어느 곳에서도 변화가 없는 질량(mass)과 길이(length), 시간(time)을 기본 물리량으로 한다.

(2) 공학(중력) 단위계

위치에 따라 변하는 중량(힘, weight, force)과 길이(length), 시간(time)을 기본 물리량으로 한다.

(3) 국제(SI) 단위계

SI단위계라고도 하며 7개의 기본단위와 2개의 보조단위, 기타의 조립단위 19개로 구성되어 있으며 SI단위는 중량(kgf)을 사용하지 않고, Newton을 사용한다.

$$1kg \cdot f = 9.8N$$

예제 1 중량이 1ton 즉, 1,000kgf는 몇 Newton인가?

[풀이] $1,000 \times 9.8 = 9,800Newton$

1-2 온도

(1) 섭씨온도 및 화씨온도

섭씨온도는 표준 대기압하에서 물의 어는점을 0℃로 끓는점을 100℃으로 하고, 이 사이를 100등분하여 그 하나의 눈금을 1℃라고 정한 온도이며 화씨온도는 표준 대기압하에서 물의 어는점을 32°F로 끓는점을 212°F로 하고, 이 사이를 180등분하여 그 하나의 눈금을 1°F라고 정한 온도이다.

$$\text{섭씨온도} \ °C = \frac{5}{9}(°F - 32)$$

$$\text{화씨온도} \ °F = \frac{9}{5}°C + 32$$

(2) 절대온도(캘빈온도 및 랭킨온도)

분자 운동이 정지하는 온도 즉, 자연계에서 가장 낮은 온도인 절대0도($-273℃$)를 기준한 온도로서 섭씨온도를 절대온도로 나타낸 것을 캘빈온도, 화씨온도를 절대온도로 나타낸 것을 랭킨온도라고 한다.

$$\text{캘빈온도} \ T(K) = °C + 273$$

$$\text{랭킨온도} \ T(R) = °F + 460 = 1.8 \times K$$

예제 2 섭씨온도 30℃를 화씨온도와 절대온도인 캘빈온도(K)로 환산하시오.

[풀이] ① 화씨온도 $°F = \frac{9}{5}°C + 32 = (1.8 \times 30) + 32 = 86°C$

② 캘빈온도 $K = °C + 273 = 30 + 273 = 303K$

예제 3 섭씨온도 $-15℃$를 절대온도인 캘빈온도(K)와 랭킨온도(R)로 환산하시오.

[풀이] ① 캘빈온도 $K = °C + 273 = -15 + 273 = 258K$

② 랭킨온도 $R = 1.8K = 1.8 \times 258 = 464.4R$

예제 4 섭씨온도 30℃와 25℃의 온도차는 5℃이다. 그렇다면 절대온도인 캘빈(K)
으로의 온도차는 몇 K인가?

[풀이]　① 30℃ 캘빈온도　$K = °C + 273 = 30 + 273 = 303K$

　② 25℃ 캘빈온도　$K = °C + 273 = 25 + 273 = 298K$

∴ 30℃ − 25℃의 캘빈 온도차 = 303 − 298 = 5K이다.

즉, 섭씨 온도차(5℃)와 캘빈 온도차(5K)는 같다.

1-3 압력

단위 면적(cm^2)당 수직으로 작용하는 힘(kgf)으로 단위는 보통은 단위 면적당 힘으
로 나타내나 미소한 압력은 액체의 높이(수은주, 수주)로도 나타낸다.

$$P = \frac{F}{A}(kgf/m^2, N/m^2)$$

$$P = \gamma H = \rho g H, \ \ H = \frac{P}{\gamma} = \frac{P}{\rho g}(mAq)$$

(1) 압력의 표시

① 면적 : kgf/cm^2, Lbf/in^2(PSI), N/m^2(Pa)

② 높이 : mmHg, cmHg, mH_2O(mAq), mmAq, bar, mbar

1) 표준 대기압(atm : atmosperic pressure)

1atm = 760mmHg = 76cmHg = $10.33mH_2O$ = 1.013bar

$= 1.033kgf/cm^2 = 14.7lbf/in^2$(PSI) $= 101,325Pa(N/m^2) = 101kPa = 0.1MPa$

2) 공학기압(at)

압력의 환산을 보다 쉽게 하기 위하여 표준 대기압의 $1.033kgf/cm^2$의 소수점 이하
를 버리고 $1kgf/cm^2$를 기준한 압력이다.

1at = $1kgf/cm^2 = 10,000kgf/m^2 = 735.6mmHg = 10mH_2O$(mAq)

$= 0.98bar = 14.2Lbf/in^2$(PSI) $= 0.098MPa$

3) 게이지 압력(Gauge pressure)

표준 대기압을 0으로 기준한 압력으로 계기압력이라고도 하며 일반적으로 압력계
에서 읽는 압력으로 단위는 kgf/cm^2, kgf/cm^2G, atg, kPaG 로 나타낸다.

4) 절대압력(Absolute pressure)

완전진공을 0으로 기준한 압력으로서 각종 도표나 선도에서는 절대압력으로 표현하므로 압력계의 지시압력인 게이지압력과 구분하여야 하며 단위는 kgf/cm^2abs, ata, $kPa(A)$로 나타낸다.

- 절대압력 = 게이지압력 + 대기압 = 대기압 − 진공압
- 게이지압력 = 절대압력 − 대기압

5) 진공압력(Vacuum pressure)

대기압 이하의 압력을 진공이라고 하며 단위는 mmHgV, cmHgvac를 사용한다. 실제 냉동에서는 대기압 이상의 압력은 주로 게이지압력(kgf/cm^2, MPa, bar)을 주로 사용하고 대기압 이하의 압력은 진공압으로 mmHgV를 사용한다.

6) 압력의 환산

① x kgf/cm^{2}을 $\begin{cases} ① \ kPa \ 로 \ 환산 & P = 101 \times \left(\dfrac{x}{1.033} \right) \\[2mm] ② \ mH_2O \ 로 \ 환산 & P = 10.33 \times \left(\dfrac{x}{1.033} \right) \end{cases}$

② h mmHgV을 $\begin{cases} ① \ kgf/cm^2 \ 로 \ 환산 & P = 1.033 \times \left(1 - \dfrac{h}{760} \right) \\[2mm] ② \ Pa \ 로 \ 환산 & P = 101325 \times \left(1 - \dfrac{h}{760} \right) \end{cases}$

예제 5 어느 냉동장치의 고압측 압력계의 지침을 읽었더니 $10kgf/cm^2$이다. 이를 1) bar, 2) 수두압 mAq, 3) MPa로 환산하고, 4) 절대압력으로는 몇 kgf/cm^2abs인가?

[풀이] 1) $10kgf/cm^2 \rightarrow bar$ $P = 1.013 \times \left(\dfrac{10}{1.033} \right) = 9.8bar$

2) $10kgf/cm^2 \rightarrow mAq$ $P = 10.33 \times \left(\dfrac{10}{1.033} \right) = 100mAq$

3) $10kgf/cm^2 \rightarrow MPa$ $P = 0.101 \times \left(\dfrac{10}{1.033} \right) = 0.98MPa$

4) 절대압력 = 게이지압력 + 대기압 = $10 + 1.033 = 11.033kgf/cm^2abs$

1-4 열량

분자운동의 한 형태로 열의 출입에 따라 온도 및 상태변화을 일으키는 원인이 되는 것으로 물체가 가지고 있는 열의 량을 나타낸 것을 열량(thermal)이라고 한다.

① 1cal : 표준 대기압하에서 순수한 물 1g을 1℃ 상승시키는데 필요한 열량
② 1kcal : 표준 대기압하에서 순수한 물 1kg을 1℃ 상승시키는데 필요한 열량
③ 1BTU : 표준 대기압하에서 순수한 물 1Lb을 1℉ 상승시키는데 필요한 열량
④ 1CHU : 표준 대기압하에서 순수한 물 1Lb을 1℃ 상승시키는데 필요한 열량
⑤ 1Joule(N·m) : 어떤 물체에 1N의 힘을 작용시켜 힘의 방향으로 1m만큼 변위를 일으켰을 때의 에너지 량

$$1kcal = 3.968BTU = 2.205CHU = 4.186kJ$$

1-5 비열과 비열비

(1) 비열

단위 질량 1kg의 물질을 1℃ 변화시키는데 필요한 열량을 비열(specific heat)이라고 하며 물질의 온도변화에 따른 현열량 계산에 있어 중요한 요소이다.

1) 각 물질의 비열(정압비열)

① 물＝1kcal/kg℃＝4.19kJ/kgK
② 얼음＝0.5kcal/kg℃＝2.1kJ/kgK
③ 수증기＝0.441kcal/kg℃＝1.85kJ/kgK
④ 공기＝0.24kcal/kg℃＝1.01kJ/kgK

(2) 비열비

정압비열과 정적비열과의 비로서 항상 1보다 크며 비열비가 클수록 압축 시 열이 많이 발생되므로 압축기의 토출가스 온도는 상승하게 되므로 압축기를 공냉식이 아닌 냉각수를 사용하는 수냉식으로 냉각시킬 필요가 있다.

$$\text{비열비}, \ k = \frac{C_p(\text{정압비열})}{C_v(\text{정적비열})} > 1$$

1-6 현열과 잠열

(1) 현열(sensible haet)

감열이라고도 하며 어떤 물질이 상태변화 없이 온도변화에만 필요한 열량

$$Q = G \cdot C \cdot \Delta t \,(\text{kcal/h, kJ/h})$$

여기서, G : 질량(kg), C : 비열(kcal/kg · ℃, kJ/kg · K), Δt : 온도차(℃)

(2) 잠열(latent heat)

숨은열이라고도 하며 어떤 물질이 온도변화 없이 상태변화에만 필요한 열량

$$Q = G \cdot r \,(\text{kcal/h, kJ/h})$$

여기서, G : 질량(kg), r : 잠열(kcal/kg, kJ/kg)

(3) 상태변화에 따른 고유잠열

① 0℃ 물의 응고잠열(0℃ 얼음의 융해잠열)＝79.68kcal/kg(334kJ/kg)
② 100℃ 수증기의 응축잠열(100℃ 물의 증발잠열)＝539kcal/kg(2,257kJ/kg)

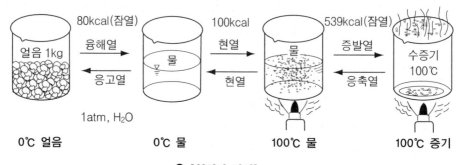

○ [현열과 잠열]

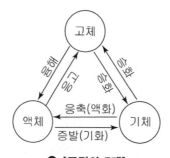

○ [물질의 3태]

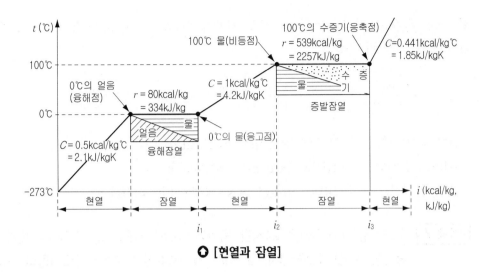

○ [현열과 잠열]

예제 6 1ton의 0℃ 물을 0℃의 얼음으로 얼리는데 제거해야 할 열량은 몇 kcal인지, 또한 몇 kJ인지 계산하시오. (단, 물의 응고잠열은 79.68kcal/kg(334kJ/kg)으로 하며 1kcal=4.19kJ이다.)

[풀이] 0℃의 얼음 → 0℃의 물(잠열)

① $Q = G \cdot r = 1,000 \times 79.68 = 79,680\text{kcal}$

② $Q = G \cdot r = 1,000 \times 334 = 334,000\text{kJ}$

(또는, $79,680\text{kcal/h} \times 4.19 = 333,860\text{kJ}$)

1-7 일과 동력

(1) 일(W : work)

어느 물체에 힘을 가하여 동일 방향으로 움직인 거리가 발생했을 때 이 힘과 거리의 곱을 일이라고 하며 일(kgf · m)과 열(kcal)은 에너지(Joule)의 한 형태로 공학단위에서는 단위를 구분하여 사용하나 국제단위(SI단위)에서는 모두 에너지이므로 J을 사용한다.

일(W)＝힘(kg)×움직인 거리(m)
1kcal＝427kgf · m＝4.186kJ≒4.2kJ

(2) 동력(P : power)

단위 시간당의 수행하는 일량 일의 능률을 나타내며 일률, 공률이라고도 한다. 단위로는 kW(kio watt), PS(pferde stärke), HP(horse power) 등이 많이 사용되고 있으나 현재에는 국제단위인 Watt(J/s)를 주로 사용하며 1W=0.86kcal/h(1kcal/h=1.163W)의 환산관계를 갖는다.

$$동력 = \frac{일\,(kgf \cdot m)}{시간\,(sec)} = \frac{힘\,(kgf) \times 거리\,(m)}{시간\,(sec)} = 힘\,(kgf) \times 속도\left(\frac{m}{sec}\right)$$

1PS(국제마력)   1PS=75kgf·m/s=632kcal/h
1HP(영국마력)   1HP=76kfg·m/s=641kcal/h
1kW(전기력)   1kW=102kgf·m/s=860kcal/h=3600kJ/h

예제 7   0℃의 물 1,000kg을 24시간 동안에 0℃의 얼음으로 만드는데 제거해야 할 열량은 몇 kcal/h인지, 몇 kJ/h, 몇 Watt인지 계산하시오. (물의 응고잠열은 79.68kcal/kg(334kJ/kg)으로 하며 1kcal=4.19kJ이다.)

[풀이]   0℃의 물 → 0℃의 얼음(잠열)

① $Q = Gr = 1,000 \times 79.68 = 79,680\text{kcal}/24h = 3,320\text{kcal}/h$

② $Q = Gr = 1,000 \times 334\text{kJ}/h = 334,000\text{kJ}/24h = 13,917\text{kJ}/h$

또는, $3,320\text{kcal}/h \times 4.19 = 13,911\text{kJ}/h$

③ $3,320\text{kcal}/h \div 0.86\text{kcal}/kW \fallingdotseq 3.860W$

또는, $3,320\text{kcal}/h \times 1.163 \fallingdotseq 3860W$

$13,917\text{kJ}/h \div 3.6 \fallingdotseq 3.860W \fallingdotseq 3.86kW$

$(1kW = 1,000W = 860\text{kcal}/h = 3,600\text{kJ}/h)$

예제 8   다음의 열량값은 환산하시오.

1) 3,320kacl/h를 kJ/h와 kW로 환산하시오.
2) 3,900kacl/h를 kJ/h와 Watt로 환산하시오.
3) 6,640kacl/h는 몇 kW인지 환산하시오.

[풀이]   1) ① $3,320\text{kacl}/h \times 4.19 = 13,911\text{kJ}/h$

② $3,320 \times 1.163 \fallingdotseq 3860W = 3.86kW$

2) ① $3,900\text{kacl}/h \times 4.19 = 16,341\text{kJ}/h$

② $3,900\text{kacl}/h \times \dfrac{1,000W}{860\text{kacl}/h} = 4,535W = 4.5kW$

또는 $3,900 \times 1.163 = 4,535W = 4.5kW$

3) $6,640\text{kacl}/h \div 860 = 7.7kW$

또는 $6,640\text{kacl}/h \times 4.19 = 27,822\text{kJ}/h \div 3.6 = 7,728W = 7.7kW$

1-8 엔탈피(enthalpy)와 엔트로피(entropy)

(1) 엔탈피(i, h : kcal/kg, kJ/kg)

어떤 물질 1kg이 가지고 있는 에너지(열량)의 총합으로 전열량, 합열량, 총열량이라고도 하며 팽창밸브에서 교축팽창시 엔탈피 변화가 등엔탈피과정이며 에너지 변화량 및 열량의 변화량 계산은 엔탈피차로 계산하는 것이 가정 정확한 방법이다.

    1) 엔탈피(i, h)＝내부에너지＋외부에너지(kcal/kg, kJ/kg)

$$= u + AW = u + APv$$

    2) 엔탈피를 이용한 열량계산

$$Q = G(h_2 - h_1) = \rho Q(h_2 - h_1)$$

여기서, A : 일의 열당량(kcal/kg·m), u : 내부 에너지(kcal/kg),

        P : 압력(kg/m²), v : 비체적(m³/kg), G : 유량(kg/h),

        ρ : 밀도(kg/m³), Q : 풍량(m³/h), $(h_2 - h_1)$: 엔탈피 차(kcal/kg, kJ/kg)

(2) 엔트로피(s : kcal/kg·K, kJ/kg·K)

열역학적인 해석을 위해 도입된 상태량으로 일정 온도하에서 어떤 물질 1kg이 가지고 있는 열량(엔탈피)을 그때의 절대온도로 나눈 것으로 압축기의 압축과정은 이론적으로 단열과정으로 보며 등엔트피선을 따라 압축하게 된다.

$$\Delta s = \frac{\Delta q}{T}$$

여기서, s : 엔트로피(kcal/kg·K, kJ/kg·K)

        q : 열량(kcal/kg, kJ/kg), T : 절대온도(K)

예제 9 R-22 냉매를 사용하는 어떤 냉동장치에서 냉매순환량이 200kg/h이고, 증발기 입구의 엔탈피가 100kcal/kg이고, 출구의 엔탈피가 150kcal/kg이다. 이 때 증발기에서 냉매가 흡수하는 열량은 몇 kcal/h인가?

[풀이] $Q = G(h_2 - h_1) = 200 \times (150 - 100) = 10{,}000\,\text{kcal/h}$

1-9 밀도, 비중량, 비중 및 비체적

(1) 밀도(ρ : density)

단위 체적당의 유체의 질량을 나타낸 것으로 비체적의 역수이다. 20℃ 공기의 밀도는 1.2kg/m³가 된다.

$$\rho = \frac{질량(\text{kg})}{체적(\text{m}^3)} = \frac{1}{v}(\text{kg}/\text{m}^3)$$

(2) 비중량(γ : specific weight)

단위 체적당의 유체의 중량을 나타낸 것으로 4℃ 순수한 물의 비중량은 1,000kgf/m³ (9,800N/m³)이다.

$$비중량(\gamma) = \frac{중량(\text{kg}\cdot\text{f})}{체적(\text{m}^3)} = 밀도(\rho) \times 중력가속도(\text{g})$$

(3) 액비중(S : specific gravity)

대기압하에서 어떤 액체의 밀도와 4℃에서 물의 밀도와의 비 또는 비중량의 비로 정의하며 4℃ 순수한 물의 비중은 1이다. 비중은 무차원수로 단위가 없다.

$$액비중(S,\ d) = \frac{어떤\ 액체의\ 밀도(비중량)}{4℃\ 순수한\ 물의\ 밀도(비중량)} = \frac{\rho}{\rho_w} = \frac{\gamma}{\gamma_w}$$

> 참고 **기체(가스)의 비중**
>
> $$S = \frac{가스의\ 분자량}{공기의\ 평균\ 분자량} = \frac{M}{29}$$

(4) 비체적(v : specific volume)

단위 질량당 유체가 차지하는 체적으로 부피라고도 하며 20℃ 공기의 비체적은 0.83m³/kg이 된다.

$$비체적(v) = \frac{체적(\text{m}^3)}{질량(\text{kg})} = \frac{1}{\rho} = \frac{1}{\gamma}$$

1-10 열전달

(1) 전도 및 대류

1) 전도(conduction)

열이 물체 내부에서 분자의 이동없이 온도차에 의해 일어
나는 열전달 현상으로 전도 열전달량은 열전도율(λ), 전열면
적(A) 온도구배($\Delta t / l$)에 비례하며 물체의 두께에는 반비례
한다.

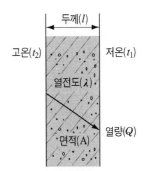

❶ [열전도]

$$Q = \lambda \cdot A \cdot \frac{\Delta t}{l} \, (\text{kcal/h, W})$$

여기서, λ : 열전도율(kcal/mh℃, W/mK)

A : 전열면적(m^2), l : 두께(m)

Δt : 온도차(℃, K)

2) 대류(convection)

고체벽면에 온도가 다른 유체가 서로 접촉하고 있을
때 유체의 유동에 의해 열이 이동하는 현상을 대류 열
전달이라 한다.

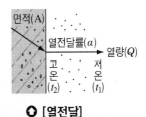

❶ [열전달]

$$Q = \alpha \cdot A \cdot \Delta t \, (\text{kcal/h, W})$$

여기서, α : 열전달률(kcal/m^2h℃, W/m^2K)

A : 전열면적(m^2), Δt : 온도차(℃, K)

(2) 열통과(열관류)

열의 이동이 전도와 대류가 복합적으로 일어날 때 즉, 고체벽면을 두고 양쪽의 유체
로부터 열이 이동하는 현상을 열통과 열전달이라 한다.

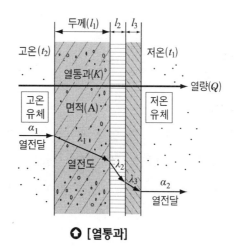

○ [열통과]

$$Q = K \cdot A \cdot \Delta t \ [\mathrm{kcal/h, \ W}]$$

$$K = \frac{1}{R} = \cfrac{1}{\cfrac{1}{\alpha_1} + \Sigma \cfrac{l}{\lambda} + \cfrac{1}{\alpha_2}}$$

여기서, K : 열통과율($\mathrm{kcal/m^2 h ℃, \ W/m^2 K}$)

　　　　A : 전열면적($\mathrm{m^2}$), Δt : 온도차(℃, K)

　　　　R : 열저항 계수($\mathrm{m^2 h ℃/kcal, \ m^2 K/W}$)

　　　　α : 열전달률, l : 두께(m)

(3) 복사(radiation)

　물체와 물체 사이에 열을 전달하는 중간 매개체 없이 진공인 상태에서 빛과 같이 적외선이나 가시광선을 포함한 전자파인 열선의 형태로 열이 이동하는 현상으로 방사 또는 일사라고도 한다.

$$Q = \sigma \cdot \varepsilon \cdot A \cdot T^4 \, (\mathrm{kcal/h, \ W})$$

여기서, 복사정수 $\sigma = 4.88 \times 10^{-8} \, (\mathrm{kcal/m^2 h K^4})$

　　　　　　　　　　 $= 5.67 \times 10^{-8} \, (\mathrm{W/m^2 K^4})$

　　　ε : 복사율, A : 전열면적($\mathrm{m^2}$), T : 표면의 절대온도(K)

1-11 냉동톤과 제빙톤

(1) 냉동톤

1) 한국 냉동톤(RT : refrigeration ton)

냉동기가 24시간에 0℃의 물 1ton을 0℃의 얼음으로 만드는 능력을 말한다.

즉, $1\,RT = \dfrac{1,000 \times 79.68}{24} = 3,320\,\text{kcal/h} = 3.86\text{kW}$

$$1\text{한국 냉동톤}(1RT) = 3,320\text{kcal/h} = 3.86\text{kW}$$

2) 미국 냉동톤(USRT)

32℉의 물 2,000Lb(1ton)을 24시간 동안에 32℉의 얼음으로 만드는 데 제거해야 할 열량을 말한다.

$$1\text{미국 냉동톤}(1USRT) = 3,024\text{kcal/h} = 3.52\text{kW}$$

※ 1kg=2,205Lb(pound)이나 2,000Lb로 계산한다.

(2) 제빙능력

원료수 25℃ 물 1ton을 24시간 동안에 −9℃의 얼음으로 생산할 때 제거해야 할 열량으로 이때 제빙과정 중 열손실은 제거열량의 20%로 한다.

$$25℃ \text{ 물} \xrightarrow{①} 0℃ \text{ 물} \xrightarrow{②} 0℃ \text{ 얼음} \xrightarrow{③} -9℃ \text{ 얼음}$$

① $Q_1 = G \cdot C \cdot \Delta t = 1,000 \times 1 \times (25 - 0) = 25,000\text{kcal/day}$

② $Q_2 = G \cdot r = 1,000 \times 79.68 = 79,680\text{kcal/day}$

③ $Q_3 = G \cdot C \cdot \Delta t = 1,000 \times 0.5 \times \{0 - (-9)\} = 4,500\text{kcal/day}$

그러므로 제거열량에 열손실(20%) 및 시간을 고려하면

$$Q_T = \frac{(25,000 + 79,680 + 4,500)}{24} \times 1.2 = 5,459\text{kcal/h}$$

그러므로, 1제빙톤 $= 5,459\text{kcal/h} = 1.65RT$

냉동의 기초

02 냉동의 기초

1 냉동의 원리

1-1 냉동 방법

(1) 자연냉동법

물질의 물리적인 자연현상을 이용하는 방법으로 다음과 같이 구분할 수 있다.

1) 고체의 융해열을 이용하는 방법

고체인 얼음이 액체로 상태변화할 때에는 주변에서 열을 흡수하게 된다. 이 때 얼음이 물로 상태변화할 때 융해잠열은 0℃에서 얼음 1kg이 약 79.68kcal(334kJ)의 열을 흡수하는데 이와 같은 원리를 이용하여 냉동작용을 하는 방법이다. 예를 들면 생선 위에 얼음을 올려놓는 방법이 있다.

2) 고체의 승화열을 이용하는 방법

드라이아이스(고형탄산가스)는 탄산가스를 응고한 것으로 고체에서 액체를 거치지 않고 바로 기체로 승화될 때 -75.8℃(승화온도)에서 약 137kcal/kg(574kJ/kg)의 승화잠열을 흡수하게 된다. 이 방법은 얼음을 이용하는 방법에 비하여 냉동능력이 크고 저온을 얻을 수 있다. 이와 같이 고체에서 기체로 상태가 변화할 때 흡수하는 승화잠열을 이용하여 냉동작용을 하는 방법이다. 예를 들면 아이스크림을 사서 멀리 이동할 때 드라이아이스를 넣어주는 예를 들 수 있다.

3) 액체의 증발열을 이용하는 방법

액체인 물이 기체로 상태변화할 때에는 주변에서 열을 흡수하게 된다. 이 때 물이 수증기로 상태변화할 때 증발잠열은 100℃에서 539kcal/kg(2,257kJ/kg), 0℃에서 597.5kcal/kg(2,501kJ/kg)의 증발잠열을 흡수하여 주변의 피냉각 물체로부터 열을

흡수하게 되는 원리를 이용하는 방법이다. 예를 들면 여름에 바닥에 물을 뿌리면 시
원한 느낌이 드는 것이다.

4) 기한제(얼음+식염수)를 이용하는 방법

서로 다른 두 물질을 혼합하면 한 종류만을 사용할 때보다 더 낮은 온도를 얻을 수
있는데, 이와 같은 방법을 이용하여 냉동작용을 얻을 수 있고, 이와 같은 혼합물을
기한제라 한다. 예를 들면 소금물에 얼음을 잘게 쪼개 넣으면 $-18 \sim -20℃$ 정도의
저온을 얻을 수 있다.

(2) 기계냉동법

전기, 증기, 연료 등의 에너지를 사용하여 지속적인 냉동효과를 얻는 방법을 이용하
는 방법으로 가장 많이 사용되는 것으로 증기압축식이 있으며 다음으로 공조용으로 터
보식이나 흡수식, 일부 특수분야에서 공기냉동기(항공기), 증기분사식 냉동기, 전자식
냉동기 등이 사용되고 있다. 기계냉동법은 다음과 같이 구분할 수 있다.

1) 증기압축식 냉동

① 현재 사용되고 있는 냉동기 중 가장 많은 부분을 차지하는 방식이다.
② 냉매를 팽창밸브나 모세관(capillary tube)을 통해 유로가 좁은 부분을 통과하
게 하여 단열 팽창시키면 온도가 내려간다는 줄-톰슨효과를 이용한 냉동법이다.
③ 냉동장치의 4대 구성요소는 압축기-응축기-팽창밸브-증발기가 있으며 기타 부
속기기(수액기 등)들로 구성된다.
④ 동작유체(냉매)는 주로 프레온(freon)계 냉매를 사용하며 대형 냉동장치에서는
암모니아(NH_3)가 주로 사용된다.

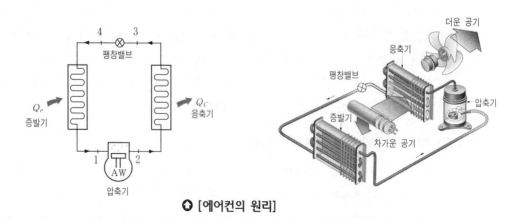

❖ [에어컨의 원리]

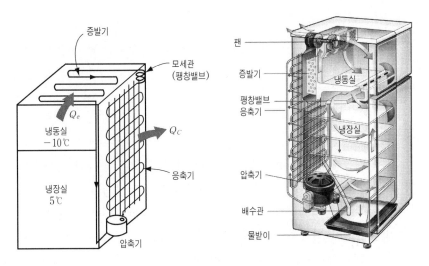

◆ [냉장고의 원리]

2) 증기분사식 냉동

① 흡수식에서 진공펌프로 증발기 내를 진공으로 만들어 물을 낮은 온도에서 증발하게 만드는 것과 같은 원리이다.

② 진공펌프 대신 증기 이젝터(steam ejector)로 다량의 증기를 분사할 때의 부압작용에 의하여 진공을 만들어 증발기 내의 압력을 낮추어 물의 일부를 증발시키는 동시에 나머지 물은 냉각이 되는데 이 냉각된 물(냉수)을 냉동목적에 이용한다. 냉동작용을 하는 방법을 증기분사 냉동법이라고 한다.

③ 증기분사식 냉동법은 증기가 풍부한 공장에서 배출되는 증기를 유효하게 이용하여 냉수를 만드는 장치 등에 이용한다.

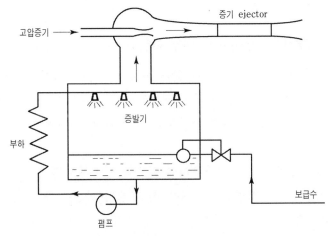

◆ [증기 분사식 냉동법]

3) 공기 냉동

냉매인 공기를 압축하여 고온고압으로 된 압축공기를 상온(常溫)까지 냉각한 후 팽창 터빈에서 팽창시키면 저온의 공기가 도는 현상을 이용한 방식으로 효율은 낮지만 소형·경량이기 때문에 주로 항공기 공조용으로 많이 사용된다.

4) 전자 냉동

① 다른 종류의 두 금속 도체를 연결하여 전류를 통하게 하면 전류의 방향에 따라 한쪽 접합점에서는 열을 방출하고, 다른 쪽 접합점에서는 열을 흡수하게 된다.

② 이러한 원리를 펠티어 효과(Peltier's effect)라 하며 전자냉동법은 반도체기술이 발달하면서 실용화되기 시작하여 전자기기의 냉각 등 특수한 분야에서 이용되는 경우가 있고, 최근에는 전자냉장고, 전자식 룸-쿨러 등의 시제품이 개발되고 있다.

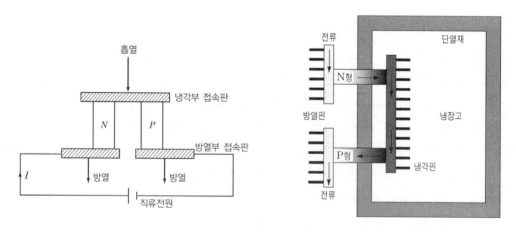

❶ [전자 냉동기의 원리]

5) 흡수식 냉동(absorption refrigeration)

① 흡수식 냉동기는 증기압축과 달리 전기를 이용한 기계적인 일 대신에 열에너지인 증기, 온수, 가스, 태양열 등의 열에너지를 열원으로 이용함으로써 현재 우리나라에서 문제가 되고 있는 여름철 전력수요의 피크(peak)문제를 해결할 수 있는 냉동법이다.

② 증기압축식은 압축기를 사용하여 가스를 압축하는데 흡수식은 흡수기에서 흡수제의 화학작용으로 냉매증기를 흡수하고, 발생기(재생기)에서 가열, 분리하여 처리하는 것이 다르다.

③ 흡수식 냉동기에서는 흡수기 및 발생기가 압축기 역할을 하며 증발기와 응축기는 증기압축식과 동일하게 사용된다.

④ 폐열 등을 이용할 수 있다는 장점이 있어 고온의 폐열을 얻을 수 있는 곳에 적합하고, 냉방 및 난방을 동시에 할 수 있으며 냉매와 흡수제의 종류에 따라 냉동이 가능한 저온 열원도 이용이 가능하다.

⑤ 흡수식의 원리는 압력에 따라 끓는 온도가 비례한다는 점을 이용하여 물의 압력을 대기압 이하로 낮추면 물의 비등점도 낮아지는 원리를 이용하는 것으로 증발기 내를 고진공 상태(6~7mmHg 정도)로 유지하면 냉매인 물은 5℃ 정도에서 증발하며 여기에 공조기(AHU) 등에서 돌아오는 냉수를 순환시켜 열교환하면 6~7℃ 정도의 냉수를 얻을 수 있다.

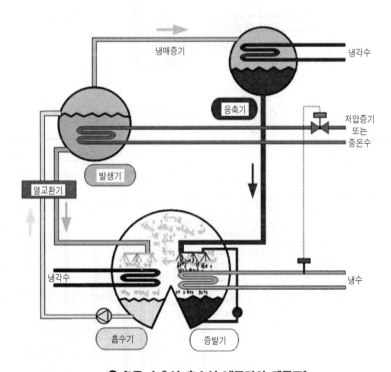

◆ [1중 효용식 흡수식 냉동기의 계통도]

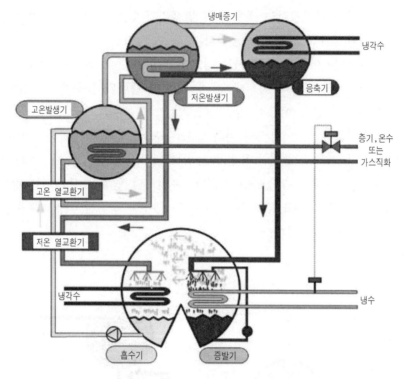

❍ [2중 효용식 흡수식 냉동기의 계통도]

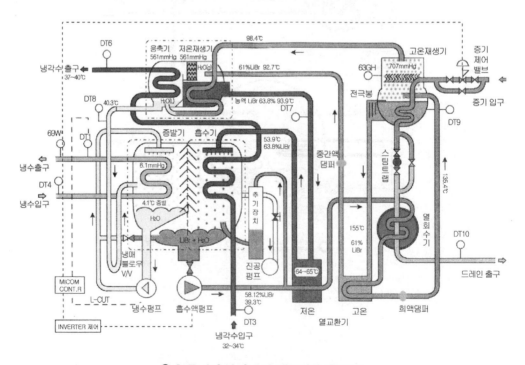

❍ [2중 효용식 흡수식 냉동기의 계통도]

응축기　저온재생기　조작반　고온재생기

증발기　흡수기　열교환기　연소장치

○ **[2중 효용식 흡수식 냉동기의 외형]**

6) 히트펌프

히트펌프(heat pump)의 원리는 냉동기의 원리와 같다. 냉동기는 압축기-응축기-팽창밸브-증발기의 4대 장치로 냉방사이클이 구성되며 공기를 열원으로 하는 히트펌프의 냉방 사이클에서는 냉매는 증발기(실내기)에서 열을 흡수하여 증발하여 실내공기를 냉각시켜 냉방의 목적을 달성하고, 압축기에서 압축된 후 응축기(실외기)에서 열을 방출하여 다시 응축되어 팽창밸브를 통해 압력과 온도가 떨어져 다시 증발기(실내기)로 유입되는 사이클이다.

히트펌프 난방 사이클에서는 냉매의 흐름을 역으로 하여 실외에 있는 응축기(실외기)를 저온의 증발기로 역할을 바꾸어 실외의 공기에서 열을 흡수하여 압축기를 거쳐 압축된 후 실내에 있는 증발기(실내기)를 응축기로 바꾸어 여기에서 열을 방출시켜 실내 공기를 가열하여 난방하게 되는 사이클이다. 이때 냉매의 흐름을 바꾸어 주는 4방밸브(4-way valve)를 사용하는 데 냉방 시에는 증발기(실내기) 역할을 하는 입구측에는 팽창밸브와 체크밸브를 각각 병렬로 설치하여 액 냉매가 팽창밸브를 통하여 증발기 코일에 들어가도록 하고 응축기 기능을 하는 실외기에는 액냉매가 체크밸브를 통하여 유입되지 않도록 하여야 한다. 난방 시에는 이와 반대가 되도록 한다.

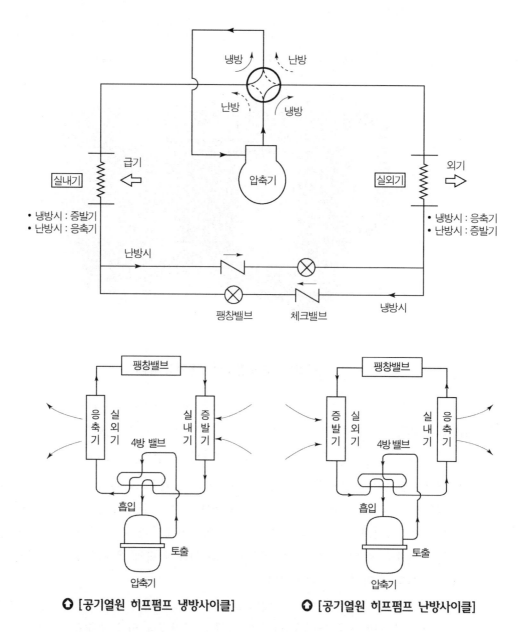

○ [공기열원 히프펌프 냉방사이클]　　**○ [공기열원 히프펌프 난방사이클]**

　다음 그림은 4방밸브(4-way valve)의 외형과 연결을 나타낸 것으로 전원이 OFF 로 되어 있어 솔레노이드 코일에 전기가 통하지 않으면 냉방상태로 유로는 ⒟ → ⒞, ⒠ → ⒮가 되며, 전원이 ON으로 되면 난방상태로 유로는 ⒟ → ⒠, ⒞ → ⒮가 된다. 사방밸브의 위치가 바뀌려면 코일에 220V전기가 인가되어야 하며 사방밸브 내의 압력이 모델별로 틀리지만 일반적으로 0.34MPa~3.1MPa 사이의 압력이 가해져야 한다. 사방밸브에서 전원이 공급 되었을 때 딸깍하는 소리가 틀린다고 작동하는 것은 아니며 압력이 위의 최소 기준 압력 이상이 되어야 한다.

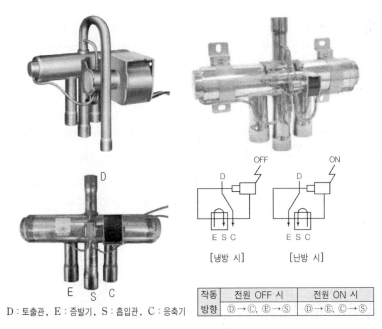

D : 토출관, E : 증발기, S : 흡입관, C : 응축기

[냉방 시]   [난방 시]

작동 방향	전원 OFF 시	전원 ON 시
	Ⓓ→Ⓒ, Ⓔ→Ⓢ	Ⓓ→Ⓔ, Ⓒ→Ⓢ

구 분	D	S	C	E
냉방 시	압축기 출구 연결	압축기 입구 연결	실외기(응축기) 입구 연결	실내기(증발기) 출구 연결
난방 시	압축기 출구 연결	압축기 입구 연결	실외기(증발기) 출구 연결	실내기(증발기) 출구 연결

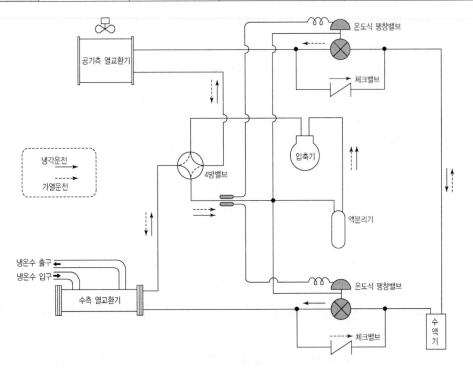

◐ **[수열원 히트펌프 시스템]**

2 냉매

2-1 냉매(refrigerant)의 개요

냉동 사이클을 순환하는 동작유체로서 상변화(phase change)에 의해 저온부(증발기)에서 열을 흡수하여 고온부(응축기)로 방출시키며 이러한 열을 운반, 이동시키는 동작 물질이다. 냉매로서 사용되고 있는 것은 암모니아(NH_3 : R-717)와 프레온계 냉매(R-22, R-12, R-11, R-13, R-114, R-134a, R-123 등) 등이 있으며 특히 최근에는 프레온계 냉매의 오존(ozone)층 파괴의 문제가 심각하게 대두되어 대체냉매가 개발되어 많이 이용하고 있다.

2-2 냉매의 구비조건

(1) 물리적 조건

① 온도가 낮아도 대기압 이상의 압력에서 증발할 것
- 냉매의 증발온도에 따른 증발압력이 대기압 이하가 되면 외부의 공기나 수분이 장치 내로 침입하여 악영향을 미친다.

② 상온에서 비교적 저압으로도 액화할 수 있을 것(응축압력이 낮을 것)
- 응축압력이 낮아 일반적인 냉각매체(물, 공기 등)로 액화가 가능해야 한다.
- 예로서, 이산화탄소의 임계온도는 31.5℃로 이는 냉각수의 온도가 32℃를 초과하면 아무리 압력을 올려도 쉽게 액화되지 않음

③ 응고 온도가 낮을 것
- 저온에서 냉매가 응고하면 순환이 되지 않으므로 냉매로서의 기능을 하지 못한다.
- 암모니아의 응고온도는 −77.7℃이므로 −70℃ 정도가 사용할 수 있는 최저 온도이다.
- R-22의 응고온도는 −160℃이므로 −80℃ 정도의 저온에는 사용하여도 된다.

④ 증발잠열이 크고 액체 비열이 적을 것
- 증발잠열이 클수록 냉동효과가 커지고 냉매순환량이 감소하여 장치를 소형화할 수 있다.
- 액체 비열이 크면 팽창밸브 통과 시 플래시 가스 발생이 많아 냉동효과가 떨어진다.

⑤ 비열비 작을 것
- 암모니아는 비열비($k=1.313$)가 커서 압축기 토출가스 온도가 높아 압축기를 수냉각시켜야 하나 R-22는 비열비($k=1.184$)가 작아 토출가스 온도가 낮으므로 공냉식으로 냉각해도 무방하다.
- 비열비가 작으면 압축하여도 냉매가스의 온도상승이 적어 압축비를 크게 할 수 있다.

⑥ 윤활유와 냉매의 용해성
- 냉동기유와 냉매가 잘 분리되지 않으면 다량의 오일이 증발기에 유입되어 전열작용을 저해하고, 압축기에서는 오일의 부족으로 압축기의 고장을 초래할 수 있다.
- 프레온계 냉매의 경우 오일을 잘 용해하므로 유회수 등을 고려하여 배관에 주의하여야 한다.

⑦ 점도가 적고, 전열작용이 양호하며 표면장력이 적을 것
- 점도가 크면 배관 통과 시 마찰저항이 증가한다.
- 표면장력도 적은 쪽이 액냉매가 증발할 때 관 표면이 잘 적셔져 전열작용이 양호하게 된다.

⑧ 절연내력이 크고 전기 절연물질을 침식하지 않을 것
- 암모니아는 전기 절연물을 침식하므로 밀폐형 냉동기를 사용할 수 없지만 프레온계 냉매는 절연내력이 커서 밀폐형 냉동기에 많이 사용됨

⑨ 환경 친화성이 있을 것
- 누설 시 발견이 쉽고, 누설되어도 환경에 대한 악영향을 미치지 않을 것
- 오존층파괴지수(ODP), 지구온난화지수(GWP)가 낮을 것

(2) 화학적 조건

① 화학적으로 결합이 안정하여 분해되지 않을 것
- 화학적으로 안정되어 있지 않으면 압축 시 온도 및 압력 등의 변화에 의하여 냉매가 분해되어 사용 곤란해진다.

② 불활성이고 금속을 부식시키지 않을 것
- 암모니아는 동 또는 동합금을 부식시키므로 열전달이 좋은 동관을 사용할 수 없으며 강관 등을 사용하여야 한다.

③ 인화성 및 폭발성이 없을 것
- 암모니아는 천연냉매로 오존층 파괴 등의 문제가 없으나 가연성이며 독성가스로 인화 및 폭발성이 있으므로 안전관리가 취약한 소형 냉동장치 등에서는 사용하기 어렵다.

(3) 생물학적 조건

① 인체에 무해하고, 누설되어도 냉장물품에 손상이 없을 것
  • 암모니아는 프레온계 냉매에 비해 우수한 냉매이지만 압력이 높고, 인체에 대한 독성 등으로 인하여 사용이 제약이 따른다.
② 독성이나 자극성, 악취가 없을 것

(4) 경제적 조건

① 가격이 저렴할 것
② 소요동력이 적게 소요될 것
③ 자동운전이 용이할 것

2-3 주로 사용하는 냉매

명 칭	화학식	용 도
R-11	CCl_3F	대형 건물의 냉장장치의 냉매
R-12	CCl_2F_2	자동차에어컨, 냉장고 및 소형, 대형 냉동기의 냉매
R-13	$CClF_3$	특수저온냉매, 이원 냉동장치의 냉매
R-22	$CHClF_2$	가정용, 산업용 에어컨의 냉매
R-23	CHF_3	특수저온냉매, R-13, R-503 대체품
R-113	$C_2Cl_3F_3$	저용량의 패키지형 원심식 냉동기에 사용
R-123	$CHCl_2F_3$	터보냉동기의 냉매, R-11의 대체품
R-124	$CHClF_4$	칠러에 사용, R-11, R-12의 대체품
R-134a	CH_2FCF_3	자동차 에어컨, 상업용 냉장/냉동 시스템에서 R-12대체 냉매
R-141b	CH_3CCl_2F	대형 냉동기 냉매, R-11 중간 대체품
R-404A	125+143A+134A	중, 저온 상업용 냉매, R-502 중간 대체품
R-407C	32+125+143A	R-22 대체품(냉동/냉장시스템의 대체냉매, 에어컨에 사용 가능)
R-408A	22+125+143A	저온, 중온 상업용 냉장/냉동 시스템에서 R-502 대체품
R-410A	32+125	R-22 대체품(에어컨, 냉동/냉장 시스템)
R-502	22+115	저온, 중온 상업용 냉장/냉동 시스템
R-507	125+143a	저온, 중온 상업용 냉장/냉동 시스템에서 R-502 대체품

2-4 브라인

냉매로서 직접 피냉각물을 냉각시키지 않고 일단 브라인(brine)이라고 하는 부동액을 냉각하여 이것으로 하여금 피냉각물을 냉각하는 경우가 많다. 이와 같은 브라인은 증발하는 냉매의 냉동력을 냉각시키는 물체에 운반하는 중간매개체 역할을 하는 소위 2차냉매이며 1차냉매처럼 상태변화는 하지 않는다. 일반적으로 브라인에는 무기질 브라인과 유기질 브라인이 있다. 이 중에서 무기질 브라인이 주로 쓰이며 가장 일반적으로 쓰이는 것은 염화칼슘($CaCl_2$) 브라인으로 공정점이 $-55℃$로 $-50℃$ 정도가 되어도 동결되지 않는다. 또한 직접 식품에 닿아야 할 때는 식염수($NaCl$)나 프로필렌글리콜 용액을 사용한다. 일반적으로 제빙장치에서 사용되는 염화칼슘의 농도는 $15℃$에서 비중이 1.18 정도가 적당하다.

2-5 냉매 누설 검지 방법

(1) 프레온(할로겐화 탄화수소계) 냉매

1) 비눗물로 판별

냉매 누설의 의심이 있는 배관의 접합부 등에 비눗물을 누설 부위에서는 거품이 발생한다.

2) 헬라이드 토치로 판별

폭발의 위험이 없을 때 사용하여야 하며 헬라이드 토치는 연료로서 아세틸렌이나 알코올, 프로판 등을 사용하는 램프로서 토치의 불꽃이 정상시에는 청색 불꽃, 냉매가 소량 누설 시에는 녹색 불꽃, 다량 누설 시에는 자색 불꽃으로 변하다가, 과량 누설시에는 불꽃이 꺼지게 된다.

3) 할로겐 누설탐지기로 판별

미량의 누설에도 사용되며 누설 시 점등과 경보음이 발생한다.

(2) 암모니아 냉매

1) 냄새로서 판별

암모니아는 심한 자극성의 냄새가 있으므로 냄새로서 누설여부를 판단할 수 있다.

2) 유황으로 판별

유황을 묻힌 심지에 불을 붙여 누설부위에 가까이 대면 백색연기가 발생한다.

3) 백색 페놀프탈레인 시험지로 판별

페놀프탈레인 용지에 물을 적셔 누설부위에 가까이 대면 적색(홍색)으로 변한다.

4) 적색 리트머스 시험지로 판별

리트머스 시험지에 물을 적셔 누설부위에 가까이 대면 청색으로 변한다.

5) 네슬러 시약으로 판별

주로 브라인 등에 잠겨 있는 냉매 배관에서의 누설을 검사할 때 사용하는 방법으로 약간의 브라인을 떠서 그 속에 적당량의 네슬러 용액을 떨어뜨리면 소량 누설 시에는 황색, 다량 누설 시에는 자색(갈색)으로 변한다.

2-6 프레온 냉동장치에서의 이상 현상

(1) 오일 포밍(oil forming)

1) 개요

프레온계 냉동장치에서 압축기가 정지하고 있는 동안 크랭크 케이스 내의 압력이 높아지고 온도가 저하하면 오일은 그 압력과 온도에 상당하는 양의 냉매를 용해하고, 있다가 압축기 재기동시 크랭크 케이스 내의 압력이 급격히 떨어지면서 오일과 냉매가 급격히 분리되어 유면이 약동하고, 심한 거품이 일어나는 현상이다.

2) 발생 시 현상

① 오일 해머링(oil hammering) 발생으로 압축기가 파손될 수 있다.
② 응축기나 증발기로 오일이 넘어가 열전달을 방해한다.
③ 크랭크 케이스 내의 오일 부족으로 활동부의 마모 및 소손을 초래한다.

3) 방지 대책

크랭크 케이스 내에 오일히터를 설치하여 냉동기유의 온도를 상승시켜 미리 오일 중에 녹아 있던 냉매를 증발시킨다.

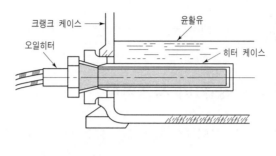

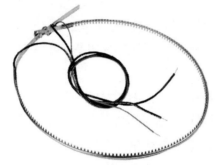

⬆ **[오일히터]**

(2) 팽창밸브 동결폐쇄

1) 개요

프레온 냉동장치에서 수분이 침입하게 되면 프레온 냉매와 수분의 용해도가 떨어지므로 팽창밸브 통과 직후 프레온 냉매 중의 수분이 동결하게 되어 팽창밸브의 출구를 폐쇄시켜 냉매의 순환이 되지 않는다.

2) 방지 대책

팽창밸브 직전에 수분을 제거하기 위한 건조기(dryer)를 설치한다.

3 냉동기유

3-1 냉동기유(윤활유)의 사용목적

① 실린더와 피스톤 사이에서의 마모를 감소시키는 윤활작용을 하여 기계효율을 증대시킨다.

② 마찰에 의해서 발생하는 열을 흡수하는 냉각작용으로 기계효율을 증대시킨다.

③ 축봉장치나 피스톤링 등의 누설 우려부분에 유막을 형성하여 냉매누설 및 공기침입을 방지한다.

④ 방청작용에 의하여 부식을 방지한다.

⑤ 가스켓 및 패킹재료를 보호한다.

⑥ 슬래그 및 칩 등을 제거한다.

3-2 냉동기유(윤활유)의 구비조건

① 응고점 및 유동점이 낮을 것

② 인화점이 높을 것

③ 점도가 적당하고, 변질되지 않을 것

④ 항유화(抗油化)성이 있을 것

⑤ 불순물이 적고, 전기 절연내력이 클 것

⑥ 오일포밍 시 소포성이 클 것

⑦ 저온에서 왁스성분이 분리되지 않을 것

⑧ 방청능력 및 냉매와의 분리성이 좋을 것

⑨ 금속이나 패킹류를 부식시키지 않을 것

⑩ 유막의 강도가 커 마찰부에 유막이 쉽게 파괴되지 않을 것

3-3 냉매와 냉동기유의 용해도

암모니아 냉매는 냉동기유와 거의 용해하거나 반응하지 않으므로 냉매와 같이 용해에 의한 유의 점도가 저하하는 일이 없다. 그러나 CFC(염화불화탄소)계 냉매는 냉매의 종류에 따라 그 용해도는 다르지만 일반적으로 냉동기유와 잘 용해한다. 프레온 냉

매 중 R-11이나 R-12는 온도조건에 관계없이 냉동기유와 혼합이 잘되며 R-22 등은 온도에 따라서 용해성이 변화된다.

○ [냉매와 냉동기유의 용해도 관계]

용해하기 쉬운 냉매	중간 냉매	용해하기 어려운 냉매
R-11, R-12, R-21, R-13B1, R-500	R-22, R-114, R-115, R-152A	R-13, R-14, R-502, R-717, R-744

3-4 냉동기유의 적정 윤활유 선정

냉매는 상태변화에 따라 온도가 크게 변하게 되며 이때 냉동기유는 화학적으로 분해되지 않아야 하며 특히, 밀폐형 압축기에서 사용하는 냉동기유는 전기절연성이 좋아야 하는 등 특별한 성질이 요구된다. 또한 저온으로 운전되는 증발기 내에서의 냉동기유는 저온이므로 사용하는 냉매나 장치 등에 따라 적절한 냉동기유를 선정하여야 한다. 냉동기유는 압축기나 냉동기 제조사마다 적용하는 냉동기유가 다를 수 있다. 냉동기유는 가능한 한 압축기의 제조회사가 지정하는 냉동기유를 사용하는 것을 권장한다.

냉 매	증발관 온도	모빌적 정유	비 고
암모니아 탄산가스 R-13, R-502	−50℃ 이상	Gargoyle Arctic Oil 155	
	−40℃ 이상	Gargoyle Arctic Oil 155/300 ID	
	−45℃ 이상	Gargoyle Arctic Oil Light	
	−40℃ 이상	Gargoyle Arctic C Heavy	
R-11, R-12, R-21, R-113 R-22, R-114	−50℃ 이상	Gargoyle Arctic Oil 155	
	−40℃ 이상	Gargoyle Arctic Oil 300 ID	
R-11, R-12, R-13, R-21, R-22, R-113, R-114, R-502, R-503, 암모니아, 탄산가스, 에틸클로라이드, 메틸클로라이 드, 메틸렌클로라이드		Gargoyle Arctic SHC 200 Series (합성유)	• heat pump • 증발온도가 매우 낮은 냉동기나 스크류 압축기
HFC-134a, R407C (신냉매)		Mobil EAL Arctic Series(합성유)	

4 냉동 사이클

4-1 기준(표준) 냉동사이클

냉동기의 기종이나 대소에 관계없이 성능을 비교하기 위하여 제안된 일정한 온도조건에 의한 냉동사이클로 다음과 같이 기준한다.

① 응축온도 : 30℃

② 증발온도 : −15℃

③ 팽창밸브 직전의 온도 : 25℃(과냉각도 5℃)

④ 압축기 흡입가스 상태 : −15℃의 건조포화증기(과열도 0℃)

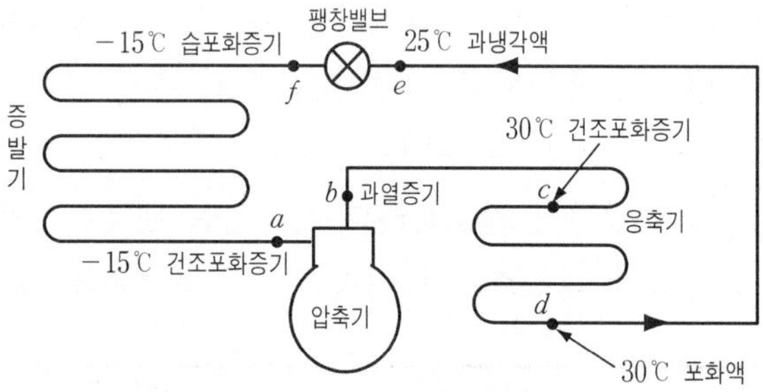

[냉동장치 계통도]

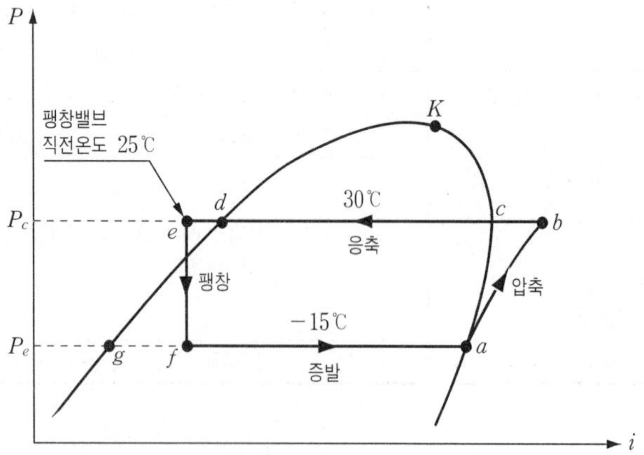

[$P-i$ 선도]

참고	과열도 및 과냉각도
	① 과열도 : 압축기 입구온도 - 증발 포화온도
	② 과냉각도 : 응축 포화온도 - 팽창밸브 직전의 온도

4-2 냉동사이클에서의 상태변화

구 분	압력	온도	엔탈피	엔트로피	비체적
압축과정(a-b)	상승	상승	증가	일정	감소
응축과정(b-e)	일정	저하	감소	감소	감소
팽창과정(e-f)	감소	저하	일정	감소	감소
증발과정(f-a)	일정	일정	증가	증가	증가

4-3 냉동사이클의 작도방법

① 증발온도(-15℃)를 습포화증기구역에서 찾아 수평으로 선을 긋는다. 좌측의 압력을 보면 증발압력(2.41 kgf/cm²a, 0.24 MPa)을 알 수 있다.

② 응축온도(30℃)를 습포화증기구역에서 찾아 수평으로 선을 긋는다. 좌측의 압력을 보면 응축압력(11.895 kgf/cm²a, 1.19 MPa)을 알 수 있다.

③ 팽창밸브 입출구(응축기 출구, 증발기 입구) 상태점 : 팽창밸브의 입구온도(25℃)를 포화액선에서 찾아 수평으로 그은 응축온도선과 증발온도선 사이를 수직으로 긋는다.

④ 증발기 출구(압축기 입구) 상태점 : 증발기 출구상태는 증발온도(-15℃)의 건조포화증기로 건조포화증기선에서 -15℃를 찾는다. 만약 과열도가 5℃라면 증발온도+과열도(-15+5=-10℃)로 계산한다.

⑤ 압축기 출구(응축기 입구) 상태점 : 증발기 출구상태 -15℃의 건조포화증기에서 등엔트로피선을 따라 수평으로 그어진 응축온도선과 일치시킨다.

⑥ 4개의 상태점으로 선도가 완성되면 선도의 상단이나 하단의 엔탈피값을 찾는다.

4-4 냉동사이클에서의 계산

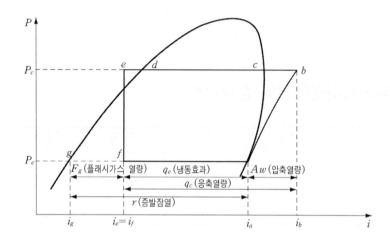

(1) 냉동효과, 냉동력, 냉동량(q_e)

냉매 1kg이 증발기를 통과하는 동안 피냉각물체로부터 흡수하는 열량

$$q_e = i_a - i_e\,(i_f) = (1 - x)\,r$$

여기서, q_e : 냉동효과(kcal/kg, kJ/kg)

i_a : 증발기 출구 엔탈피(kcal/kg, kJ/kg)

$i_e\,(i_f)$: 증발기 입구 엔탈피(kcal/kg, kJ/kg)

r : 증발잠열(kcal/kg, kJ/kg)

x : 건조도

(2) 압축일의 열당량, 압축열량(Aw)

압축기에서 저압의 냉매가스 1kg을 고압으로 상승시키는데 소요되는 압축일을 열량으로 환산한 값

$$Aw = i_b - i_a$$

여기서, Aw : 압축열량(kcal/kg)

i_b : 압축기 출구 엔탈피(kcal/kg, kJ/kg)

i_a : 압축기 입구 엔탈피(kcal/kg, kJ/kg)

(3) 응축기 방열량, 응축열량(q_c)

응축기를 통과하는 동안 냉매 1kg이 공기나 냉각수에 방출하는 열량

$$q_c = q_e + Aw = i_b - i_e$$

(4) 성적계수(COP, ε)

냉동능력과 압축일에 해당하는 소요동력과의 비로 냉동기는 성적계수가 클수록 좋다.

1) $P-i$ 선도상 성적계수

$$\text{COP} = \frac{q_e}{Aw} = \frac{i_a - i_e}{i_b - i_a}$$

2) 이론 성적계수

$$\varepsilon_0 = \frac{q_e}{Aw} = \frac{Q_2}{Q_1 - Q_2} = \frac{T_2}{T_1 - T_2}$$

3) 실제 성적계수

$$\varepsilon = \varepsilon_o \times \eta_c \times \eta_m$$

4) 히트펌프의 성적계수

$$\varepsilon_H = \frac{q_c}{Aw} = \frac{Q_c}{Q_c - Q_e} = \frac{T_c}{T_c - T_e}$$

여기서, Q_c : 응축열량(kcal/h, kJ/h)
Q_e : 냉동능력(kcal/h, kJ/h)
T_c : 고온 절대온도(K)
T_e : 저온 절대온도(K)
η_c : 압축효율
η_m : 기계효율

(5) 냉매 순환량(G)

냉동장치에서 1시간 동안 증발기에서 증발하는 냉매의 양(kg/h)

$$G = \frac{Q_e}{q_e} = \frac{V_a \times \eta_v}{v}$$

여기서, Q_e : 냉동능력(kcal/h, kJ/kg)
q_e : 냉동효과(kcal/kg, kJ/kg)
V_a : 이론적 피스톤압출량(m³/h)
η_v : 체적효율
v : 흡입가스의 비체적(m³/kg)

(6) 냉동능력(Q_e)

$$Q_e = G \times q_e = \frac{V_a \times \eta_v}{v} \times q_e$$

$$\text{RT} = \frac{Q_e}{3,320} = \frac{V_a \cdot q_e \times \eta_v}{3,320 \cdot v}$$

4-5 기준 냉동사이클의 계산(R-22)

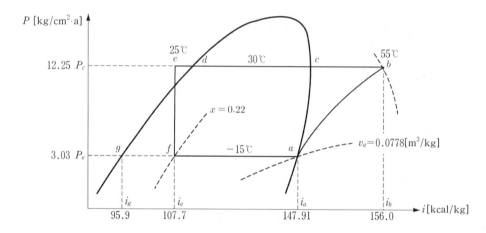

① 응축압력 $P_c = 12.25\,\text{kg/cm}^2 \cdot \text{a}$

② 증발압력 $P_e = 3.03\,\text{kg/cm}^2 \cdot \text{a}$

③ 압축비 $Pr = \dfrac{P_c}{P_e} = \dfrac{12.45}{3.03} = 4.04$

④ 토출가스 온도 : 55℃

⑤ 1kg당 흡입가스 비체적 $v = 0.0778\,\text{m}^3/\text{kg}$

⑥ 냉동효과 $q_e = i_a - i_e = 147.91 - 107.7 = 40.21\,\text{kcal/kg}$

⑦ 압축열량 $Aw = i_b - i_a = 156 - 147.91 = 8.09\,\text{kcal/kg}$

⑧ 응축열량 $q_c = i_b - i_e = 156 - 107.7 = 48.3\,\text{kcal/kg}$

⑨ 플래쉬 가스열량 $F_g = i_e - i_g = 107.7 - 95.9 = 11.8\,\text{kcal/kg}$

⑩ 증발잠열 $r = i_a - i_g = 147.91 - 95.9 = 52.01\,\text{kcal/kg}$

⑪ 방열계수 $C = \dfrac{q_c}{q_e} = \dfrac{48.3}{40.21} = 1.2$

⑫ 이론적 성적계수 $\varepsilon_o = \dfrac{q_e}{Aw} = \dfrac{40.21}{8.09} = 4.97$

⑬ 건조도 $x = \dfrac{F_g}{r} = \dfrac{11.8}{52.01} = 0.22$

⑭ 1RT당 냉매순환량 $G = \dfrac{Q_e}{q_e} = \dfrac{3320}{40.21} = 82.57\,\text{kg/h}$

⑮ 1RT당 응축열량 $Q_c = G \times q_c = 82.57 \times 48.3 = 3988.13\,\text{kcal/h}$

⑯ 1RT당 소요동력 $kW = (G \times Aw) \div 860 = (82.57 \times 8.09) \div 860 = 0.78\,\text{kW}$

⑰ 1RT당 소요마력 $PS = (G \times Aw) \div 632 = (82.57 \times 8.09) \div 632 = 1.06\,\text{PS}$

⑱ 1RT당 압축기 흡입가스량 $V = G \times v = 82.57 \times 0.0778 = 6.42\,\text{m}^3/\text{h}$

4-6 냉동사이클의 변화에 따른 영향

(1) 흡입가스의 상태변화에 따른 압축

1) 건조압축 (A→B→C→D)

① 이론적인 압축형태로 기준냉동사이클 계산 시 적용한다.

② 증발기 출구에서 냉매액의 증발이 완료되어 건조포화증기상태로 압축기에 흡입된다.

2) 과열압축 (A′→B′→C→D)

① 냉동부하 증가 및 냉매량 공급이 감소하여 증발기 출구에 이르기 전에 냉매액의 증발이 완료된 이후에도 계속 열을 흡수하여 압력의 변화없이 온도만이 상승한 과열증기의 상태로 압축기에 흡입된다.

② 냉동효과는 증가하나 토출가스온도가 상승하고, 압축기가 과열된다.

③ 비열비가 적은 프레온 냉동장치에는 열교환기를 사용하여 냉동능력을 향상시킨다.

3) 습압축 (A″→B″→C→D)

① 냉동부하의 감소 및 냉매량의 공급이 증가하여 증발기 출구에서도 냉매액이 전부 증발하지 못하고, 액이 포함되어 압축기로 흡입된다.

② 냉동효과는 감소하고 액에 의해 흡입관에 적상이 생기고, 심하면 액압축이 일어나 압축기가 파손될 수 있다.

③ 비열비가 큰 암모니아 냉동장치에 적용하여 냉매가스의 과열을 방지하여 토출가스 온도상승을 방지할 수 있다.

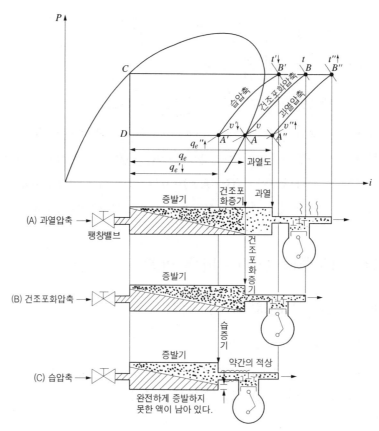

♦ **[흡입가스 상태에 따른 압축]**

(2) 증발온도(증발압력, 저압)의 변화

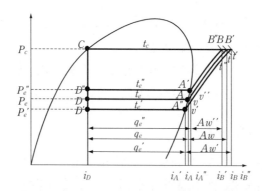

구 분	증발온도 저하	증발온도 상승
압축비	증가	감소
냉동효과	감소	증가
압축일량	증가	감소
토출가스온도	상승	저하
성적계수	감소	증가

(3) 응축온도(응축압력, 고압)의 변화

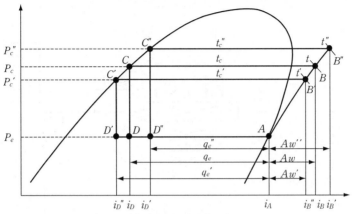

⬡ [응축온도의 변화]

구 분	응축온도 상승	응축온도 저하
압축비	증가	감소
냉동효과	감소	증가
압축일량	증가	감소
토출가스온도	상승	저하
성적계수	감소	증가

(4) 과냉각도의 변화

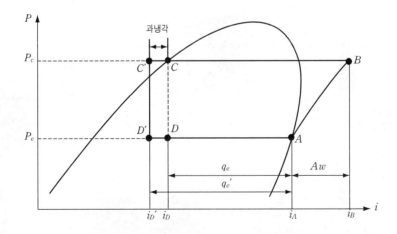

구 분	과냉각도 증가	과냉각도 감소
냉동효과	증가	감소
플래시 가스량	감소	증가
토출가스온도	저하	상승
성적계수	증가	감소

5 냉동장치의 구성

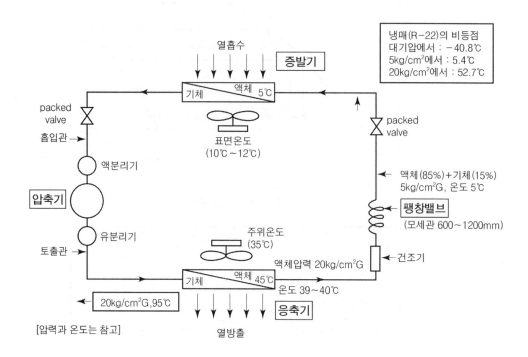

냉매(R-22)의 비등점
대기압에서 : -40.8℃
5kg/cm²에서 : 5.4℃
20kg/cm²에서 : 52.7℃

열흡수
증발기
기체 / 액체 5℃
packed valve
흡입관
액분리기
압축기
표면온도
(10℃~12℃)
packed valve
액체(85%)+기체(15%)
5kg/cm²G, 온도 5℃
팽창밸브
(모세관 600~1200mm)
유분리기
주위온도
(35℃)
건조기
토출관
액체압력 20kg/cm²G
기체 / 액체 45℃
온도 39~40℃
20kg/cm²G,95℃
응축기
[압력과 온도는 참고]
열방출

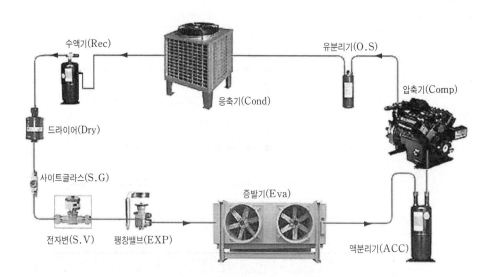

수액기(Rec)
유분리기(O.S)
응축기(Cond)
압축기(Comp)
드라이어(Dry)
사이트글라스(S.G)
증발기(Eva)
전자변(S.V)
팽창밸브(EXP)
액분리기(ACC)

○ [증기압축식 냉동장치의 계통도]

(1) 압축기(compressor)

증발기에서 증발한 저온·저압의 냉매가스를 재사용하기 위해 압축기에 흡입시켜 응축기에서 응축·액화를 쉽게 할 수 있도록 압력을 상승시키며 장치에서 냉매를 순환 시켜주는 중요한 장치이다.

(2) 유분리기(oil separator)

압축기와 응축기 사이에 설치하여 압축기에서 토출된 냉매가스 중에 혼입되어 나오 는 오일을 분리하여 주는 부속기기로 오일은 압축기로 다시 회수시킨다.

(3) 응축기(condenser)

압축기에서 토출된 고온·고압의 냉매가스를 냉각, 응축시켜 주는 일종의 열교환기 로 냉동사이클 내의 열을 외부로 방출하는 역할을 하는 장치로 냉각 방식에 따라 수냉 식, 공냉식, 증발식으로 나눌 수 있다.

(4) 수액기(liquid receiver)

응축기에서 응축된 액냉매를 저장하는 용기로서 보통 응축기의 하단에 설치되며 안 전을 위하여 가용전과 냉매 등의 충전 등을 위한 서비스밸브가 부착되어 있다.

(5) 드라이어(dryer)

프레온 냉동장치 중에 침입한 수분 등을 제거하기 위한 부속품이다.

(6) 투시경(sight glass)

수액기와 팽창밸브 사이의 고압의 액관에 설치하여 냉매가스의 흐름을 육안으로 볼 수 있는 것으로 냉매 중에 수분이 혼입 정도를 색깔(dry, wet)로 확인할 수 있으며 냉 매 충전량의 적정량도 알 수 있다.

(7) 전자밸브(solenoid valve)

전기적인 신호에 따라 밸브의 on-off 시켜 냉매량 등을 제어하여 냉동기의 용량 및 액면제어, 온도제어, 액압축 방지, 제상, 냉매 및 브라인 등의 흐름을 제어한다.

(8) 팽창밸브(expansion valve)

응축기(수액기)에서 나온 고온·고압의 냉매액을 증발기에서 증발하기 쉽도록 저온·저압의 냉매로 만들어 주며 증발기의 부하에 따라 냉매량을 조절한다.

(9) 증발기(evaporator)

팽창밸브에서 교축 팽창된 저온·저압의 냉매액이 피냉각물체로 부터 열을 흡수하여 냉매액이 증발함으로써 실제 냉동의 목적을 이루는 열교환기의 일종이다.

(10) 액분리기(liquid separator, accumulator)

증발기에서 미처 증발하지 못한 액냉매를 분리하여 액냉매가 압축기로 유입되는 것을 방지하여 액압축 또는 액햄머에 따른 압축기의 파손을 방지한다.

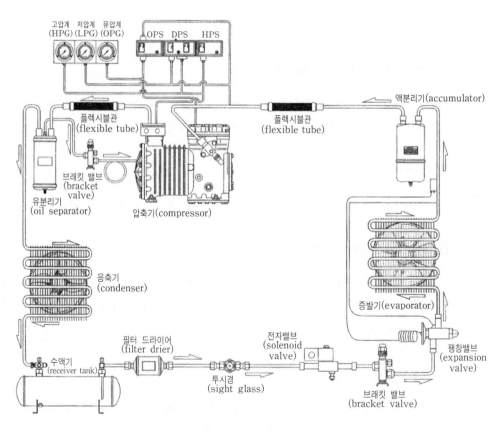

◐ [증기압축식 냉동장치의 계통도(공냉식 응축기 및 공기냉각용 증발기)]

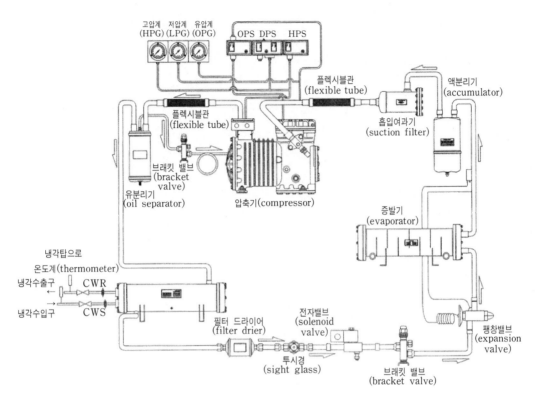

○ [증기압축식 냉동장치의 계통도(수냉식 응축기와 수냉각용 증발기)]

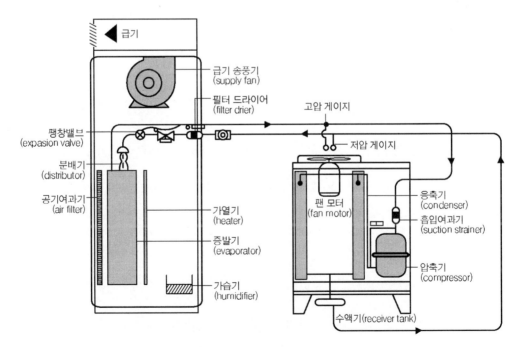

○ [항온항습기 계통도]

냉동기의 구성장치

03 냉동기의 구성장치

1 압축기

증발기에서 증발한 저온·저압의 냉매가스를 응축기에서 응축을 쉽게 하기 위하여 압력을 높여 주는 동시에 냉동 사이클 내에서 냉매를 순환하도록 하는 장치이다. 즉, 우리 인체의 심장과 같은 역할을 한다.

1-1 압축방식에 의한 압축기의 분류

(1) 용적(체적)형 압축기

일정한 공간에 흡입가스를 넣어 압축하는 방식
① 왕복동식 : 입형, 횡형, 고속다기통
② 회전식 : 로터리식, 나사식(스크류식), 스크롤식

(2) 터보 압축기

고속 회전하는 임펠러에 의해 얻어진 속도에너지를 압력에너지로 변환시켜 가스를 압축하는 원심 압축 방식의 압축기

1-2 밀폐구조에 의한 분류

(1) 개방형(open type)

압축기를 기동하는 전동기(motor)와 압축기가 분리되어 있는 구조로 직결 구동식과 벨트 구동식이 있다.

(2) 반밀폐형(semi-hermetic type)

볼트로 조립되어 있어 분해조립이 용이하고 고·저압측에 서비스 밸브(service valve)가 부착되어 있다.

(3) 밀폐형(hermetic type)

압축기와 모터가 하나의 하우징(housing) 내에 내장시킨 구조로 하우징이 용접되어 있어 분해조립이 불가능하다.

　○ [개방형 압축기]　　　○ [반밀폐형 압축기]　　　○ [밀폐형 압축기]

1-3 각 압축기의 특징

(1) 왕복동 압축기(reciprocating compressor)

실린더 내에서 피스톤이 왕복운동에 의하여 압축이 이루어지며 실린더, 피스톤, 크랭크케이스, 흡입밸브, 토출밸브 등으로 구성되며 입형, 횡형, 고속다기통 방식이 있다. 횡형은 사용하는 경우가 거의 없으며 고속다기통 압축기는 입형에 비해 고속이며 대용량의 냉동장치에 사용된다.

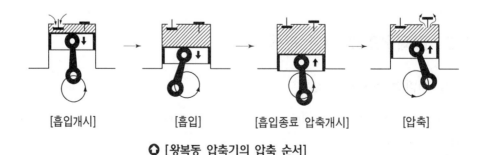

[흡입개시]　　　[흡입]　　　[흡입종료 압축개시]　　　[압축]

○ [왕복동 압축기의 압축 순서]

1) 입형 압축기

① 암모니아용 : 250~600rmp 정도의 저속이며 기통수는 1~4개로 주로 쌍기통이 많이 사용된다. 실린더 상부에 안전두가 있으며 워터재킷을 설치한 수냉식이다.

② 프레온용 : 주로 10HP 이하의 소형 및 중형에 사용되며 실린더는 공냉식이며, 실린더 헤드에 흡입밸브 및 토출밸브가 있다. 피스톤은 오일포밍 방지를 위해 플러그형이 많이 사용된다.

2) 횡형 압축기

주로 암모니아용 복동식으로 안전두가 없는 대신 통극이 3mm 정도로 체적효율이 떨어지고, 중량이 무겁고, 설치면적이 커 현재 거의 사용되지 않는다.

3) 고속다기통 압축기

① 일반적으로 압축기는 저속 입형 압축기가 사용되어 왔으나 설치면적과 중량을 경감시킨 고속다기통 압축기는 대용량의 냉동장치에 사용된다.

② 대개 기통수는 4, 6, 8, 12, 16으로 밸런스를 유지하기 위하여 기통수는 짝수이며 실린더와 본체가 분리되어 있어 실린더 라이너를 크랭크 케이스 내에 끼워 넣은 구조로 되어 있다.

(2) 회전식 압축기(rotary compressor)

왕복운동을 하지 않고 로터가 실린더 내를 회전하면서 가스를 압축하는 형식으로 흡입밸브가 없고, 토출밸브는 체크밸브로 되어 있으며 크랭크 케이스 내 압력은 고압이다. 압축이 연속적이므로 고진공을 얻을 수 있어 진공펌프로도 많이 사용하고, 가정용 룸 에어컨, 소형 공조용이나 쇼케이스(show case), 전기 냉장고, 자동차 에어컨 등에 폭 넓게 사용되고 있으며 종류로는 고정익형과 회전익형이 있다.

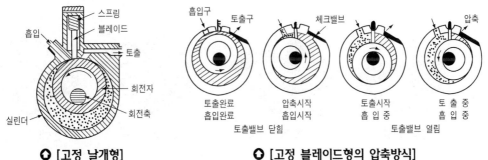

❶ [고정 날개형]　　　　　　**❶ [고정 블레이드형의 압축방식]**

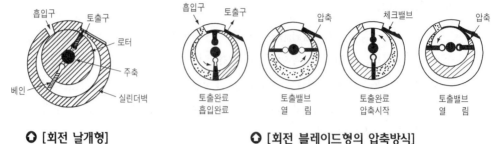

⬆ [회전 날개형]　　　　　**⬆ [회전 블레이드형의 압축방식]**

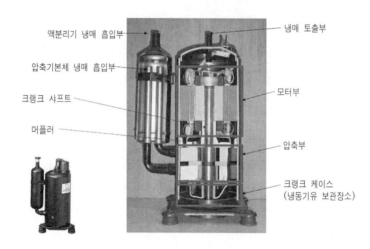

(3) 스크류 압축기(screw compressor)

암수 2개의 로터가 서로 맞물려 회전하면서 체적을 줄여 축방향으로 흡입 → 압축 → 토출시키는 3행정 방식으로 압축이 이루어지는 구조로 왕복동 압축기와 달리 흡입밸브와 토출밸브가 없으며 압축이 연속적으로 이루어진다. 구동방식이 왕복운동이 아니고 회전운동이므로 고속운전이 가능하며 용량에 비해 소형이 될 수 있다. 또한 운전 및 정지 중 토출가스의 역류방지를 위해 흡입측과 토출측에 체크밸브가 설치되어 있다.

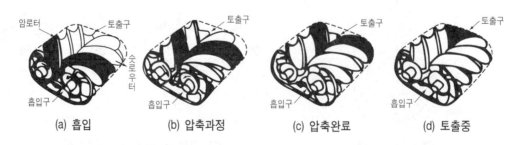

(a) 흡입　　　　(b) 압축과정　　　　(c) 압축완료　　　　(d) 토출중

⬆ [스크류 압축기의 압축과정]

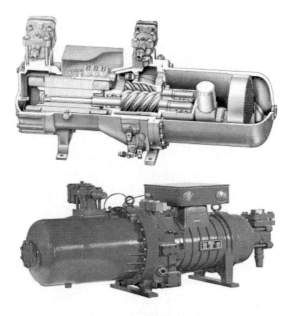

◐ [스크류 압축기 외형]

(4) 스크롤 압축기(scroll compressor)

고정익과 선회스크롤의 사이에 생기는 초승달 모양의 압축공간이 외부에서 내부로 갈수록 연속적으로 작아지면서 냉매가스를 압축하며 선회스크롤이 1회전하는 사이에 흡입, 압축, 토출이 동시에 이루어져 진동 및 소음이 적고, 부품수가 왕복동식에 비해 적어 신뢰성이 크며 높은 압축비로 운전해도 고효율을 유지하면서 압축능력이 증가한다.

Fixed Scroll　　　　　Orbit Scroll

(5) 원심식 압축기(centrifugal compressor)

일명 터보(turbo) 압축기라 하며 고속 회전하는 축방향의 임펠러(impeller)의 중앙부로 흡입되고 임펠러 내의 나선형의 베인 사이에서 원심력에 의해 가속되어 임펠러에서 나와 임펠러 주위에 있는 디퓨져에 들어가 속도가 감소되면서 압축하는 형식으로 1단으로는 압축비를 크게 할 수 없으므로 다단 압축방식을 주로 채택한다.

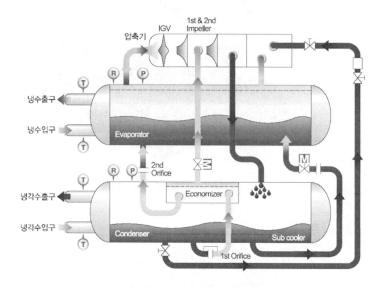

○ [터보 냉동기의 냉매 흐름도]

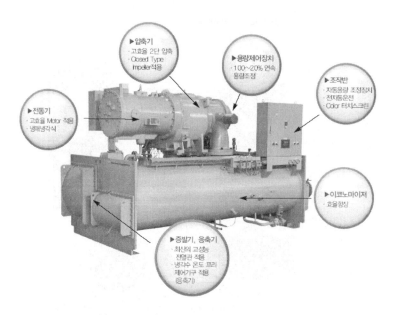

○ [터보 냉동기의 외형]

2 응축기

압축기에서 토출된 고온고압의 냉매가스를 상온의 물이나 공기와 열교환시키므로써 고온·고압의 액냉매로 응축시켜 주는 역할을 한다. 액체상태로 만들어주는 이유는 증발기에서 열을 많이 흡수하기 위해서는 액체상태에서 기체 상태로 변화할 때 즉, 상태변화 시 잠열을 이용하기 위함이다. 외부온도가 너무 높거나 환기가 잘 안되는 장소에 응축기를 설치하면 응축온도와 응축압력의 상승으로 인하여 증발기에서의 냉동효과를 얻을 수 없다. 따라서 통풍이 잘되는 곳, 직사광선을 피하고, 가능하면 압축기와의 거리가 가까울수록 응축능력은 크다고 볼 수 있다. 정기적으로 관에 부착된 핀을 청소하여 외부공기와 열교환이 잘되도록 특별한 관리가 필요하다. 일반적으로 공냉식 응축기(실외기)와 냉각탑과 연결된 수냉식 응축기가 있다.

2-1 공냉식 응축기

(1) 개요

공냉식 응축기는 공기측 열전달성능이 수냉식 보다는 많이 떨어지므로 응축온도가 높게 되고 압축기 토출가스 온도도 상승하게 된다. 그러므로 공냉식은 소형 프레온 냉동장치에서만 주로 사용된다.

(2) 공냉식 응축기의 구조

공냉식 응축기는 대기의 현열을 이용해서 냉매가스를 냉각 액화하는 방식으로 냉각수 공급이 곤란한 경우에 주로 사용한다. 관 내(管內)에 냉매, 관 외(管外)에 공기가 흐르며 수냉식에 비해서 공기측 열전달이 현저히 적으므로 전열면적을 크게 하기 위해 관 외부에 핀을 부착한다. 핀 피치(fin pitch)는 2.5~3.5mm 정도이며, 냉각관은 외경은 9~15mm를 많이 사용한다. 응축온도는 외기온도 보다 15~20℃ 정도 높다. 따라서 여름철에는 응축온도가 50~55℃정도 될 수 있다.(외기온도가 상승하면 응축능력이 떨어져 응축압력이 상승하여 고압차단스위치가 작동하여 압축기가 정지될 수 있다.)

⬆ [공냉식 응축기]

(3) 특징

1) 장점

① 냉각수, 냉각수 배관, 냉각탑(cooling tower), 배수설비 등이 불필요하다.
② 실외에 설치할 수 있다.
③ 냉각관의 부식이 적다.
④ 구조가 간단하고, 보수가 용이하다.

2) 단점

① 응축온도가 높다.
② 외형이 커진다.
③ 냉매 배관이 길어진다.(실외 응축기와 실내 증발기 연결)
④ 겨울에 사용할 때에는 응축온도를 조절할 필요가 있다.
⑤ 주로 중·소형 프레온 냉동장치에 사용한다.(주로 50RT 이하)

2-2 수냉식 응축기

냉각수의 현열을 이용하여 냉매가스를 냉각, 액화시키는 방식으로 입형 쉘 엔 튜브식, 횡형 쉘 엔 튜브식, 2중관식 등이 있으나 현재 가장 많이 사용되고 있는 것은 횡형 쉘 엔 튜브식이다.

(1) 입형 쉘 엔 튜브식 응축기(vertical shell & tube condenser)

① 암모니아용 수냉식 응축기로 주로 사용된다.

② 입형의 원통에 다수의 냉각관을 설치하고, 원통의 상하를 강판으로 용접하여 만든다.

③ 입형의 원통 상단에 설치된 냉각수조에 고인 냉각수가 냉각관 내면을 고르게 흐르게 하기 위하여 소용돌이를 일으키는 주철제의 물 분배기가 설치되어 있다.

④ 냉매가스는 냉각관 외면과 접촉하여 냉각, 응축되어 냉각관 외면을 따라 흘러 내려간다.

(2) 횡형 쉘 엔 튜브식 응축기의 구조(horizontal shell & tube condenser)

1) 개요

① 쉘 내에는 냉매, 튜브 내에는 냉각수가 역류되어 흐르도록 되어 있다.

② 입·출구에 각각의 수실이 있으며 판으로 막혀 있다.

③ 콘덴싱 유닛(condensing unit) 조립에 적합하다.

④ 열통과율 900kcal/m²h℃, 냉각수량 12L/min·RT로 쿨링타워와 함께 사용할 수 있다.

⑤ Freon 및 NH_3에 관계없이 소형, 대형에 사용이 가능하다.

⑥ 수액기 역할을 겸할 수 있다.

2) 특징

① 장점

㉠ 전열이 양호하며 입형에 비해 냉각수가 적게 든다.

㉡ 설치장소가 적게 든다.

㉢ 능력에 비해 소형, 경량화가 가능하다.

② 단점

　　㉠ 과부하에 견디지 못한다.

　　㉡ 냉각관이 부식하기 쉽다.

　　㉢ 냉각관 청소가 어렵다.

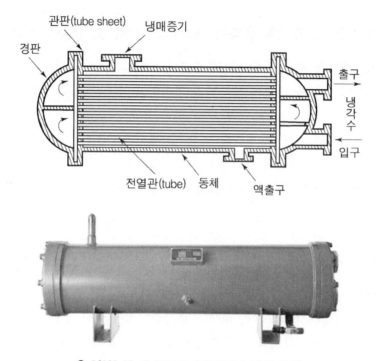

❖ [횡형 쉘 엔 튜브식 응축기의 구조와 외형]

(3) 2중관식 응축기(double pipe condenser)

① 내관과 외관의 2중관으로 제작되어 중소형이나 패키지 에어컨 등에 주로 사용한다.

② 내측관에 냉각수, 외측관에 냉매가 있어 역류하므로 과냉각이 양호하다.

③ 열통과율 $900kcal/m^2h℃$, 냉각수량 $10 \sim 12L/min \cdot RT$로 냉각수가 적게 든다.

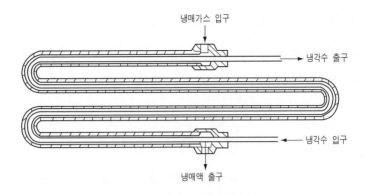

✿ [2중관식 응축기]

(4) 7통로식 응축기(7 pass condenser)

① 1개의 쉘 내에 7개의 튜브가 들어 있는 것으로 쉘 내에는 냉매, 튜브 내에 냉각수가 흐른다.

② 횡형 쉘 엔 튜브식 응축기와 비슷하나 쉘 외경이 작으며 전열관 수가 적다.

③ 구조는 직경 200mm, 길이 4,800mm의 원통에 외경 51mm의 냉각관 7개를 배열한다.(10RT 기준)

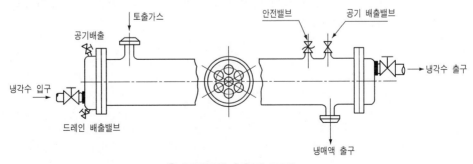

✿ [7통로식 응축기 구조]

(5) 대기식 응축기(atmospheric condenser)

① 수평관을 상하로 직렬연결하여 그 속에 냉매증기를 흐르게 하고, 냉각수를 최상단에 설치한 냉각수조로부터 관 전체 길이에 걸쳐 균일하게 흐르도록 한 응축기다.

② 냉각수는 냉각수조에서 관 표면을 흘러내려 순차적으로 다음 관 표면으로 흐르며 관 내부의 냉매는 냉각 응축된다. 냉매증기는 응축기의 하단으로 유입되며 응축된 냉매액도 하단으로 모여 유출된다.

③ 증발식 응축기(Eva-Con)와의 차이점은 강제 송풍이 없으며 수량이 많고, 외부 케이싱(casing)이 없어 청소가 용이하다는 점이다.

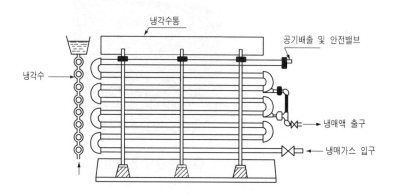

❖ [대기식 응축기 구조]

(6) 지수(漬水)식 응축기(submerged condenser)

① 나선모양의 관에 냉매증기를 통과시키고, 이 나선관을 원형 또는 구형의 수조에 넣어 냉매를 응축시키는 것으로 쉘 코일식 응축기라고도 한다.

② 구조가 간단하여 제작이 용이하지만 점검과 손질이 곤란하다.

③ 고압에 잘 견디고, 가격이 싸지만 다량의 냉각수가 필요하고, 전열효과도 나빠 현재는 거의 사용하지 않는다.

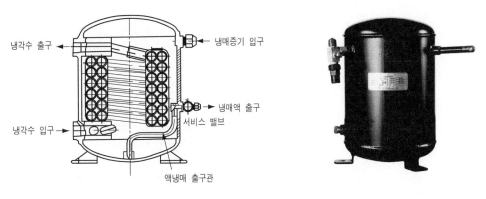

냉각수 출구　←　냉매증기 입구
냉매액 출구
서비스 밸브
냉각수 입구　→
액냉매 출구관

○ [쉘 엔 코일식 응축기]

2-3 증발식 응축기(evaporative condenser)

　냉매증기가 통과하는 냉매코일에 상부 노즐에서 물을 분무하는 동시에 상부에 설치된 송풍기로 코일표면에 공기를 흐르게 하여 냉매코일 내의 냉매증기를 응축시키고 코일표면에 발생된 수증기를 배출하는 구조로 분무된 물은 하부 냉각수 수조에서 다시 순환펌프에 의해 다시 분무용 노즐로 보내진다.

　① 물의 증발잠열을 이용하므로 냉각수 소비량이 적다.(물회수율 95%)
　② 외기의 습구온도 영향을 많이 받는다.(습도가 높으면 물의 증발이 어려워 응축능력이 감소한다.)
　③ 관이 가늘고, 길기 때문에 냉매의 압력강하가 크다.
　④ 겨울철에는 공냉식으로도 사용이 가능하다.
　⑤ 주로 NH_3 냉동장치와 중형이 Freon 냉동장치에 사용한다.
　⑥ 열통과율이 $200 \sim 280 \, kcal/m^2 h℃$, 전열면적 $1.3 \sim 1.5 \, m^2/RT$, 순환수량 $8L/min \cdot RT$이고 보충수량은 $0.1 \sim 0.16 L/min \cdot RT$ 정도이다.
　⑦ 펌프(pump), 팬(fan), 노즐(nozzle) 등의 부속설비가 많다.

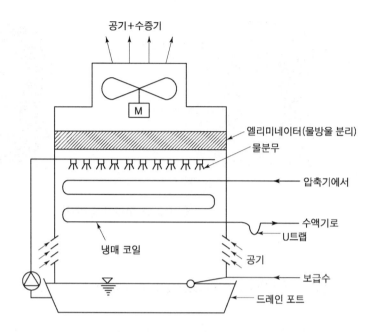

공기+수증기

엘리미네이터(물방울 분리)
물분무
압축기에서
수액기로
U트랩
냉매 코일
공기
보급수
드레인 포트

⬆ [증발식 응축기 구조]

2-4 냉각탑(cooling tower, CT)

수냉식 응축기에서 냉매를 응축액화시키고, 열을 흡수하여 온도가 높아진 냉각수를 공기와 접촉시켜 물의 증발잠열을 이용하여 냉각수를 재생시키는 장치이다.

(1) 특징

① 수원이 풍부하지 못한 곳이나 냉각수를 절약하고자 할 때 사용한다.
② 증발식 응축기(Eva-com)의 원리와 비슷하다.
③ 냉각탑의 냉각효과는 외기 습구온도의 영향을 받으며 외기습구온도는 냉각탑 출구수온보다 낮고, 냉각수는 외기 습구온도보다 낮게 냉각시킬 수 없다.

(2) 물과 공기의 접촉 유수방향에 의한 분류

1) 직교류형(cross flow type)

물과 공기가 서로 직각이 되어 흐르면서 냉각되는 방식으로 구조가 간단하고, 보수점검이 용이하며 여러 대를 배열하기가 용이하다.

2) 대향류형 냉각탑(counter flow type)

물과 공기가 서로 반대방향으로 흐르면서 냉각되는 방식으로 냉각효율이 높고, 대·소용량에 널리 사용된다.

3) 병류형 냉각탑

물과 공기가 같은 방향으로 흐르면서 냉각되는 방식으로 효율이 떨어져 거의 사용되지 않는다.

(3) 1냉각톤

[조건]　• 입구공기의 습구온도 : 27℃
　　　　• 냉각수 입구수온 : 37℃
　　　　• 냉각수 출구수온 : 32℃
　　　　• 냉각수 순환수량 : 13L/min · 냉각톤

$$Q = w \cdot C \cdot \Delta t$$
$$= 13 \times 60 \times 1 \times 1 \times (37 - 32) = 3,900 \, \text{kcal/h}$$

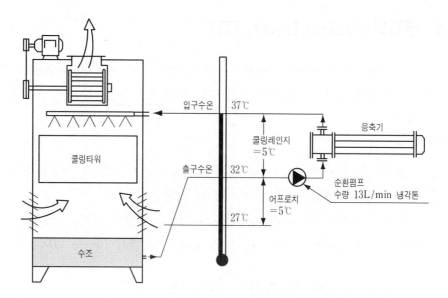

○ 쿨링 레인지와 쿨링 어프로치와의 관계

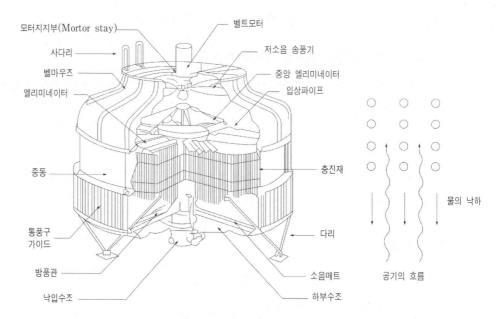

○ 대향류형 냉각탑

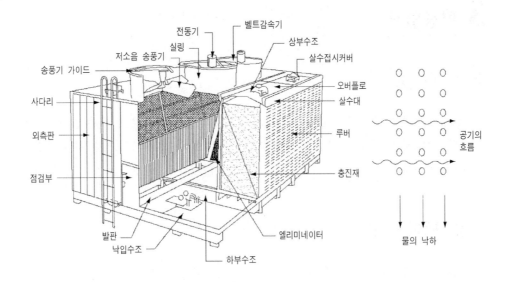

◆ 직교류형 냉각탑

◆ [대향류형 냉각탑의 사진]

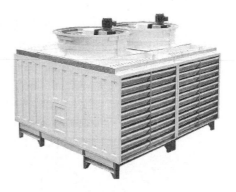

◆ [직교류형 냉각탑의 사진]

3 팽창밸브

3-1 역 할

냉동사이클에서 가장 기본적인 제어기기로서 응축기로부터 나온 고온·고압의 냉매액을 증발하기 쉬운 상태로 감압시키고, 증발기 내를 유지하고자 하는 온도로 강하시키며 냉동부하의 변동에 대응할 수 있도록 냉매유량을 조절하는 역할을 한다.

3-2 팽창의 원리

유체가 오리피스와 같이 유로(流路)가 좁은 곳을 통과하게 되면 외부와 열량이나 일량의 교환 없이도 압력이 감소하는데 이와 같은 현상을 교축(throttling)이라 한다. 유체가 유동 중에 교축되면 유체의 마찰과 와류의 증가로 압력손실이 발생하여 압력이 감소한다. 액체의 경우는 교축되어 압력이 내려가 액체의 포화압력보다 낮아지면 액체의 일부가 증발하며 증발에 필요한 열을 액체 자신으로부터 흡수하므로 액체의 온도는 감소하게 되며 교축 전후의 엔탈피는 변화가 없다.

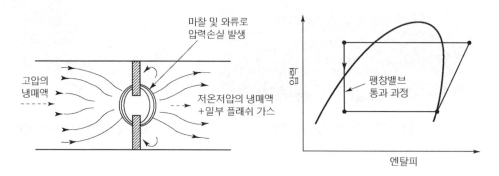

○ [팽창원리 및 p-i 선도상의 표시]

3-3 팽창밸브의 종류 및 특징

(1) 수동식 팽창밸브(manual expansion valve)

냉매의 유량 조절을 고도의 숙련에 의해 수동으로 밸브의 핸들을 돌려 조절하는 방식으로 근래에는 냉동장치의 운전 자동화로 사용되는 경우가 적다.

① 냉동부하의 변동에 대응하여 수동에 의해 냉매 공급량을 조절한다.

② 미세한 유량을 제어하기 위해 니들밸브(needle valve)로 되어 있다.

③ 온도식 자동팽창밸브나 저압측 플로우트 밸브를 사용하는 곳에 고장시를 대비해 바이패스(by pass)용으로도 사용된다.

(2) 모세관(capillary tube)

보통 내경 0.8~2.2mm, 길이 1m 내외의 가늘고 긴 관(모세관)을 통과할 때 생기는 압력손실에 의해 압력이 떨어진다.

모세관을 설치한 냉동장치에서 냉동부하가 증가하면 압축기 흡입가스의 과열도가 증가하여 응축압력이 높게 되고, 이에 따라 모세관 입구의 압력이 높아져 모세관을 통과하는 냉매유량이 많아지고, 반대로 부하가 감소하면 응축압력이 낮아져 모세관을 통과하는 냉매유량이 감소된다. 이렇게 하여 부하의 증감에 따라 냉매유량이 조절되는데 이를 모세관(capillary tube)의 자기조정기능(自己調整機能)이라 한다.

1) 특징

① 주로 동관을 사용하고, 개도 조절이 어렵다.

② 구조가 간단하고 고장이 적으며 가격이 싸다.

③ 압축기가 정지했을 때 고·저압이 평형(balance)상태가 되므로 기동 시 기동부하가 적게 든다.

④ 모세관의 크기와 냉매 충전량은 성능상 중요한 요소이므로 정확하여야 한다.

⑤ 장치 내 이물질이 있으면 모세관을 막힐 수 있으므로 여과기를 설치하여야 한다.

⑥ 모세관의 자기조정 기능에는 한계가 있으므로 냉동부하가 적은 곳에 사용되며 가변 용량형 압축기를 사용하는 장치에는 적용이 어렵다.

⑦ 가정용 냉장고, 룸에어컨, 쇼케이스 등의 프레온 소형 냉동장치에 주로 이용된다.

⚙ [모세관]

2) 모세관 사용상 주의사항

① 냉동장치의 고압측 액부분에는 액이 고이는 부분(수액기 등)을 설치하지 않는다.

② 수냉식 콘덴싱 유닛에는 냉각수량, 수온 등 변동하는 요소가 많으므로 캐필러리 튜브를 사용하지 않는 것이 좋다.

③ 고압이 높아지면 통과 냉매량이 많아져 습압축의 우려가 있다.

④ 냉매충전량을 가능한 적게 한다. 특히, 저압부의 냉매량을 적게 하여 초기 냉각 운전에 있어 큰 부하가 장시간 걸리는 것을 피하도록 한다.

⑤ 모세관은 냉동장치에 적합한 것을 쓴다.

⑥ 모세관은 내경이 균일한 가느다란 관으로 변형되거나 이물질로 막히는 일이 없도록 한다.

⑦ 냉동효과를 높이기 위하여 증발기의 출구부분과 응축기에 가까운 부분을 0.7~1.0m 정도 접촉시켜 열교환하여 냉매액을 과냉각시키는 것이 좋다.

3) 모세관의 길이 결정

우선 모세관을 3m 정도 준비하고, 매니폴드 게이지의 고압측 호스에 응축기 출구 배관과 니플(nipple)을 이용하여 연결한 후 저압측 게이지를 잠그고, 압축기를 가동한다. 고압측 게이지 압력이 150~160PSI ($10.2 \sim 10.8 \, \text{kg/cm}^2$) 정도가 되도록 모세관을 끊어나가면 그 냉동장치의 압축기에 맞는 모세관의 길이가 결정된다.

○ [압축기 용량에 따른 모세관 사용길이]

마력	냉매	응축기 형식	사용 온도 범위	적 용	증 발 온 도					
					−23.5~−15℃		−15~−6.7℃		−6.7~2℃	
					길이 (m)	내경 (mm)	길이 (m)	내경 (mm)	길이 (m)	내경 (mm)
1/6	R-12	자연대류	저	가정용 냉장고	3.66	0.79	3.66	0.92		
1/4	R-12	자연대류	저	가정용 냉장고	3.66	0.92				
1/2	R-12	강제	저	저온업무용 냉장고	3.05	0.97	4.58	1.37		
3/4	R-12	자연대류	중	룸 쿨 러			3.05	1.78	3.05	2.03
1	R-22	자연대류	저	룸쿨러 히트펌프	3.05	1.5	3.66	1.78		
1	R-12	자연대류	저	저온 냉장고	3.66	1.63	3.66	1.78		
2	R-22	자연대류	중	저온 냉장고			2.44	1.78	3.05	2.04
2	R-12	자연대류	저	저온 냉장고	3.05	1.78	3.05	2.04		
3	R-12	자연대류	저	저온 냉장고	3.66	1.63	3.05	1.78		
5	R-22	자연대류	고	저온 냉장고			3.05	2.04	3.66	2.22

(3) 온도식 자동 팽창밸브(thermostatic expansion valve)

냉동장치의 냉매의 유량제어에 가장 일반적으로 사용되는 밸브로 냉매의 압력과 온도를 검출하여 이들로부터 증발기 출구의 과열도가 일정하도록 팽창밸브의 개도를 자동으로 조절하여 냉매량을 제어한다.

1) 특징

① 주로 프레온 건식 증발기를 사용하는 곳에 사용된다.

② 냉동부하의 변동에 따라 냉매량이 조절된다.

(부하가 감소되면 과열도가 증가하면 밸브가 닫히고, 부하가 증가하면 밸브가 열린다.)

③ 증발기 출구의 흡입증기의 과열도를 일정하게 유지시킨다.

④ 팽창밸브 직전에 전자밸브를 설치하여 압축기 정지 시 증발로 액이 유입되는 것을 방지한다.

⑤ 본체의 구조에 따라 벨로즈(bellows)식과 다이어프램(diaphragm)식이 있으며 감온통의 봉입방식에 따라 가스 봉입식, 액 봉입식, 크로스 봉입식으로 구분된다.

2) 종류

① 내부 균압관식

㉠ 증발기 입구 압력이 다이어프램(diaphragm)의 배압(back pressure)으로 작용하는 것으로 증발기 내에서의 압력손실을 무시한 방식으로 증발기의 길이가 작을 때 사용한다.

㉡ 감온통 내에 봉입된 액체(냉매)가 증발기 출구 냉매와 열교환하여 증발하여 다이어프램 상부에 감온통 내의 냉매 압력 P_1이 작용하게 되고, 다이어프램 아래쪽에는 냉매의 증발압력 P_2와 스프링 압력 P_3가 동시에 작용하게 된다.

㉢ 그러므로 이 3가지의 힘 $P_1 = P_2 + P_3$의 관계에서 팽창밸브는 일정 개도를 유지하여 적정 냉매량을 공급하게 된다.

㉣ 부하가 증가되면 증발기 출구의 냉매가스 과열도 커지게 되고, 감온통 내의 압력 P_1도 높아져 $P_1 > P_2 + P_3$의 관계가 되어 팽창밸브가 열리게 된다.

㉤ 반대로 부하가 감소되면 팽창밸브는 닫히게 된다.

참고	**내부 균압형 TEV의 작동**

① $P_1 = P_2 + P_3$ → 팽창밸브 개도 평형 유지
② $P_1 > P_2 + P_3$ → 냉동부하 증대 : 팽창밸브 열림
③ $P_1 < P_2 + P_3$ → 냉동부하 감소 : 팽창밸브 닫힘
　　여기서, P_1 : 감온통 내의 가스압력이 다이어프램 상부에 작용하는 압력
　　　　　　P_2 : 증발기에서의 냉매의 증발 압력
　　　　　　P_3 : 조절나사에 의한 스프링 압력

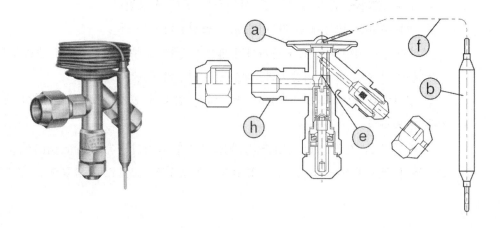

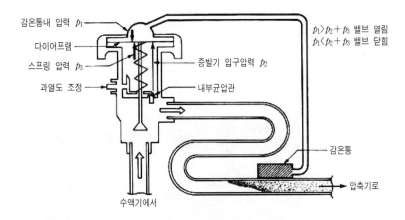

○ [내부 균압형 TEV]

② 외부 균압관식

ㄱ 증발기 출구 압력이 다이어프램의 배압으로 작용하며 증발기의 압력손실이
클 때 사용한다.

ㄴ 증발기가 용량이 크거나 길이가 길어지면 증발기 내에서의 압력손실이 커져
과열도 감소에 따른 냉매 공급량이 줄어들어 냉동능력이 감소하게 된다.

ㄷ 이러한 경우의 압력손실을 보정하는 방법으로 증발기 출구와 다이어프램 상
부를 외부 균압관으로 연결한다.

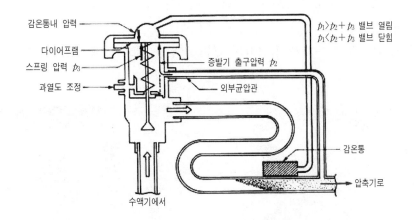

○ [외부 균압관식 온도식 팽창밸브]

ⓔ 외부 균압관의 설치위치는 증발기 출구 감온통 부착 위치를 넘어 압축기 흡입관상에 설치한다.

ⓜ 주로 증발기의 압력손실이 1℃에 해당하는 압력 이상인 경우에 일반적으로 사용된다.

🔼 **[내부 균압형 TEV]**   🔼 **[외부 균압형 TEV 외형과 오리피스]**

3) 감온통의 설치 시 유의사항

① 증발기 출구의 압축기 흡입관 수평부분에 설치한다.

② 감온통과 관의 접촉은 전열이 좋게 완전하게 밀착시켜야 한다.

③ 흡입관경이 7/8″(20mm) 이하일 때에는 흡입관의 수직상단에, 흡입관경이 7/8″ (20mm) 이상일 때 에는 흡입관 수평의 45° 하단에 부착한다.(관의 하부에는 냉매액이 고여 정확한 온도가 감지되지 않는 경우가 있으며 제조사의 설치기준에 따름)

④ 외기영향이 많을 때 감온통의 감도를 증가시키기 위해 흡입관에 삽입 포켓을 설치하여 삽입 시킨다.

⑤ 흡입관에 트랩이 있는 경우는 트랩에 고여 있는 액의 영향을 받지 않게 하기 위해 트랩에서 가능한 멀리 설치한다.

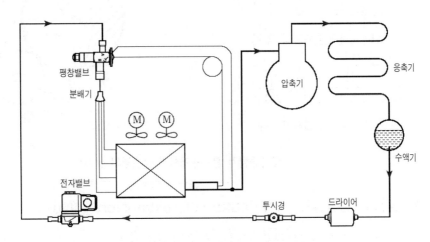

◆ [냉동장치 계통도와 감온통 부착위치]

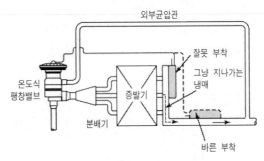

◆ [감온통의 올바른 부착]

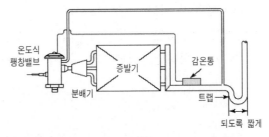

◆ [흡입관이 입상하는 경우의 감온통 부착]

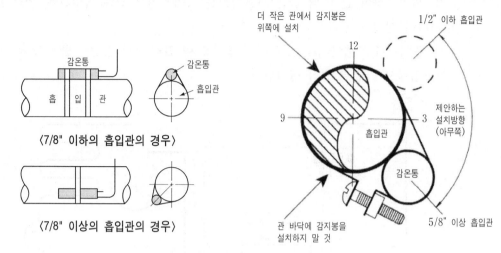

〈7/8" 이하의 흡입관의 경우〉

〈7/8" 이상의 흡입관의 경우〉

⚙ **[증발기 출구관에서의 감온통의 설치]**

(4) 정압식 팽창밸브(AEV, automatic expansion valve)

① 증발기 내의 증발압력을 일정하게 유지시켜 증발온도를 일정하게 유지하는 방식으로 증발기 내 압력으로 밸브가 작동된다.

② 냉동부하의 변동에 관계없이 증발압력에 의해서만 작동되므로 부하변동이 적은 용량에 적합하며 냉동부하의 변동이 심한 곳에 사용하면 과열압축 및 액압축이 발생되기 쉽다.

③ 냉동부하변동에 따른 유량제어가 어려우므로 부하변동이 적은 프레온 소형장치에 사용한다.

④ 냉수 또는 브라인의 동결방지용으로도 사용된다.

⑤ 운전 정지 시에는 증발기 내 압력이 밸브의 조정압력보다 높아 팽창밸브는 닫힌다.

⑥ 압축기 운전이 개시되어 증발기 내 압력이 조정압력보다 낮아지면 팽창밸브는 열린다.

⑦ 운전 중 부하의 변동에 따라

• 증발기 내 압력이 상승하면 → 밸브가 닫힘 → 냉매량 감소
• 증발기 내 압력이 저하하면 → 밸브가 열림 → 냉매량 증가

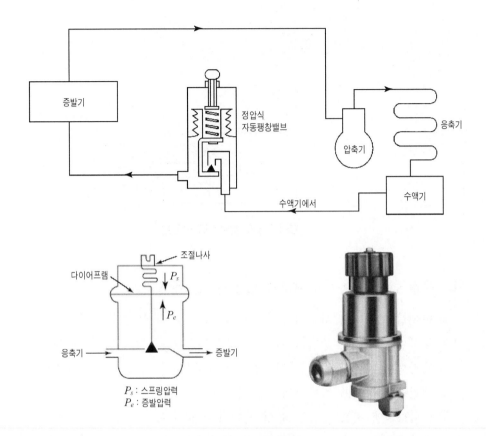

○ [정압식 팽창밸브]

(5) 고압측 플로트(부자)밸브(high side float valve)

① 응축부하에 따라 응축기나 수액기의 액면을 일정하게 유지한다.

② 고압측 수액기의 액면이 높아져 플로트 밸브가 올라가면 증발기로 냉매가 공급되고, 액면이 낮아져 플로트 밸브가 내려가면 냉매 공급이 차단된다.

③ 고압측 수액기의 액면에 따라 작동되므로 증발부하 변동에 따른 냉매량의 조절은 불가능하다.

④ 고압측 부자변 사용 시 증발기용량의 25%에 상당하는 액분리기를 설치한다.

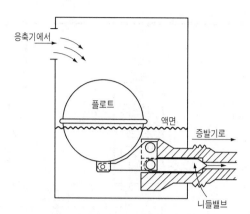

○ [고압측 플로트팽창밸브]

(6) 저압측 플로트(부자)밸브(low side float valve)

① 만액식 증발기에 사용된다.

② 부하변동에 따른 증발기 저압측의 액면을 항상 일정하게 공급한다.

③ 팽창밸브 전에 전자변을 설치하여 냉동기 정지 시 냉매를 차단한다.

④ 액면은 쉘(shell) 지름의 5/8 정도이다.

⑤ 부하변동에 따른 신속한 유량 제어가 가능하다.

⑥ 증발기 내에 플로트를 직접 띄우는 직접식과 별도로 플로트식을 설치하여 부자를 띄우는 간접식이 있다.

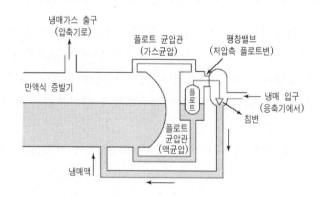

○ [저압측 플로트팽창밸브]

(7) 파일롯 온도식 자동팽창밸브(pilot thermal expansion valve)

① 온도식 자동팽창밸브의 단독 용량에는 한계가 있어 냉동능력 100~270RT의 대용량이 되면 많은 유량이 필요로 하게 되고, 액 배관의 크기가 굵어지므로 이 팽창밸브를 사용한다.

② 냉동부하가 증가하면 감온통의 과열도가 증가하여 감온통 내의 가스가 팽창되므로 파일롯 밸브의 다이어프램에 압력이 가해지면 밸브가 열리고, 이때 작용하는 고압이 주 팽창밸브 피스톤을 눌러 주 팽창밸브도 열린다.

③ 파일롯 TEV의 on-off에 비례하여 주팽창밸브가 열린다.

④ 파일롯 TEV전에 전자밸브와 여과기를 설치하여 준다.

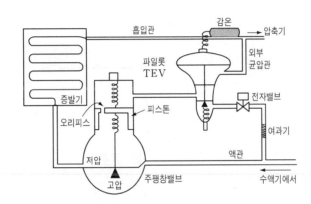

○ [파일롯 온도식 자동팽창밸브]

(8) 전자식 팽창밸브(EEV : electronic expansion valve)

전자식 팽창밸브는 증발기 입구와 출구에 서미스터 등 온도 검출 센서를 설치하고, 이 센서의 검출 온도차에 의하여 냉매의 과열도를 구하고, 이 신호에 의해 펄스 모터의 회전 등으로 밸브의 개도를 조절하여 증발기로 유입되는 냉매량을 피드백 제어하는 것으로 광범위한 운전 조건에도 과열도의 제어 편차를 작게 할 수 있고, 감온통 이 설치되지 않으므로 어떤 냉매의 종류와 상관없이 적용 할 수 있다.

1) 특징

① 증발기 입구관 벽과 증발기 출구관 벽에 온도센서를 설치한다.

② 이들 양쪽 센서의 검출 온도차에 의하여 증발기 출구 냉매가스의 과열도를 측정하여 이 신호에 따라 밸브를 개폐하고, 증발기에 유입하는 냉매량을 피드백(feedback)

제어한다.

④ 제어면에서 온도식 자동팽창밸브와 동일한 제어 시스템이지만 냉매량을 정확하게 공급할 수 있는 특징이 있다.

2) 종류(구동방식에 따른)

① 열전식 : 바이메탈의 변형을 이용한다.

② 열동식 : 봉입 왁스의 가열에 의한 체적 팽창을 이용한다.

③ 펄스폭 변조방식 : 펄스신호에 의해 솔레노이드 밸브를 완전히 열리거나 닫히도록 조절

④ 스템 모터방식 : 모터의 연속적인 좌우 회전을 니들밸브의 직선운동으로 변환하여 밸브의 개도를 조절한다.

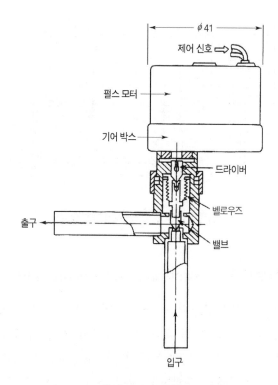

○ [전자 팽창밸브의 구조]

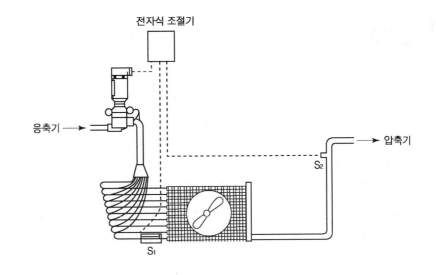

전자식 조절기

응축기 →

압축기

S_2

S_1

○ [전자식 팽창밸브 설치 및 사진]

3) 장단점

[장점]

① 응축압력의 변화에 따른 영향을 받지 않는다.

② 응축기 출구 과냉각의 변화를 보상할 수 있다.

③ 큰 부하변동에 신속하게 대응하여 정밀하게 제어할 수 있다.

④ 시스템의 운전조건에 맞추어 증발기의 전열면적을 유효하게 활용할 수 있다.

⑤ 낮은 과열도를 유지하여 시스템의 효율을 높일 수 있다.

⑥ 센서를 사용하여 감지하고, 제어함으로써 설치위치 선정이 용이하다.

[단점]

① 온도식 팽창밸브에 비하여 초기 투자비용이 비싸다.

② 내구성이 떨어진다.

4 증발기

4-1 개 요

냉동의 목적을 직접 달성하는 기기로서 팽창밸브로부터 넘어온 저온·저압의 냉매액은 피냉각물체로부터 열을 흡수하여 기체냉매로 증발하여 압축기로 흡입되며 피냉각물체는 냉매로부터 열을 빼앗기게 되어 소정의 낮은 온도를 유지하게 되어 냉동의 목적을 달성하게 된다. 공기 냉각용 증발기 냉매가 증발하면서 냉장고 내의 공기 중의 수분이 냉각관 표면에 얼어 성애(적상)가 끼게 되는데 이를 주기적으로 제거하여야 냉동능력의 저하를 방지할 수 있다.

4-2 증발기의 종류

증발기의 종류는 냉동방법에 따라 직접 팽창식과 간접 팽창식, 냉매의 공급방식에 따라 건식, 만액식, 반만액식, 강제 순환식, 사용목적에 따라 공기 냉각용과 수 냉각용, 제빙용 등 여러 가지로 나눌 수 있다.

(1) 냉동(냉각)방법에 따른 분류

1) 직접 팽창식

냉각하여야 할 장소에 설치된 냉각관 냉에 냉매를 직접 순환시켜 피냉각물체로 부터 직접 열을 흡수하여 냉각시키는 것으로 직접냉매의 잠열을 이용하는 냉동방식으로 현재 공기 냉각용으로 가장 많이 사용되는 것으로 소형 냉동기, 가정용 냉장고, 에어컨 등에 널리 사용되고 있다.

① 암모니아 냉매 사용 시 누설되면 냉장물품에 손상을 입힌다.
② 동일한 냉장고 유지온도에 대하여 냉매의 증발온도가 높다.
③ 압축기가 정지하면 동시에 냉장실 내의 온도가 상승한다.
④ 여러 냉장실을 동시에 사용하면 팽창밸브의 수가 많아진다.
⑤ 설비가 간단하다.

2) 간접 팽창식(브라인식)

직접냉매의 증발에 의하여 간접냉매인 브라인을 냉각시키고, 이 냉각된 브라인 또는 냉수 등을 순환시켜 피냉각 물체로부터 열을 제거하여 냉동의 목적을 달성하는 방식으로 브라인의 현열을 이용하는 냉동방식으로 주로 제빙장치, 냉동어선, 대형 냉동기, 대형 공조장치 등에 사용된다.

① 냉매 누설에 의한 냉장품의 손상이 없다.
② 냉장실이 여러 대일 때 능률적인 운전이 가능하다.
③ 운전 정지 시라도 냉장실의 온도 상승이 느리다.
④ 소요동력 및 운전비가 많이 든다.
⑤ 설비가 복잡하고, 설비비가 많이 든다.

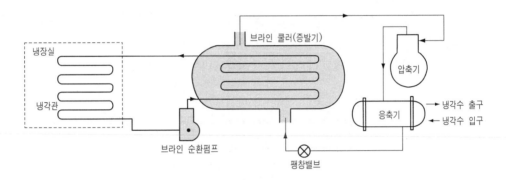

○ **[간접 팽창식 냉동사이클]**

(2) 증발기 내의 냉매상태에 따른 분류

1) 건식(乾式) 증발기(dry expansion evaporator)

① 팽창밸브에서 팽창된 냉매가 증발기에 유입되어 관 내를 흐르는 동안 증발하여 관출구에서는 완전히 증기가 된다.
② 전열면에서는 액과 가스가 동시에 접촉되어 전열효과는 떨어진다.
③ 소요 냉매량이 적고, 증발기에 고이는 오일도 적다.
④ 증발기 출구에서 액이 유출되지 않도록 팽창밸브에서 냉매유량을 조절한다.

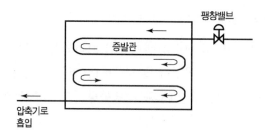

○ [건식 증발기]

2) 반만액식(semi-flooded evaporator)

① 증발기 내에 냉매가 어느 정도 고이게 한 것으로 건식과 만액식의 중간 상태이다.

② 증발기에 냉매를 공급할 때 건식은 위에서 공급(top feed)하는데 비해 반만액식은 주로 아래에서 공급(bottom feed)한다.

③ 증발기에서 액이 유출하면 증발기와 압축기사이에 액분리기 설치하여 액을 분리한다.

④ 전열성능은 건식보다 좋고, 만액식보다는 떨어진다.

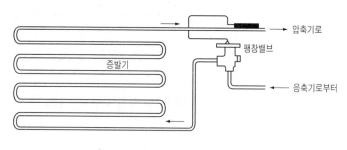

○ [반만액식 증발기]

3) 만액식 증발기(flooded evaporator)

① 증발기 내에는 냉매액으로 항상 가득 차 있으며 증발된 가스는 액 중에서 기포가 되어 상승하여 분리된다.

② 전열면에서는 거의 냉매액과 접촉하고 있기 때문에 열전달이 양호하지만 냉매가 많이 필요하다.

③ 증발기 내에 일정량의 냉매액을 유지하기 위해서는 액면제어장치가 필요하며 또한 액과 증기를 분리시키기 위한 액분리기가 필요하다.

④ 냉동기유는 암모니아의 경우 증발기 하부에서 간단히 제거할 수 있으나 프레온의 경우에는 냉매와 혼합되기 때문에 별도의 유회수장치가 필요하다.

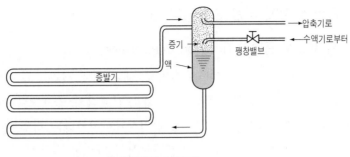

○ **[만액식 증발기]**

4) 액순환식(액펌프식) 증발기(liquid pump type evaporator)

① 증발기에 냉매액을 액펌프를 사용하여 강제적으로 순환시킨다.

② 액펌프를 이용하여 증발기에서 증발하는 냉매량의 4~6배의 냉매액을 강제순환시킨다.

③ 냉매액을 강제순환시키므로 오일의 체류 우려가 없고, 다른 형식의 증발기보다 순환되는 냉매액이 많으므로 전열이 가장 우수하다.

④ 증발기 출구에는 기・액 혼합상태이며 액체는 저압수액기(액분리기)에서 증발기로 재순환하고 증기만 압축기로 흡입되어 액압축이 방지된다.

⑤ 증발기 내는 거의 액상태이며 유속이 빠르고, 냉동기유가 체류하지 않는다.

⑥ 증발기 내의 압력손실이 문제가 되지 않아 증발기의 배관길이가 긴 대형장치에 이용된다.

⑦ 냉매량이 많이 소요되며 액펌프, 저압수액기 등 설비가 필요하다.

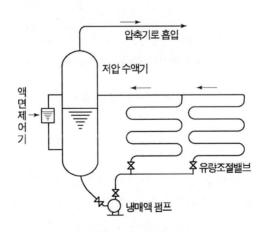

○ **[액순환식 증발기]**

(2) 기타 냉각에 의한 증발기의 종류

1) 핀 튜브식 증발기(fin tube evaporator)

핀 튜브식 증발기는 증발관 표면에 원형 또는 사각형의 핀을 붙여 전열효과를 증가시킨 것으로 나관식 증발기에 비해 냉각효과가 좋으므로 관의 길이를 짧게 할 수 있으나 증발관 외면에 생기는 성애(적상)를 제거하는 작업이 어렵다. 이 증발기에는 자연대류식과 강제대류식 및 강제통풍식이 있으며 냉각팬을 가지는 강제통풍식 핀튜브형 증발기를 일반적으로 유닛 쿨러(unit cooler)라고 한다.

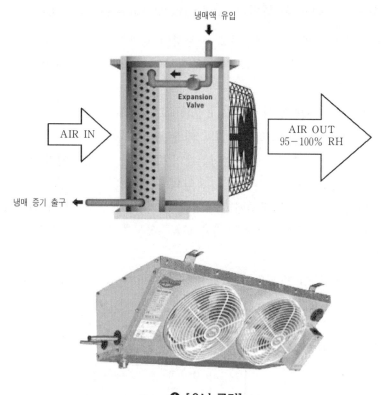

○ [유닛 쿨러]

2) 판형 증발기(plate type evaporator)

판형 증발기의 단순한 형태는 가정용 냉장고, 쇼 케이스 등의 냉각용으로 주로 사용된다. 알루미늄이나 스테인리스 강판을 압접하고, 금속판에 나관 코일을 밀착시킨 것을 주로 사용하며 관 외부에 공기나 물, 브라인 등이 접촉하여 냉각되도록 한다. 냉매의 통로, 증발기의 크기와 형상을 다양하게 만들 수 있으므로 다용도로 사용된

다. 판의 표면에는 프레스 가공으로 적당한 요철을 만들어 난류를 촉진시킴으로써
열전달을 향상시키고 있다. 화학공업이나 식품공업 등에서 많이 사용되고 있으며, 해
수용 등 부식성이 강한 곳에는 티탄 등의 재료를 사용한다.

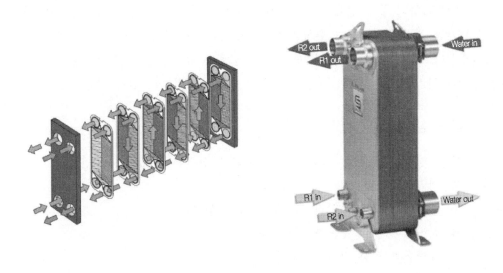

⬆ [판형 증발기]

3) 공기 냉각용 증발기 및 수 냉각용 증발기

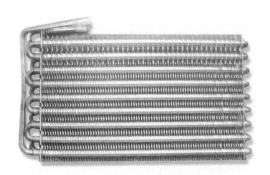

⬆ [공기 냉각용 증발기]

⬆ [수 냉각용 증발기]

4-3 제상(defrost system)

(1) 역할

0℃ 이하의 공기 냉각용 증발기에서 대기 중의 수증기가 응축, 동결되어 서리상태로 냉각관 표면에 부착하는 현상을 적상(frost)이라고 한다. 적상이 되면 증발기의 전열을 방해하고, 통풍량을 감소시키게 되어 냉장실 내 온도상승 및 압축기에서의 액압축 발생 등의 여러 가지 악영향 등을 고려하여 이를 제거하는 작업을 제상(defrost)이라 한다.

(2) 적상(착상)의 영향

① 전열불량으로 냉각능력 저하에 따른 냉장실내 온도 상승
② 액압축 발생 우려
③ 증발온도 및 증발압력 저하로 압축비 상승
④ 실린더 과열로 토출가스온도 상승
⑤ 윤활유의 열화 및 탄화 우려
⑥ 체적효율 저하 및 압축기 소요동력 증대
⑦ 성적계수 및 냉동능력 감소

(3) 제상 시 주의해야 할 사항

① 적상이 두꺼워지면 제상하기 어렵게 되므로 빨리 제상하여 제상시간을 단축을 도모한다.
② 제상작업은 고 내의 온도를 상승시키며 히트펌프 난방의 경우에는 가열용량을 저하시키기 때문에 가능한 단시간에 해야 한다.
③ 제상한 드레인(응축수)이 다시 동력되어 드레인의 배출을 방해하고, 축적되어 송풍기의 회전에 지장을 일으키지 않아야 한다.
④ 제상할 수 없는 부분이 남아서 차츰 단단한 얼음덩어리로 되지 않도록 한다.
⑤ 냉매압력의 이상상승을 방지한다.

(4) 제상 방법

1) 압축기 정지제상(off cycle defrost)

압축기를 정지시킨 후 증발기로의 냉매공급을 차단하고, 송풍기의 운전을 계속하여 고 내 공기에 의해 제상하며 녹은 서리는 드레인 팬에 떨어져서 드레인 호스의

트랩을 통해 배수되는 방식으로 고내 온도가 5℃ 정도인 냉장고에서 냉장품의 손상이 없는 경우에 사용하여야 한다.

2) 전열 제상(electiric defrost)

냉각관 일부에 핀 튜브 형태의 전열히터를 삽입한 것으로 전기히터는 타이머에 의해 조절되며 제상온도조절기를 부착하여 히터의 과열을 방지할 수 있다. 전열 제상은 제상 시 압축기와 증발기 송풍기를 정지시키고 히터에 전원이 공급되어 적상부를 가열하여 제상한다. 이때 일반적으로 드레인 팬 및 드레인 배수관에도 전기히터를 설치하여 드레인의 배수에 지장이 없도록 한다. 주로 공기냉각기(유닛 쿨러)나 소형 냉동장치에 사용하며 대형의 경우 히터 제작상의 문제나 고장 시 수리 등의 문제가 있고 전열히터의 용량은 증발온도에 따라 다르나 1RT당 5kW 정도가 소요된다.

3) 살수식 제상(water spray defrost)

공기 냉각기의 송풍기를 정지하고, 냉매공급을 차단한 후 코일표면에 10~25℃의 온수를 5~6분 정도 살수하고, 그 후 2~3분간 배수를 한다. 주로 저온의 냉장창고용 공기냉각기 등에서 많이 사용되는 방식으로 살수 중 공기냉각기의 냉매압력 상승에 주의하고 필요에 따라서 압축기 흡입측으로 압력을 바이패스시켜야 한다. 또한 살수한 물 및 서리가 녹은 드레인은 드레인 팬을 통해 배수되지만 그 배수관이 동결하여 막히는 일이 없도록 보온하거나 전기히터로 가열하여야 한다.

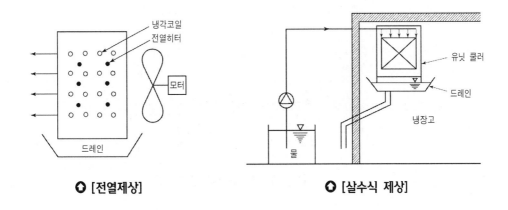

⊕ [전열제상]   **⊕ [살수식 제상]**

4) 부동액 분무제상(antifreeze spray defost)

냉각관 표면에 부동액(에틸렌글리콜이나 프로필렌글리콜 등의 수용액)을 살포시켜 서리가 생기지 않도록 하는 방식으로 제상으로 인한 운전정지가 없어 고 내 온도가 상승하는 일이 없고, 적상에 의한 냉각관의 전열저항이 없어 열통과율이 좋으나 부동액의 일정한 농도 유지를 위한 가열, 재생하기 위한 에너지 손실과 부동액의 소비 등으로 유지비가 많이 들며 부동액에 의한 부식에 주의하여야 한다. 부동액을 항상 살포하는 방식과 제상시에만 살포하는 방식이 있다.

5) 고압가스 제상(hot gas defrost)

압축기에서 토출된 고온·고압의 냉매가스를 직접 증발기로 유입시켜 고압가스의 응축잠열에 의해 증발기 코일을 가열하여 제상하는 방법으로 제상시간이 짧고, 쉽게 설비할 수 있으며 소형 및 대형의 경우 가장 많이 사용한다. 고온가스의 현열을 이용하는 방법과 잠열을 이용하는 방법이 있다.

① 소형 냉동장치의 제상

제상시간이 설정된 타이머에 연결된 제상용 전자밸브를 열려 압출기 출구에서 인출된 고온가스가 소공을 통해 증발기로 유입되어 핫가스의 현열을 이용하여 제상되며 제상시간이 지나면 타이머에 의해 전자밸브가 닫혀 정상운전이 된다. 이 제상방법은 매우 짧은 시간에 제상을 실시할 수 있고, 설비도 쉬워 현재 많이 이용되고 있다. 소형 냉동장치는 냉매 충전량이 적으므로 제상시 냉매가 증발기 내에서 응축 액화되면 증발기에 냉매 전량이 체류하여 정상 운전이 되지 않는다. 이러한 경우에는 고온가스의 잠열을 이용하여 제상한다.

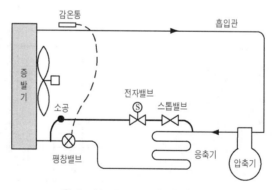

❖ [소형 냉동장치의 제상장치]

참고	소공(orifice)의 역할
	제상시 증발기로 유입되는 고압가스의 압력을 저하시켜 응축잠열을 크게 하여 제상 도중 고압가스가 응축액화되지 않도록 하기 위하여 설치한다.

② 대형 냉동장치의 제상(증발기가 1대인 경우)

대형 냉동장치에서는 증발기 제상 시 고온고압의 가스가 응축될 수 있으므로 압축기 입구에 액분리기를 설치하여 액압축을 방지하도록 하여야 한다. 이러한 제상 방법은 증발기가 1대인 경우, 2대인 경우, 제상용수액기를 이용한 제상, 재증발코일을 이용한 제상, 서모뱅크를 이용한 제상, 4방밸브를 이용한 제상 등이 있다.

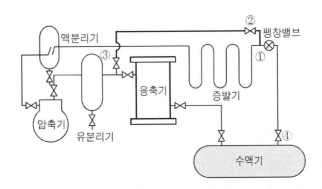

○ [증발기가 1대인 경우 제상]

㉠ 정상운전 중에 수액기 출구밸브 ④를 닫아 액관 중에 냉매액을 완전히 회수하고 팽창밸브 ①을 닫아 증발기 내의 냉매를 압축기로 흡입시킨다.

㉡ 고압가스 지변 ②, ③을 서서히 열어 고압가스를 증발기에 유입시킨다.

㉢ 제상이 시작되면서 고압가스는 응축 액화된다.

㉣ 제상이 완료되면 ② 및 ③밸브를 닫는다.

㉤ 수액기 출구밸브 ④ 및 팽창밸브 ①을 열어 정상운전에 들어간다.

4-4 펌프다운과 펌프아웃

(1) 펌프다운(pump down)

1) 목적

냉동장치에서 저압측(증발기, 흡입관 등) 냉매를 고압측(응축기나 수액기 등)으로 회수하는 작업으로 압축기 정지 후 재기동 시 압축기의 액압축을 방지하거나 저압측의 기기나 압축기 등을 점검 및 수리 등을 하기 위하여 개방작업 시 냉매손실을 방지하고, 프레온 냉매 방출에 따른 환경오염 등을 줄일 수 있다.

2) 펌프다운(pump down) 운전 시스템

냉동실이나 냉장실의 온도가 설정온도로 내려가면 온도조절스위치의 접점이 차단되어 액관에 설치되어 있는 전자밸브만을 닫고, 압축기나 응축기는 계속 작동되어 액관 전자밸브 이후의 냉매가 응축기나 수액기 등의 고압측으로 회수(펌프다운) 된다. 이 때 저압측의 냉매가 회수되면 저압이 급격히 낮아지게 되고, 저압차단스위치(LPS)의 단절점(cut out)에 도달하게 되면 저압차단스위치가 차단되어 압축기와 응축기를 정지시켜 냉동작용이 정지된다. 이때 저압차단스위치(LPS)의 설정압력은 진공이 되지 않도록 약 $0.1\,kg/cm^2$으로 세팅한다.

다시 고내 온도가 상승되면 온도조절스위치에 의해 액관 전자밸브가 열려 냉매가 증발기로 공급되어 저압이 상승하여 LPS의 단입점(cut in) 이상이 되면 압축기 및 응축기가 기동되어 냉동작용을 하게 된다.

3) 펌프다운 방법

① 소형 냉동장치

㉠ 팽창밸브 직전의 밸브를 닫는다.

㉡ 저압차단스위치는 저압이 어느 정도 진공이 되어도 작동하지 않게 조정한다.

㉢ 압축기를 운전하여 흡입가스 압력이 $0\,kg/cm^2$G보다 낮은 진공압력에 도달하면 압축기를 정지하고, 바로 토출측 밸브를 닫는다.

㉣ 이로서 저압측 냉매가 고압측으로 회수된다.

(2) 펌프아웃(pump out)

냉동장치에서 고압측(응축기나 수액기 등)에 누설이나 기타 이상이 발생시 점검 및 수리를 위해 고압측의 냉매를 저압측으로 회수시키는 작업으로 저압측 용량이 적으면 고압측 냉매를 외부의 용기로 뽑아내거나 펌프아웃 시 응축시의 압력이 지나치게 낮아져 응축기가 동파되지 않도록 주의한다.

냉동기의 부속장치

냉동기의 부속장치

1 고압측 부속장치

1-1 수액기(high pressure liquid receiver)

(1) 역할

응축기와 팽창밸브사이에 설치하여 응축기에서 응축액화된 고온고압의 냉매액을 일시 저장하는 용기로 저장량은 내용적의 3/4(75%) 이하로 한다. 냉동장치를 정지 또는 휴지할 때나 저압측 부분을 수리하고자 할 때 냉매를 회수(펌프다운)하여 저장하는 용기이다.

(2) 수액기 사용 시 주의사항

① 수액기는 액냉매의 팽창성을 고려하여 용기의 크기는 충분할 것(NH$_3$ 냉매순환량의 1/2 이상을 충전할 수 있는 크기일 것)

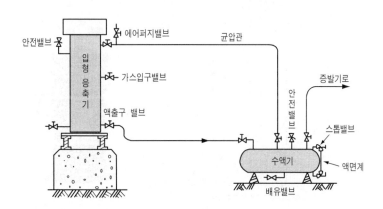

❖ [수액기 배관도]

② 수액기가 2대 이상이고 직경이 다른 경우는 각 수액기의 상단을 일치시킨다.(증발부하 감소시 수액기의 냉매량이 증가하면 작은쪽 수액기의 만액 또는 액봉현상을 피할 수 있다.)

③ 액면계는 금속제 커버로 보호한다.(파손시 냉매의 분출 방지를 위해 수동볼밸브 또는 자동볼밸브를 설치한다.)

④ 안전밸브의 원변은 항상 열어 놓을 것

⑤ 균압관의 크기는 충분한 것으로 사용한다.

⑥ 수액기의 위치는 응축기보다 낮은 곳에 설치한다.

⑦ 용접부분간의 거리는 판두께의 10배 이상일 것

⑧ 용접이음부에는 배관이나 기기를 접속하지 않을 것

⑨ 직사광선이나 화기를 피하여 설치할 것

⑩ 충격이 가해지지 않도록 주의할 것

◐ [수액기의 외형]

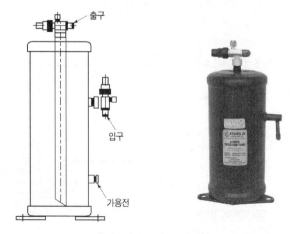

◐ [소형 입형 수액기]

1-2 유분리기(oil separator)

압축기에서 토출되는 냉매가스 중에는 오일이 미립자 상태로 함께 토출되는 경우가 있는데 오일이 응축기나 증발기로 넘어가면 전열작용을 방해하고, 압축기에는 윤활유가 부족하게 되어 윤활작용이 불량해지므로 유분리기를 이용하여 냉매가스 중의 오일을 분리시켜 재사용한다.

(1) 개요

오일이 냉매에 혼입되어 냉동장치 내를 순환하게 되면 응축기, 증발기 등의 열교환기에서 유막을 형성하여 전열효과가 떨어지고, 압축기 토출 냉매가스 중에 혼입된 오일을 분리하여 압축기로 되돌려 주지 않으면 압축기 내에 윤활유 부족이 생기게 되어 압축에서의 윤활작용이 저하된다. 따라서, 압축기와 응축기 사이의 토출가스 배관 중에 유분리기를 설치하여 토출가스 중에 혼입된 오일을 분리하여 오일이 어느 정도 고이면 이를 압축기 크랭크 케이스로 되돌린다. 암모니아 냉동장치에서는 토출가스 온도가 높아 오일이 다소 탄화되어 있을 때가 많으므로 유분리기에서 분리된 오일을 직접 압축기로 돌려보내는 일은 적다.

(2) 설치위치

① 프레온 냉동기 : 압축기와 응축기 사이의 압축기 가까운 곳(1/4지점)
② 암모니아 냉동기 : 압축기와 응축기 사이의 응축기 가까운 곳(3/4지점)

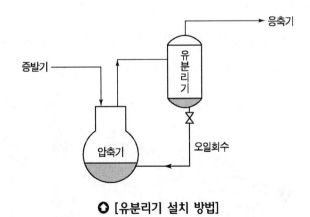

○ [유분리기 설치 방법]

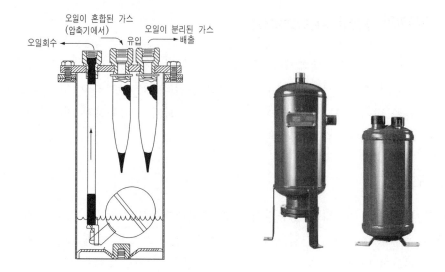

(3) 설치하는 경우

① 만액식 증발기를 사용하는 경우

② 다량의 오일이 토출가스에 혼입되는 것으로 생각되는 경우

③ 토출가스 배관이 길어지는 경우(9m 이상)

④ 증발온도가 낮은 저온장치인 경우

1-3 투시경(sight glass)

(1) 설치 목적

냉동장치 내의 충전 냉매량의 부족 여부와 수분의 혼입상태를 확인한다.

⬆ [사이트 글라스]

(2) 설치위치

응축기와 팽창밸브사이 고압의 액관에 설치한다.

(3) 수분의 침입 확인(제조사별로 다를 수 있음)

① 녹　색 : 냉매가 건조한 상태
② 황록색 : 요주의
③ 황　색 : 수분이 다량 함유

(4) 충전 냉매의 적정량 확인방법

① 기포가 없을 때
② 투시경 내에 기포가 있으나 움직이지 않을 때
③ 투시경 입구측에는 기포가 있고, 출구측에는 없을 때
④ 기포가 연속적으로 보이지 않고, 가끔 보일 때

1-4 필터 드라이어(filter & drier)

(1) 설치 목적

프레온 냉동장치에서 수분 침입으로 인한 팽창밸브 출구의 동결폐쇄를 방지하고 수분으로 인한 화학반응으로 냉동 부속기기의 산화를 방지하며 프레온 배관의 동 찌꺼기, 이물질 등을 여과하여 전자밸브, 팽창밸브의 막힘을 방지한다.

❶ [분리식 코어 쉘 드라이어]　　❶ [필터 드라이어]　　❶ [드라이어]

(2) 수분의 침입 원인

① 저압측의 진공상태로 운전 시 누설부분이 있을 때 공기와 수분이 침입한다.
② 냉매 및 오일 교환 시 경험부족 인한 부주의로 수분 침입
③ 진공작업 불충분으로 잔류하는 수분
④ 수분이 혼합된 냉매 및 오일이나 배관자재 보관 불량시
⑤ 수리 정비 시 부주의시

(3) 수분 침입시 장치에 미치는 영향

① 팽창밸브 막힘(정상적인 냉동기가 진공으로 운전된다.)
② 수분 침입 시 산을 생성(압축기, 유분리기, 수액기, 액분리기 등의 부식)
③ 동부착 현상 촉진(특히, 밀폐형 압축기의 전기 터미널의 쇼트 파손)
④ 흡입압력이 낮아진다.
⑤ 오일이 카라멜 색으로 변함(장치 부식물과 혼합되어 변함)

2 저압측 부속장치

2-1 액분리기(liquid separator, accumulator)

(1) 설치목적

NH_3 만액식 증발기, 또는 부하의 변동이 심한 냉동장치에서 압축기로 유입되는 가스 중의 액을 분리시켜 리키드백(liquied back)에 의한 액압축을 방지하여 압축기를 보호하며 어큐뮬레이터, 셕션 트랩, 서지드럼이라고도 한다.

(2) 설치 위치와 용량

1) 설치 위치

증발기 출구와 압축기 사이 흡입관에 수직방향으로 배관하고, 가능한 증발기보다 높은 위치에 설치하고 압축기에 같은 높이로 근접되도록 설치하여야 한다.

2) 용량

증발기 내용적의 20~25% 정도의 용량으로 하고, 액분리기 내부관을 유동하는 유속이 낮아지면 오일 반송구멍을 통한 냉동기유가 압축기로 회수되지 않을 수도 있다.

3) 설치하는 경우

① 암모니아(NH_3) 만액식 냉동장치
② 부하변동이 심한 경우
③ 만액식 브라인 쿨러의 경우

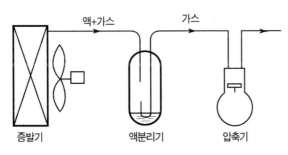

○ [액분리기의 설치위치]

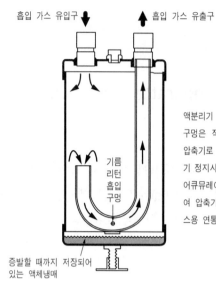

흡입 가스 유입구 ↓   ↑ 흡입 가스 유출구

기름
리턴
흡입
구멍

액분리기 내부의 U자관 바닥부에 있는 a
구멍은 적정량의 오일을 흡입가스와 함께
압축기로 돌리는 연통구멍, b구멍은 압축
기 정지시에 증발기측의 압력상승에 의하여
어큐뮤레이터내의 냉매액이 a구멍을 통하
여 압축기에 유입하는 것을 방지하는 밸런
스용 연통구멍이다.

증발할 때까지 저장되어
있는 액체냉매

⬆ [액분리기의 내부구조]

⬆ [액분리기의 외형]

4) 분리된 냉매의 처리방법

① 증발기로 재순환시킨다.
② 열교환기에 의해 증발시켜 압축기로 회수시킨다.
③ 액회수 장치를 이용하여 고압측 수액기로 회수한다.

5) 액압축(liquid back)

증발기로 나오는 냉매일부가 열전달 불량 등의 이유로 증발기 내에서 기체로 충분
히 증발하지 못하고 액체상태로 압축기로 유입되는 현상

① 액압축의 발생 원인

  ㉠ 팽창밸브의 개도가 너무 클 때

  ㉡ 증발부하가 급격히 변동할 때(부하 감소)

  ㉢ 증발기에 적상 및 유막이 과대할 때

  ㉣ 액분리기가 불량일 때

  ㉤ 냉매가 과충전 되었을 때

  ㉥ TEV의 경우 감온통 부착이 불량할 때

  ㉦ 흡입배관에 트랩 등과 같은 액이 고이는 장소가 있을 때

  ㉧ 압축기 용량 과대 및 증발기 용량 부족

② 액압축으로 나타나는 영향

  ㉠ 토출가스 온도가 저하되며 심하면 토출관이 차가워진다.

  ㉡ 흡입관이나 실린더가 냉각되어 이슬이 맺히거나 상이 낀다.

  ㉢ 냉동능력이 감소한다.

  ㉣ 압축기 소요동력이 증가한다.

  ㉤ 심할 경우 크랭크 케이스에 적상, 액해머링이 일어나 타격음이 난다.

  ㉥ 압력계 및 전류계의 지침이 떨리고, 압축기가 파손될 수 있다.

③ 액압축 방지대책

  ㉠ 정도에 따라 흡입밸브를 조이거나 닫는다.

  ㉡ 흡입관에 적상이 생길 정도로 경미할 경우에는 팽창밸브를 닫는다.

  ㉢ 냉매액을 과잉 공급하지 않는다.

  ㉣ 증발기의 냉동부하를 급격하게 변화시키지 않는다.

  ㉤ 압축기에 가까이 있는 흡입관의 액고임을 없앤다.

  ㉥ 냉동부하에 비해 과다한 능력의 압축기를 사용하지 않는다.

  ㉦ 액분리기(accumulator)를 설치한다.

2-2 액가스 열교환기(heat exchanger)

(1) 설치 목적

① 응축기 출구의 냉매액을 과냉각시켜 팽창 시 플래시가스량을 감소시켜 냉동효과를 증대시킨다.

② 압축기 흡입가스를 과열시켜 압축기에서의 액압축을 방지한다.

③ 냉동효과 및 성적계수 향상과 냉동능력이 증대된다.

④ 프레온 만액식 증발기에서 유회수를 용이하게 하기 위해 설치한다.

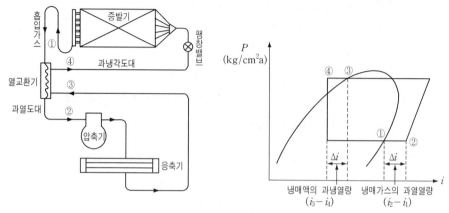

⊙ [액가스 열교환기의 계통도 및 P-i선도]

(2) 종류

① 관접촉식(용접식)   ② 쉘 엔 튜브식   ③ 이중관식

⊙ [이중관식 열교환기]

3 자동제어장치

3-1 전자밸브(S/V, solenoide valve)

응축기(수액기)와 팽창밸브 사이에 설치하며 전기적인 신호에 의하여 전기가 공급되면 열리고, 전기가 차단되면 닫히므로 냉매흐름을 제어하는 역할을 한다. 압축기 한 대로써 여러대의 증발기를 사용하는 경우 각각의 팽창밸브 전에 설치하여 냉장고 내의 온도를 제어하는 역할을 한다. 증발기 내 제상작업이나 냉동장치의 수리를 할 경우 전자밸브를 차단하므로써 저압측(증발기)의 냉매를 고압측에 이송할 때(pump down) 사용된다.

(1) 개요

① 전자석의 원리를 이용하여 밸브의 개폐(on-off)시킨다.
② 밸브의 개폐 역할만 하는 것으로 유량 조절은 불가능하다.
③ 용량 및 액면제어, 온도제어, 액압축 방지, 제상, 냉매 및 브라인 등의 흐름을 제어한다.(액관 전자밸브, 제상용 전자밸브, 용량제어용 전자밸브 등)
④ 전자코일에 전기가 통하면 플런저가 상승하여 열리고, 전기가 통하지 않으면 닫힌다.
⑤ 소용량에는 직동식 전자변을 사용하고, 대용량에서는 파일럿 전자변을 사용한다.

(2) 전자밸브 설치 시 주의사항

① 전자밸브의 화살표방향과 유체의 흐름방향을 일치시킨다.
② 전자밸브의 전자코일을 상부로 하고, 수직으로 설치한다.
③ 전자밸브의 폐쇄를 방지하기 위해 입구측에 여과기를 설치한다.

④ 전자밸브의 하중이 걸리지 않도록 한다.

⑤ 전압과 용량에 맞게 설치한다.

⑥ 고장, 수리 등에 대비하여 바이패스관을 설치할 수도 있다.

3-2 증발압력조정밸브(EPR, evaporator pressure regulator)

(1) 역할

냉동장치 운전 중 증발압력이 일정 이하가 되어 냉수 및 브라인 등의 동결이나 압축비 상승으로 인한 영향을 방지하기 위하여 증발압력을 일정하게 유지한다.

(2) 작동원리

밸브의 입구측 압력에 의해 작동하고, 증발기에서 나온 냉매의 압력은 입구측에서 벨로즈로 가해지며 그 힘이 조절나사에 의해 조정된 스프링의 힘(설계 증발압력)보다 커지면 밸브는 열린다. 따라서 밸브는 항상 조정된 수치보다 증발압력이 높을 경우에는 열리고, 낮은 경우는 닫혀 있다.

(3) 설치위치

① 증발기가 1대일 때 : 증발기 줄구에 설치

② 증발기가 여러 대일 때 : 증발온도가 높은 증발기 출구배관에 설치하고, 증발온도가 가장 낮은 곳에는 체크밸브를 설치하여 장치 정지시 고온용 증발기로 부터의 역류로 인한 냉매가스의 응축을 방지한다.

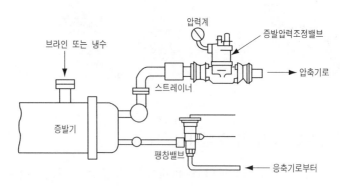

○ [증발기가 1대일 때]

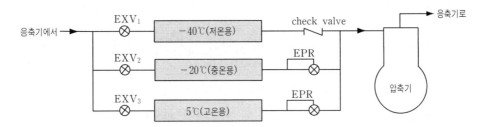

◎ [온도가 다른 증발기가 여러대일 때]

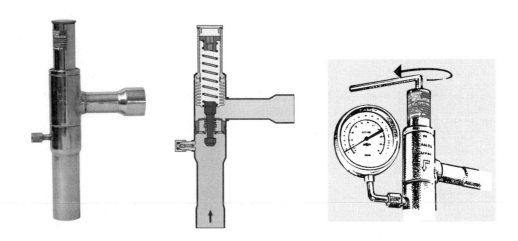

◎ [증발압력조정밸브]

◎ [역류방지(체크)밸브]

(4) 설치 경우

① 1대의 압축기로 증발온도가 서로 다른 여러 대의 증발기를 사용하는 경우
② 냉수 및 브라인의 동결 우려가 있는 경우
③ 고압가스 제상 시 응축기 압력제어로 응축기 냉각수 동결을 방지하고자 하는 경우
④ 냉장실 내의 온도가 일정 이하로 내려가면 안되는 경우
⑤ 피냉각 물체의 과도한 제습을 방지하고자 하는 경우

3-3 흡입압력조정밸브(SPR, suction pressure regulator)

(1) 역할

압축기 흡입압력이 일정압력 이상으로 되었을 때 과부하로 인한 압축기 모터의 소손을 방지하기 위해 설치한다. 특히 저온용 냉동장치나 핫가스제상 후 장시간 정지한 후 기동하는 경우 설치한다.

(2) 작동 원리

SPR 출구측 압력에 의하여 흡입압력이 일정 이상으로 상승하면 밸브는 닫히게 되고, 일정 이하로 저하되면 밸브가 열리게 된다. 흡입압력을 설정치 이하로 유지하여 급격하게 부하가 증가했을 경우 등 흡입압력의 상승에 의한 압축기의 오버로드(over load) 방지용으로서 사용한다.

(3) 설치위치

압축기 직전의 흡입배관에 설치

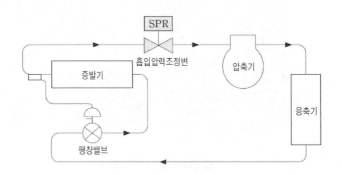

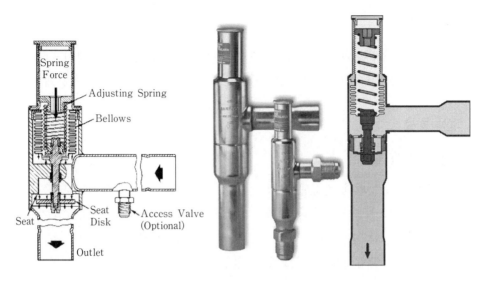

○ [흡입압력조정밸브]

(4) 설치 경우

① 흡입압력의 변동이 심한 경우(압축기 안정을 위해)

② 압축기가 높은 흡입압력으로 기동되는 경우(과부하 방지)

③ 높은 흡입압력으로 장시간 운전되는 경우(과부하 방지)

④ 저전압에서 높은 흡입압력으로 기동되는 경우(과부하 방지)

⑤ 고압가스 제상으로 인하여 흡입압력이 높아지는 경우(과부하 방지)

⑥ 흡입압력이 과도하게 높아 액압축이 일어날 경우(액압축 방지)

3-4 응축압력조정밸브(CPR, condensing pressure regulator)

(1) 역할

공냉식 응축기에서는 외기의 온도 변화에 따라 응축압력이 변화하게 된다. 응축압력은 될 수 있으면 낮은 편이 좋으나 너무 낮아지면 고저압의 압력차가 적어져 팽창밸브에 흐르는 냉매량이 감소하게 된다. 특히 겨울철에 냉동기를 운전하게 되면 외기온도의 저하에 따라 응축능력이 증가하여 응축압력이 너무 낮아져 팽창밸브의 전후에서 차압이 형성되지 않아 팽창밸브의 능력이 떨어지고, 냉매공급량이 적어져 냉동능력이 저하하게 된다. 이러한 현상을 방지하기 위해 응축압력조정밸브는 겨울철 공냉식 응축기의 응축압력의 저하를 방지하기 위한 목적으로 사용된다.

(2) 작동원리

겨울철 외기온도가 낮아지면 공냉식 응축기의 응축압력이 저하되는데 이때 응축압력이 설정압력보다 낮아지면 밸브의 개도를 닫아 응축압력을 일정하게 유지한다.

(3) 종류

1) 직동형

벨로우즈에 의한 씰링된 압력 설정용 스프일과 밸브 플레이트로 구성되어 있으며 응축압력 조정밸브를 응축기 출구에 설치하여 입구압력이 저하하면 밸브가 닫히고, 입구압력이 상승되면 밸브가 열리는 압력 비례제어밸브로 회로도에 있는 바이패스밸브(NRD)는 응축압력조정밸브가 닫혀 있을 때 수액기를 가압시키기 위한 밸브이다.

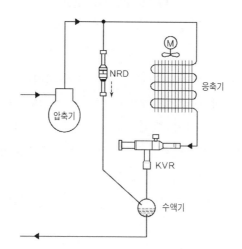

※ KVR : 응축압력조정밸브
NRD : 바이패스밸브
(차동압력조절기)

○ [공냉식 응축기의 응축압력기 예]

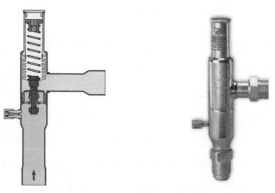

○ [직동형 응축압력조정밸브]

2) 3방형

응축압력의 설정치가 고정되어 있으며 정상운전 상태에서 냉매액은 응축기에서 수액기로 흐르지만 응축압력이 설정치보다 낮아지면 응축기로부터의 냉매액의 유입을 차단하고 압축기 토출가스를 수액기로 바이패스시켜 수액기 압력, 즉 팽창밸브의 입구 압력을 적정하게 유지할 수 있도록 한다.

(4) 설치위치

응축기 출구

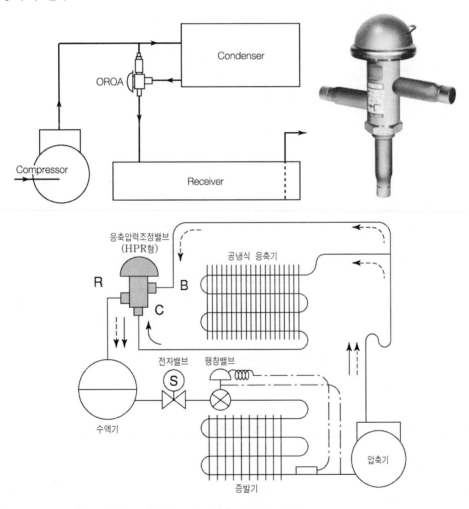

· 응축압력이 설정치보다 높은 경우(여름철) C → R
· 응축압력이 설정치보다 낮은 경우(겨울철) B → R

○ **[3방형 응축압력조정밸브]**

3-5 용량조정밸브(capacity regulator)

　냉동시스템의 우회도로 회로에 용량 조정밸브를 설치하고, 가스형태로 대체 용량을
공급하여 압축기 용량을 증발기의 부하변동에 맞추어 압축기의 용량을 제어하며 고저
압측간의 바이패스 라인에 설치되며 흡입관에 직접 가스 주입하여 제어한다. 이외 핫
가스 제상 회로 등에서도 사용된다.

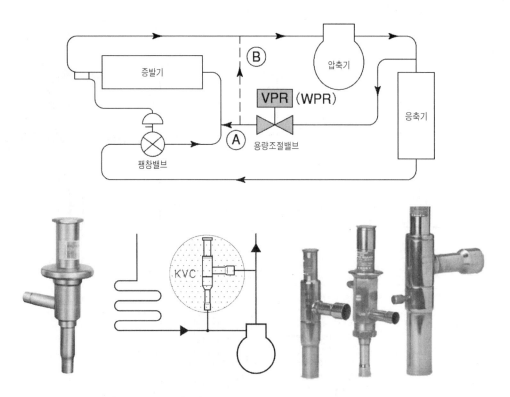

❖ [hot gas by-pass capacity regulators]

3-6 자동급수조절밸브, 절수밸브(water regulating valve)

(1) 역할

　① 수냉식 응축기 부하변동에 따른 응축기 냉각수량을 제어하여 냉각수를 절약한다.
　② 냉각수량 제어로 응축압력을 일정하게 유지한다.
　③ 냉동기가 운전 정지 중에는 냉각수를 차단하여 경제적인 운전을 도모한다.

(2) 종류

1) 압력 작동식 절수밸브

응축기 냉각수 입구측에 설치하며 응축압력을 검지하여 압력이 상승하면 밸브가 열려 냉각수가 통수되고, 압력이 저하하면 밸브가 닫혀 냉각수 공급이 중지된다. 한편 운전 정지 중에는 냉각수를 단수시키므로 경제적인 운전을 할 수 있다.

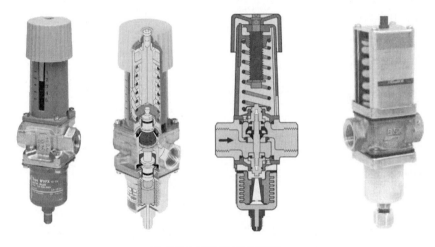

○ [압력 작동식 절수밸브]

2) 온도식 절수밸브

브라인이나 냉각수 출구에 부착하며 감온통이 설치되어 응축온도를 검지하여 온도 상승시 밸브가 열려 냉각수를 통수시켜 주는 구조로 되어 있다.

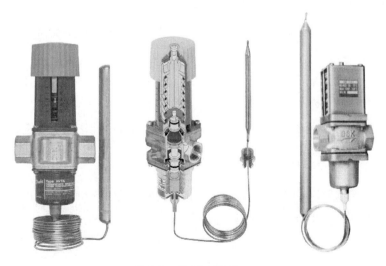

○ [온도식 절수밸브]

3-7 단수 릴레이

(1) 역할

① 브라인 냉각기 및 수냉각기(chiller)에서 브라인이나 냉수량의 감소 및 단수에 의한 배관의 동파를 방지하기 위해 압축기를 정지시킨다.
② 수냉식 응축기에서 냉각수량의 감소 및 단수에 의한 이상 고압상승을 방지하기 위해 압축기를 정지시킨다.

(2) 설치위치

브라인 및 냉수 입구측 배관에 설치

(3) 종류

1) 단압식

① 냉수 또는 냉각수 출입구의 어느 한 쪽을 감지함으로써 작동한다.
② 출·입구의 압력차가 생기므로 일반적으로 사용되지 않는다.

2) 차압식

① 냉수 또는 냉각수 출입구 양쪽의 압력을 감지함으로써 작동한다.
② 양쪽의 압력차에 의해 압력차가 크면 작동한다.

3) 수류식(플로 스위치 : flow switch)

① 냉수 또는 냉각수 배관에 설치하여 물의 저항에 의해 유수량을 감지하여 작동한다.
② 액배관의 수평부분에 수직으로 설치하여 배관내 액체의 유동에 따라 가동편이 움직여 작동한다.
③ 가동편의 방향이 정확하게 액 흐름에 대하여 직각이 되도록 설치한다.

4) 설치상 주의사항

① 스위치의 화살표 방향과 유체의 흐름 방향을 일치시킨다.
② 가동편이 물의 흐름과 직각이 되도록 한다.

3-8 온도 조절기(TC, thermostat)

(1) 역할

측온부의 온도변화를 감지하여 전기적으로 압축기를 on-off시킨다.

(2) 종류

바이메탈식, 가스압력식, 전기저항식 등

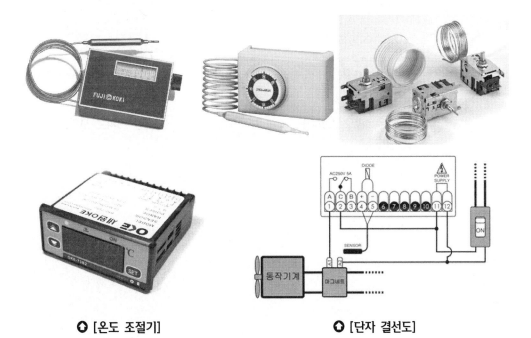

⬆ [온도 조절기]   ⬆ [단자 결선도]

3-9 습도 조절기(humidistat) 등

인간의 모발을 주로 이용하여 습도가 증가하면 모발이 늘어나서 전기적 접점이 붙어 이에 의하여 전자밸브 등을 작동시켜 감습장치를 작동하게 한다.

❂ [습도 조절기]

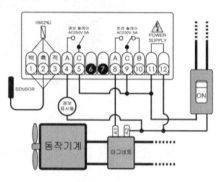

❂ [단자 결선도]

❂ [온 · 습도 조절기]

❂ [팬 스피드 모터]

4 안전장치

4-1 안전밸브(safety valve)

(1) 역할

압축기나 압력용기 내 냉매가스의 압력이 이상 상승되었을 때 작동하여 냉매가스를 장치의 저압부로 보내거나(내장형) 대기중(수조)에 분출시켜(외장형) 이상압력으로 인한 장치의 파손을 방지하는 기기로서 압축기는 정지시킬 수 없다.

(2) 작동압력

① 정상 고압보다 $5\,\mathrm{kgf/cm^2}(0.5\,\mathrm{MPa})$ 이상
② 장치의 내압시험압력(TP)의 8/10배 이하

(3) 설치위치

① 압축기 토출밸브와 토출지변(스톱밸브) 사이에 고압차단스위치(HPS)와 같은 위치에 설치한다.
② 압축기가 여러 대일 때는 각 압축기의 토출지변 직전에 설치한다.

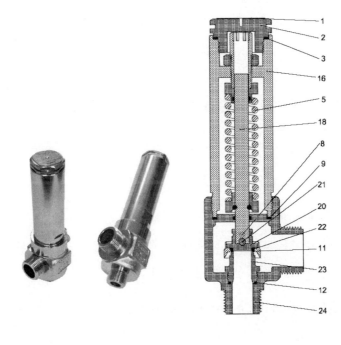

(4) 구분

1) 외장형 안전밸브

① 분출가스를 대기중에 방출하므로 냉매의 손실이 많다.

② 흡입압력의 고·저와 관계없이 이상고압에서 작동한다.

③ 작동압력＝정상고압＋5 kgf/cm^2(0.5MPa) 이상

2) 내장형 안전밸브

① 분출가스는 저압측(흡입측)으로 유도하므로 냉매의 손실은 없다.

② 압축기 크랭크 케이스 하우징의 고압부와 저압부의 칸막이 벽면에 내장되어 있다.(프레온 냉매에만 사용 가능)

③ 흡입압력이 상승하면 안전밸브 작동압력도 상승된다.

④ 작동압력＝정상고압＋4.5 kgf/cm^2(0.45MPa) 이상

(5) 종류

1) 스프링식(spring safety valve)

① 스프링의 장력을 이용한다.

② 반영구적으로 사용할 수 있다.

③ 고압장치에 많이 사용한다.

2) 중추식(weight safety valve)

① 추의 중량을 이용하여 가스압력이 상승되었을 때 작동한다.

② 현재 보편적으로 사용되지 않는다.

3) 지렛대식(lever type safety valve)

4-2 파열판(rupture disk)

① 압력용기 등에 설치하여 내부압력의 이상 상승 시 박판이 파열되어 가스를 분출한다.

② 1회용으로 한번 파열되면 새로운 것으로 교체하여야 한다.

③ 스프링식 안전밸브보다 가스분출량이 많다.

④ 주로 터보냉동기 저압측이나 프레온 냉매용기 상부 등에 설치한다.

⑤ 구조가 간단하고 취급이 용이하다.

⑥ 지지방식에 따라 플랜지형, 유니온형, 나사형이 있다.

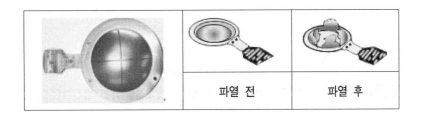

| | 파열 전 | 파열 후 |

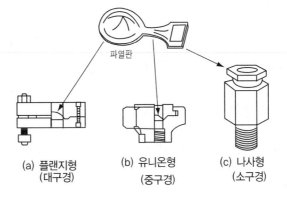

파열판

(a) 플랜지형 (대구경) (b) 유니온형 (중구경) (c) 나사형 (소구경)

4-3 가용전(fusible plug)

① 프레온용 수액기나 냉매용기의 증기부에 설치하여 화재 등으로 인한 온도 상승 시 가용합금이 용융되어 가스를 분출한다.

② 합금의 성분은 납(Pb), 주석(Sn), 안티몬(Sb), 카드뮴(Cd), 비스무스(Bi) 등이다.

③ 용융온도는 $68 \sim 75\,℃$이다.

④ 압축기 토출가스의 영향을 받지 않는 곳에 설치한다.

⑤ 가용전의 구경은 최소 안전밸브 구경의 $\frac{1}{2}$ 이상으로 한다.

⑥ 암모니아 냉동장치에서는 가용합금이 침식되므로 사용하지 않는다.

⑦ 주로 20R/T 미만의 프레온용 응축기나 수액기의 상부에 안전밸브 대신 설치한다.

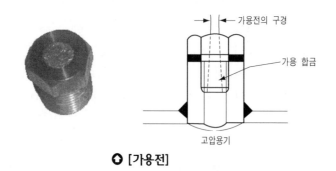

✪ [가용전]

4-4 고압 차단 스위치(HPS, high pressure control swith)

(1) 역할

고압이 일정 이상의 압력으로 상승되면 전기접점이 차단되어 압축기를 정지시켜 이상고압으로 인한 장치의 파손을 방지한다.

(2) 압축기의 안전장치로 작동압력

정상고압+4 kgf/cm^2(0.4MPa) 정도

(3) 설치위치

① 1대의 압축기 제어 시 : 토출밸브와 토출지변 사이(압축기와 토출지변 사이)
② 여러 대의 압축기 제어 시 : 토출가스에 공동 헤더를 설치하여 제어한다.

(4) 종류

1) 수동 복귀형

고압측 압력이 상승하여 설정압력에 도달하게 되면 접점이 떨어져 장치(압축기)가 정지되고 설정압력의 상승 원인을 제거한 후 수동으로 리셋(reset) 버튼을 누르면 장치가 작동하는 스위치이다.

2) 자동 복귀형

고압측 압력이 상승하여 설정압력에 도달하게 되면 접점이 떨어져 장치(압축기)가 정지되고 설정압력의 상승 원인을 제거되어 설정한 차압(diff) 이하로 압력이 낮아지면 자동으로 접점이 복귀되어 장치가 기동되는 스위치이다.

❶ [고압 차단 스위치 외관]   ❶ [고압 차단 스위치의 구조]

(5) 고압 차단 스위치의 설정방법

스위치의 접점이 끊어지는 점을 단절점(cut out)이라고 하며 전원이 다시 연결되어 공급되는 점을 단입점(cut in)이라고 한다. 단입점과 단절점의 차이를 편차(differential)라고 한다. 냉동장치의 고압부의 이상 압력 상승으로 고압 차단 스위치의 접점이 차단되는 단절점(cut out)을 $24\,kgf/cm^2G$(2.35MPa, 23.52bar)로 설정하고, 작동 압력차, 즉 차압(diff)을 $2\,kgf/cm^2G$(0.196MPa, 1.96bar)로 설정한다면 단입점(cut in)은 22 kgf/cm^2G(2.16MPa, 21.56bar)가 된다.

(6) 에어컨 등 소형장치에 사용되는 자동 복귀형 고압, 저압차단스위치

구 분	고압 차단 스위치	저압 차단 스위치
설치위치	압축기 토출측 배관	압축기 흡입측 배관
목 적	응축불량 등으로 냉동장치 내의 고압의 상승으로 다이어프램이 팽창하여 가변접점을 밀어 스위치가 off되어 압축기 소손을 방지	냉매의 누설이나 외기온도 강하에 따른 장치 내의 압력이 떨어지면 다이어프램이 수축하여 가변접점이 떨어지며 off되어 압축기 소손을 방지
작동압력	off=27±1 kgf/cm²G	off=2.2±1 kgf/cm²G
	on=20±1 kgf/cm²G	on=3.2±1 kgf/cm²G

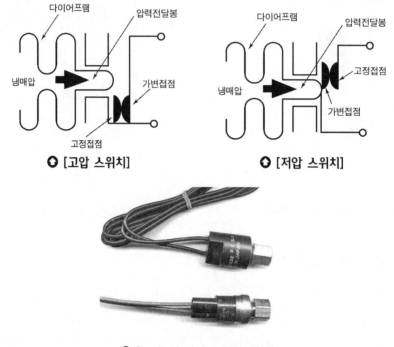

⬆ [고압 스위치]　　　**⬆ [저압 스위치]**

⬆ [고압 및 저압 스위치 외형]

(7) 고압 차단 스위치(HPS)의 작동 검사 방법

① 운전 중 조종압력(cut out point)을 상용압력까지 낮추어 조정압력에서 작동하면 정상이다.

② 운전 중 응축기 냉각수량을 감소 또는 단수시켰을 때 조정압력에서 작동하면 정상이다.(위험을 수반한다.)

③ 운전 중 토출지변을 조정하면서 조정압력까지 고압을 상승시켰을 때 작동하면 정상이다.(위험을 수반한다.)

4-5 저압 차단 스위치(LPS, low pressure control switch)

(1) 용도에 따른 구분

1) 압축기 보호용

저압이 일정 이하가 되면 작동하여 압축기를 정지시킨다.

2) 언로드형

저압이 일정 이하가 되면 전기접점이 작동하여 언로드용 전자밸브가 작동하여 유압이 언로드피스톤에 걸려 용량제어를 한다.

(2) 설치 위치

압축기 흡입관에 설치한다.

(3) 저압 차단 스위치의 설정방법

냉동장치의 저압이 설정압력(단절점, cut out point) 이하로 되면 접점이 차단되어 액관 전자밸브를 닫고, 압축기와 응축기를 정지시키며 저압측압력이 정상이 되면 다시 전자밸브를 열어주고 압축기와 응축기를 재기동하여 정상운전이 된다.

(4) 저압 차단 스위치(LPS)의 작동 검사 방법

① 운전 중 저압을 상용압력까지 조정압력을 높였을 때 작동하면 정상이다.
② 운전 중 흡입지변을 조정하면서 조정압력까지 저압을 저하시켰을 때 작동하면 정상이다.

4-6 고·저압 차단 스위치(DPS, dual pressure switch)

① 고압이 일정 이상이 되거나 저압이 일정 이하가 되면 압축기의 구동을 정지시킨다.
② 고압차단측은 압축기 토출압력에 의해, 저압차단측은 압축기 흡입압력에 의해 작동된다.
③ 고압 차단용과 저압 차단용을 합친 것으로 하나의 케이스에 각각이 독립해서 존재하고, 접점부분만이 한곳에 모아져 있다.

④ 고압스위치에는 압력상승 시 장치를 정지시키기 위한 리셋버튼이 있는 수동 복귀형과 주로 실외 팬제어용 스위치로 사용되고 있는 리셋버튼이 없는 자동 복귀형의 것이 있으며 저압스위치는 대부분 자동 복귀형을 사용하고 있다.

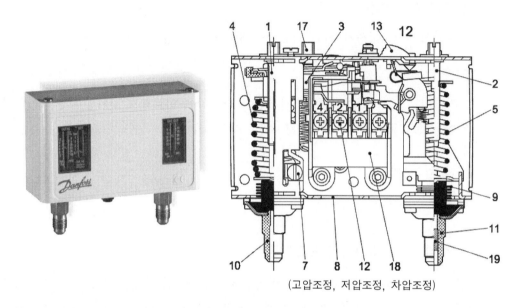

(고압조정, 저압조정, 차압조정)

○ [고저압 차단스위치 외형]

4-7 유압 보호 스위치(OPS, oil pressure protection switch)

① 압축기 기동 시에 일정 시간(60~90초) 내에 유압이 형성되지 않거나 운전 중 유압이 일정 이하로 될 경우 압축기를 정지시켜 윤활 불량으로 인한 압축기의 파손을 방지한다.

② 흡입압력과 유압의 차압에 의해 작동된다.

③ 바이메탈식과 가스통식이 있으며 주로 바이메탈식을 사용한다.

④ 유압보호스위치(OPS)의 작동 검사 방법 : 압축기와 전동기를 연결하는 커플링 또는 벨트를 해체한 후 전동기만 운전하여 60~90초 경과 후 전동기가 정지하면 정상이다.

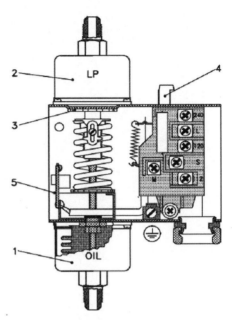

○ [유압 보호 스위치 외형]　　○ [유압 보호 스위치 구조]

냉동배관

05 냉동배관

1 배관 일반

1-1 배관 재료

1 배관의 구비조건

① 관내 흐르는 유체의 화학적 성질
② 관내 유체의 사용압력에 따른 허용 압력한계
③ 관의 외압에 따른 영향 및 외부 환경조건
④ 유체의 온도에 따른 열 영향
⑤ 유체의 부식성에 따른 내식성
⑥ 열팽창에 따른 신축흡수
⑦ 관의 중량과 수송조건 등

2 배관의 재질에 따른 분류

(1) **철금속관** : 강관, 주철관, 스테인리스강관 등
(2) **비철금속관** : 동관, 연(납)관, 알루미늄관 등
(3) **비금속관** : PVC관, PB관, PE관, PPC관, 원심력 철근콘크리트관(흄관), 석면시멘트관(에터니트관), 도관 등

3 배관의 종류

1. 강관(Steel pipe)

강관은 일반적으로 건축물, 공장, 선박 등의 급수, 급탕, 냉난방, 증기, 가스배관 외에

산업설비에서의 압축 공기관, 유압배관 등 각종 수송관으로 또는 일반 배관용으로 광범위하게 사용된다.

(1) 제조방법에 의한 분류

① 이음매 없는 강관(seamless pipe)　　② 단접관
③ 전기저항 용접관　　　　　　　　　　④ 아크용접관

(2) 재질상 분류

① 탄소강 강관　　　② 합금강 강관　③ 스테인리스 강관

(3) 강관의 특징

① 연관, 주철관에 비해 가볍고, 인장강도가 크다.
② 관의 접합방법이 용이하다.
③ 내충격성 및 굴요성이 크다.
④ 주철관에 비해 내압성이 양호하다.

(4) 강관의 종류와 사용용도

종류	KS명칭	KS규격	사용온도	사용압력	용도 및 기타사항
배관용	(일반)배관용 탄소강관	SPP	350℃ 이하	10kg/cm^2 이하	사용압력이 낮은 증기, 물 기름, 가스 및 공기 등의 배관용으로 일명 가스관이라 하며 아연(Zn) 도금 여부에 따라 흑강관과 백강관(400g/m^2)로 구분되며, 25kg/cm^2의 수압시험에 결함이 없어야 하고 인장강도는 30kg/mm^2 이상이어야 한다. 1본(本)의 길이는 6m이며 호칭지름 6~500A까지 24종이 있다.
	압력배관용 탄소강관	SPPS	350℃ 이하	$10\sim100\text{kg/cm}^2$ 이하	증기관, 유압관, 수압관 등의 압력배관에 사용, 호칭은 관두께(스케줄번호)에 의하며, 호칭지름 6~500A(25종)
	고압배관용 탄소강관	SPPH	350℃ 이하	100kg/cm^2 이상	화학공업등의 고압배관용으로 사용, 호칭은 관두께(스케줄번호)에 의하며, 호칭지름 6~500A(25종)
	고온배관용 탄소강관	SPHT	350℃ 이상	-	과열증기를 사용하는 고온배관용으로 호칭은 호칭지름과 관두께(스케줄번호)에 의함
	저온배관용 탄소강관	SPLT	0℃ 이하	-	물의 빙점 이하의 석유화학공업 및 LPG, LNG, 저장탱크배관 등 저온배관용으로 두께는 스케줄번호에 의함

종류	KS명칭	KS규격	사용온도	사용압력	용도 및 기타사항
배관용	배관용 아크용접 탄소강관	SPW	350℃ 이하	10kg/cm² 이하	SPP와 같이 사용압력이 비교적 낮은 증기, 물, 기름, 가스 및 공기 등의 대구경 배관용으로 호칭지름 350~2,400A(22종), 외경×두께
	배관용 스테인리스강관	STS	-350~ 350℃	-	내식성, 내열성 및 고온배관용, 저온배관용에 사용하며, 두께는 스케줄번호에 의하며, 호칭지름 6~300A
	배관용 합금강관	SPA	350℃ 이상	-	주로 고온도의 배관용으로 두께는 스케줄번호에 의하며 호칭지름 6~500A
수도용	수도용 아연도금강관	SPPW	-	정수두 100m 이하	SPP에 아연도금(550g/m²)를 한 것으로 급수용으로 사용하나 음용수배관에는 부적당하며 호칭지름 6~500A
	수도용 도복장강관	STPW	-	정수두 100m 이하	SPP 또는 아크용접 탄소강관에 아스팔트나 콜타르, 에나멜을 피복한 것으로 수도용으로 사용하며 호칭지름 80~1,500A(20종)
열전달용	보일러 열교환기용 탄소강관	STH	-	-	관의 내외에서 열교환을 목적으로 보일러의 수관, 연관, 과열관, 공기 예열관, 화학공업이나 석유공업의 열교환기, 콘덴서관, 촉매관, 가열로관 등에 사용, 두께 1.2~12.5mm, 관지름 15.9~139.8mm
	보일러 열교환기용 합금강 강관	STHB(A)	-	-	
	보일러 열교환기용 스테인리스강관	STS×TB	-	-	
	저온 열교환기용 강관	STLT	-350~ 0℃	15.9~139.8mm	빙점 이하, 특히 낮은 온도에 있어서 관 내외에서 열교환을 목적으로 열교환기관, 콘덴서관에 사용
구조용	일반구조용 탄소강관	SPS	-	21.7~1,016mm	토목, 건축, 철탑, 발판, 지주, 비계, 말뚝, 기타의 구조물에 사용, 관두께 1.9~16.0mm
	기계구조용 탄소강관	SM	-	-	기계, 항공기, 자동차, 자전거, 가구, 기구 등의 기계부품에 사용
	구조용 합금강 강관	STA	-	-	자동차, 항공기, 기타의 구조물에 사용

(5) 스케줄 번호(Schedule No) : 관의 두께를 표시

$$Sch - No = \frac{P}{S} \times 10$$

P : 최고사용압력(kg/cm²)
S : 허용응력(kg/mm²) = 인장강도/안전률(4)

참고   ❖ 스케줄 번호(Sch-No)는 5S, 10S, 20S, 40S, 80S, 120S, 160S 등이 있다.

(6) 강관의 표시방법

강관의 표시방법은 아래와 같고, 관끝면의 형상은 300A 이하는 PE(plain end)로 하고, 350A 이상에서는 PE를 표준으로 하고 있으나, 주문자의 요구에 의해 BE(beveled end)로 할 수 있다.

○ **관의 표시 방법**

○ **제조방법에 따른 기호**

기 호	용 도	기 호	용 도
E	전기저항 용접관	E-C	냉간완성 전기저항 용접관
B	단접관	B-C	냉간완성 단접관
A	아크용접관	A-C	냉간완성 아크 용접관
S-H	열간가공 이음매 없는관	S-C	냉간완성 이음매 없는 관

2. 주철관(Cast Iron Pipe : CIP관)

주철관은 순철에 탄소가 일부 함유되어 있는 것으로 내압성, 내마모성이 우수하고, 특히 강관에 비하여 내식성, 내구성이 뛰어나므로 수도용 급수관(수도본관), 가스 공급관, 광산용 양수관, 화학공업용 배관, 통신용 지하매설관, 건축설비 오배수배관 등에 광범위하게 사용한다.

(1) 제조방법에 의한 분류

① 수직법 : 주형을 관의 소켓 쪽 아래로 하여 수직으로 세우고, 용선을 부어 제조
② 원심력법 : 금형을 회전 시키면서 쇳물을 부어 제조

(2) 재질상 분류

① 보통 주철관 : 내구성과 내마모성은 고급주철관과 같으나 외압이나 충격에 약하고 무름

② 고급 주철관 : 주철 중의 흑연함량을 적게 하고, 강성을 첨가하여 금속조직을 개선한 것으로 기계적 성질이 좋고 강도가 크다.

③ 구상흑연(덕타일) 주철관 : 양질의 선철에 강을 배합한 것이며 주철중의 흑연을 구상화(球狀化)시켜서 질이 균일하고, 치밀하며 강도가 크다.

(3) 압력에 따른 분류

① 고압관 : 정수두 100mH$_2$O 이하

② 보통압관 : 정수두 75mH$_2$O 이하

③ 저압관 : 정수두 45mH$_2$O 이하

(4) 주철관의 특징

① 내구력이 크다.

② 내식성이 커 지하 매설배관에 적합하다.

③ 다른 배관에 비해 압축강도가 크나 인장에 약하다.(취성이 크다.)

④ 충격에 약해 크랙(creak)의 우려가 있다.

⑤ 압력이 낮은 저압(7~10kg/cm^2 정도)에 사용한다.

3. 스테인리스 강관(Stainless steel pipe)

상수도의 오염으로 배관의 수명이 짧아지고, 부식의 우려가 있어 스테인리스강관의 이용도가 증대하고 있다.

(1) 스테인리스 강관의 종류

① 배관용 스테인리스 강관

② 보일러 열교환기용 스테인리스 강관

③ 위생용 스테인리스 강관

④ 배관용 아크용접 대구경 스테인리스 강관

⑤ 일반배관용 스테인리스 강관

⑥ 구조 장식용 스테인리스 강관

(2) 스테인리스 강관의 특징

① 내식성이 우수하고, 위생적이다.

② 강관에 비해 기계적 성질이 우수하다.

③ 두께가 얇아 가벼워서 운반 및 시공이 용이하다.

④ 저온에 대한 충격성이 크고, 한랭지 배관이 가능하다.

⑤ 나사식, 용접식, 몰코식, 플랜지이음 등 시공이 용이하다.

4. 동관(Copper Pipe)

동은 전기 및 열전도율이 좋고 내식성이 뛰어나며 전연성이 풍부하고, 가공도 용이하여 판, 봉, 관 등으로 제조되어 전기재료, 열교환기, 급수관, 급탕관, 냉매관, 연료관 등 널리 사용되고 있다.

(1) 동관의 분류

구 분	종 류	비 고
사용된 소재에 따른 분류	인탈산 동관 터프피치 동관 무산소 동관 동합금관	일반 배관재로 사용 순도 99.9% 이상으로 전기기기 재료 순도 99.96% 이상 용도 다양
질별분류	연질(O) 반연질(OL) 반경질(1/2H) 경질(H)	가장 연하다 연질에 약간의 경도강도 부여 경질에 약간의 연성부여 가장 강하다
두께별 분류	K-type L-type M-type N-type	가장 두껍다 두껍다. 보통 얇은 두께(KS규격은 없음)
용도별 분류	워터 튜브(순동 제품) ACR 튜브(순동 제품) 콘덴서 튜브(동합금 제품)	일반적인 배관용(물에 사용) 열교환용 코일(에어콘, 냉동기) 열교환기류의 열교환용 코일
형태별 분류	직관(15~150A=6m), 200A 이상=4m) 코일(L/W : 300m B/C : 50,70,100m 　　　　P/C=10, 15, 30m) PMC-808	일반 배관용 상수도, 가스 등 장거리 배관 온돌난방 전용

(2) 동관의 특징

① 전기 및 열전도율이 좋아 열교환용으로 우수하다.

② 전 · 연성 풍부하여 가공이 용이하고, 동파의 우려가 적다.

③ 내식성 및 알카리에 강하고, 산성에는 약하다.

④ 무게가 가볍고, 마찰저항이 적다.

⑤ 외부충격에 약하고, 가격이 비싸다.

⑥ 아세톤, 에테르, 프레온가스, 휘발유 등 유기약품에 강하다.

5. 연관(Lead pipe)

일명 납(Pb)관이라 하며, 연관은 용도에 따라 1종(화학공업용), 2종(일반용), 3종(가스용)으로 나눈다.

6. 알루미늄관(Al관)

은백색은 띠는 관으로 구리 다음으로 전기 및 열전도성이 양호하며 전연성이 풍부하여 가공이 용이하여 건축재료 및 화학공업용 재료로 널리 사용된다. 알루미늄은 알칼리에는 약하고 특히 해수, 염산, 황산, 가성소다 등에 약하다.

7. 플라스틱관(Plastic pipe : 합성수지관)

합성수지관은 석유, 석탄, 천연가스 등으로부터 얻어지는 에틸렌, 프로필렌, 아세틸렌, 벤젠 등을 원료로 만들어진 관이다.

(1) 경질 염화 비닐관(PVC관 : poly viny-chloride)

염화비닐을 주원료로 압축 가공하여 제조한 관

① 장점

㉠ 내식성이 크고 산 · 알카리, 해수(염류) 등의 부식에도 강하다.

㉡ 가볍고 운반 및 취급이 용이하며 기계적 강도가 높다.

㉢ 전기절연성이 크고, 마찰저항이 적다.

㉣ 가격이 싸고, 가공 및 시공이 용이하다.

② 단점

㉠ 열가소성수지이므로 열에 약하고, 180℃정도에서 연화된다.

㉡ 저온에서 특히 약하다.(저온취성이 크다.)

㉢ 용제 및 아세톤 등에 약하다.

㉣ 충격강도가 크고, 열팽창이 커 신축이 유의한다.

(2) 폴리 에틸렌관(PE관 : poly-ethylene pipe)

에틸렌에 중합체, 안전체를 첨가하여 압출 성형한 관으로 화학적, 전기적 절연 성질이 염화비닐관보다 우수하고, 내충격성이 크고 내한성이 좋아 −60℃에서도 취성이 나타나지 않아 한냉지 배관으로 적합하나 인장강도가 작다.

(3) 폴리 부틸렌관(PB관 : poly-buthylene pipe)

폴리부틸렌관은 강하고 가벼우며, 내구성 및 자외선에 대한 저항성, 화학작용에 대한 저항 등이 우수하여 온수온돌의 난방배관, 음용수 및 온수배관, 농업 및 원예용 배관, 화학배관 등에 사용되며 나사 및 용접배관을 하지 않고, 관을 연결구에 삽입하여 그래프링(grapring)과 O-링에 의해 쉽게 접합할 수 있다.

(4) 가교화 폴리에틸렌관(XL관 : cross-linked polyethylene pipe)

폴리에틸렌 중합체를 주체로 하여 적당히 가열한 압출성형기에 의하여 제조되며 일명 엑셀파이프라고도 한다. 온수, 온돌 난방코일용으로 가장 많이 사용되며 특징은 다음과 같다.
① 동파, 녹발생 및 부식이 없고, 스케일발생이 없다.
② 기계적 성질 및 내열성, 내한성 및 내화학성이 우수하다.
③ 가볍고 신축성이 좋으며 배관시공이 용이하다.
④ 관이 롤(Roll)로 생산되고, 가격이 싸고, 운반이 용이하다.

(5) PPC관(PolyPropylen Copolymer관)

폴리프로필렌 공중합체를 원료로 하여 열변형 온도가 높아 폴리에틸렌파이프(X-L)의 경우처럼 가교화처리가 필요가 없으며 시멘트 등의 외부자재와 화학작용 및 습기 등으로 인한 부식이 없고, 굴곡가공으로 시공이 편리하며 녹이나 부식으로 인한 독성이 없어 많이 사용된다.

8. 원심력 철근 콘크리트관(흄관)

원통으로 조립된 철근형틀에 콘크리트를 주입하여 고속으로 회전시켜 균일한 두께의 관으로 성형시킨 것으로 상하수도, 배수관에 사용된다.

9. 석면 시멘트관(에터니트관)

석면과 시멘트를 1:5~1:6정도의 중량비로 배합하고, 물을 혼합하여 로울러로 압력을 가해 성형시킨 관으로 금속관에 비해 내식성이 크며 특히 내알카리성에 우수하고, 수도용, 가스관, 배수관, 공업용수관 등의 매설관에 사용되며 재질이 치밀하여 강도가 강하다.

10. 도관(陶管)

점토를 주원료로 하여 반죽한 재료를 성형 소성한 것으로 소성 시 내흡수성을 위해 유약을 발라 표면을 매끄럽게 한다.

4 배관 이음

1. 철금속관의 이음

(1) 강관 이음

강관의 이음방법에는 나사에 의한 방법, 용접에 의한 방법, 플랜지에 의한 방법 등이 있다.

① 나사 이음

배관에 숫나사를 내어 부속 등과 같은 암나사와 결합하는 것으로 이 때 테이퍼나사는 1/16의 테이퍼(나사산의 각도는 55°)를 가진 원뿔나사로 누수를 방지하고, 기밀을 유지한다.

㉠ 사용목적에 따른 분류
ⓐ 관의 방향을 바꿀 때 : 엘보, 벤드 등
ⓑ 관을 도중에 분기 할 때 : 티, 와이, 크로스 등
ⓒ 동일 지름의 관을 직선 연결 할 때 : 소켓, 유니온, 플랜지, 니플(부속연결) 등
ⓓ 지름이 다른 관을 연결할 때 : 레듀셔(이경소켓), 부싱(부속연결), 이경엘보, 이경티 등
ⓔ 관의 끝을 막을 때 : 캡, 플러그, 막힘(맹)플랜지 등
ⓕ 관의 분해, 수리, 교체를 하고자 할 때 : 유니온, 플랜지 등

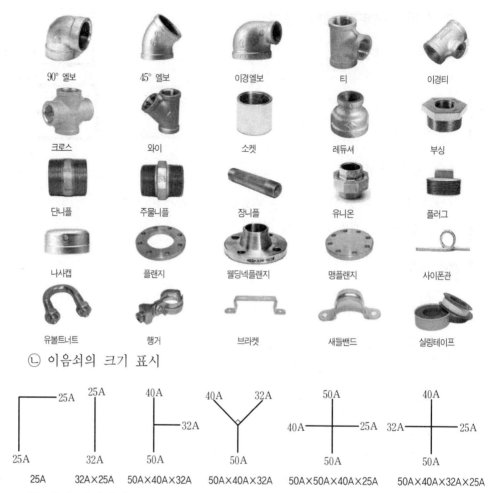

ⓛ 이음쇠의 크기 표시

25A	32A×25A	50A×40A×32A	50A×40A×32A	50A×50A×40A×25A	50A×40A×32A×25A

ⓒ 배관 길이계산

ⓐ 직선배관 길이산출

배관 도면에서의 치수는 관의 중심에서 중심까지를 mm 나타내는 것을 원칙으로 하며 특히, 정확한 치수를 내기 위해서는 부속의 중심에서 단면까지의 중심길이와 파이프의 유효나사길이, 또는 삽입길이를 정확히 알고 있어야 정확한 치수를 구할 수 있다.

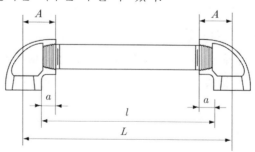

파이프의 실제(절단)길이
부속이 동일한 경우 $l = L - 2(A - a)$
부속이 다를 경우 $l = L - [(A - a) + (B - b)]$

L : 파이프의 전체길이
l : 파이프의 실제길이
A : 부속의 중심길이
a : 나사 삽입길이

ⓑ 45° 관에서의 파이프 실제(절단)길이

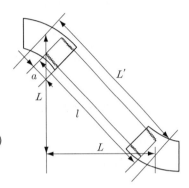

- 45° 파이프 전체길이
  $$L' = \sqrt{2} \cdot L = 1.414 \times L$$
- 파이프 실제 절단길이(동일부속)
  $$l = L' - 2(A - a)$$
- 파이프 실제 절단길이(부속이 다를 때)
  $$l = L' - \{(A - a) + (B - b)\}$$

② 용접이음

전기용접과 가스용접 두가지가 있으며 가스용접은 용접속도가 전기용접보다 느리고 변형이 심하다. 전기용접은 지름이 큰 관을 맞대기 용접, 슬리브용접 등을 사용하며 모재와 용접봉을 전극으로 하고, 아크를 발생시켜 그 열(약 6,000℃)로 순간에 모재와 용접봉을 녹여 용접하는 야금적 접합법이다.

㉠ 맞대기 용접

관 끝을 아래 그림과 같이 베벨가공한 다음 관을 롤러작업대 또는 V블록 위에 올려놓고 양쪽 관 끝의 루트간격을 정확히 잡은 후 이음 개소의 관의 안지름과 관 축이 일치되게 조정하여 검사 한 후 3~4개 부위를 가접한 다음 관을 회전시키면서 아래보기(flat position)자세로 용접한다.

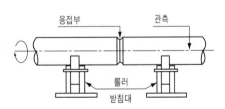

ㄴ 삽입식(슬리브) 용접

주로 특수 배관용 삽입 용접시 이음
쇠를 사용하여 이음하는 방법이다.
압력배관, 고압배관, 고온 및 저온배
관, 합금강배관, 스테인리스강 배관
의 용접이음에 채택되며 누수의 염
려가 없고 관지름의 변화가 없는 것
이 특징이다.

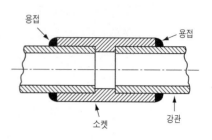

| 참고 | ✪ 슬리브 길이는 관경의 1.2~1.7배 정도이다. |

③ 플랜지 이음

ㄱ 관의 보수, 점검을 위하여 관의 해체 및 교환을 필요로 하는 곳에 사용한다.

ㄴ 관 끝에 용접이음 또는 나사이음을 하고, 양 플랜지 사이에 패킹(packing)을 넣어 볼트로 결합한다.

ㄷ 플랜지를 결합할 때에는 볼트를 대칭으로 균일하게 조인다.

ㄹ 배관의 중간이나 밸브, 펌프, 열교환기 등의 각종 기기의 접속을 위해 많이 사용한다.

ㅁ 플랜지에 따른 볼트수는 15~40A : 4개, 50~125A : 8개, 150~250A : 12개, 300~400A : 16개가 소요된다.

ㅂ 플랜지면의 모양에 따른 종류 및 용도

플랜지 종류	호칭압력(kg/cm²)	용 도
전면 시트	16 이하	주철재 및 구리합금재
대평면 시트	63 이하	부드러운 패킹을 사용시
소평면 시트	16 이상	경질의 패킹을 사용시
삽입형 시트	16 이상	기밀을 요하는 경우
홈꼴형 시트	16 이상	위험성 있는 배관 및 매우 기밀을 요구시

| 참고 | **용접이음의 장점** |

① 나사이음보다 이음부의 강도가 크고, 누수의 우려가 적다.
② 두께의 불균일한 부분이 없어 유체의 압력손실이 적다.
③ 부속사용으로 인한 돌기부가 없어 피복(보온)공사가 용이하다.
④ 중량이 감소되고, 재료비 및 유지비, 보수비가 절약된다.
⑤ 작업의 공정수가 감소하고, 배관상의 공간효율이 좋다.

(2) 주철관 이음쇠

① 소켓 이음(Socket joint, Hub-type)

연납(lead joint)이라고도 하며 주로 건축물의 배수배관의 지름이 작은 관에 많이 사용된다. 주철관의 소켓(hub)쪽에 삽입구(spigot)를 넣어 맞춘 다음 마(yarn)를 단단히 꼬아 감고, 정으로 다져 넣은 후 충분히 가열되어 표면의 산화물이 완전히 제거된 용용된 납(연)을 한번에 충분히 부어 넣은 후 정을 이용하여 충분히 틈새를 코킹한다.

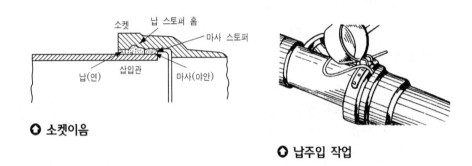

❖ **소켓이음**

❖ **납주입 작업**

② 노허브 이음(No Hub-joint)

최근 소켓(허브)이음의 단점을 개량한 것으로 스테인리스 커플링과 고무링만으로 쉽게 이음할 수 있는 방법으로 시공이 간편하고, 경제성이 커 현재 오배수 배관 등에 많이 사용하고 있다.

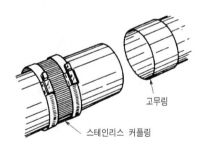

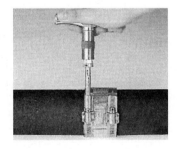

③ 플랜지 이음(Flange joint)

플랜지가 달린 주철관을 플랜지끼리 맞대고 그 사이에 패킹을 넣어 볼트와 너트로 이음한다.

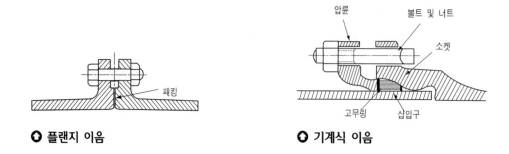

○ 플랜지 이음　　　　　　**○ 기계식 이음**

④ 기계식 이음(Mechanical joint)

고무링을 압륜으로 죄어 볼트로 체결한 것으로 소켓이음과 플랜지이음의 특징을
채택한 것이다.

> | 참고 | **기계식 이음의 특징** |
> |---|---|
>
> ① 수중 작업이 가능하다.
> ② 고압에 잘 견디고, 기밀성이 좋다.
> ③ 간단한 공구로 신속하게 이음이 되며 숙련공을 요하지 않는다.
> ④ 지진 기타 외압에 대하여 굽힘성이 풍부하므로 누수되지 않는다.

⑤ 타이톤 이음(Tyton joint)

고무링 하나만으로 이음이 되고, 소켓내부에 홈은 고무링을 고정시키고, 돌기부
는 고무링이 있는 홈속에 들어 맞게 되어 있으며 삽입구 끝은 테이퍼로 되어 있다.

⑥ 빅토릭 이음(Victoric joint)

특수모양으로 된 주철관의 끝에 고무링과 가단 주철제의 칼라(collar)를 죄어 이
음하는 방법으로 배관 내의 압력이 높아지면 더욱 밀착되어 누설을 방지한다.

2. 비철금속관 이음

(1) 동관 이음

동관이음에는 납땜이음, 플레어이음, 플랜지(용접)이음 등이 있다.

① 땜 이음(Soldering joint)

확관된 관이나 부속 또는 스웨이징 작업을 한 동관을 끼워 모세관 현상에 의해
흡인되어 틈새 깊숙히 빨려드는 일종의 겹침이음이다.

② 플레어 이음(압축이음, Flare joint)

동관 끝부분을 플레어 공구(flaring tool)에 의해 나팔 모양으로 넓히고 압축이음쇠를 사용하여 체결하는 이음 방법으로 지름 20mm 이하의 동관을 이음할 때, 기계의 점검 및 보수 등을 위해 분해가 필요한 장소나 기기를 연결하고자 할 때 이용된다.

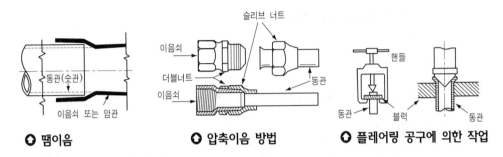

❖ 땜이음   **❖ 압축이음 방법**   **❖ 플레어링 공구에 의한 작업**

③ 플랜지 이음(Flange joint)

관 끝이 미리 꺾어진 동관을 용접하여 끼우고, 플랜지를 양쪽을 맞대어 패킹을 삽입 후 볼트로 체결하는 방법으로서 재질이 다른 관을 연결 할 때에는 동절연플랜지를 사용하여 이음을 하는데 이는 이종 금속간의 부식을 방지하기 위하여 사용된다.

(2) 연(납)관 이음

연관의 이음 방법으로는 플라스턴 이음, 살올림 납땜이음, 용접이음 등이 있다.

(3) 스테인리스강관 이음

① 나사 이음

일반적으로 강관의 나사이음과 동일하다.

② 용접 이음

용접방법에는 전기용접과 불활성가스 아크(TIG)용접법이 있다.

③ 플랜지 이음

배관의 끝에 플랜지를 맞대어 볼트와 너트로 조립한다.

④ 몰코 이음(Molco joint)

스테인리스 강관 13SU에서 60SU를 이음쇠에 삽입하고, 전용 압착공구를 사용하여 접합하는 이음 방법으로 급수, 급탕, 냉난방 등의 분야에서 나사이음, 용접이음대신 단시간에 배관할 수 있는 배관 이음이다.

⑤ MR조인트 이음쇠

관을 나사가공이나 압착(프레스)가공, 용접가공을 하지 않고, 청동 주물제 이음쇠 본체에 관을 삽입하고, 동합금제 링(ring)을 캡너트(cap nut)로 죄어 고정시켜 접속하는 방법이다.

⑥ 기타 이음(원조인트 등)

3. 비금속관 이음

(1) 경질 염화 비닐관(PVC관) 이음

① 냉간 이음

냉간이음은 관 또는 이음관의 어느 부분도 가열하지 않고 접착제를 발라 관 및 이음관의 표면을 녹여 붙여 이음하는 방법으로 TS식 조인트(Taper sized fitting)를 이용하며 가열이 필요 없으며 시공 작업이 간단하여 시간이 절약된다. 또한 특별한 숙련이 필요없고, 경제적 이음방법으로 좁은 장소 또는 화기를 사용할 수 없는 장소에서 작업할 수 있다.

② 열간 이음

열간 접합을 할 때에는 열가소성, 복원성 및 융착성을 이용해서 접합하는 방법이다.

③ 용접 이음

염화비닐관을 용접으로 연결할 때에는 열풍용접기(Hot jet gun)를 사용하며 주로 대구경관의 분기접합, T접합 등에 사용한다.

(2) 폴리 에틸렌관(PE관) 이음

폴리 에틸렌관은 용제에 잘 녹지 않으므로 염화 비닐관에서와 같은 방법으로는 이음이 불가능하며 테이퍼조인트 이음, 인서트 이음, 플랜지 이음, 테이퍼코어 플랜지 이음, 융착슬리브이음, 나사이음 등이 있으나 융착 슬리브 이음은 관 끝의 바깥쪽과 이음부속의 안쪽을 동시에 가열, 용융하여 이음하는 방법으로 이음부의 접합강도가 가장 확실하고 안전한 방법으로 가장 많이 사용된다.

(3) 철근 콘크리트관(흄관) 이음

① 모르타르 접합(Mortar joint)
② 칼라 이음(Compo joint)

(4) 석면 시멘트관(에터니트관)

① 기볼트 이음(Gibolt joint)
② 칼라 이음(Collar joint)
③ 심플렉스 이음(Simplex joint)

4. 신축이음(Expansion Joint)

철의 선팽창계수 α는 1.2×10^{-5}m/m℃로 강관의 경우 온도차 1℃일 때 1m당 0.012mm만큼 신축이 발생하므로 직선거리가 긴 배관의 있어서 관 접합부나 기기의 접속부가 파손될 우려가 있어 이를 미연에 방지하기 위하여 신축이음을 배관의 도중에 설치하는 것이다. 일반적으로 신축이음은 강관의 경우 직선길이 30m당 , 동관은 20m마다 1개정도 설치한다.

> **참고** **선팽창길이(Δl)**
>
> $\Delta l = \alpha \cdot l \cdot \Delta t$ (선팽창계수×관의 길이×온도차)

(1) 루우프형(만곡관, Loop) 신축이음

신축곡관이라고도 하며 강관 또는 동관 등을 루프(loop)모양으로 구부려서 그 휨에 의하여 신축을 흡수하는 것으로 특징은 다음과 같다.

〔특징〕① 고온 고압의 옥외 배관에 설치한다.
② 설치장소를 많이 차지한다.
③ 신축에 따른 자체 응력이 발생한다.
④ 곡률반경은 관지름의 6배 이상으로 한다.

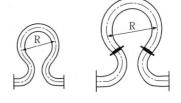

(2) 미끄럼형(Sleeve type)형 신축이음

본체와 슬리브 파이프로 되어 있으며 관의 신축은 본체속의 미끄럼하는 슬리브관에 의해 흡수되며 슬리브와 본체사이에 패킹을 넣어 누설을 방지하고, 단식과 복식의 두가지 형태가 있다.

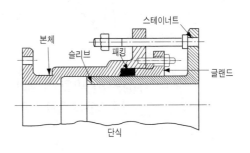

(3) 벨로우즈형(주름통형, 파상형, Bellows type) 신축이음

일반적으로 급수, 냉난방배관에서 많이 사용되는 신축이음으로서 일명 팩레스 (packless)신축이음이라고도 하며 인청동제 또는 스테인리스제의 벨로우즈를 주름 잡아 신축을 흡수하는 형태의 신축이음이다.

〔특징〕 ① 설치공간을 많이 차지하지 않는다.
② 고압배관에는 부적당 하다.
③ 신축에 따른 자체 응력 및 누설이 없다.
④ 주름의 하부에 이물질이 쌓이면 부식의 우려가 있다.

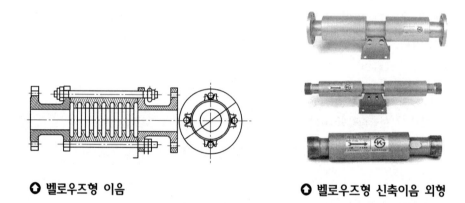

❶ 벨로우즈형 이음   ❶ 벨로우즈형 신축이음 외형

(4) 스위블형(Swivle type) 신축이음

회전이음, 지블이음, 지웰이음 등이라 하며 2개 이상의 나사엘보를 사용하여 이음부 나사의 회전을 이용하여 배관의 신축을 흡수하는 것으로 주로 온수 또는 저압의 증기난방 등의 방열기 주위배관용으로 사용된다.

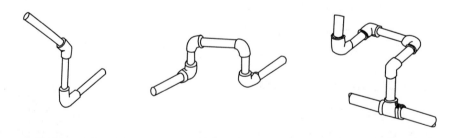

참고	신축허용길이가 큰 순서
	루우프형 〉 슬리브형 〉 벨로우즈형 〉 스위블형

(5) 볼조인트(Ball joint)형 신축이음

볼조인트는 평면상의 변위 뿐만 아니라 입체적인 변위까지 흡수하므로 어떠한 신축에도 배관이 안전하며 설치공간이 적다.

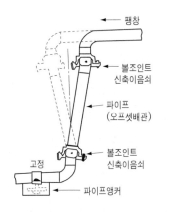

❶ **볼 조인트 신축이음쇠를 이용한 오프셋배관**

❶ **볼조인트 신축 이음쇠 구조**

5. 플렉시블 이음(Flexible joint)

굴곡이 많은 곳이나 기기의 진동이 배관에 전달되지 않도록 하여 배관이나 기기의 파손을 방지한 목적으로 사용된다.

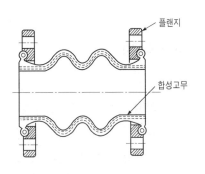

❶ **플렉시블 커넥터**

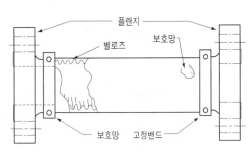

❶ **플렉시블 튜브**

5 배관 부속장치

1. 밸브

유체의 유량조절, 흐름의 단속, 방향전환, 압력 등을 조절하는데 사용

(1) 정지밸브

밸브(Valve, 변)는 유체의 유량을 조절, 흐름을 단속, 방향을 전환, 압력 등을 조절하는데 사용하는 것으로 재료, 압력범위, 접속방법 및 구조에 따라 여러 종류로 나눈다.

① 게이트밸브, 슬루우스밸브(Gate valve, Sluice valve, 사절변)

일반적으로 가장 많이 사용하는 밸브로서 유체의 흐름을 차단(개폐)하는 대표적인 밸브로서 가장 많이 사용하며 개폐시간이 길다.

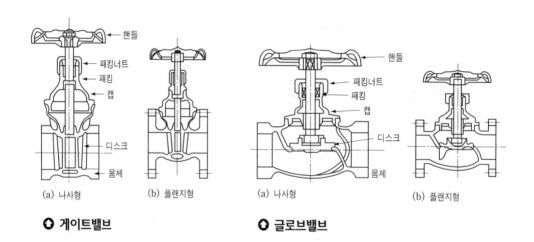

❖ 게이트밸브   **❖ 글로브밸브**

② 글로브밸브(Glove valve, Stop valve, 옥형변)

디스크의 모양이 구형이며 유체가 밸브시트 아래에서 위로 평행하게 흐르므로 유체의 흐름방향이 바뀌게 되어 유체의 마찰저항이 크게 된다. 글로브밸브는 유량조절이 용이하고, 마찰저항은 크다.

참고	니들밸브(neddle valve, 침변)
	디스크의 형상이 원뿔모양으로 유체가 통과하는 단면적이 극히 작아 고압 소유량의 조절에 적합하다.

③ 앵글밸브(Angle valve)

글로브밸브의 일종으로 유체의 입구와 출구의 각이 90°로 되어 있는 것으로 유량의 조절 및 방향을 전환 시켜주며 주로 방열기의 입구 연결밸브나 보일러 주증기밸브로 사용한다.

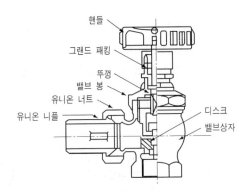

④ 체크밸브(Check valve, 역지변)

유체를 흐름방향을 한 쪽으로만 흐르게 하여 역류를 방지하는 역류방지밸브로서 밸브의 구조에 따라 다음과 같이 구분할 수 있다.

　㉠ 스윙형(swing type) : 수직, 수평배관에 사용

　㉡ 리프트형(lift type) : 수평배관에만 사용

　㉢ 풋형(foot type) : 펌프 흡입관 선단의 여과기와 역지변을 조합

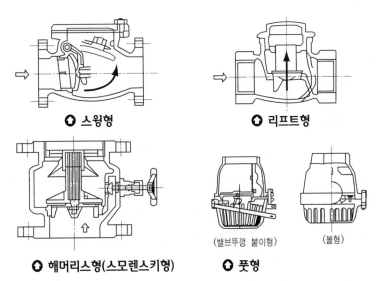

⑤ 볼밸브(Ball valve)

구의 형상을 가진 볼에 구멍이 뚫려 있어 구멍의 방향에 따라 개폐 조작이 되는 밸브이며 90°회전으로 개폐 및 조작도 용이하여 게이트밸브 대신 많이 사용된다.

⑥ 버터플라이밸브(Butterfly valve)

일명 나비밸브라 하며 원통형의 몸체 속에 밸브봉을 축으로 하여 원형 평판이 회전함으로써 밸브가 개폐된다. 밸브의 개도를 알 수 있고, 조작이 간편하며 경량이고, 설치공간을 작게 차지하므로 설치가 용이하다. 작동방법에 따라 레버식, 기어식 등이 있다.

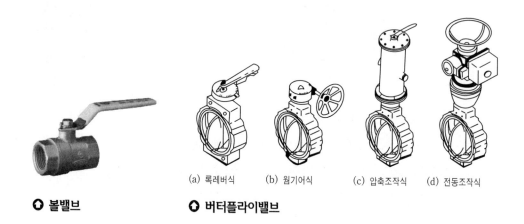

(a) 록레버식   (b) 웜기어식   (c) 압축조작식   (d) 전동조작식

✚ 볼밸브   **✚ 버터플라이밸브**

⑦ 콕(Cock)

콕은 로타리(rotary)밸브의 일종으로 원통 또는 원뿔에 구멍을 뚫고 축을 회전으로 개폐하는 것으로 프러그밸브라고도 하며 1/4(90°)회전으로 급속한 개폐가 가능하나 기밀성이 좋지 않아 고압 대유량에는 적당하지 않다.

(2) 조정밸브

조정밸브는 배관계통에서 장치의 냉온열원의 부하증감 시 자동으로 밸브의 개도를 조절하여 주는 밸브류를 말하는 것으로 다음과 같은 종류가 있다.

① 감압밸브(pressure reducing valve : PRV)

감압밸브는 고압의 압력을 저압으로 유지하여 주는 밸브로서 사용유체에 따라 물과 증기용으로 분류되며 감압밸브는 입구압력에 관계없이 항상 출구의 압력을 일정하게 유지시켜 준다.

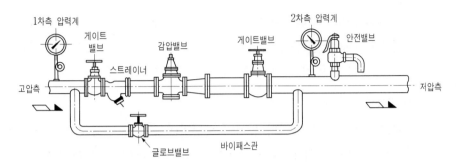

❖ 감압밸브 주위 배관

② 안전밸브(Safety valve)

　고압의 유체를 취급하는 고압용기나 보일러, 배관 등에 설치하여 압력이 규정한
도 이상으로 되면 자동적으로 밸브가 열려 장치나 배관의 파손을 방지하는 밸브로
서 스프링식과 중추식, 지렛대식이 있으며 일반적으로 스프링식 안전밸브를 가장
많이 사용한다.

③ 전자밸브(Solenoid valve)

　전자코일에 전류를 흘려서 전자력에 의한 플런저가 들어 올려지는 전자석의 원
리를 이용하여 밸브를 개폐시키는 것으로 일반적으로 15A 이하는 솔레노이드의
추력으로 직접 밸브를 개폐하는 방식의 직동형 전자밸브가 사용되지만 유체의 차
압이 큰 관로에는 차압을 이용하여 밸브를 개폐하는 파일롯트식이 사용되며 단순
히 밸브를 ON-OFF 시킬 수 있다.

④ 전동밸브

　㉠ 2방밸브(2-Way valve)

　　기기의 부하에 따른 유량을 제어하기 위한 밸브로서 밸브의 개도조절이 가능
　　하여 유량을 제어할 수 있다.

　㉡ 3방밸브(3-Way valve)

　　3개의 배관에 접속하는 밸브로서 유입관에서 유출관의 방향이 2개 이상이 될
　　때 유량을 한 방향으로 차단하거나 분배하고자 할 때 사용한다.

⑤ 공기빼기밸브(Air vent valve : AAV)

　배관이나 기기 중의 공기를 제거할 목적으로 사용되며 유체의 순환을 양호하게
하기 위하여 기기나 배관의 최상단에 설치한다.

⑥ 온도조절밸브(Temperature control valve : TCV)

열교환기나 급탕탱크, 가열기기 등의 내부온도를 감지하여 일정한 온도로 유지시키기 위하여 증기나 온수공급량을 자동적으로 조절하여 주는 자동밸브이다.

⑦ 정유량조절밸브

휀코일 유니트나 방열기 등에서 방열기에 온수를 공급하면 복잡한 배관계에서는 각 방열기기의 위치에 따라 압력이 변하므로 공급되는 유량이 다르게 되므로 방열량이 불균형이 일어나 난방의 불균형이 일어난다. 이때 각 배관계통이나 기기로 일정량의 유량이 공급되도록 하는 자동밸브이다.

⑧ 차압조절밸브(differential pressure control valve)

공급배관과 환수배관 사이에 설치하여 공급관과 환수관의 압력차을 일정하게 유지시켜주는 밸브이다. 과도한 차압발생으로 인한 펌프의 과부하나 고장을 방지하기 위하여 차압에 따라 일정한 순환유량이 확보 되도록 유지시킨다.

⑨ 차압유량조절밸브(differential pressure& flow control valve)

지역난방이나 대규모 주거단지의 난방 시스템에서 부하변동에 따라 차압이 증가하면 관내 소음발생의 원인이 되고, 과소가 되면 유량이 감소하면 난방이 부족하게 되므로 공급관과 환수관의 차압을 감지하여 압력변화에 따른 유량변동을 일정하게 하는 자동밸브이다.

⦿ [감압밸브]　　**⦿ [안전밸브]**　　**⦿ [정유량밸브]**　　**⦿ [차압유량조절밸브]**

(3) 냉매용 밸브

냉매 스톱밸브는 글로브밸브와 같은 밸브몸체와 밸브시트를 가진 것으로서 암모니아용과 프레온용이 있다.

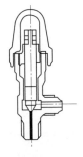

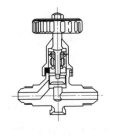

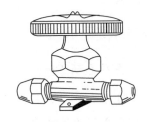

◐ 팩트밸브   ◐ 팩리스(벨로즈)밸브   ◐ 팩리스(다이어프램)밸브

① 팩드밸브(Packed valve)

밸브 스템(봉)의 둘레에 석면, 흑연패킹 또는 합성고무 등을 채워 글랜드로 죔으로써 냉매가 누설되는 것을 방지하며 안전을 위하여 밸브에 뚜껑이 씌워져 있고, 밸브를 조작할 때에는 이 뚜껑을 열고 조작한다.

② 팩리스밸브(Packless valve)

팩레스밸브는 글랜드패킹을 사용하지 않고, 벨로우즈나 다이어프램을 사용하여 외부와 완전히 격리하여 누설을 방지하게 되어있다.

③ 서비스밸브(service valve)

2. 여과기(Strainer)

배관에 설치하는 자동조절밸브, 증기트랩, 펌프 등의 앞에 설치하여 유체속에 섞여 있는 이물질을 제거하여 밸브 및 기기의 파손을 방지하는 기구로서 모양에 따라 Y형, U형, V형 등이 있으며 몸통의 내부에는 금속제 여과망(mesh)이 내장되어 있어 주기적으로 청소를 해주어야 한다.

◐ Y형 여과기

◐ U형 여과기

3. 트랩

트랩에는 증기트랩과 배수트랩 두 종류가 있다.

(1) 증기 트랩(Steam trap)

방열기의 환수구나 증기배관의 말단에 설치하여 방열기나 증기배관 내에서 발생된 응축수를 제거하여 수격작용(water hammer) 및 배관의 부식을 방지하며 다음과 같은 종류가 있다.

① 기계식 트랩

증기와 응축수와 밀도(비중)차를 이용하여 배출시키는 것으로 플로트 트랩(다량 트랩)과 버킷 트랩(관말트랩)이 있다.

② 온도조절식 트랩

증기와 응축수의 온도차를 이용하여 응축수를 배출시키는 것으로 바이메탈식과 벨로즈식(열동식, 방열기, 실리폰)트랩 등이 있으며 벨로즈 트랩은 응축수나 공기가 자동적으로 환수관에 배출된다.

③ 열역학적 트랩

증기와 응축수의 열역학적 특성을 이용하여 응축수를 배출시키는 것으로 오리피스형과 디스크형이 있다.

✪ [버킷 트랩]　　**✪ [플로트 트랩]**　　**✪ [서모왁스 트랩]**　　**✪ [디스크 트랩]**

(2) 배수 트랩(waste trap)

하수관에서 발생하는 악취와 유해가스 및 해충이 배수관을 통해 실내로 유입되는 것을 방지하기 것으로 배수장치의 일부에 물을 고이게 하고, 물은 자유로이 통과시키지만 공기나 가스의 유통을 방지하는 구조로 되어있다. 트랩의 봉수깊이는 50~100mm 정도가 적당하다.

① 관 트랩(pipe trap)

곡관에 물을 고이게 하여 가스를 통과하지 못하게 한 구조로 사이폰형 트랩이며 모양에 따라 S트랩, P트랩, U트랩(가옥트랩) 등이 있다.

② 박스 트랩(box trap)

사용용도에 따라 벨트랩, 드럼트랩, 그리스트랩, 가솔린트랩 등이 있다.

4. 바이패스장치

바이패스장치는 배관계통 중에서 증기트랩, 전동밸브, 온도조절밸브, 감압밸브, 유량계, 인젝터 등과 같이 비교적 정밀한 기계들이 고장과 일시적인 응급사항에 대비하여 비상용 배관을 구성하는 것을 말한다.

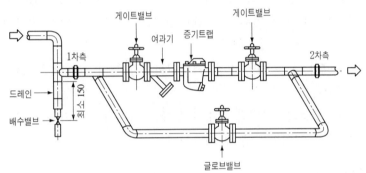

○ 증기(관말) 트랩 설치 상세도

6 패킹, 보온재, 도장재료

1. 패킹(Packing)

이음부나 회전부에서의 기밀을 유지하기 위한 것으로 나사용, 플랜지, 글랜드 패킹 등이 있다.

(1) 나사용 패킹

① 페인트 : 페인트와 광명단을 혼합하여 사용하며 고온의 기름배관을 제외하고는 모든배관에 사용할 수 있다.

② 일산화연 : 냉매배관에 많이 사용하며 빨리 고화되어 페인트에 일산화연을 조금 썩어서 사용한다.

③ 액상합성수지 : 화학약품에 강하고 내유성이 크며 내열범위는 $-30 \sim 130\,^{\circ}\mathrm{C}$ 정도로 증기, 기름, 약품배관 등에 사용한다.

(2) 플랜지 패킹

① 고무 패킹

　㉠ 탄성이 우수하고, 흡수성이 없다.

　㉡ 산, 알카리에 강하나 열과 기름에 침식된다.

　㉢ 천연고무는 100℃ 이상의 고온배관에는 사용할 수 없고, 주로 급수, 배수, 공기 등에 사용 할 수 있다.

　㉣ 네오프렌의 합성고무는 내열범위가 −46~121℃로 증기배관에도 사용된다.

② 석면 조인트 시이트 : 광물질의 미세한 섬유로 450℃까지의 고온배관에도 사용된다.

③ 합성수지 패킹 : 테프론은 가장 우수한 패킹 재료로서 약품이나 기름에도 침식되지 않으며 내열 범위는 −260~260℃이지만 탄성이 부족하여 석면, 고무, 금속 등과 조합하여 사용된다.

④ 금속 패킹 : 납, 구리, 연강, 스테인리스강 등이 있으며 탄성이 적어 누설의 우려가 있다.

⑤ 오일시일 패킹 : 한지를 일정한 두께로 겹쳐서 내유가공한 것으로 내열도는 낮으나 펌프, 기어박스 등에 사용된다.

(3) 글랜드 패킹

밸브의 회전부분에 사용하여 기밀을 유지하는 역할을 한다.

① 석면 각형 패킹 : 석면을 각형으로 짜서 흑연과 윤활유를 침투시킨 것으로 내열, 내산성이 좋아 대형밸브에 사용한다.

② 석면 야안 패킹 : 석면실을 꼬아서 만든 것으로 소형밸브에 사용한다.

③ 아마존 패킹 : 면포와 내열고무 콤파운드를 가공하여 성형한 것으로 압축기에 사용한다.

④ 몰드 패킹 : 석면, 흑연, 수지 등을 배합 성형하여 만든 것으로 밸브, 펌프 등에 사용한다.

2. 보온재(단열재)

단열이란 열절연이라고도 하며 기기, 관, 덕트 등에 있어서 고온의 유체에서 저온의 유체로 열이 이동되는 것을 차단하여 열손실을 줄이는 것으로 안전사용온도에 따라 보냉재(100℃ 이하) 보온재(100~800℃), 내화재(800~1,200℃), 내화단열재(1,300℃ 이상), 내화재(1,580℃ 이상)등의 재료가 있다.

(1) 보온재의 구비조건

① 열전도율이 작을 것
② 안전사용온도 범위에 적합할 것
③ 부피, 비중이 작을 것
④ 불연성이고, 내흡습성이 클 것
⑤ 다공질이며 기공이 균일할 것
⑥ 물리·화학적 강도가 크고, 시공이 용이할 것

(2) 보온재의 분류

① 유기질 보온재

㉠ 펠트

양모펠트와 우모펠트가 있으며 아스팔트로 방습한 것은 $-60℃$ 정도까지 유지할 수 있어 보냉용에 사용하며 곡면 부분의 시공이 가능하다.

㉡ 코르크

액체, 기체의 침투를 방지하는 작용이 있어 보냉, 보온효과가 좋다. 냉수, 냉매배관, 냉각기, 펌프 등의 보냉용에 사용된다.

㉢ 텍스류

톱밥, 목재, 펄프를 원료로 해서 압축판 모양으로 제작한 것으로 실내벽, 천장 등의 보온 및 방음용으로 사용한다.

㉣ 기포성 수지

합성수지 또는 고무질 재료를 사용하여 다공질 제품으로 만든 것으로 열전도율이 극히 낮고, 가벼우며 흡수성은 좋지 않으나 굽힙성은 풍부하다. 불에 잘 타지 않으며 보온성, 보냉성이 좋다.

② 무기질 보온재

㉠ 석면(石綿)

아스베스트질 섬유로 되어 있으며 $400℃$ 이하의 파이프, 탱크, 노벽 등의 보온재로 적합하다. $400℃$ 이상에는 탈수·분해하고 $800℃$ 에서는 강도와 보온성을 잃게 된다. 석면은 사용중 잘 갈라지지 않으므로 진동을 발생하는 장치의 보온재로 많이 사용된다.

ⓛ 암면(Rock wool, 岩綿)

안산암, 현무암에 석회석을 섞어 용융하여 섬유모양으로 만든 것으로 비교적 값이 싸지만 섬유가 거칠고, 꺾어지기 쉽고, 보냉용으로 사용 할 때에는 방습을 위해 아스팔트 가공을 한다.

ⓒ 규조토

규조토는 광물질의 잔해 퇴적물로서 규조토에 석면 또는 삼여물을 혼합하여 만든 것으로 물반죽하여 시공하며 다른 보온재에 비해 단열효과가 낮으므로 다소 두껍게 시공한다. 500℃ 이하의 파이프, 탱크, 노벽 등에 사용하며 진동이 있는 곳에 사용을 피한다.

ⓔ 탄산마그네슘($MgCO_3$)

염기성 탄산마그네슘 85%와 석면 15%를 배합하여 물에 개어서 사용할 수 있고, 250℃ 이하의 파이프, 탱크의 보냉용으로 사용된다.

ⓜ 규산칼슘

규조토와 석회석을 주원료로 한 것으로 열전도율은 0.04kcal/mh℃로서 보온재 중 가장 낮은 것 중의 하나이며 사용온도 범위는 600℃까지이다.

ⓗ 유리섬유(Glass wool)

용융상태인 유리에 압축공기 또는 증기를 분사시켜 짧은 섬유 모양으로 만든 것으로 흡수성이 높아 습기에 주의하여야 하며 단열, 내열, 내구성이 좋고, 가격도 저렴하여 많이 사용한다.

ⓢ 폼그라스(발포초자)

유리분말에 발포제를 가하여 가열용융한 뒤 발포와 동시에 경화시켜 만들며 기계적 강도와 흡습성이 커 판이나 통으로 사용하고 사용온도는 300℃정도이다.

ⓞ 펄라이트

진주암, 흑요석(화산암의 일종)등을 고온가열(1,000℃)하여 팽창시킨 것으로 가볍고 흡습성이 적으며 내화도가 높으며 열전도율은 작고 사용온도는 650℃이다.

ⓩ 실리카화이버

SiO_2를 주성분으로 압축성형한 것으로 안전사용온도는 1,100℃로 고온용이다.

ⓧ 세라믹화이버

ZrO_2를 주성분으로 압축성형한 것으로 안전사용온도는 1,300℃로 고온용이다.

③ 금속질 보온재

금속 특유의 열 반사특성을 이용한 것으로 대표적으로 알루미늄박이 사용된다.

| 참고 | **배관내 유체의 용도에 따른 보온재의 표면색** |

종류	식별색	종류	식별색
급수관	청색	증기관	백색(적색)
급탕, 환탕관	황색	소화관	적색
온수 난방관	연적색		

3. 도장재료

(1) 광명단 도료

연단에 아마인유를 혼합한 것으로 밀착력 및 풍화에 강해 녹을 방지하기 위하여 많이 사용하며 페인트 밑칠 및 다른 착색도료의 초벽으로 사용한다.

(2) 산화철 도료

산화 제2철에 보일유나 아민유를 썩어 만든 도료로서 도막이 부드럽고, 가격은 저렴하나 녹방지 효과는 불량하다.

(3) 알루미늄 도료(은분)

알루미늄 분말에 유성 바니스를 섞어 만든 도료로서 은분이라고도 하며 방청효과가 좋으며 열을 잘 반사한다. 수분 및 습기 방지에 양호하여 내열성이 좋고, 주로 백강관이나 난방용 주철제 방열기의 표면 도장용으로 많이 사용한다.

(4) 타르 및 아스팔트 도료

콜타르나 아스팔트는 파이프 벽면과 물과의 사이에 내식성의 도막을 형성하여 물과의 접촉을 막아 부식을 방지한다.

(5) 합성수지 도료

7 배관 지지

1. 행거(hanger)

천장 배관 등의 하중을 위에서 걸어당겨(위에서 달아 매는 것) 받치는 지지구이다.

① 리지드 행거(riged hanger) : I빔에 턴버클을 이용하여 지지한 것으로 상하방향에 변위가 없는 곳에 사용

② 스프링 행거(spring hanger) : 턴버클 대신 스프링을 사용한 것

③ 콘스탄트 행거(constant hanger) : 배관의 상하이동에 관계없이 관지지력이 일정한 것으로 충추식과 스프링식이 있다.

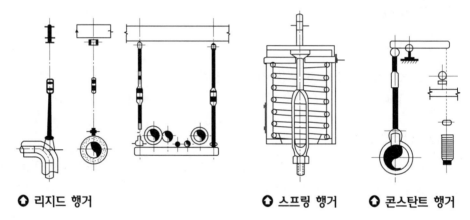

⬦ 리지드 행거　　　　　**⬦ 스프링 행거**　　**⬦ 콘스탄트 행거**

2. 서포트(support)

바닥 배관 등의 하중을 밑에서 위로 떠받치는 주는 지지구이다.

① 파이프 슈(pipe shoe)

　관에 직접 접속하는 지지구로 수평배관과 수직배관의 연결부에 사용된다.

② 리지드 서포트(rigid support)

　H빔이나 I빔으로 받침을 만들어 지지한다.

③ 스프링 서포트(springvmffo support)

　스프링의 탄성에 의해 상하 이동을 허용한 것이다.

④ 로울러 서포트(roller support)

　관의 축 방향의 이동을 허용한 지지구이다.

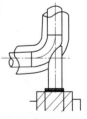

⬦ 파이프 슈

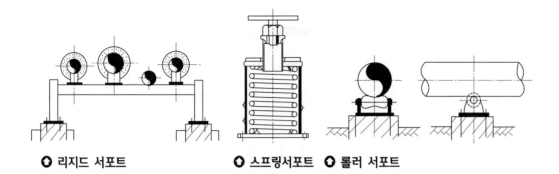

○ 리지드 서포트 **○ 스프링서포트** **○ 롤러 서포트**

3. 리스트레인트(restraint)

열팽창에 의한 배관의 상하·좌우 이동을 구속 또는 제한하는 것이다.

① 앵커(anchor) : 리지드 서포트의 일종으로 관의 이동 및 회전을 방지하기 위해 지지점에 완전히 고정하는 장치이다.

② 스톱(stop) : 배관의 일정한 방향과 회전만 구속하고, 다른 방향은 자유롭게 이동하게 하는 장치이다.

③ 가이드(guide) : 배관의 곡관부분이나 신축 조인트부분에 설치하는 것으로 회전을 제한하거나 축방향의 이동을 허용하며 직각방향으로 구속하는 장치이다.

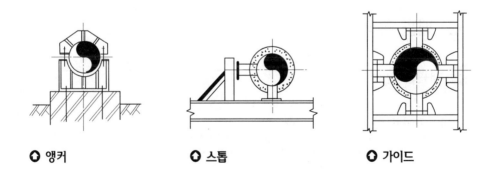

○ 앵커 **○ 스톱** **○ 가이드**

4. 브레이스(brace)

펌프, 압축기 등에서 발생하는 기계의 진동, 서징, 수격작용 등에 의한 진동, 충격 등을 완화하는 완충기이다.

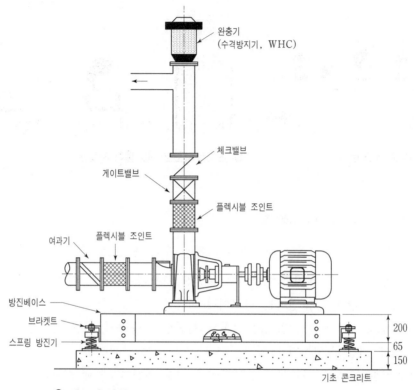

완충기
(수격방지기, WHC)

체크밸브

게이트밸브

플렉시블 조인트

여과기

플렉시블 조인트

방진베이스

브라켓트

스프링 방진기

200
65
150

기초 콘크리트

○ 펌프의 설치

1-2 배관 공작

1 배관용 공구

(1) 파이프 바이스(pipe vise)

관의 절단, 나사 작업시 관이 움직이지 않게 고정하는 것

> 참고   ○ 크기 : 고정가능한 파이프 지름의 치수

(2) 수평(탁상) 바이스

관의 조립 및 열간 벤딩시 관이 움직이지 않도록 고정하는 것

> 참고   ○ 크기 : 조우(jew)의 폭

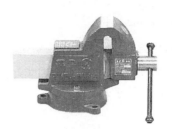

⬡ 파이프 바이스   **⬡ 수평 바이스**

(3) 파이프 커터(pipe cutter)

강관의 절단용 공구로 1개의 날과 2개의 로울러의 것과 3개의 날로 되어진 두 종류가 있으며 날의 전진과 커터의 회전에 의해 절단되므로 거스러미(버르, burr)가 생기는 결점이 있다.

(4) 파이프 렌치(pipe wrench)

관의 결합 및 해체시 사용하는 공구로 200mm 이상의 강관은 체인 파이프 렌치(chain pipe wrench)를 사용한다.

참고	⬡ 크기 : 입을 최대로 벌려 놓은 전장

(5) 파이프 리머(pipe reamer)

수동 파이프커터, 동력용 나사절삭기의 커터로 관을 절단하게 되면 내부에 거스러미(버르, burr)가 생기게 된다. 이러한 거스러미는 관 내부의 마찰저항을 증가시키므로 절단 후 거스러미의 제거하는 공구이다.

⬡ 파이프 커터   **⬡ 파이프 렌치**

(6) 수동 나사 절삭기(die stock)

관의 끝에 나사를 절삭하는 공구로 오스터형, 리드형의 두 종류가 있다.

① 오스터형 : 4개의 체이서(다이스)가 한 조로 되어 있으며 8~100A까지 나사절삭이 가능하다.

② 리드형 : 2개의 체이서(다이스)에 4개의 조우(가이드)로 되어 있으며 8~50[A]까지 나사절삭이 가능하며 가장 일반적으로 사용하는 수공구이다.

③ 기타 나사 절삭기

(7) 동력용 나사 절삭기

동력을 이용하는 나사절삭기는 작업능률이 좋아 최근에 많이 사용된다.

① 다이헤드식 나사 절삭기 : 다이헤드에 의해 나사가 절삭되는 것으로 관의 절삭, 절단, 거스러미(burr) 제거 등을 연속적으로 처리할 수 있어 가장 많이 사용된다.

② 오스터식 나사 절삭기 : 수동식의 오스터형 또는 리드형을 이용한 동력용 나사 절삭기로 주로 소형의 50A 이하의 관에 사용된다.

③ 호브식 나사 절삭기 : 나사절삭 전용 기계로서 호브(hob)를 저속으로 회전시켜 나사를 절삭하는 것으로 50A 이하, 65~150A, 80~200A의 3종류가 있다.

❂ 파이프 리머

❂ 수동 나사 절삭기(오스터)

뒤척 SET 앞척 SET 파이프 커터 다이헤드 파이프 리머

❂ 동력용 나사 절삭기

2 관절단용 공구

(1) 쇠톱(hack saw)

관 및 공작물의 절단용 공구로서 200mm, 250mm, 300mm의 3종류가 있다.

참고 | ◐ 크기 : 피팅홀(fitting hole)의 간격

참고 | 재질별 톱날의 산수

톱날의 산수 (inch당)	재 질	톱날의 산수 (inch당)	재 질
14	동합금, 주철, 경합금	24	강관, 합금강, 형강
18	경강, 동, 납, 탄소강	32	박판, 구조용강관, 소경합금강

(2) 기계톱(hack sawing machine)

활모양의 프레임에 톱날을 끼워서 크랭크 작용에 의한 왕복 절삭운동과 이송운동으로 재료를 절단한다.

(3) 고속 숫돌 절단기(abrasive cut off machine)

두께가 0.5~3mm정도의 얇은 연삭원판을 고속으로 회전시켜 재료를 절단하는 기계로 강관용과 스테인리스용으로 구분하며 숫돌 그라인더, 연삭절단기, 커터 그라인더라고도 하고, 파이프 절단공구로 가장 많이 사용한다.

(4) 띠톱기계(band sawing machine)

모터에 장치된 원동 풀리를 동종 풀리와의 둘레에 띠톱날을 회전시켜 재료를 절단한다.

(5) 가스 절단기

강관의 가스절단은 산소절단 이라고 하며 산소와 철과의 화학반응을 이용하는 절단방법으로 산소-아세틸렌 또는 산소-프로판가스의 불꽃을 이용하여 절단토치로 절단부를 800~900℃로 미리 예열한 다음, 팁의 중심에서 고압의 산소를 불어내어 절단한다.

(6) 강관 절단기

강관의 절단만을 하는 전문 절단기계이다. 선반과 같이 강관을 회전시켜 바이트로 절단하는 것이다.

3 관벤딩용 기계(Bending machine)

수동벤딩과 기계벤딩으로 구분하며 수동벤딩에는 수동 로울러나 수동벤더에 의한 상온 벤딩을 냉간 벤딩이라 하며 800~900℃로 가열하여 관 내부에 마른모래를 채운 후 벤딩하는 것을 열간벤딩이라 한다. 그리고 기계 벤딩용 기계에는 다음과 같은 종류가 있다.

> **참고** ┃ **열간벤딩시 가열온도**
>
> 강관 벤딩시 : 800~900℃ 정도, 동관 벤딩시 : 600~700℃ 정도

(1) 램식(ram type, 유압식)

유압을 이용하여 관을 구부리는 것으로 현장용이다. 수동식은 50A, 동력식은 100A 이하의 관을 상온에서 구부릴 수 있다.

(2) 로터리식(rotary type)

관에 심봉을 넣어 구부리는 것으로 공장등에 설치하여 동일 치수의 모양을 다량 생산 할 때 편리하고, 상온에서도 단면의 변형이 없으며 두께에 관계없이 어느 관이라도 가공할 수 있으며 굽힘반경은 관지름의 2.5배 이상이어야 한다.

(3) 수동 롤러식

32A 이하의 관을 구부릴 때 관의 크기와 곡률반경에 맞는 포머(former)를 설치하고, 롤로와 포머 사이에 관을 삽입하고, 핸들을 서서히 돌려 180°까지 자유롭게 구부릴 수 있다.

○ 램식 유압벤더

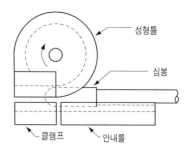

○ 로터리식 벤더

참고	기계 벤더에 의한 굽힘의 결함과 원인

결 함	원 인
관이 미끄러짐	① 관의 고정 불량 ② 클램프 또는 관에 기름이 묻어 있을 때 ③ 압력모형 조정이 너무 꼭 조여 있을 때
관의 파손	① 압력모형 조정이 너무 꼭 조여 저항이 크다. ② 코아가 너무 나와 있을 때 (코아 : 받침쇠, 심봉) ③ 굽힘반경이 너무 적을 때
주름의 발생	① 관이 미끄러질 때 ② 코아가 너무 내려가 있을 때 ③ 굽힘 모형의 홈이 관의 지름보다 너무 작거나 클 때 ④ 외경에 비해 두께가 얇을 때 ⑤ 굽힘모형이 주축에 대하여 편심되어 있을 때
관이 타원으로 됨	① 코아가 너무 내려가 있을 때 ② 코아와 관의 내경과의 간격이 클 때 ③ 코아의 형상이 나쁠 때 ④ 재질이 무르고 두께가 얇을 때

참고	굽힘 작업시 주의사항

① 관의 용접선이 위에 오도록 고정 후 벤딩한다.
② 냉간 벤딩시 스프링백 현상에 유의하여 조금더 구부린다.
※ 스프링백(spring back)
　 재료를 구부렸다가 힘을 제거하면 탄성이 작용하여 다시 펴지는 현상

참고	곡관(벤딩)부의 길이산출

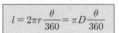

$$l = 2\pi r \frac{\theta}{360} = \pi D \frac{\theta}{360}$$

┌ r : 곡률반지름
│ θ : 벤딩각도
└ D : 곡률지름

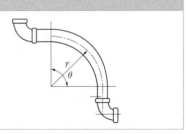

4 기타 관용 공구

(1) 동관용 공구

① 토치램프 : 납땜, 동관접합, 벤딩 등의 작업을 하기 위한 가열용 공구
② 튜브벤더 : 동관 굽힘용 공구
③ 플레어링 툴 : 20mm 이하의 동관의 끝을 나팔형으로 만들어 압축접합 시 사용하는 공구

④ 사이징 툴 : 동관의 끝을 원형으로 정형하는 공구

⑤ 익스팬더(확관기) : 동관 끝의 확관용 공구

⑥ 튜브커터 : 동관 절단용 공구

⑦ 리머 : 튜브커터로 동관을 절단 후 관의 내면에 생긴 거스러미를 제거하는 공구

⑧ 티뽑기 : 동관 직관에서 분기관을 성형시 사용하는 공구

○ 토치램프

○ 튜브벤더

○ 플레어링 툴

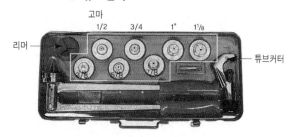

○ 익스팬더 및 튜브커터

(2) 주철관용 공구

① 납 용해용 공구 셋 : 냄비, 파이어 포트(fire pot), 납물용 국자, 산화납 제거기 등이 있다.

② 클립(clip) : 소켓 접합 시 용해된 납의 주입시 납물의 비산을 방지

③ 코킹 정 : 소켓 접합 시 얀(yarn)을 박아 넣거나 납을 다져 코킹하는 정

④ 링크형 파이프 커터 : 주철관 전용 절단공구

(3) 연관용 공구

① 연관톱 : 연관 절단 공구(일반 쇠톱으로도 가능)

② 봄보올 : 주관에 구멍을 뚫을 때 사용

③ 드레서 : 연관 표면의 산화피막 제거

④ 벤드벤 : 연관의 굽힘작업에 이용

⑤ 턴핀 : 관끝을 접합하기 쉽게 관끝 부분에 끼우고, 마아레드로 정형한다.

⑥ 마아레트 : 나무 해머

⑦ 토치 램프 : 가열용 공구

1-3 배관 도시

1 배관 제도의 종류

(1) 평면 배관도(Plane drawing)

배관장치를 위에서 아래로 내려다 보고 그린 그림이다.

(2) 입면 배관도(Side view drawing)

배관장치를 측면에서 보고 그린 그림이다.(3각법에 의함)

(3) 입체 배관도(Isometric piping drawing)

입체공간을 X축, Y축, Z축으로 나누어 입체적인 형상을 평면에 나타낸 그림으로 일반적으로 Y축에는 수직배관을 수직선으로 그리고, 수평면에 존재하는 X축과 Z축을 120°로 만나게 선을 그어 그린 그림이다.

(4) 부분조립도(Isometric each drawing)

입체(조립)도에서 발췌하여 상세히 그린 그림으로 각부의 치수와 높이를 기입하며 프랜트 접속의 기계 및 배관 부품과 플랜지면 사이의 치수도 기입하는 것으로 스풀 드로잉(spool drawing)이라고도 한다.

(5) 계통도(Flow diagram)

입상관(立上管)이나 입하관(立下管)등 수직관이 많아 평면도로서는 배관계통을 이해하기 힘들 경우 관의 접속관계 등 계통을 쉽게 이해하기 위해 그린 그림이다.

(6) 공정도(Blok diagram)

제작 공정과 제조의 상태를 표시한 도면으로 특히, 제조 공정동를 플랜트 공정도라 한다.

(7) 배치도(Plot plan)

건물의 대지 및 도로와의 관계나 건물의 위치나 크기, 방위, 옥외 급배수관 계통 및 장치들의 위치 등을 나타낸다.

2 치수 기입법

(1) 치수표시

치수는 mm를 단위로 하되 치수선에는 숫자만 기입한다.

참고	강관의 호칭지름(A : mm, B : inch)					
호칭지름		호칭지름		호칭지름	
A(mm)	B(inch)	A(mm)	B(inch)	A(mm)	B(inch)
6A	1/8″	32A	1 1/4″	125A	5″
8A	1/4″	40A	1 1/2″	150A	6″
10A	3/8″	50A	2″	200A	8″
15A	1/2″	65A	2 1/2″	250A	10″
20A	3/4″	80A	3″	300A	12″
25A	1″	100A	4″	350A	14″

(2) 높이표시

① GL(Ground Level)표시 : 지면의 높이를 기준으로 하여 높이를 표시한 것
② FL(Floor Level)표시 : 층의 바닥면을 기준으로 하여 높이를 표시한 것
③ EL(Elevation Line)표시 : 배관의 높이를 관의 중심을 기준으로 표시한 것
④ TOP(Top Of Pipe)표시 : 관의 윗면까지의 높이를 표시한 것
⑤ BOP(Bottom Of Pipe)표시 : 관의 아래면까지의 높이를 표시한 것

3 배관도면의 표시법

(1) 배관의 도시법

관은 하나의 실선으로 표시하며 동일 도면에서 다른 관을 표시할 때도 같은 굵기 선으로 표시함을 원칙으로 한다.

① 유체의 종류, 상태 및 목적표시의 도시기호

다음과 같이 인출선을 긋고 그 위에 문자로 표시한다.

◎ 유체의 종류와 기호 및 도시법

유체의 종류	기호
공 기	A
가 스	G
유 류	O
수 증 기	S
물	W
증 기	V

(a) O(기름)

(b) S(과열)

(c) W(급수)

(d) G(가스)

② 유체에 따른 배관의 도색

유체의 종류	도 색	유체의 종류	도 색
물	청색	증기	암적색
공기	백색	산·알카리	회보라색
가스	황색	전기	연한주황
기름	어두운 주황		

③ 관의 굵기와 재질의 표시

관의 굵기를 표시한 다음, 그 뒤에 종류와 재질을 문자기호로 표시한다.

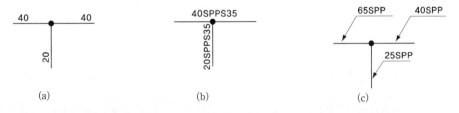

(a)   (b)   (c)

④ 관의 접속 및 입체적 상태

접속상태	실제모양	도시기호	굽은상태	실제모양	도시기호
접속하지 않을 때			파이프 A가 앞쪽 수직으로 구부러 질 때(오는 엘보)	A	A
접속하고 있을 때			파이프 B가 뒤쪽 수직으로 구부러 질 때(가는 엘보)	B	B
분기하고 있을 때			파이프 C가 뒤쪽 으로 구부러져서 D에 접속될 때	C D	C D

참고	배관의 평면도에 따른 관의 표시

	정투영도	각 도
관 A가 화면에 직각으로 바로 앞쪽으로 올라가 있는 경우	(A → ○) 또는 (A → ⊙)	A
관 A가 화면에 직각으로 반대쪽으로 내려가 있는 경우	(A → ◡) 또는 (A → ○)	A
관 A가 화면에 직각으로 바로 앞쪽으로 올라가 있고, 관 B가 접속하고 있는 경우	(A B) 또는 (A B)	A B
관 A로부터 분기된 관 B가 화면에 직각으로 바로 앞쪽으로 올라가 있으며 구부러져 있는 경우	(A ... B) 또는 (A ... B)	A B
관 A로부터 분기된 관 B가 화면에 직각으로 반대쪽으로 내려가 있고 구부러져 있는 경우	(A ... B) 또는 (A ... B)	A B

[비고] 정 투영도에서 관이 화면에 수직일 때, 그 부분만을 도시하는 경우에는 다음 기호에 따른다.

⊙ 또는 ⊘

⑤ 관의 이음방법 표시

이음종류	연결방법	도시기호	예	이음종류	연결방식	도시기호
관 이 음	나 사 형	─┼─		신 축 이 음	루우프형	Ω
	용 접 형 (땜형)	─●─			슬리브형	─[ ]─
	플랜지형	─╫─			벨로우즈형	─[✕✕]─
	턱걸이형 (소켓형)	─⊂─			스위블형	

⑥ 밸브 및 계기의 표시방법

종 류	기 호	종 류	기 호
글로브밸브		일반조작밸브	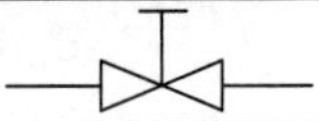
게이트(슬루우스)밸브	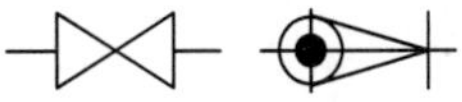	전자밸브	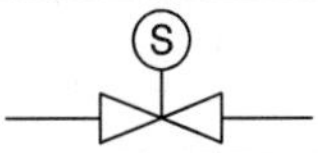
역지밸브(체크밸브)	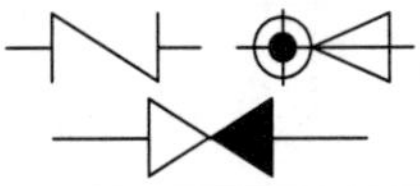	전동밸브	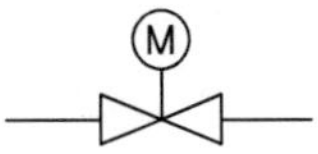
Y-여과기 (Y-스트레이너)	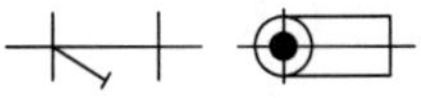	도출밸브	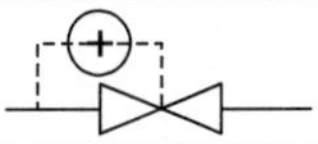
앵글밸브	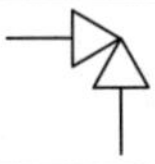	공기빼기밸브	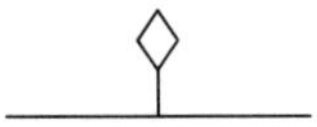
안전밸브(스프링식)	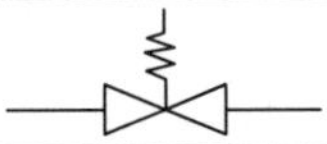	닫혀 있는 일반밸브	
안전밸브(추식)	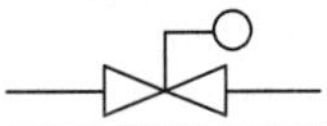	닫혀 있는 일반콕크	
일반콕크(볼밸브)	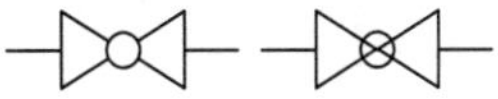	온도계 · 압력계	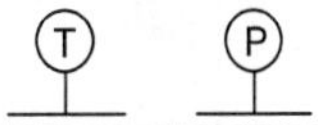
버터플라이밸브 (나비밸브)	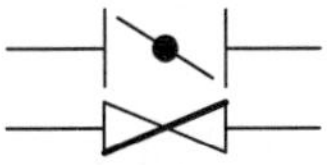	감압밸브	
다이어프램밸브		봉함밸브	

⑦ 배관의 말단표시 기호

막힘(맹) 플랜지		나사캡	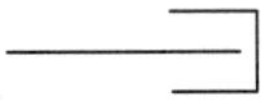	용접캡		플러그	

⑧ 관지지 기호 등

명 칭		기 호	관지지 기호		
			관 지 지	설 치 예	기 호
나사이음			앵 커		⊗
플랜지이음			가 이 드		G
용접이음 (땜이음)			슈 우		
소켓이음 (턱걸이)			행 거		H
플렉시블조인트			스프링 행거		SH
신축이음	벨로즈형 단식		바 닥 지 지		S
	벨로즈형 복식				
자동공기빼기밸브		A.A.V	스프링 지지		SS

(2) 도면 표시법

① 복선 표시법

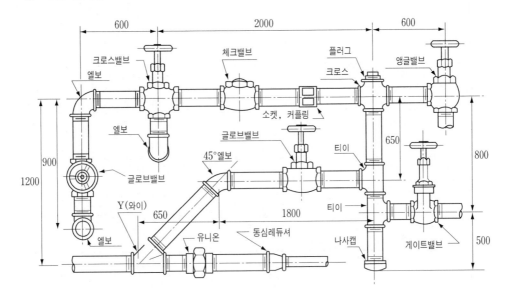

② 단선 표시법

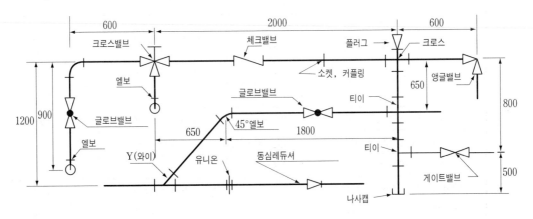

(3) 공기조화 · 냉동 및 급배수위생설비에 사용되는 도시기호

명 칭	기 호	명 칭	기 호
급수관	—•—	냉온수 공급관	— CHS —
급탕관	—••—	냉온수 환수관	— CHR —
환탕관	—•••—	냉수 공급관	— CWS —
배수관	— D —	냉수 환수관	— CWR —
오수관	— S —	냉각수 공급관	— CS —
통기관	— V —	냉각수 환수관	— CR —
시수관	— CW —	팬코일 유닛 공급관	— FCS —
정수관	— + —	팬코일 유닛 환수관	— FCR —
급수 펌핑관	— P —, — • —	팬코일 유닛 배수관	— FCD —
급탕 보급수관	◉	팬코일 유닛 역환수관	— FCRR —
폐수관	— W —	팽창관	— E —
우수배수관	— RD —	냉매관	— R —
지역난방 공급관	— DHWS —	냉매 액관	— RL —
지역난방 환수관	— DHWR —	냉매 가스관	— RG —
중온수 공급관	— MTWS —	브라인 공급관	— BS —
중온수 환수관	— MTWR —	브라인 환수관	— BR —
스팀 공급관	— SS —	펌프 배수관	— PD —
응축수관	----- SR -----	스프링쿨러 배관	— SP —
저압증기 공급관(0.35kg/cm²)	—⫻— SS —⫻—	옥내소화전 배관	— H —
저압증기 환수관(0.35kg/cm²)	--⫻-- SR --⫻--	옥외소화전 배관	— OH —
중압증기 공급관(2kg/cm²)	—⫼— SS —⫼—	연결 송수관	— C —
중압증기 환수관(2kg/cm²)	--⫼-- SR --⫼--		
고압증기 공급관(5kg/cm²)	—⫽— SS —⫽—	경유 공급관	— DOS —
고압증기 환수관(5kg/cm²)	--⫽-- SR --⫽--	경유 환수관	— DOR —
난방온수 공급관	— HWS —	가스관, 압축공기관	— G —, — CA —
난방온수 환수관	— HWR —	산소 및 질소공급관	— OX —, — N —

1-4 공조배관 계통도

1 공조배관 계통도

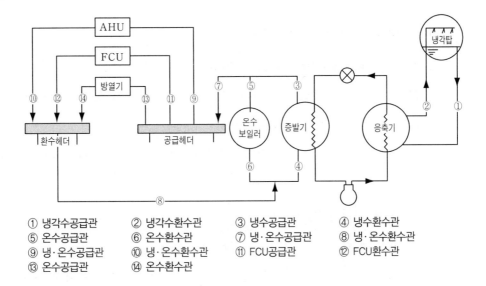

① 냉각수공급관   ② 냉각수환수관   ③ 냉수공급관   ④ 냉수환수관
⑤ 온수공급관   ⑥ 온수환수관   ⑦ 냉·온수공급관   ⑧ 냉·온수환수관
⑨ 냉·온수공급관   ⑩ 냉·온수환수관   ⑪ FCU공급관   ⑫ FCU환수관
⑬ 온수공급관   ⑭ 온수환수관

2 공조배관의 구성

(1) 응축기 냉각탑 주변 배관

① 냉각수 공급관(CS, Condenser Supply pipe)

  응축기에서 냉매의 열을 제거하는 물을 냉각수라 하고, 냉각수를 재사용하기 위하여 냉각탑으로 순환시켜 열을 방출 하는데 이 때 냉각탑에서 응축기로 공급되는 냉각수 관을 냉각수 공급관이라 한다.

② 냉각수 환수관(CR, Condenser Return pipe)

  응축기에서 열을 제거하여 온도가 상승한 냉각수가 냉각탑으로 되돌아 오는 관

(2) 증발기와 코일 주변 배관

① 냉수 공급관(CWS, Chillde Water Supply pipe)

  냉동기의 증발기에서 냉매에 의하여 냉각 되어진 물은 냉수라 하고, 증발기에서 목적지(코일, 유닛 등)로 냉수를 공급하는 관을 냉수 공급관이라 한다.

② 냉수 환수관(CWR, Chillde Water Return pipe)

공조기의 냉수코일이나 팬코일유닛 등에서 냉방의 목적을 달성하고, 다시 증발기로 되돌아오는 관

(3) 보일러와 코일 및 방열기 주변

① 온수 공급관(HWS, Hot Water Supply pipe)

보일러 발생한 온수를 공조기의 가열코일이나 방열기 등에 공급하는 관

② 온수 환수관(HWR, Hot Water Return pipe)

공조기의 가열코일이나 방열기에서 열을 방출하고, 보일러로 다시 되돌아오는 관

(4) 냉·온수 공급관 및 환수관

① 냉·온수 공급관(CHS, Chilled & Hot Water Supply pipe)

하나의 관으로 냉방 또는 난방을 동시에 하고자 할 때 냉수 또는 온수를 전환하여 사용하여 목적지로 공급하는 관

② 냉·온수 환수관(CHR, Chilled & Hot Water Return pipe)

냉난방을 위하여 공급되어진 냉온수가 다시 보일러나 냉동기로 되돌아오는 관

(5) 팬코일 유닛주변배관

① 팬코일 유닛 공급관(FCS, Fan Coil unit Supply pipe)

냉온수 헤더에서 냉난방을 위하여 설치된 팬코일유닛에 냉온수가 공급되는 관

② 팬코일 유닛 환수관(FCR, Fan Coil unit Return pipe)

팬코일유닛에서 냉난방의 목적을 달성하고, 되돌아 가는 관

③ 팬코일 유닛 배수관(FCD, Fan Coil unit Drain pipe)

팬코일유닛에서 냉방 시 공기 중의 수증기가 응결되어 배수되는 관

2 냉동배관 재료

2-1 동관(copper pipe)

동(구리)의 사용역사는 아주 오래 되었으며 철 다음으로 많이 사용되는 금속이다. 동은 전기 전도성 및 열전도율이 좋고, 내식성이 뛰어나며 전성과 연성이 풍부하고, 가공도 용이하나 고온에서 강도가 감소되고, 가격이 비싼 것이 단점이다. 주로 판, 봉, 관 등으로 제조되어 전기재료, 열교환기, 급수관, 급탕관, 냉난방관, 냉매관, 연료관 등에 널리 사용되고 있다.

배관용으로 사용되는 동관(copper pipes and tubes)은 주로 인탈산동관이 사용된다. 인탈산동관은 전기동을 인(P)으로 탈산 처리한 동괴(銅塊)를 냉간 인발법 또는 850℃로 가열하여 압출(壓出)에 의해 제조한다. 수소취화가 없어서 수소용접으로 가공하기에 적합하고, 전연성·휨성·열전도성이 좋으므로 열교환기용, 냉난방기기용, 급수관, 급탕관, 냉·온수관, 증기관·송유관, 가스관, 상수도관, 소화배관 등에 널리 사용된다.

2-2 동관의 특징

배관용으로 사용되는 동관의 특성은 다음과 같다.

① 전기 및 열전도율이 좋아 열교환용으로 우수하다.
② 전연성 풍부하여 가공이 용이하고, 동파의 우려가 적다.
③ 무게가 가볍고, 마찰저항이 적다.
④ 외부 충격에 약하고, 가격이 비싸다.
⑤ 담수에는 내식성이 크나 연수에는 부식된다.
⑥ 아세톤, 에테르, 프레온가스, 휘발유 등 유기약품에 강하다.
⑦ 암모니아수, 습한 암모니아 가스, 초산, 진한 황산에는 심하게 침식된다.
⑧ 탄산가스를 포함한 공기 중에는 푸른 녹이 생긴다.

◐ [인탈산동관의 기계적 성질(KS D 5301)]

| 품명 | 종별 | 기호 | 질별 | 인 장 시 험 | | | | 경도시험(로크웰 경도) | | | 참고 |
				바깥지름 (mm)	두께 (mm)	인장강도 (N/mm²) (kgf/mm²)	연신율 %	두께 (mm)	HR30T	HR15T	HRF
인 탈 산 동 관	C1220	C1220T-O	O	4~250	0.3~30	205(21) 이상	40 이상	0.6 이상	–	60 이하	50 이하
		C1220T-OL	OL	4~250	0.3~30	205(21) 이상	40 이상	0.6 이상	–	65 이하	55 이하
		C1220T-½H	½H	4~250	0.3~25	245~325 (25~33)	–	–	30~60	–	–
		C1220T-H	H	25 이하	0.3~3.0	315(32) 이상	–	–	55 이상	–	–
				25~50	0.9~4.0		–	–	–	–	–
				50~100	1.5~6.0		–	–	–	–	–
				100~200	2~6	275 이상	–	–	–	–	–
				200~350	3~8	255 이상	–	–	–	–	–

2-3 동관의 분류

동관은 제품의 형태별로 분류하면 직관, 팬케이크형, 레벨와운드 코일, 온수온돌용 코일 등으로 구분할 수 있다. 배관용 직관은 냉난방, 급수, 급탕관 등의 각종 배관과 연관 (smoke tube)이나 열교환기용 튜브 등의 용도로 사용되고 있다. 크기에 따라서 15~200A는 6m, 250A는 4m로 생산되고 있다. 공업용의 팬케이크형 코일은 동관을 몇 개 층의 원형으로 감은 것으로 호칭지름 5/8B까지가 많이 생산되며 15m와 30m 두 종류 가 생산되고 있으며 냉동용으로 많이 사용되고 있다. 공업용의 레벨와운드 코일은 호칭 지름 20A까지가 많이 생산되며 길이는 50, 70, 100m로 생산되고 있다. 또한 PMC 808 은 벤딩 가공한 온수온돌용 코일로 열전도율과 내식성이 뛰어나고, 충격에 강하고, 시 공이 용이하다. 동관은 현재 많은 종류가 제조되고 있다. 관의 사용 소재(素材), 재질, 두께, 용도, 형태 등에 따라 분류하여 내용을 요약하면 다음과 같다.

구분	종 류		비 고
소재별	인탈산 동관		급수관·급탕관·냉온수관·상수도관·송유관·가스관 등 일반 배관용, 공조기기 및 열교환기용으로 사용
	터프피치 동관		순도 99.9% 이상으로 전기·열의 전도성이 우수하고, 전연성, 내식성이 좋아 전기기기, 전기부품관계에 적합
	무산소 동관		순도 99.96% 이상으로 전기·열의 전도성, 전연성이 우수하고 용접성, 내식성이 좋으므로 전기용, 화학공업용에 적합
	동합금관		황동관, 청동관 등 다양하게 제조되며, 구조용·열교환기용·화학공업용으로 다양하게 사용
질 별	연질(O)		가장 연한 재질로서 가공 등 작업이 용이하다. 상수도나 가스배관과 같이 지하 매설용은 연질을 사용한다.
	반연질(OL)		연질에 약간의 경도와 강도를 부여한 재질
	반경질(½H)		경질에 약간의 연성 부여한 재질
	경질(H)		강도와 경도가 가장 커 일반 배관재로 사용
두께별	K-type		가장 두꺼워 고압배관, 의료배관용으로 사용
	L-type		두꺼워 의료배관, 일반 배관용으로 사용
	M-type		보통 두께로 일반 배관용으로 사용
	N-type		가장 얇음(KS규격은 없으나, DWV type은 배수용으로 제조)
용도별	일반 배관용 (water tube)		유체를 수송하는 일반 배관용
	냉동·공조용 (ACR tube)		공조기기, 에어컨, 냉동기 등의 열교환용
	열교환용 (condenser tube)		동합금제품으로 응축기·증발기·보일러·저탕탱크 등에서의 열교환용 코일
형태별	직관		일반 배관용으로 호칭지름 15~150mm은 관 길이 6m, 200mm 이상은 4m로 제조
	코일	P/C(pancake)	상수도, 가스 등 이음매 없이 장거리 배관이 필요한 곳에 사용 (P/C길이=10, 15, 30m, B/C길이=50, 70, 100m, L/W길이=200~ 300m)
		B/C(bunch)	
		L/W(level wound)	
	PMC-808		온수난방(panel heating) 전용으로 형태가 다양

⬆ [배관용 직관]

⬆ [팬케이크 코일]

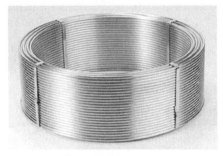

⬆ [레벨와운드 코일]

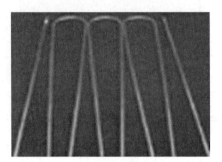

⬆ [온수온돌용]

2-4 동관의 규격

(1) 배관용 동관의 규격(이음매 없는 인탈산 동관)

급수, 급탕, 냉난방, 도시가스 등의 배관용으로 주로 사용하며 호칭경 A는 mm, B는 inch 이다. KS D 5301(ASTM-B88, JIS-H300)의 규격 동관은 호칭지름을 아는 경우 공식에 의해 관의 바깥지름(외경)을 쉽게 구할 수 있다. 이때 호칭지름은 인치단위(B)로 하여 계산한다.

$$바깥지름(외경) = 호칭지름(inch) + 1/8''$$

예 호칭지름 20A의 외경 : $3/4'' + 1/8'' = (3/4 + 1/8) \times 25.4mm = 22.22mm$
　　호칭지름 2B의 외경 : $2'' + 1/8'' = (2 \times 25.4)mm + (1/8 \times 25.4)mm = 53.98mm$

또한, 동관재료의 상용압력이란 그 압력에서 재료가 무리없이 영구적으로 사용될 수 있는 압력으로 다음과 같이 계산할 수 있다.

$$P = \frac{2\sigma t}{D - 0.8t}$$

여기서,
P : 상용압력(kgf/cm^2)
σ : 재료의 허용응력(kgf/mm^2)
t : 관의 두께(mm)
D : 관의 외경(mm)

❏ [각 온도별 허용응력(σ : kgf/mm^2)]

질 별	38℃	65℃	100℃	150℃	200℃
연질(O)	420	360	340	330	220
반경질(½H)	630	630	630	610	580
경질(H)	790	790	790	770	330

※ 자료 : ASME Pressure Vessel Code Section

※ 동관부속을 사용하여 브레이징 했을 때는 연질관의 허용응력을 적용한다.

◐ [배관용 동관의 치수(직관) (KS D 5301) (C1020. C1220)]

형 (type)	호칭경		외경 (D)	두께 (t)	허용차	중량 (W)	상용압력 (kgf/cm²)		용 도
	A	B	mm	mm	mm	kg/m	경질	연질	
K	8	1/4	9.52	0.89	±0.13	0.216	111	71.6	*고압배관 *의료배관 *기타
	10	3/8	12.7	1.24	±0.13	0.399	123	79.7	
	15	1/2	15.88	1.24	±0.15	0.51	95.3	61.6	
	–	5/8	19.05	1.24	±0.15	0.62	78.7	50.9	
	20	3/4	22.22	1.65	±0.18	0.593	90.8	58.7	
	25	1	28.58	1.65	±0.18	1.25	69.7	45.1	
	32	1¼	34.92	1.65	±0.18	1.54	56.6	36.6	
	40	1½	41.28	1.83	±0.18	2.03	53.7	34.7	
	50	2	53.98	2.11	±0.25	3.07	46.1	29.8	
	65	2½	66.68	2.41	±0.25	4.35	43.2	27.9	
	80	3	79.38	2.77	±0.25	5.96	42.4	27.4	
	90	3½	92.08	3.05	±0.30	7.63	39.8	25.7	
	100	4	104.78	3.4	±0.35	9.68	38.7	25	
	125	5	130.18	4.06	±0.42	14.4	37.2	24	
	150	6	155.58	4.88	±0.42	20.7	38.1	24.7	
	200	8	206.38	6.88	±0.50	38.6	41.2	26.6	
L	8	1/4	9.52	0.76	±0.10	0.187	95.4	61.7	*급배수배관 *급탕배관 *냉난방배관 *의료배관 *가스배관 *소화배관 *상수도배관 *기타
	10	3/8	12.7	0.89	±0.13	0.295	81.7	52.8	
	15	1/2	15.88	1.02	±0.15	0.426	74.5	48.1	
	–	5/8	19.05	1.07	±0.15	0.54	65.3	42.2	
	20	3/4	22.22	1.14	±0.15	0.675	60.1	38.8	
	25	1	28.58	1.27	±0.15	0.974	52.6	34	
	32	1¼	34.92	1.4	±0.15	1.32	47.9	31	
	40	1½	41.28	1.52	±0.18	1.7	43.3	28	
	50	2	53.98	1.78	±0.22	2.61	38.5	24.9	
	65	2½	66.68	2.03	±0.25	3.69	35.5	22.9	
	80	3	79.38	2.29	±0.25	4.96	34.1	22	
	90	3½	92.08	2.54	±0.25	6.38	33	21.3	
	100	4	104.78	2.79	±0.30	7.99	31.5	20.4	
	125	5	130.18	3.18	±0.35	11.3	28.8	18.6	
	150	6	155.58	3.56	±0.35	15.2	27.3	17.6	
	200	8	206.38	5.08	±0.50	28.7	29.7	19.2	
	250	10	257.18	6.35	±0.50	44.7	29.8	19.2	
M	10	3/8	12.7	0.64	±0.10	0.217	57.2	37	상 동
	15	1/2	15.88	0.71	±0.10	0.302	51.5	33.3	
	20	3/4	22.22	0.81	±0.15	0.487	39.6	25.6	
	25	1	28.58	0.89	±0.15	0.692	34.4	22.2	
	32	1¼	34.92	1.07	±0.15	1.02	35	22.6	
	40	1½	41.28	1.24	±0.15	1.39	35.1	22.7	
	50	2	59.98	1.47	±0.22	2.17	30.7	19.8	
	65	2½	66.68	1.65	±0.22	3.01	28.4	18.3	
	80	3	79.38	1.83	±0.22	3.99	26.8	17.3	
	90	3½	92.08	2.11	±0.25	5.33	26.7	17.3	
	100	4	104.78	2.41	±0.30	6.93	26.6	17.2	
	125	5	130.18	2.77	±0.30	9.91	25.1	16.2	
	150	6	155.58	3.1	±0.35	13.3	23.3	15.1	
	200	8	206.38	4.32	±0.45	24.5	24.8	16	
	250	10	257.18	5.38	±0.45	38.1	25	16.2	

(2) 팬케이크 코일의 규격

냉동, 냉장, 시스템 에어컨 등의 배관용으로 주로 사용하며 1롤당 길이는 15m, 30m
의 두종류가 있으며 일반적으로는 15m이다. 이 팬케이크 코일은 골판지 박스포장으로
되어 동관 끝에 캡이 삽입되어 있다.

호칭지름 (inch)	규 격		중 량 (1롤당)	호칭지름 (inch)	규 격		중 량 (1롤당)
	외경 (D : mm)	두께 (t : mm)			외경 (D : mm)	두께 (t : mm)	
3/16″	4.76	0.6	1.05			0.55	2.81
1/4″	6.35	0.6	1.45	1/2″	12.7	0.7	3.54
		0.7	1.67			0.8	4.01
		0.8	1.87			0.9	4.47
		0.9	2.07			1.0	4.93
		1.0	2.25			0.7	4.48
5/16″	7.94	0.7	2.13	5/8″	15.88	0.8	5.08
		0.8	2.4			0.9	5.68
		0.9	2.67			1.0	6.27
3/8″	9.52	0.6	2.25	3/4″	19.05	0.8	6.15
		0.7	2.6			0.9	6.88
		0.8	2.94			1.0	7.60
		0.9	3.27	7/8″	22.22	0.9	8.08
		1.0	3.59			1.0	8.94
				1″	25.4	1.0	10.28
				1¼″	28.58	1.2	13.81

(3) 시스템 에어컨 배관용 직관 규격(길이 6m)

규 격		중량 (1롤당)	비 고
외경 (D : mm)	두께 (t : mm)		
9.52	0.8	1.18	
12.7	0.8	1.60	
15.88	1.0	2.51	
19.05	1.0	3.04	
22.22	1.1	3.91	
25.4	1.0	4.11	
	1.2	4.89	
28.58	1.2	5.54	
31.75	1.2	6.18	
	1.3	6.67	
38.1	1.3	8.06	
	1.4	8.66	
44.45	1.6	11.55	
	1.7	12.24	
50.8	1.7	14.06	

3 동관 이음

3-1 동관 이음방법

(1) 땜 이음(soldering joint)

일반적으로 동합금 주물제이음과 이음매 없는 순동관을 가공한 동관이음으로 구분하며 모두 확관된 관이나 부속에 동관을 끼워 적당한 온도로 가열한 후 용접제를 틈새에 대면 용융되어 모세관 현상에 의해 흡인되어 틈새 깊숙히 빨려드는 일종의 겹침 이음이다. 납땜 재료로는 봉납 또는 플라스턴(wire plastern)이 사용되고, 일반적으로 이음쇠의 틈새간격은 0.1mm 정도가 가장 적당하다. 사용온도는 120℃ 이하이고, 관경이 40A 이하인 관이나 저압증기(0.1MPa, 1kgf/cm^2)에는 연납땜(soldering)이 이용되고, 큰 관이나 온도 및 압력이 높은 곳은 경납땜(brazing)이 적당하다.

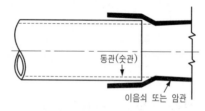

참고	용제(flux)의 역할

① 모재 표면의 산화막 기름을 제거하여 깨끗이 한다.
② 가열중에 생성된 금속 산화물을 용해시켜 액체상태로 만든다.
③ 납의 흐름을 좋게 한다.

(2) 플레어 이음(flare joint)

압축이음으로서 동관 끝부분을 플레어 공구(flaring tool)에 의해 나팔 모양으로 넓히고 압축이음쇠를 사용하여 체결하는 이음 방법으로 지름 20mm 이하의 동관을 이음할 때, 기계의 점검 및 보수 등을 위해 분해가 필요한 장소나 기기를 연결하고자 할 때 이용된다.

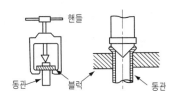

○ [플레어링 공구에 의한 작업]

○ [압축 이음법]

○ [플레어링 공구]

(3) 플랜지 이음(flange joint)

일반적으로 기기를 연결하고자 할 때 유압 플랜지를 사용하는데 관 끝이 미리 꺾어진 동관을 용접하여 끼우고, 플랜지를 양쪽을 맞대어 패킹을 삽입 후 볼트로 체결하는 방법으로서 동절연 플랜지를 사용하여 이음을 하는데 이는 재질이 다른 이종 금속간의 부식을 방지하기 위하여 사용된다.

3-2 동관 이음쇠

동관은 이음쇠에는 동관과 동일한 재질로 만들어진 것과 동합금 주물로 만들어진 것이 있다. 이음방법에 따라 땜이음(납땜, 황동땜, 은납땜)에 슬리브식 이음쇠와 관 끝을 나팔관 모양으로 넓혀 플레어 너트로 죄어 압축하는 플레어식 이음쇠가 있다.

(1) 순동 이음쇠

순동 이음쇠는 주물 이음쇠의 결점을 보완하기 위하여 동관을 성형 가공시킨 것으로 주로 엘보, 티, 소켓, 레듀셔 등이 있다. 순동 이음쇠는 급수, 냉온수, 도시가스 등 각종 건축설비 배관에 많이 사용하고 있으며 동관의 이음은 모세관 현상을 이용한 야금적 접합을 사용하므로 겹친 부위의 틈새(약 0.1mm 정도)를 일정하게 유지하는 것이 가장 중요하다.

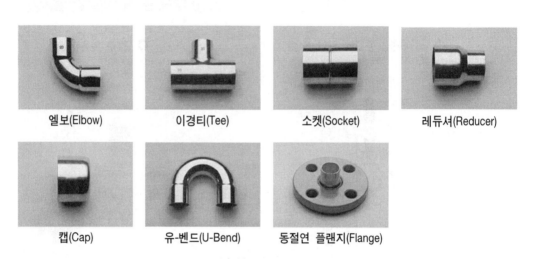

엘보(Elbow)	이경티(Tee)	소켓(Socket)	레듀셔(Reducer)
캡(Cap)	유-벤드(U-Bend)	동절연 플랜지(Flange)	

(2) 동합금 이음쇠

동합금 이음쇠는 나팔관식 접합용과 한쪽은 나사식 다른 한쪽은 땜(연납, 경납)접합 용의 동합금 주물 이음쇠로 구분되며 보통의 냉난방 건축설비 배관용 등으로 많이 사용된다.

[CM 엘보]	[CF 엘보]	[FF 엘보]	[CF 티]	[PT 니플]
[CM 유니온]	[CC 유니온]	[CF 절연유니온]	[CM 어댑터]	[CF 어댑터]

4 냉동 배관 공구

4-1 일반 수공구

① 쇠톱(hacksaw) : 금속의 공작물을 자를 때 사용되며 톱날은 앞으로 향하도록 끼운다.

② 드라이버(driver) : 주로 작은 나사, 나사 못, 태핑 나사 등을 죄고 푸는 데 사용하는 수공구

③ 펜치(pinchers) : 주로 동선류 또는 철선류를 잡고 구부리거나 자르는 데 사용하는 수공구

④ 스패너(spanner) : 볼트, 너트 또는 나사의 조립 또는 분해에 사용하는 수공구

⑤ 펀치(punches) : 구멍류를 가공하는 데 사용되는 끝이 날카롭거나 일정한 형상을 가진 수공구

⑥ 렌치(wrench) : 볼트·너트 또는 나사를 조이거나 풀 때 사용하는 수공구

⑦ 플라이어(pliers) : 물건의 크기에 따라 물림부의 벌림을 바꿀 수 있고 물림부의 안쪽에서 선재를 자를 수 있는 날 부위를 가졌거나, 구부림, 고정, 기타 작업에 사용하는 수공구

⑧ 클램프(clamp) : 가공물을 단단하게 한 자리에 일시 고정시키고 목공작업, 용접작업, 금속작업 등을 원활하게 수행하고자 할 때 사용되는 수공구로 통상 바이스에 비해 가볍고 사용이 간편하다.

⑨ 바이스(vices) : 작업대에 부착 설치하여 손 다듬질, 조립작업, 가공물을 고정시키는 수공구

⑩ 줄(files) : 수작업으로 금속 표면을 다듬질할 때 사용하는 수공구로 종류는 모양에 따라 평형, 반원, 원형, 각형 및 삼각형 등 5종류 나누며 동관 작업 시 사용하는 줄은 주로 반원줄과 둥근줄을 사용

❖ [콤비네이션 플라이어]

❖ [펜치]

❖ [워터펌프 플라이어(첼라)]

❶ [커팅 플라이어(니퍼)] ❶ [롱노우즈 플라이어] ❶ [바이스(클립) 플라이어]

❶ [C-클램프] ❶ [C형 클램프(만력기)] ❶ [볼트 클리퍼]

❶ [양구 스패너] ❶ [조합 스패너] ❶ [옵셋 렌치]

❶ [햄머 렌치] ❶ [육각(L) 렌치] ❶ [라쳇 렌치]

❶ [냉동 라쳇 렌치] ❶ [소켓 렌치]

4-2 배관용 장비 및 기타 공구

① 고속(숫돌)절단기 : 두께 0.5~3mm 정도의 연삭 원판을 고속 회전시켜 재료를 절단하는 장비

② 연삭기(grinder) : 재료의 표면을 평면 가공하거나 특수한 모양으로 연삭하거나 광택을 내기 위한 기기

③ **탁상 드릴링 머신** : 금속이나 나무 등의 재료에 구멍을 뚫기 위하여 사용하는 탁상용 드릴

④ **전기드릴** : 작동방법에 따라 회전드릴, 충격드릴, 해머드릴 등이 있으며 사용하는 드릴날은 철용과 콘크리트용 등이 있다.

⑤ **탁상(수평) 바이스** : 작업대 부착하여 주로 손다듬질이나 조립 작업을 하고자 할 때 공작 가공물을 고정하는 공구

⑥ **파이프 바이스** : 관의 절단, 나사작업, 조립 및 해체를 하고자 할 때 관을 고정하는 공구

⑦ **볼반 바이스** : 드릴 작업시 드릴선반 등에 부착하여 관이나 판 등에 구멍을 뚫고자 할 때 사용하는 공구

⑧ **부착 바이스** : 소형의 탁상 바이스를 임시로 작업대 등에 부착하여 사용하는 공구

⑨ **홀커터(hole-saw)** : 얇은 금속판이나 플라스틱판 등에 큰 구멍을 내고자 할 때 사용하는 공구

❂ [교류아크(Arc) 용접기]

❂ [알곤(TIG) 용접기]

❂ [CO_2 용접기]

❂ [공기 압축기]

❂ [탁상 드릴]

❂ [고속 숫돌 절단기]

⬆ [수평(탁상) 바이스] ⬆ [파이프 바이스] ⬆ [볼반 바이스]

⬆ [부착 바이스] ⬆ [탁상 그라인더] ⬆ [핸드 그라인더]

⬆ [파이프 머신] ⬆ [파이프머신 다이헤드] ⬆ [오스터]

⬆ [수압 시험기] ⬆ [파이프 커터] ⬆ [습식 코어 드릴]

⊕ [코어 드릴] ⊕ [해머 드릴] ⊕ [전기 드릴]

⊕ [충전 드릴] ⊕ [홀 커터] ⊕ [릴 선]

⊕ [파이프 렌치(스트레이트)] ⊕ [파이프 렌치(체인)] ⊕ [몽키 스패너]

4-3 동관용 공구 등

① 토치 램프(torch lamp) : 동관 등의 용접(땜) 등의 작업을 하기 위한 가열용 공구

② 튜브 벤더(tube bender) : 동관을 구부릴 때 사용하는 공구

③ 튜브커터(tube cutter) : 동관 절단용 공구

④ 리머(reamer) : 튜브커터로 동관을 절단 후 관 내면에 생긴 거스러미를 제거하는 공구

⑤ 플레어링 툴(flaring tool sets) : 동관의 끝을 나팔모양으로 만들어 압축 접합하기 위한 공구로서 리머 작업과 줄 작업이 필요한 수동형과 필요없는 자동형이 있다.

⑥ 사이징 툴(sizing tool) : 동관의 끝을 원형으로 정형하기 위한 공구

⑦ 익스팬더(확관기, expander) : 동관 끝을 확관하고자 할 때 사용하는 공구

⑧ 티뽑기(extractors) : 동관 직관에서 분기관을 성형할 때 사용하는 공구

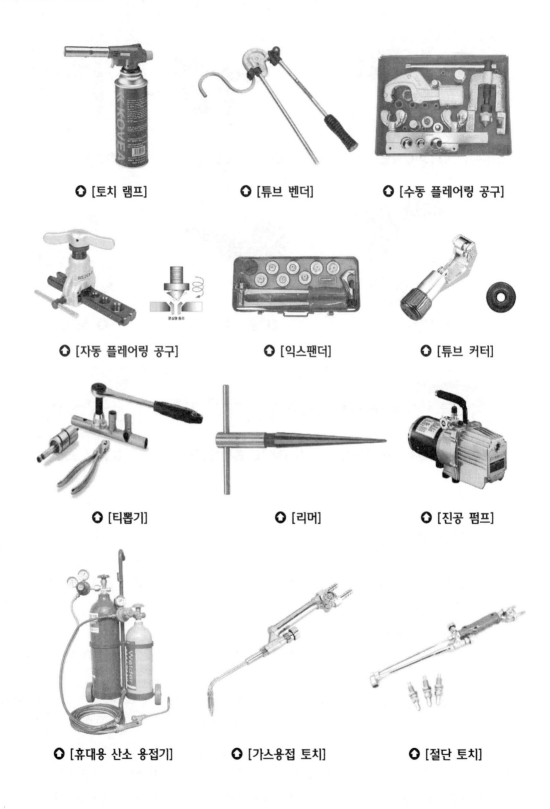

◑ [토치 램프]　　◑ [튜브 벤더]　　◑ [수동 플레어링 공구]

◑ [자동 플레어링 공구]　　◑ [익스팬더]　　◑ [튜브 커터]

◑ [티뽑기]　　◑ [리머]　　◑ [진공 펌프]

◑ [휴대용 산소 용접기]　　◑ [가스용접 토치]　　◑ [절단 토치]

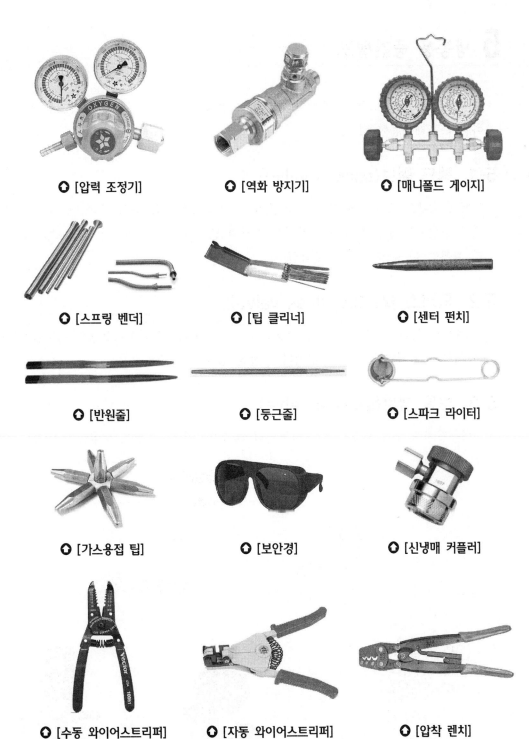

⬆ [압력 조정기]   ⬆ [역화 방지기]   ⬆ [매니폴드 게이지]

⬆ [스프링 벤더]   ⬆ [팁 클리너]   ⬆ [센터 펀치]

⬆ [반원줄]   ⬆ [둥근줄]   ⬆ [스파크 라이터]

⬆ [가스용접 팁]   ⬆ [보안경]   ⬆ [신냉매 커플러]

⬆ [수동 와이어스트리퍼]   ⬆ [자동 와이어스트리퍼]   ⬆ [압착 렌치]

5 냉동용 중간밸브

　냉매 스톱밸브는 글로브밸브와 같은 밸브몸체와 밸브시트를 가진 것으로서 암모니아용과 프레온용이 있다.

5-1 팩드 밸브(packed valve)

　밸브 스템의 둘레에 석면, 흑연패킹 또는 합성고무 등을 채워 글랜드로 죔으로써 냉매가 누설되는 것을 방지하며 안전을 위하여 밸브에 뚜껑이 씌워져 있고, 밸브를 조작할 때에는 이 뚜껑을 열고 조작한다.

5-2 팩리스 밸브(packless valve)

　팩리스 밸브는 글랜드 패킹을 사용하지 않고, 벨로즈나 다이어프램의 격막을 사용하여 외부와 완전히 격리하여 냉매의 누설을 방지하게 되어 있다.

5-3 보통 밸브(service valve)

　냉동장치에 냉매나 오일을 충전하거나 배출시키기 위한 밸브로 압축기 입출구에 주로 설치된다.

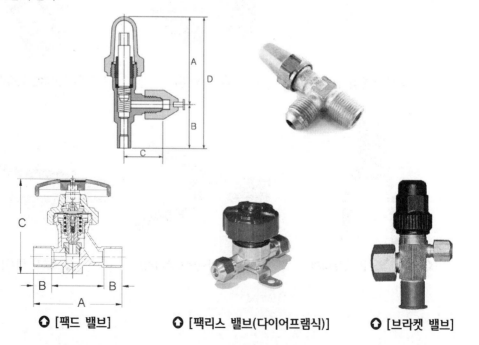

　　♠ [팩드 밸브]　　　　♠ [팩리스 밸브(다이어프램식)]　　　♠ [브라켓 밸브]

6 배관 도시

6-1 배관 도시법

일반 광공업에서 사용하는 도면에 배관 및 관련부품 등을 기호로 도시하는 경우에 공통으로 사용하는 기본적인 간략 도시방법은 한국산업규격(KS B 0051)의 배관 도시 기호로서 규정하고 있다. 다만, 현재에는 이 규격은 폐지되었으나 참고하기로 한다.

(1) 관의 표시방법

1) 관

관은 원칙적으로 한 줄의 실선으로 도시하고, 같은 도면 내에서는 같은 굵기의 선을 사용한다. 다만, 관의 계통, 상태, 목적을 표시하기 위하여 선의 종류(실선, 파선, 쇄선, 2줄의 평행선 등 및 그 선의 굵기)를 바꾸어서 도시하여도 좋다. 이 경우 각각의 선의 종류의 뜻을 도면상의 보기 쉬운 위치에 명기한다. 또한 관을 파단하여 도시하는 경우는 그림과 같이 파단선으로 표시한다.

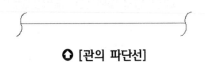

⊙ [관의 파단선]

(2) 배관계의 시방, 유체의 종류·상태의 표시방법

이송유체의 종류·상태 및 배관계의 종류, 흐름 방향 등의 표시방법은 다음과 같다.

1) 표시항목

원칙적으로 다음 순서에 따라 필요한 것을 글자, 글자기호를 사용하여 표시한다. 또한 추가할 필요가 있는 표시항목은 그 뒤에 붙이며, 글자 기호의 뜻은 도면상의 보기 쉬운 위치에 명기한다.

① 관의 호칭지름
② 유체의 종류, 상태, 배관계의 식별
③ 배관계의 시방(관의 종류, 두께, 배관계의 압력 구분 등)
④ 관의 외면에 실시하는 설비, 재료

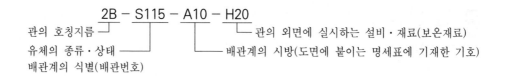

2) 도시방법

  표시항목의 표시는 관을 표시하는 선의 위쪽에 선을 따라서 도면의 밑면 또는 우변으로부터 읽을 수 있도록 기입한다. 다만, 복잡한 도면 등에서 오해를 일으킬 우려가 있을 때에는 각각 인출선을 사용하여 기입하여도 좋다.

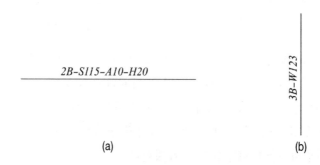

✪ **[도면의 밑면 또는 우변으로부터 기입]**

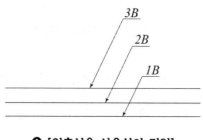

✪ **[인출선을 사용하여 기입]**

(3) 유체 흐름 방향의 표시방법

 1) 관내 흐름의 방향

  관내 흐름의 방향은 관을 표시하는 선에 붙인 화살표의 방향으로 표시한다.

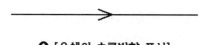

✪ **[유체의 흐름방향 표시]**

2) 배관계의 부속품, 부품, 구성품, 기기 내의 흐름의 방향

배관계의 부속품, 기기 내의 흐름의 방향을 특히 표시할 필요가 있는 경우는 그 그림 기호에 따르는 화살표로 표시한다.

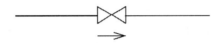

❖ [배관계의 부속품, 기기 내의 흐름의 방향 표시]

(4) 관의 접속상태의 표시방법

관을 표시하는 선이 교차하고 있는 경우에는 다음 표의 표시방법에 따라 각각의 관이 접속하고 있는지 또는 접속하고 있지 않은지를 표시한다.

❖ [표 5-1. 관 접속상태의 표시방법]

관의 접속상태		도시방법
접속하고 있지 않을 때		┼ ┼ 또는 ─┤├─
접속하고 있을 때	교 차	╉
	분 기	╈

비고 : 접속하고 있지 않는 것을 표시하는 선의 끊긴 자리, 접속하고 있는 것을 표시하는 검은 동그라미
　　는 도면을 복사 또는 축소했을 때에도 명백하도록 그려야 한다.

(5) 관 결합방식의 표시방법

관 결합방식은 다음의 그림기호에 따라 표시한다.

❖ [표 5-2. 관의 결합방식의 표시방법]

결합방식의 종류	그림기호
일 반	──┼──
용 접 식	──●──

결합방식의 종류	그림기호
플랜지식	——— ‖ ———
턱걸이식	——— ⊃ ———
유니온식	——— ‖‖ ———

(6) 관 이음의 표시방법

1) 고정식 관이음쇠

엘보(elbow), 벤드(bend), 티(tee), 크로스(cross), 리듀셔(reducer), 하프 커플링(half coupling)은 [표 5-3]의 그림기호에 따라 표시한다.

○ [표 5-3. 고정식 관이음쇠의 표시방법]

관이음새의 종류		그림기호	비 고
엘보 및 벤드			지름이 다르다는 것을 표시할 필요가 있을 때는 그 호칭을 인출선을 사용하여 기입한다.
티			
크로스			
리듀서	등심		특히 필요한 경우에는 그림기호와 결합하여 사용한다.
	편심		
하프 커플링			

2) 가동식 관이음쇠

신축 이음쇠(expansion joint) 및 플렉시블 이음쇠(flexible joint)의 표시방법은 [표 5-4]의 그림기호에 따라 표시한다.

● **[표 5-4. 가동식 관이음쇠의 표시방법]**

관이음쇠의 종류	그림기호	비　　고
신축 이음쇠	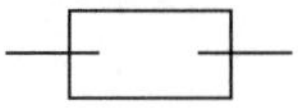	특히 필요한 경우에는 그림기호와 결합하여 사용한다.
플렉시블 이음쇠		

(7) 관의 끝부분의 표시방법

관 끝부분은 [표 5-5]의 그림기호에 따라 표시한다.

● **[표 5-5. 관 끝부분의 표시방법]**

끝부분의 종류	그림기호
막힘 플랜지	
나사박음식 캡 및 나사박음식 플러그	
용접식 캡	

(8) 밸브·콕 몸체의 표시방법

밸브 및 콕의 몸체는 [표 5-6]의 그림기호를 사용하여 표시한다.

● **[표 5-6. 밸브 및 콕 몸체의 표시방법]**

밸브·콕의 종류	그림기호	밸브·콕의 종류	그림기호
밸브 일반		앵글 밸브	
게이트 밸브		3방향 밸브	
글로브 밸브		안전 밸브	 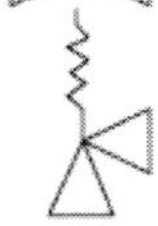
체크 밸브	 		
볼 밸브			
버터플라이 밸브		콕 일반	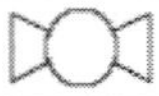

비고 :
1. 밸브 및 콕과 관의 결합방법을 특히 표시하고자 하는 경우는 [표 5-2] 그림기호에 따라 표시한다.
2. 밸브 및 콕이 닫혀 있는 상태를 특히 표시할 필요가 있는 경우에는 다음 그림과 같이 그림기호를 칠하여 표시하든가 또는 닫혀 있는 것을 표시하는 글자("폐", "C" 등)를 첨가하여 표시한다.

(9) 밸브 및 콕의 조작부의 표시방법

밸브 개폐조작부의 동력조작·수동조작의 구별을 명시할 필요가 있는 경우에는 [표 5-7]의 그림기호에 따라 표시한다.

○ [표 5-7. 밸브 및 콕 조작부의 표시방법]

개폐 조작	그림기호	비 고
동력조작		조작부·부속기기 등의 상세에 대하여 표시할 때에는 KS A 3016 (계장용 기호)에 따른다.
수동조작		특히 개폐를 수동으로 할 것을 지시할 필요가 없을 때는, 조작부의 표시를 생략한다.

(10) 계기의 표시방법

계기(計器)를 표시하는 경우에는 관을 표시하는 선에서 분기시킨 가는 선의 끝에 원을 그려서 표기한다.

○ [압력계] **○ [온도계]** **○ [유량계]**

※ 비고 : 계기의 측정하는 변동량 및 기능 등을 표시하는 글자기호는 KS A 3016에 따른다.

(11) 지지장치의 표시방법

지지장치를 표시하는 경우에는 다음의 그림기호에 따라 표시한다.

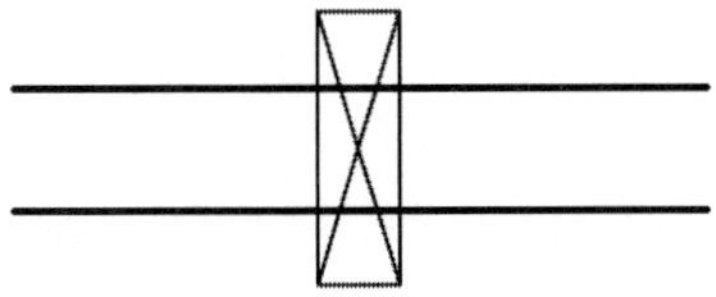

(12) 투영에 의한 배관 표시방법

1) 관의 입체적 표시방법

1방향에서 본 투영도로 배관계의 상태를 표시하는 방법은 [표 5-8] 및 [표 5-9]에 따른다.

[표 5-8. 화면에 직각방향으로 배관되어 있는 경우]

정투영도		각 도
관 A가 화면에 직각으로 바로 앞쪽으로 올라가 있는 경우	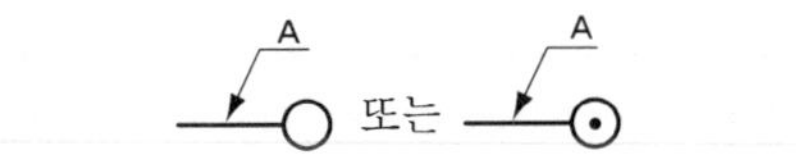	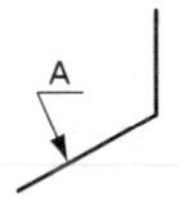
관 A가 화면에 직각으로 반대쪽으로 내려가 있는 경우	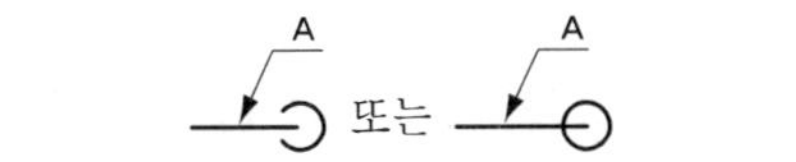	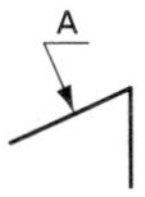
관 A가 화면에 직각으로 바로 앞쪽으로 올라가 있고 관 B와 접속하고 있는 경우	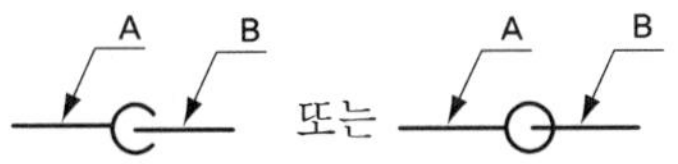	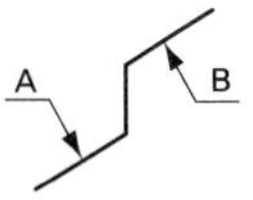
관 A로부터 분기된 관 B가 화면에 직각으로 바로 앞쪽으로 올라가 있으며 구부러져 있는 경우	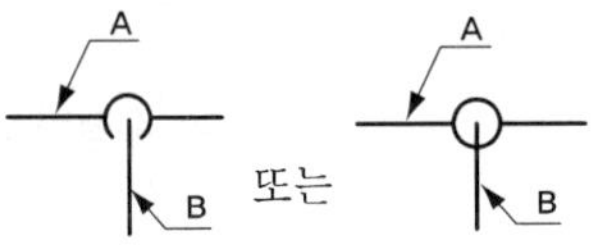	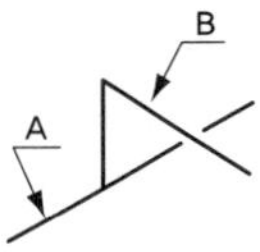
관 A로부터 분기된 관 B가 화면에 직각으로 반대쪽으로 내려가 있고 구부러져 있는 경우	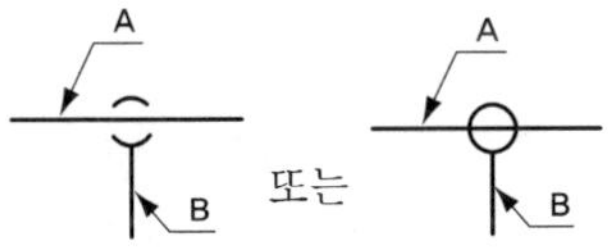	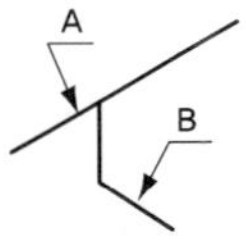

※ 비고 : 정투영도에서 관이 화면에 수직일 때, 그 부분만을 도시하는 경우에는 다음 그림기호에 따른다.

⊙ 또는 

○ [표 5-9. 화면에 직각 이외의 각도로 배관되어 있는 경우]

	정투영도	각 도
관 A가 위쪽으로 비스듬히 일어서 있는 경우		
관 A가 아래쪽으로 비스듬히 내려가 있는 경우		
관 A가 수평방향에서 바로 앞쪽으로 비스듬히 구부러져 있는 경우		
관 A가 수평방향으로 화면에 비스듬히 반대쪽 윗방향으로 일어서 있는 경우		
관 A가 수평방향으로 화면에 비스듬히 바로 앞쪽 윗방향으로 일어서 있는 경우		

※ 비고 : 등각도의 관의 방향을 표시하는 가는 실선의 평행선 군을 그리는 방법에 대하여는 KS A 0111
　　　　(제도에 사용하는 투상법) 참조

2) 밸브, 플랜지, 배관 부속품 등의 입체적 표시방법

밸브, 플랜지, 배관 부속품 등의 등각도 표시방법은 다음 보기에 따른다.

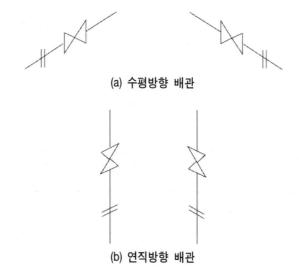

(a) 수평방향 배관

(b) 연직방향 배관

(13) 치수의 표시방법

치수는 원칙적으로는 KS A 0113(제도에 있어서 치수의 기입 방법)에 따라 기입한다.

① 관 치수의 표시방법 : 관과 관의 간격(a), 구부러진 관의 구부러진 점으로부터 점까지의 길이(b) 및 구부러진 반지름·각도, (c)는 특히 지시가 없는 한, 관의 중심에서의 치수를 표시한다.

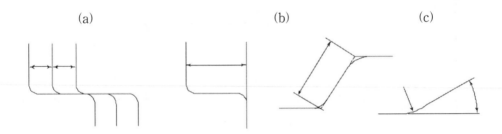

② 특히, 관의 바깥 지름면으로부터의 치수를 표시할 필요가 있는 경우에는 관을 표시하는 가늘고 짧은 실선을 그리고, 여기에 치수선의 말단기호를 댄다. 이 경우, 가는 실선을 붙인 쪽의 바깥 지름면까지의 치수를 뜻한다.

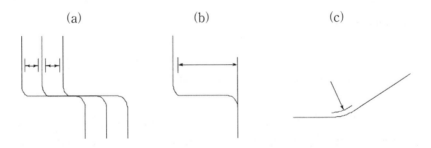

③ 관의 결합부 및 끝부분으로부터의 길이는 그 종류에 따라 [표 5-10]에 표시하는 위치로부터의 치수로 표시한다.

○ [표 5-10. 결합부 및 끝부분의 위치]

결합부·끝부분의 종류	도 시	치수가 표시하는 위치
결합부 일반		결합부의 중심
용접식		용접부의 중심
플랜지식		플랜지면
관의 끝		관의 끝면
막힘 플랜지		관의 플랜지면
나사박음식 캡 및 나사박음식 플러그		관의 끝면
용접식 캡		관의 끝면

(14) 배관의 높이

배관의 기준으로 하는 면으로부터의 고저를 표시하는 치수는 관을 표시하는 선에 수직으로 댄 인출선을 사용하여 다음과 같이 표시한다.

① 관 중심의 높이를 표시할 때 기준으로 부터 위인 경우에는 그 치수값 앞에 "+"를, 기준으로 하는 면으로부터 아래인 경우에는 그 치수값 앞에 "−"를 기입한다.

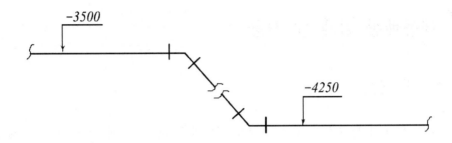

② 관 밑면의 높이를 표시할 필요가 있을 때는 관 중심의 높이를 표시할 때의 방법에 따른 기준으로 하는 면으로부터의 고저를 표시하는 치수 앞에 글자기호 "BOP (bottom of pipe)"를 기입한다.

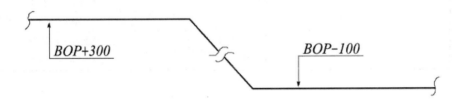

(15) 관의 구배

관의 구배는 관을 표시하는 선의 위쪽을 따라 붙인 그림기호 "◺"(가는선으로 그림)와 구배를 표시하는 수치로 표시한다. 이 경우 그림기호의 뾰족한 끝은 관의 높은 쪽에서부터 낮은 쪽으로 향하여 그린다.

7 냉동배관 설계 및 시공

7-1 개 요

증기 압축식 냉동기의 주요 구성요소인 압축기 → 응축기 → (수액기) → 팽창밸브 → 증발기 → 압축기 등과 부속기기 등을 연결하여 냉동 사이클을 구성하며 냉매 배관의 시공에 따라 냉동장치의 성능, 냉동장치 운전의 안정성, 압축기 등의 소비동력, 성적계수 등에 큰 영향을 미치게 된다. 냉동배관은 크게 다음과 같이 4구간으로 구분할 수 있다.

압력 구분	배관 계통	장치의 경로
고압측	토출가스 배관	압축기 ↔ 응축기
	액 배관	응축기 ↔ (수액기) ↔ 팽창밸브
저압측	흡입가스 배관	증발기 ↔ 압축기
	액 배관	팽창밸브 ↔ 증발기

7-2 냉동에 사용되는 배관의 구비조건

① 냉매나 윤활유의 화학적 및 물리적 작용에 의하여 열화되지 않을 것
② 냉매의 종류에 따라 재료를 선택하여 사용할 것
   ㉠ 암모니아 : 동 및 동합금 사용금지
   ㉡ 프레온 : 2% 이상의 Mg을 함유한 Al합금 사용금지
③ 냉매의 압력이 $10\,kgf/cm^2G$(1MPa)를 넘는 배관에는 주철관을 사용하면 안 된다.
④ 온도가 −50℃ 이하의 저온에 노출되는 배관 : 2~4%의 니켈을 함유한 강관, 18-8스테인리스 또는 이음매 없는 동관을 사용
⑤ 증발기에서 압축기 또는 압축기에서 응축기사이에는 충분한 내압강도를 갖는 플렉시블 튜브(가요관)를 사용
⑥ 배관용 탄소강관(흑관)은 저압측에 사용될 수 있지만 고압측에는 사용할 수 없는 냉매도 있다.
⑦ 관의 외면이 물에 접촉되는 부분의 배관에는 순도 99.8% 미만의 Al을 사용하지 않을 것(단, 내식처리를 실시한 경우에는 제외)

7-3 배관 시공상 기본적으로 주의할 사항

① 장치의 기기 및 배관은 완전한 기밀을 유지하고, 충분한 내압강도를 가질 것
② 사용하는 배관재료는 각각의 용도, 냉매의 종류, 온도에 의하여 선택한 것일 것
③ 냉매배관 내에 냉매가스의 유속 및 압력손실 값은 적절히 할 것
④ 기기 상호간에 연결하는 배관은 최단거리로 할 것
⑤ 굴곡부는 가능한 적게 하고, 곡률반경은 크게 할 것
⑥ 온도변화에 의한 배관의 신축을 고려할 것
⑦ 배관의 곡관부는 가능한 없게 하고, 경사는 크며 관경은 충분한 크기로 설치하고, 직선으로 설치해야 한다.
⑧ 수평배관에는 냉매가 흐르는 방향으로 1/200 정도의 하향구배로 한다.
⑨ 유회수가 용이하도록 하고, 관 중에 불필요하게 오일이 체류하지 않도록 할 것
⑩ 통로를 횡단하는 배관은 바닥에서 2m 이상 높게 하거나 견고한 보호커버를 설치하여 바닥 밑에 매설할 것

7-4 냉동배관 설계의 기본사항

(1) 배관 설계의 기본

① 흡입·토출 배관의 관경은 압력손실이 허용범위 이내로 될 수 있게 하고, 냉동기유가 충분히 운반될 수 있는 유속을 유지하도록 한다.
　㉠ 압력강하 : 냉매의 포화온도로 환산하여 1~2℃의 온도강하를 표준으로 함
　㉡ 냉매 유속(오일운반 가능속도) : 흡·토출관 수평관 : 3~5m/s 이상, 수직관 : 6m/s 이상, 액관 : 0.5~1.2m/s
② 액배관에서는 액냉매의 배관 압력손실에 의한 플래시가스의 발생이 없도록 한다.

(2) 냉매배관의 설계 및 시공사항

1) 흡입관의 설계

① 프레온 냉매가스 중에 용해되어 있는 윤활유가 충분히 운반될 수 있는 적당한 속도를 확보한다.(수평관 : 3.5m/s 이상, 수직관 : 6m/s 이상~25m/s 미만)
② 과도한 압력손실이나 소음이 일어나지 않을 정도로 유속을 억제한다.
③ 흡입관에 생기는 총 마찰손실이 흡입온도에서 2℃의 온도강하에 상당하는 압력

을 넘지 않도록 한다.

④ 용량제어 장치가 있는 압축기의 경우 최소 부하 시의 유회수에 필요한 유속 확보를 위해 2중 입상관을 설치한다.

  ㉠ 작은 관 S는 최소 부하시(부분 부하 시) 가스가 S만을 통과할 때 유속이 6~20m/sec가 되게 결정

  ㉡ 굵은 관 L은 전 부하 시 2개의 입상관을 함께 통할 때 양쪽 관 내의 속도가 6m/sec 이상 되게 결정

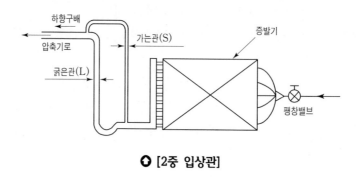

○ [2중 입상관]

2) 흡입관의 시공상 주의점

① 냉매 가스중의 윤활유가 회수될 수 있는 속도이어야 하며 압축기를 향하여 1/200의 하향경사를 둘 것

② 과도한 압력손실이나 소음이 발생하지 않도록 20m/s 이하의 속도로 제한할 것

③ 관경의 결정은 가스의 유속과 압력손실에 의해서 결정된다.

④ 압축기가 증발기의 상부에 위치하고, 입상관이 매우 길 때에는 약 10m마다 중간트랩을 설치하여 윤활유가 증발기로 역류하지 않도록 할 것

⑤ 압축기가 증발기 하부에 위치할 경우에는 정지 중에 증발기 내의 액 냉매가 압축기로 유입되지 않도록 증발기출구에 역트랩을 설치한 후 증발기 상부보다 높게 입상시켜(150mm 정도) 배관할 것

⑥ 흡입관 중에는 특히 압축기 흡입측 부근에서는 불필요한 트랩이나 곡부를 설치하지 말 것(재기동 시 액압축 방지)

⑦ 두 갈래의 흐름이 합류하는 곳은 "T"이음을 하지 말고, "Y"이음을 할 것

⑧ 각 증발기에서 흡입주관으로 들어가는 관은 반드시 주관의 위로 접속할 것

⑨ 2대 이상의 증발기가 서로 다른 높이에 있고, 압축기가 이들보다 밑에 있는 경우 흡입관은 증발기 상부 이상 입상시키고, 압축기로 향하도록 한다.(정지 중 액이 압축기로 유입하는 것을 방지)

⑩ 2개 이상의 증발기가 있어도 부하변동이 심하지 않을 경우에는 1개의 입상관으로 하여도 좋다.

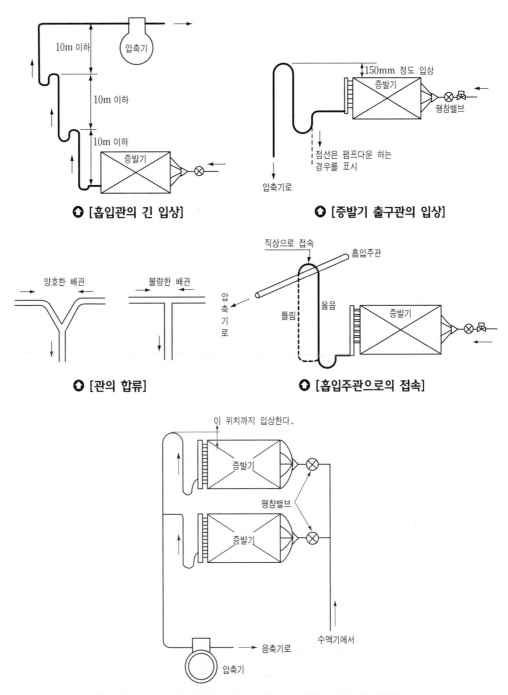

○ [흡입관의 긴 입상]

○ [증발기 출구관의 입상]

○ [관의 합류]

○ [흡입주관으로의 접속]

○ [2대의 증발기 흡입관 설치(압축기가 증발기 하부에 위치)]

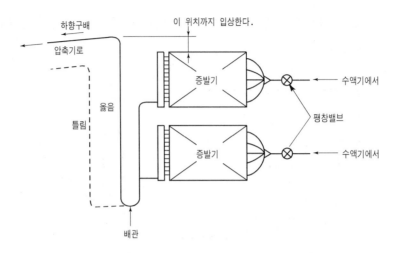

❍ [2대의 증발기 흡입관 설치(부하변동이 적은 경우)]

3) 토출관의 설계

① 오일을 충분히 운반할 수 있는 유속을 확보할 것(수평관 : 3.5m/s 이상, 입상관 : 6m/s 이상)

② 과대한 압력손실이나 유체의 소음이 생기지 않을 정도의 냉매가스 유속을 유지하도록 25m/s 이하로 한다.

③ 토출관의 총 마찰손실은 $0.2\,\mathrm{kgf/cm^2}$(0.02MPa) 이하로 할 것(흡입온도에서 2℃의 온도강하에 상당하는 압력손실을 넘지 않도록)

4) 토출관 시공상 주의점

① 압축기와 응축기가 같은 위치에 있는 경우 일단 수직 상승관을 설치한 다음 하향구배로 한다.(압축기 정지 중 응축된 냉매가 압축기로 역류를 방지)

② 입상관의 길이가 길어질 경우 10m마다 중간트랩을 설치하여 배관중의 오일이 압축기로 역류되는 것을 방지한다.

③ 압축기에 광범위한 용량조절장치가 있을 경우 수직상승관의 유속을 확보하기 위하여 2중 입상관을 사용한다.

④ 소음기(머플러)는 수직 상승관에 부착하되 될 수 있는 한 압축기 근처에 부착한다.

⑤ 2대 이상의 압축기가 각각 독립된 응축기를 갖고 있을 때에는 토출관 중 응축기 가까운 곳에 토출관과 같은 치수 또는 그 이상의 굵기를 갖는 균압관을 설치한다.

⑥ 토출 가스관은 보통 1℃ 정도의 압력강하로서 관경을 설정한다.

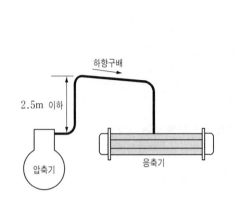

❶ [압축기와 응축기가 동일 위치]

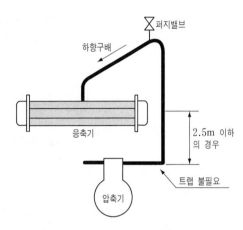

❶ [응축기가 압축기보다 높을 때]

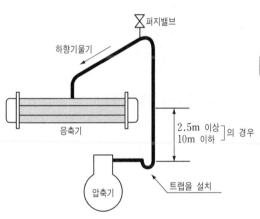

❶ [토출관의 수직상승관]

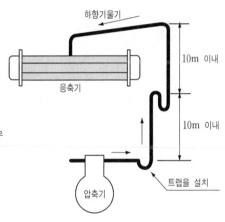

❶ [토출관의 긴 수직상승관]

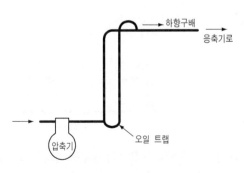

❶ [토출관의 2중 입상관]

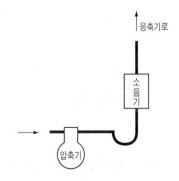

❶ [소음기의 설치위치]

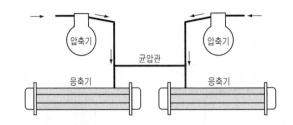

⭘ [압축기가 응축기 상부에 있는 경우]

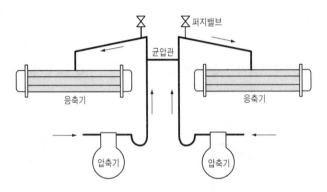

⭘ [압축기가 응축기 하부에 있는 경우]

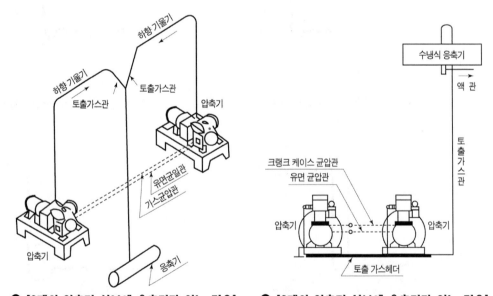

⭘ [2대의 압축기 하부에 응축기가 있는 경우]   ⭘ [2대의 압축기 상부에 응축기가 있는 경우]

5) 액관의 설계

① 액관의 마찰손실은 가능한 한 작게 하는 것이 바람직하며 또한 팽창밸브 입구에서 플래시가스의 발생을 방지하기 위해서는 냉매액이 0.5~1℃ 이상의 과냉각 상태가 되어야 한다.

② 액관을 20m 이상 입상하는 것은 피하는 것이 좋지만, 입상한 경우에는 5m의 입상에 대하여 5℃ 정도의 과냉각이 필요하다.

③ 액관에는 드라이어, 여과기, 전자밸브 등 다수의 부속기기가 설치되므로 압력손실이 크게 될 수 있으므로 플래시가스 발생을 방지하기 위해서도 배관을 가능한 짧게 하는 것이 바람직하다.

6) 액관 시공상 주의점

액관은 흡입관이나 토출관에서 같은 유회수 문제는 없으나 액냉매가 압력강하에 의해 플래쉬가스 발생을 방지하는 것이 중요하므로 이에 유의하여 시공하여야 한다.

① 액관의 마찰손실압력을 $0.2\,\mathrm{kgf/cm^2}$(0.02MPa) 이하로 제한한다.

② 입상관이 길면 압력손실이 크므로 충분한 과냉각이 필요하다.

③ 냉매액은 적어도 0.5℃ 이상 과냉각된 상태에서 팽창밸브에 도달해야 한다.(팽창밸브 통과시 플래시 가스의 발생을 최소화한다.)

④ 액관 내의 유속은 0.5~1.5m/s 정도가 적당하다.

⑤ 액관에는 드라이어, 필터, 전자밸브 등 배관 부속품들이 많이 설치되어 압력손실이 커지기 쉬우므로 배관은 가능한 짧게 하여 냉매가 증발하는 것을 방지한다.

⑥ 배관 도중에 다른 열원으로부터 열을 받지 않도록 한다.

⑦ 증발기가 응축기(수액기)보다 8m 이상 높은 위치에 설치되는 경우는 액을 충분히 과냉각시켜서 액냉매가 관 내에서 기화되는 것을 방지한다.

⑧ 2대 이상의 증발기를 사용하는 경우 액관에서 발생한 증발가스가 균등하게 분배되도록 배관한다.

냉동배관 기초실습

06 냉동배관 기초실습

1 배관 기초실습 (I)

1-1 수험자 유의사항

1) 수험자 인적사항 및 계산식을 포함한 답안작성은 흑색 필기구만 사용해야 하며, 그 외 연필류, 빨간색, 청색 등 필기구 및 수정테이프(액)를 사용해 작성한 답항은 0점 처리되오니 불이익을 당하지 않도록 유의해 주시기 바랍니다.

2) 시험시간 내에 작품을 제출하여야 합니다.

3) 실기시험은 동관작업(50점) 및 동영상(50점)으로 구분 시행합니다.

4) 수험자는 시험위원의 지시에 따라야 합니다.

5) 수험자가 지참한 공구와 지정된 시설만을 사용하며, 안전수칙을 준수하여야 합니다.

6) 수험자는 시험시작 전 지급된 재료의 이상유무를 확인 후 지급 재료가 불량품일 경우에만 교환이 가능하고, 기타 가공, 조립 잘못으로 인한 파손이나 불량 재료 발생 시 교환할 수 없으며, 지급된 재료만을 사용하여야 합니다.

7) 재료의 재 지급은 허용되지 않으며, 잔여재료와 도면은 작업이 완료된 후 작품과 함께 동시에 제출하고 작업대 주위를 깨끗하게 청소하여야 합니다.

8) 수험자 지참공구목록에 명시되어 있지 않은 공구 및 도구는 사용이 불가합니다. 특히, 용접용 지그(턴 테이블(회전형)형, 강관부 압연강판(엽전)의 내·외접용 등) 사용 불가

9) 시험 중 수험자는 반드시 안전수칙을 준수해야하며, 작업 복장상태, 공구 정리 정돈, 안전 보호구 착용 등이 채점 대상이 됩니다.

10) 다음 사항에 대해서는 채점 대상에서 제외하니 특히 유의하시기 바랍니다.

　가) 기권

　　(1) 수험자 본인이 수험 도중 시험에 대한 포기의사를 표하는 경우

　　(2) 실기시험 과정 중 1개 과정이라도 불참한 경우

　나) 미완성

　　(1) 시험시간 내 작품을 제출하지 못했을 경우

　다) 오작품

　　(1) 치수오차가 한 부분이라도 ±10mm를 초과한 경우

　　(2) 각 용접부에 용접이외의 작업을 했을 경우(각 용접부 이외의 개소에 용접한 경우 포함)

　　(3) 기밀시험 시 $3kg/cm^2$(0.3MPa)에서 기밀이 유지되지 않은 경우

　　(4) 지급된 재료이외의 다른 재료를 사용했을 경우

　　(5) 도면과 상이한 작품인 경우

1-2 동관작업 채점기준표

주요 항목	세부 항목	항목 번호	항목별 채점방법	배점
동관작업 (50점)	치수측정 (1, 2, 3, 4, 5, 6, 7, 8, 9, 10, 11, 12)	1	치수오차 ±3mm 이내는 각 1점, 기타 0점 12개소×1=12점	12
	용접상태	2	용접상태는 은납, 황동, 가스용접으로 구분하여 채점한다. (각 용접시 은납, 황동, 가스용접봉을 사용하지 않았을 시에 는 각 작업은 0점 처리한다.) (1) 은납 용접상태 • 상 : 용접상태가 양호하고 용접결함이 전혀 없으면 5점 • 중 : 용접상태가 보통이고 용접결함이 2개소 이하이면 3점 • 하 : 기타 1점	5
			(2) 황동 용접상태 • 상 : 비드가 균일 양호하고 용접결함이 없으면 4점 • 중 : 비드가 보통이고 용접결함이 없으면 2점 • 하 : 기타 1점	4
			(3) 가스 용접상태 • 상 : 비드가 균일 양호하고 용접결함이 없으면 4점 • 중 : 비드 상태가 보통이고 용접결함이 1개소 있으면 2점 • 하 : 기타 1점	4
	스웨이징(Ⅰ부분)	3	스웨이징 상태(10mm)가 정상이면 4점, 비정상이면 0점	4
	외관상태	4	작품의 균형 및 동관 외관상태을 보아 상, 중, 하로 구분하 여 채점한다. • 상 : 작품 균형 및 동관 벤딩 상태가 양호하고 동관의 쭈 그러짐 등의 흠자국이 없으면 4점 • 중 : 작품 균형이 보통이고 동관 벤딩 불량상태가 2개소 이 하, 동관의 쭈그러짐 등의 흠자국이 2개소 이하이면 2점 • 하 : 기타 1점	4
	기밀시험	5	Z부분의 너트를 풀어 기밀시험(3kg/cm²)을 하여 용접부나 후레아 접속부 등에서 기포가 발생하면 오작 처리, 이상이 없으면 10점	10
	모세관 유통시험	6	Z부분의 너트를 풀어 모세관 유통시험을 하여 공기가 통과 하지 않으면 해당 항목 0점, 이상이 없으면 5점	5
	안전 수칙 준수	7	복장상태, 정리정돈, 안전보호구 착용 등 안전 수칙을 준수 하였으면 2점, 그렇지 않으면 0점	2

(1) 요구사항(시험시간 : 1시간 55분)

① 지급된 재료를 사용하여 도면과 같은 배관작업을 하시오.(단, 수험자는 작업 중에 구멍을 뚫고 접속시키는 부분이 있을 때에는 구멍을 뚫은 후 반드시 시험위원의 확인을 받아야 합니다.)

② 용접 시에는 용접봉을 사용하여 용접해야 하나, 필요시 제살용접도 가능합니다.

③ 시험 종료 후 작품의 기밀여부를 감독위원으로부터 확인받아야 합니다.

(2) 지급재료 목록

일련번호	재 료 명	규 격	단위	수량	비 고
1	일반배관용탄소강관(흑파이프)	25A×110	개	1	
2	일반구조용 압연강판	ø26×t2.0	장	1	
3	〃	ø29×t2.0	장	1	
4	동관(연질)	3/8″(인치)×1,300	개	1	
5	〃	1/2″(인치)×410	개	1	
6	플레어 너트	1/2″(인치)동관용	개	2	
7	니플(플레어 볼트)	1/2″(인치)동관용	개	1	
8	모세관	ø2.0×60	개	1	
9	가스 용접봉	ø2.6×500	개	1	
10	은납 용접봉	ø2.4×500	개	1	
11	황동 용접봉	ø2.4×450	개	1	
12	2구멍 분배관		개	1	
13	붕사	황동 용접용	g	15	

1-3 동관배관 도면(A형)

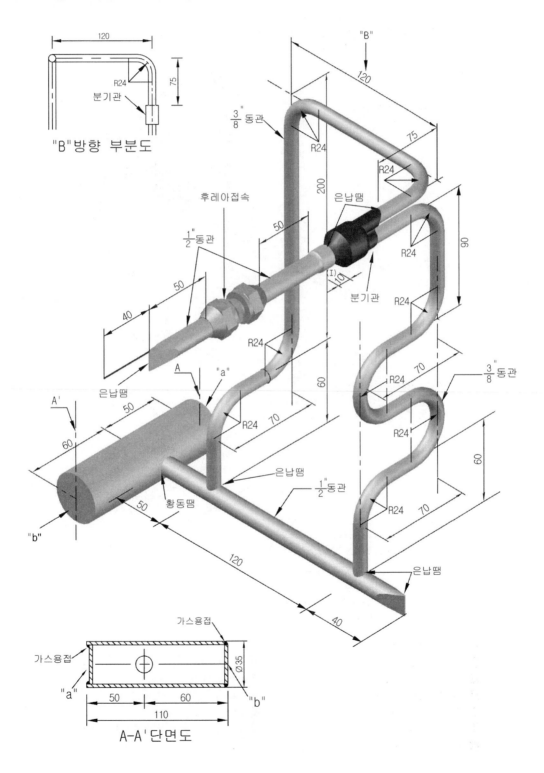

"B"방향 부분도

A-A' 단면도

1-4 동관배관 도면계산(A형)

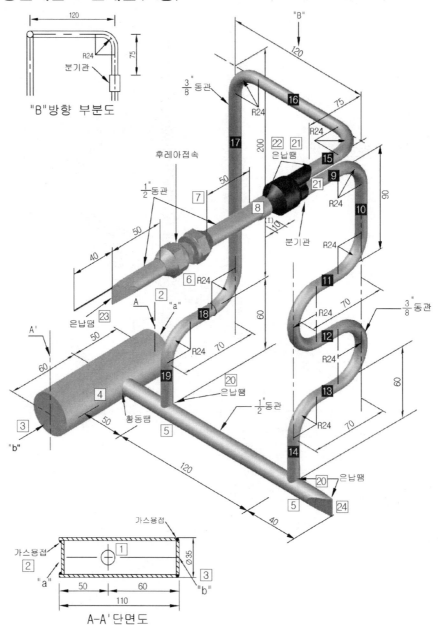

"B"방향 부분도

A-A'단면도

※ 배관의 치수 계산

9 75−24=51mm+분기관 삽입 길이(10)

10 90−(2×24)=42mm

11 70−(2×24)=22mm

12 70−(2×24)=22mm

13 70−(2×24)=22mm

14 60−24+4(동관 삽입 길이)=40mm

15 75−24=51mm+분기관 삽입 길이(10)

16 120−(2×24)=72mm

17 200−(2×24)=152mm

18 70−(2×24)=22mm

19 60−24+4(동관 삽입 길이)=40mm

1-5 동관배관 실습방법(A형)

(1) 강관작업(구멍뚫기, 강관용접, 황동땜)

1) 강관 구멍 뚫기 ··

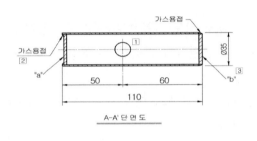
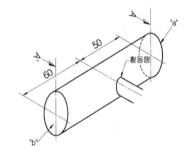

25A의 강관을 주어진 치수 50mm와 60mm 사이에 맞추어 표시하고, 펀치를 이용하여 펀칭 후 흑강관을 탁상드릴의 볼반 바이스에 고정시키고, 탁상드릴을 이용하여 구멍을 뚫는다.(이때, 강관의 이음매 부분을 피하여 드릴 작업한다.)

2) 강관용접(철용접 - "a" 내접부분, 내외접 방향에 주의) ····································· ②

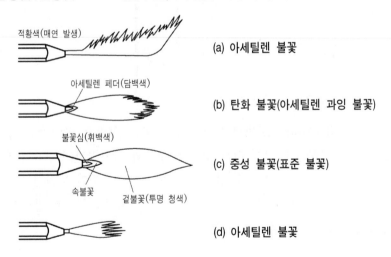

① 용접토치의 불꽃을 중성불꽃으로 잘 조정한다.

② 치수가 적은 50mm "a"부분이 내접으로 강관의 내접 "a"부분을 작업대 위에 세워놓는다.

③ 내접엽전의 거스러미 부분을 위로 오게 하여 엽전 아래 부분에 철용접봉을 녹여 2~3방울 녹여 붙이고 다시 내접용 엽전 윗부분과 철용접봉을 가열하여 엽전과 용접봉을 붙인다.

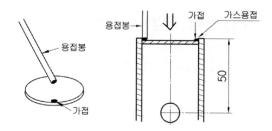

④ 내접 엽전을 강관 끝에서 약 2~3mm 정도 안쪽으로 넣고, 용접봉이 2~3방울 녹아 붙어 있는 엽전부분을 강관 아래쪽의 안쪽과 가접한 후 엽전을 수평으로 다시 맞춘다.

⑤ 용접봉이 붙어 있는 엽전부분을 다시 가접하고, 이 가접한 부분부터 시계방향으로 용접봉을 사용하여 내접 용접을 한다.

⑥ 내접은 엽전 우측 아래부분부터 시작하여 토치의 가스불꽃이 용접하고자 하는 방향을 향하도록 돌려 예열하면서 용융풀은 5mm 정도가 되도록 유지하고, 연속적으로 2~3회에 걸쳐 강관을 돌려가면서 용접한다.

3) 강관용접(철용접 -"b"외접부분) ·· ③

강관의 외접 60mm "b"방향을 작업대 위로 세워놓고 압연강판(엽전)의 거스러미 부분이 위를 향하도록 하여 강관 상부 끝부분과 압연강판(엽전) 사이의 틈새를 최소한으로 한 후 2군데를 가접 후 엽전의 우측 아래부분부터 토치의 가스불꽃이 용접하고자 하는 방향을 향하도록 돌려 예열하면서 용융풀은 5mm 정도가 되도록 유지하면서 연속적으로 외접을 진행한다.

4) 황동땜(강관과 1/2″동관 연결) ·· ④

① 강관 구멍에 1/2″동관을 직각이 되도록 삽입 후 동관을 약간 뒤로 하고, 용접불꽃은 중성불꽃으로 하여 동관보다 강관에 불꽃이 2/3 정도 향하도록 하여 동관에 구멍이 나지 않도록 주의하면서 강관과 동관을 충분히 예열 후 황동용접봉(신주봉)을 약간 예열하여 붕사를 조금 묻히고, 용접부에 황동땜을 진행한다. 이때 붕사는 용접 중간에 3~4회 정도 묻히면서 용접한다. 용접부분이 황금색을 띠고, 강관과 동관에

용접물이 확실히 안착되어 있으면 된다.(이때, 용접 시 황동봉을 사용하고, 은납봉을 사용하지 않도록 주의한다).

② 용접 후 강관을 수조에 넣어 서서히 냉각시키도록 한다.

(2) 1/2″동관작업

1) 1/2″동관 구멍작업 ·· ⑤

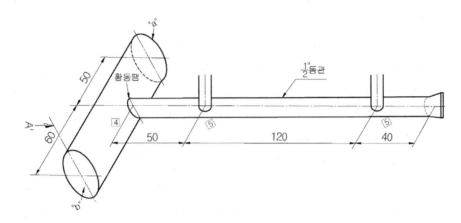

① 황동땜 ④부분에서 치수를 50mm 표시 후 다시 120mm를 표시하고, 강관부분을 탁상(수평)바이스에 고정한 후 3/8″구멍에 맞는 반원줄을 이용하여 1/2″동관의 황동땜부에서 50＋120＝170mm의 표시부분 ⑤부터 구멍을 3/8″동관이 들어갈 수 크기에 맞게 1/2″동관에 구멍뚫기 작업을 한다.(이때, 강관의 외접 "b"방향을 바깥부분으로 하여 구멍이 상하로 바뀌지 않도록 주의하고, 반원줄을 세워 좌우로 줄질하여 구멍의 중심을 맞추고, 다시 수평으로 하여 블록한 부분이 아래를 향하도록 하여 동관을 3/8″구멍으로 넓힌다.)

② 황동땜부에서부터 50mm의 표시부분 ⑤부터 구멍을 3/8″동관이 들어갈 수 크기에 맞게 1/2″동관에 구멍뚫기를 반원줄을 이용하여 동일한 방법으로 작업한다.

③ 1/2″동관 끝을 강관의 ④에서 50＋120＋40＝210mm 표시한 후 튜브커터로 절단한다.

2) 1/2″동관 플레어링 및 스웨이징 작업 ⋯⋯⋯⋯⋯⋯⋯⋯⋯⋯⋯⋯⋯⋯ ⑥⑦⑨

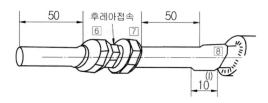

① 강관에 연결한 1/2″동관 나머지를 이용하여 플레어링 공구세트를 사용하여 작업한다.

② 동관 끝을 2~3mm 정도 블록 상부에 나오도록 고정한 후 리머로 동관의 안쪽의 거스러미를 제거하고, 반원줄을 이용하여 동관 끝을 수평으로 매끈하게 1mm 정도 갈아낸 후 ⑥번을 플레어링 작업을 한다.

③ 플레어 너트를 삽입하여 플레어가 적당하게 되었는지 확인한 후 플레어 너트 끝에서 50mm 치수 표시 후 절단한다.

④ 나머지 1/2″동관을 이용하여 동일한 방법으로 ⑦번을 플레어링 작업을 한다.

⑤ 플레어 너트를 방향에 맞게 삽입한 후 플레어 너트 끝에서 스웨이징 부분의 10mm와 줄질부분 1mm를 고려하여 10+1=11mm를 더하여 50+10+1=61mm 표시한 후 튜브커터로 절단한다.(이때, 자동플레어링 공구를 사용하면 리머질과 줄질을 하지 않아도 되므로 줄질의 1mm는 고려하지 않아도 된다.)

⑥ 블록에 스웨이징 부분 ⑧을 11mm 정도 블록 상부에 나오도록 고정한 후 리머로 거스러미를 제거하고, 반원줄을 이용하여 동관 끝을 수평으로 1mm 정도 갈아낸다.

편심형 원리

⑦ 블록부분을 탁상(수평) 바이스에 물리고, 요크에 플레어링 콘을 스웨이징 콘으로 교체하고 스웨이징 작업을 한다.(이때, 확관기를 사용하면 리머 및 줄 작업을 하지 않아도 되므로 1mm는 고려하지 않아도 되며 다만, 동관 끝을 토치로 약간 예열한 후 확관하여야 한다.)

(3) 3/8″동관 벤딩

1) 우측 3/8″동관 벤딩 ······ 9 ~ 14

① 분기관에 3/8″동관을 삽입한 후 분기관 끝부분에서 "9 − 24" 75 − 24 = 51mm로 계산 후 표시하고, 튜브벤더를 이용하여 90° 벤딩하고, 표시한다.

② "10 − (2×24)" 90 − 48 = 42mm로 계산 후 전의 표시부분에서 치수 측정 후 표시하고, 아래로 90° 벤딩하고, 표시한다.

③ "11 − (2×24)" 70 − 48 = 22mm로 계산 후 전의 표시부분에서 치수 측정 후 표시하고, 아랫방향으로 180° 벤딩하고, 표시한다.

④ "12 − (2×24)" 70 − 48 = 22mm로 계산 후 전의 표시부분에서 치수 측정 후 표시하고, 반대로 180° 벤딩하고, 표시한다.

⑤ "13 − (2×24)" 70 − 48 = 22mm로 계산 후 전의 표시부분에서 치수 측정 후 표시하고, 아래로 90° 벤딩하고, 표시한다.

⑥ 1/2″동관에 3/8″동관이 삽입되는 치수 4mm를 가산하여 계산하므로 "14 − 24 + 4)" 60 − 24 + 4 = 40mm로 표시 후 튜브커터로 절단한다.

2) 좌측 3/8″동관 벤딩 ······ 15 ~ 19

① 남은 3/8″동관을 분기관에 삽입한 후 분기관 끝부분에서 "15 − 24" 75 − 24 = 51mm로 계산 후 표시하고, 90° 벤딩하고, 표시한다.

② "16 − (2×24)" 120 − 48 = 72mm로 계산 후 전 표시부분에서 측정 후 표시하고, 동관의 방향에 주의하여 아래로 90° 벤딩하고, 표시한다.(벤딩방향 주의)

③ "17 − (2×24)" 200 − 48 = 152mm로 계산 후 전 표시부분에서 측정 후 표시하고, 앞방향으로 90° 벤딩하고, 표시한다.

④ "18 − (2×24)" 70 − 48 = 22mm로 계산 후 전 표시부분에서 측정 후 표시하고, 아래로 90° 벤딩하고, 표시한다.

⑤ 1/2″동관에 3/8″동관이 삽입되는 치수 4mm를 가산하여 계산하므로 "19 − 24 + 4)" 60 − 24 + 4 = 40mm로 표시한 후 튜브커터로 절단한다.

(4) 은납땜 작업

1) 1/2″동관과 3/8″동관 은납땜 ·· 20

① 분기관을 수직으로 하여 3/8″동관 2개를 삽입 후 하부의 1/2″동관에 맞추어 수직으로 세운다.

② 용접불꽃을 약하게 탄화불꽃으로 조정하고, 2개의 동관 사이를 충분히 가열하면서 거리를 조정하면서 20의 두 개소를 은납땜한다.(이때, 은납봉이 동관 틈새에 스며 들어가도록 땜을 하며 과도한 은납땜 사용은 피하여야 한다.)

2) 분기관 은납땜 ··· 21

분기관을 수직으로 하고, 분기관의 틈새를 은납땜을 진행한다.(이때, 분기관 가운데 부분이 틈새가 없도록 용접한다.)

3) 스웨이징 은납땜 ··· 22

22의 스웨이징 부분을 은납땜하며 이때 동관 아래부분에도 틈새가 없도록 용접한다.

4) 모세관 은납땜 ··· 23

모세관에 치수 40mm를 표시하고, 플레어 너트와 볼트를 체결하고, 가스토치로 동관 끝을 예열하고, 플라이어를 이용하여 모세관을 고정하고, 도면대로 찝은 후 모세관이 동관 안쪽의 위로 오도록 하여 모세관이 막히지 않고, 녹지 않도록 주의하면서 용접한다.

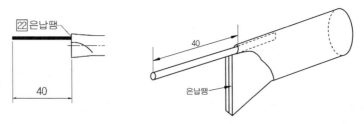

5) 1/2″동관 은납땜 ··· 24

강관에 연결된 1/2″동관 끝 24를 가스토치로 가열 후 플라이어로 도면과 같은 모양으로 수직으로 찝은 후 은납땜을 한다.

(5) 최종 확인

① 완성된 작품을 냉각한 후 플레어 볼트와 너트를 적당히 조이고, 도면을 보고, 전체적인 수평과 수직을 확인한다.(수직수평이 틀리면 일부 다시 잡아준다.)

② 작품의 전체치수와 부분치수를 재확인하고, 깨끗하게 한 후 완성된 작품을 제출한다.

③ 용접대와 작업대를 정리하고, 사용한 모든 공구를 정리정돈한다.

1-6 동관배관 도면(B형)

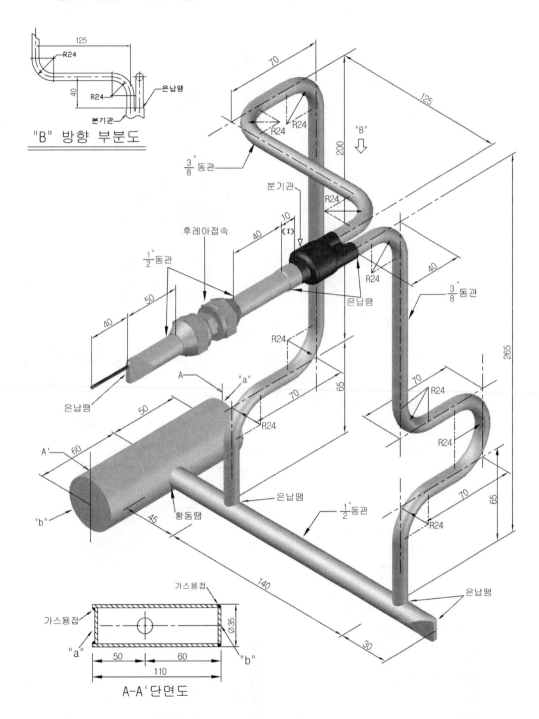

1-7 동관배관 도면계산(B형)

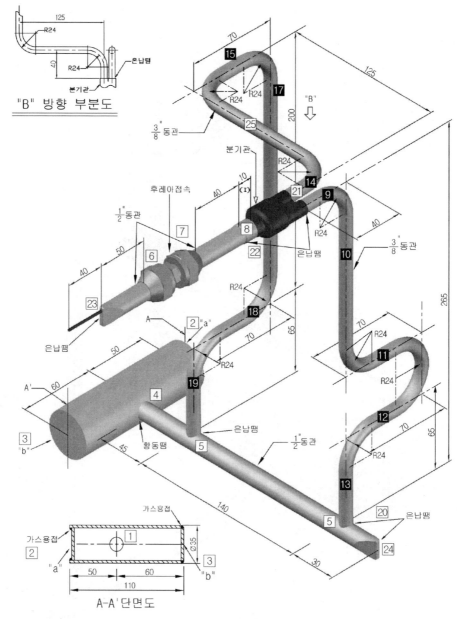

※ 배관의 치수 계산

9 $40-24=16mm+$ 분기관 삽입 길이(10)

10 $265-65-(2\times24)-(2\times24)=104mm$

11 $70-48=22mm$

12 $70-48=22mm$

13 $65-24+4(동관 삽입 길이)=45mm$

14 $40-24=16mm+$ 분기관 삽입 길이(10)

15 $125-(2\times24)=77mm$

16 $70-(2\times24)=22mm$

17 $200-(2\times24)=152mm$

18 $70-(2\times24)=22mm$

19 $65-24+4(동관 삽입 길이)=45mm$

1-8 동관배관 실습방법(B형)

(1) 강관작업(구멍뚫기, 강관용접, 황동땜)

1) 강관 구멍 뚫기 ·· 1

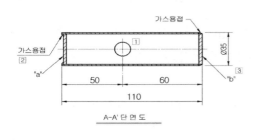
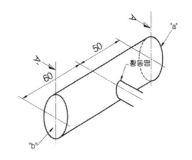

25A의 강관을 주어진 치수 50mm와 60mm 사이에 맞추어 표시하고, 펀치를 이용하여 펀칭 후 흑강관을 탁상드릴의 볼반 바이스에 고정시키고, 탁상드릴을 이용하여 구멍을 뚫는다.(이때, 강관의 이음매 부분을 피하여 드릴 작업한다.)

2) 강관용접(철용접 – "a" 내접부분, 내외접 방향에 주의) ································ 2

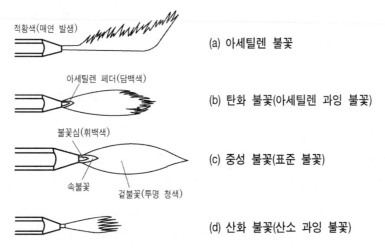

① 용접토치의 불꽃을 중성불꽃으로 잘 조정한다.

② 치수가 적은 50mm "a"부분이 내접으로 강관의 내접 "a"부분을 작업대 위에 세워놓는다.

③ 내접엽전의 거스러미 부분을 위로 오게 하여 엽전 아래 부분에 철용접봉을 녹여 2~3방울 녹여 붙이고, 다시 내접용 엽전 윗부분과 철용접봉을 가열하여 엽전과 용접봉을 붙인다.

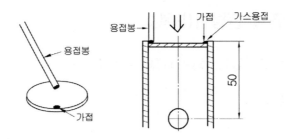

④ 내접 엽전을 강관 끝에서 약 2~3mm 정도 안쪽으로 넣고 용접봉이 2~3방울 녹아 붙어 있는 엽전부분을 강관 아래쪽의 안쪽과 가접 한 후 엽전을 수평으로 다시 맞춘다.

⑤ 용접봉이 붙어 있는 엽전부분을 다시 가접하고, 이 가접한 부분부터 시계방향으로 용접봉을 사용하여 내접 용접을 한다.

⑥ 내접은 엽전 우측 아래부분부터 시작하여 토치의 가스불꽃이 용접하고자 하는 방향을 향하도록 돌려 예열하면서 용융풀은 5mm 정도가 되도록 유지하고, 연속적으로 2~3회에 걸쳐 강관을 돌려가면서 용접한다.

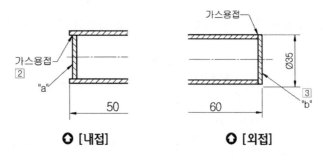

❶ [내접]　　　　　　**❶ [외접]**

3) 강관용접(철용접 – "b" 외접부분) ······························ ③

강관의 외접 60mm "b"방향을 작업대 위로 세워놓고 압연강판(엽전)의 거스러미 부분이 위를 향하도록 하여 강관 상부 끝부분과 압연강판(엽전) 사이의 틈새를 최소한으로 한 후 2군데를 가접 후 엽전의 우측 아래부분부터 토치의 가스불꽃이 용접하고자 하는 방향을 향하도록 돌려 예열하면서 용융풀은 5mm 정도가 되도록 유지하면서 연속적으로 외접을 진행한다.

4) 황동땜(강관과 1/2″동관 연결) ································· ④

① 강관 구멍에 1/2″동관을 직각이 되도록 삽입 후 동관을 약간 뒤로 하고, 용접불꽃은 중성불꽃으로 하여 동관보다 강관에 불꽃이 2/3 정도 향하도록 하여 동관에 구멍이 나지 않도록 주의하면서 강관과 동관을 충분히 예열 후 황동용접봉(신주봉)을

약간 예열하여 봉사를 조금 묻히고 용접부에 황동땜을 진행한다. 이 때 봉사는 용접 중간에 3~4회 정도 묻히면서 용접한다. 용접부분이 황금색을 띠고, 강관과 동관에 용접물이 확실히 안착되어 있으면 된다.(이때, 용접 시 황동봉을 사용하고, 은납봉을 사용하지 않도록 주의한다).

② 용접 후 강관을 수조에 넣어 서서히 냉각시키도록 한다.

(2) 1/2″동관작업

1) 1/2″동관 구멍작업 ·· 5

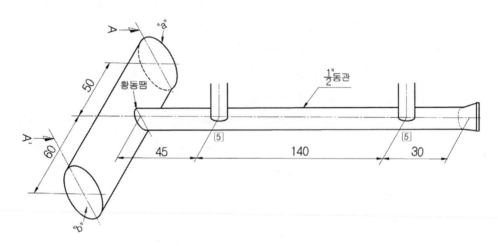

① 황동땜 4부분에서 치수를 50mm 표시 후 다시 120mm를 표시하고 강관부분을 탁상(수평)바이스에 고정한 후 3/8″구멍에 맞는 반원줄을 이용하여 1/2″동관의 황동땜부에서 50+120=170mm의 표시부분 5부터 구멍을 3/8″동관이 들어갈 수 크기에 맞게 1/2″동관에 구멍뚫기 작업을 한다. 이때 강관의 외접 "b"방향을 바깥부분으로 하여 구멍이 상하로 바뀌지 않도록 주의하고, 반원줄을 세워 좌우로 줄질하여 구멍의 중심을 맞추고, 다시 수평으로 하여 블록한 부분이 아래를 향하도록 하여 동관을 3/8″구멍으로 넓힌다.

② 황동땜부에서부터 50mm의 표시부분 5부터 구멍을 3/8″동관이 들어갈 수 크기에 맞게 1/2″동관에 구멍뚫기를 반월줄을 이용하여 동일한 방법으로 작업한다.

③ 1/2″동관 끝을 강관의 4에서 45+140+30=215mm 표시한 후 튜브커터로 절단한다.

2) 1/2″동관 플레어링 및 스웨이징 작업 ······································· ⑥⑦⑨

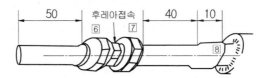

① 강관에 연결한 1/2″동관 나머지를 이용하여 플레어링 공구세트를 사용하여 작업한다.

② 동관 끝을 2~3mm 정도 블록 상부에 나오도록 고정한 후 리머로 동관 안쪽의 거스러미를 제거하고, 반원줄을 이용하여 동관 끝을 수평으로 매끈하게 1mm 정도 갈아낸 후 ⑥번을 플레어링 작업을 한다.

③ 플레어 너트를 삽입하여 플레어가 적당하게 되었는지 확인한 후 플레어 너트 끝에서 50mm 치수 표시 후 절단한다.

④ 나머지 1/2″동관을 이용하여 동일한 방법으로 ⑦번을 플레어링 작업을 한다.

⑤ 플레어 너트를 방향에 맞게 삽입한 후 플레어 너트 끝에서 스웨이징 부분의 10mm와 줄질부분 1mm를 고려하여 10+1=11mm를 더하여 40+10+1=51mm 표시한 후 튜브커터로 절단한다.(이때, 자동플레어링 공구를 사용하면 리머질과 줄질을 하지 않아도 되므로 줄질의 1mm는 고려하지 않아도 된다.)

⑥ 블록에 스웨이징 부분 ⑧을 11mm 정도 블록 상부에 나오도록 고정한 후 리머로 거스러미를 제거하고, 반원줄을 이용하여 동관 끝을 수평으로 1mm 정도 갈아낸다.

⑦ 블록부분을 탁상(수평) 바이스에 물리고, 요크에 플레어링 콘을 스웨이징 콘으로 교체하고 스웨이징 작업을 한다.(이때, 확관기를 사용하면 리머 및 줄 작업을 하지 않아도 되므로 1mm는 고려하지 않아도 되며 다만, 동관 끝을 토치로 약간 예열한 후 확관하여야 한다.)

(3) 3/8″동관 벤딩

1) 우측 3/8″동관 벤딩 ··· ⑨~⑬

① 분기관에 3/8″동관을 삽입한 후 분기관 끝부분에서 "⑨-24" 40-24=16mm로 계산 후 표시하고, 튜브벤더를 이용하여 90° 벤딩하고, 표시한다.

② "⑩-(2×24)" 265-65-(2×24)=104mm로 계산 후 전의 표시부분에서 치수 측정 후 표시하고, 뒤쪽으로 90° 벤딩하고, 표시한다.

③ "⑪-(2×24)" 70-48=22mm로 계산 후 전의 표시부분에서 치수측정 후 표시

하고, 앞쪽으로 180° 벤딩하고, 표시한다.

④ "⑫−(2×24)" 70−48=22mm로 계산 후 전의 표시부분에서 치수측정 후 표시하고, 아래로 90° 벤딩하고, 표시한다.

⑤ 1/2″동관에 3/8″동관이 삽입되는 치수 4mm를 가산하여 계산하므로 "⑬−24+4)" 65−24+4=45mm로 표시 후 튜브커터로 절단한다.

2) 좌측 3/8″동관 벤딩 ⋯⋯⋯⋯⋯⋯⋯⋯⋯⋯⋯⋯⋯⋯⋯⋯⋯⋯⋯⋯⋯⋯⋯ ⑭ ~ ⑲

① 남은 3/8″동관을 분기관에 삽입한 후 분기관 끝부분에서 "⑭−24" 40−24=16mm로 계산 후 표시하고, 90° 벤딩하고, 표시한다.

② "⑮−(2×24)" 125−48=77mm로 계산 후 전 표시부분에서 측정 후 표시하고, 동관의 방향에 주의하여 뒤로 90° 벤딩하고, 표시한다.

③ "⑯−(2×24)" 70−48=22mm로 계산 후 전 표시부분에서 측정 후 표시하고, 동관의 방향에 주의하여 아래로 90° 벤딩하고, 표시한다.

④ "⑰−(2×24)" 200−48=152mm로 계산 후 전 표시부분에서 측정 후 표시하고, 앞으로 90° 벤딩하고, 표시한다.

⑤ "⑱−(2×24)" 70−48=22mm로 계산 후 전 표시부분에서 측정 후 표시하고, 아래로 90° 벤딩하고, 표시한다.

⑥ 1/2″동관에 3/8″동관이 삽입되는 치수 4mm를 가산하여 계산하므로 "⑲−24+4)" 65−24+4=45mm로 표시한 후 튜브커터로 절단한다.

(4) 은납땜 작업

1) 1/2″동관과 3/8″동관 은납땜 ⋯⋯⋯⋯⋯⋯⋯⋯⋯⋯⋯⋯⋯⋯⋯⋯⋯⋯⋯⋯⋯ ⑳

① 분기관을 수직으로 하여 3/8″동관 2개를 삽입 후 하부의 1/2″동관에 맞추어 수직으로 세운다.

② 용접불꽃을 약하게 탄화불꽃으로 조정하고, 2개의 동관 사이를 충분히 가열하면서 거리를 조정하면서 ⑳의 두 개소를 은납땜한다.(이때, 은납봉이 동관 틈새에 스며 들어가도록 땜을 하며 과도한 은납땜 사용은 피하여야 한다.)

2) 분기관 은납땜 ⋯⋯⋯⋯⋯⋯⋯⋯⋯⋯⋯⋯⋯⋯⋯⋯⋯⋯⋯⋯⋯⋯⋯⋯⋯⋯⋯ ㉑

분기관을 수평으로 하고, 분기관의 틈새를 은납땜을 진행한다. 이때 분기관 가운데 부분이 틈새가 없도록 용접한다.

3) 스웨이징 은납땜 ···································· 22

22의 스웨이징 부분을 은납땜하며 이때 동관 아래부분에도 틈새가 없도록 용접한다.

4) 모세관 은납땜 ···································· 23

모세관에 치수 40mm를 표시하고, 플레어 너트와 볼트를 체결하고, 가스토치로 동관 끝을 예열하고, 플라이어를 이용하여 모세관을 고정하고, 도면대로 찝은 후 모세관이 동관 안쪽의 위로 오도록 하여 모세관이 막히지 않고, 녹지 않도록 주의하면서 용접한다.

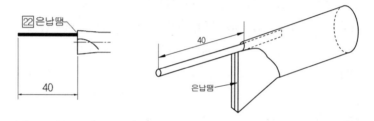

5) 1/2″동관 은납땜 ···································· 24

강관에 연결된 1/2″동관 끝 24를 가스토치로 가열 후 플라이어로 도면과 같은 모양으로 수직으로 찝은 후 은납땜을 한다.

(5) 최종 확인

① 완성된 작품을 냉각한 후 플레어 볼트와 너트를 적당히 조이고, 도면을 보고, 전체적인 수평과 수직을 확인한다.(수직수평이 틀리면 일부 다시 잡아준다.)
② 작품의 전체치수와 부분치수를 재확인하고, 깨끗하게 한 후 완성된 작품을 제출한다.
③ 용접대와 작업대를 정리하고 사용한 모든 공구를 정리정돈한다.

2 배관 기초실습 (II)

2-1 수험자 유의사항

1) 수험자 인적사항 및 계산식을 포함한 답안작성은 흑색 필기구만 사용해야 하며, 그 외 연필류, 빨간색, 청색 등 필기구 및 수정테이프(액)를 사용해 작성한 답항은 0점 처리되오니 불이익을 당하지 않도록 유의해 주시기 바랍니다.

2) 시험시간 내에 작품을 제출하여야 합니다.

3) 실기시험은 동관작업(40점) 및 동영상(60점)으로 구분 시행합니다.

4) 수험자는 시험위원의 지시에 따라야 합니다.

5) 수험자가 지참한 공구와 지정된 시설만을 사용하며, 안전수칙을 준수하여야 합니다.

6) 수험자는 시험시작 전 지급된 재료의 이상유무를 확인 후 지급 재료가 불량품일 경우에만 교환이 가능하고, 기타 가공, 조립 잘못으로 인한 파손이나 불량 재료 발생 시 교환할 수 없으며, 지급된 재료만을 사용하여야 합니다.

7) 재료의 재 지급은 허용되지 않으며, 잔여재료와 도면은 작업이 완료된 후 작품과 함께 동시에 제출하고 작업대 주위를 깨끗하게 청소하여야 합니다.

8) 수험자 지참공구목록에 명시되어 있지 않은 공구 및 도구는 사용이 불가합니다. 특히, 용접용 지그(턴 테이블(회전형)형, 강관부 압연강판(엽전)의 내·외접용 등) 사용 불가

9) 작업형 시험(동관작업 및 동영상) 전 과정에 응시하지 아니하거나, 응시하더라도 동관작업 점수가 0점 또는 채점 대상 제외 사항에 해당되는 경우 불합격 처리됩니다.

10) 시험 중 수험자는 반드시 안전수칙을 준수해야하며, 작업 복장상태, 공구 정리 정돈, 안전 보호구 착용 등이 채점 대상이 됩니다.

11) 다음 사항에 대해서는 채점 대상에서 제외하니 특히 유의하시기 바랍니다.

    가) 기권

        (1) 수험자 본인이 수험 도중 시험에 대한 포기의사를 표하는 경우

        (2) 실기시험 과정 중 1개 과정이라도 불참한 경우

    나) 미완성

        (1) 시험시간 내 작품을 제출하지 못했을 경우

    다) 오작품

        (1) 치수오차가 한 부분이라도 ±10mm를 초과한 경우

        (2) 각 용접부에 용접이외의 작업을 했을 경우(각 용접부 이외의 개소에 용접한 경우 포함)

        (3) 기밀시험($3kg/cm^2$)에서 기밀이 유지되지 않은 경우

        (4) 지급된 재료이외의 다른 재료를 사용했을 경우

        (5) 도면과 상이한 작품인 경우

2-2 동관작업 채점기준표

주요 항목	세부 항목	항목 번호	항목별 채점방법	배점
동관작업 (50점)	치수측정 (1, 2, 3, 4, 5, 6, 7, 8, 9, 10)	1	치수오차 ±3mm 이내는 각 1점, 기타 0점 10개소×1＝10점	10
	용접상태	2	용접상태는 은납, 황동, 가스용접으로 구분하여 채점한다. (각 용접시 은납, 황동, 가스용접봉을 사용하지 않았을 시에 는 각 작업은 0점 처리한다.) (1) 은납 용접상태 • 상 : 용접상태가 양호하고 용접결함이 전혀 없으면 3점 • 중 : 용접상태가 보통이고 용접결함이 2개소 이하이면 2점 • 하 : 기타 1점 (2) 황동 용접상태 • 상 : 비드가 균일 양호하고 용접결함이 없으면 3점 • 중 : 비드가 보통이고 용접결함이 없으면 2점 • 하 : 기타 1점 (3) 가스 용접상태 • 상 : 비드가 균일 양호하고 용접결함이 없으면 4점 • 중 : 비드 상태가 보통이고 용접결함이 1개소 있으면 2점 • 하 : 기타 1점	3 3 4
	스웨이징(Ⅰ부분)	3	스웨이징 상태(10mm)가 정상이면 2점, 비정상이면 0점	2
	외관상태	4	작품의 균형 및 동관 외관상태을 보아 상, 중, 하로 구분하 여 채점한다. • 상 : 작품 균형 및 동관 벤딩 상태가 양호하고 동관의 쭈 그러짐 등의 홈자국이 없으면 3점 • 중 : 작품 균형이 보통이고 동관 벤딩 불량상태가 2개소 이 하, 동관의 쭈그러짐 등의 홈자국이 2개소 이하이면 2점 • 하 : 기타 1점	3
	기밀시험	5	Z부분의 너트를 풀어 기밀시험($3kg/cm^2$)을 하여 용접부나 후레아 접속부 등에서 기포가 발생하면 오작 처리, 이상이 없으면 10점 ※ 반드시 분배관의 막힘 상태 확인 후, 기밀시험 실시	10
	모세관 유통시험	6	Z부분의 너트를 풀어 모세관 유통시험을 하여 공기가 통과 하지 않으면 해당 항목 0점, 이상이 없으면 2점	2
	B부분의 벤딩상태	7	타원형 벤딩상태가 양호하고 겹치는 틈새가 5mm 이하이면 1점, 기타 0점	1
	안전 수칙 준수	8	복장상태, 정리정돈, 안전보호구 착용 등 안전 수칙을 준수 하였으면 2점, 그렇지 않으면 0점	2

(1) 요구사항(시험시간 : 2시간 35분)

① 지급된 재료를 사용하여 도면과 같은 배관작업을 하시오.(단, 수험자는 작업 중에 구멍을 뚫고 접속시키는 부분이 있을 때에는 구멍을 뚫은 후 반드시 시험위원의 확인을 받아야 합니다.)

② 용접 시에는 용접봉을 사용하여 용접해야 하나, 필요시 제살용접도 가능합니다.

③ 시험 종료 후 작품의 기밀여부를 감독위원으로부터 확인받아야 합니다.

(2) 지급재료 목록

일련번호	재 료 명	규 격	단위	수량	비 고
1	일반배관용탄소강관(흑파이프)	25A×110	개	1	
2	일반구조용 압연강판	ø26×t2.0	장	1	
3	〃	ø34×t2.0	장	1	
4	동관(연질)	3/8″(인치)×1,400	개	1	
5	〃	1/2″(인치)×550	개	1	
6	플레어 너트	1/2″(인치)동관용	개	2	
7	니플(플레어 볼트)	1/2″(인치)동관용	개	1	
8	모세관	ø2.0×60	개	1	
9	가스 용접봉	ø2.6×500	개	1	
10	은납 용접봉	ø2.4×500	개	1	
11	3구멍 분배관		개	1	
12	붕사	황동 용접용	g	15	
13	황동 용접봉	ø2.4×450	개	1	

2-3 동관배관 도면(A형)

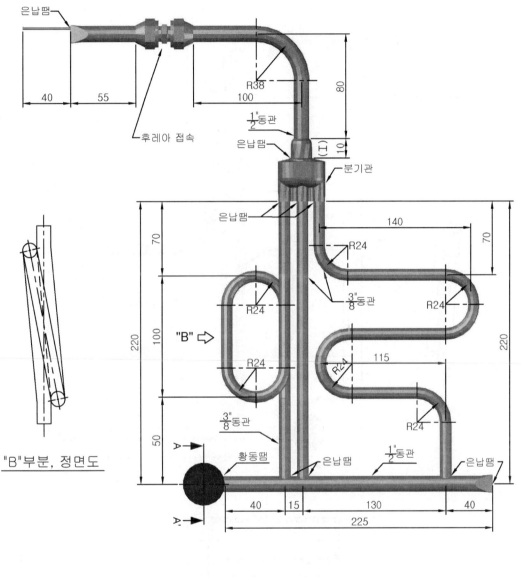

은납땜

후레아 접속

40 55

R38
100

$\frac{1}{2}$"동관

은납땜

80

10

〈Ⅰ〉

분기관

은납땜

140

70

R24

R24

$\frac{3}{8}$"동관

R24

70

220

100

"B" ⇨

R24

R24

115

R24

220

$\frac{3}{8}$"동관

50

A

황동땜

은납땜

$\frac{1}{2}$"동관

은납땜

A'

40 15 130 40

225

"B"부분, 정면도

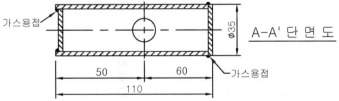

가스용접

⌀35

A-A' 단 면 도

50 60

가스용접

110

2-4 동관배관 도면계산(A형)

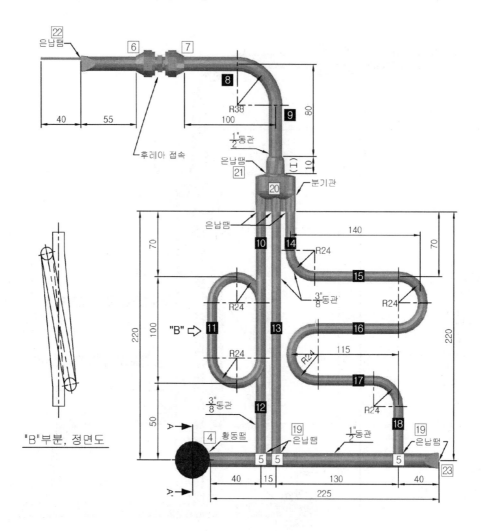

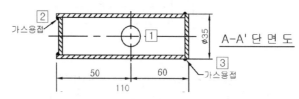

A-A' 단면도

※ 배관의 치수 계산

8 $100-38=62$mm

9 $85-38+11$(스웨이징)$=58$mm

10 $70+100-24+10$(분기관 삽입)$=156$mm

11 $100-(2\times24)=52$mm

12 $100+50-24+4$(동관 삽입)$=130$mm

13 $220+4$(동관 삽입)$+10$(분기관 삽입)$=234$mm

14 $70-24+10$(분기관 삽입)$=56$mm

15 $140-(2\times24)=92$mm

16 $115-24=91$mm

17 $115-(2\times24)=67$mm

18 $220-70-48-48-24+4$(동관 삽입)$=34$mm

2-5 동관배관 실습방법(A형)

(1) 강관작업(강관 구멍뚫기, 강관용접, 황동땜)

1) 강관 구멍 뚫기 ·· ①

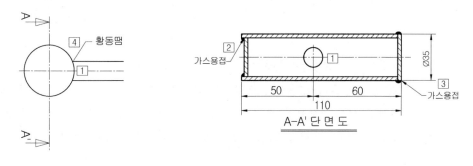

25A의 흑강관에 주어진 치수 50mm와 60mm 사이에 맞추어 표시하고, 펀치를 이용하여 펀칭 후 흑강관을 탁상드릴의 볼반 바이스에 고정시키고, 탁상드릴을 이용하여 구멍을 뚫는다.(이때, 강관의 이음매 부분을 피하여 드릴 작업한다.)

2) 강관용접(철용접 – "A" 내접부분, 내외접 방향에 주의) ··································· ②

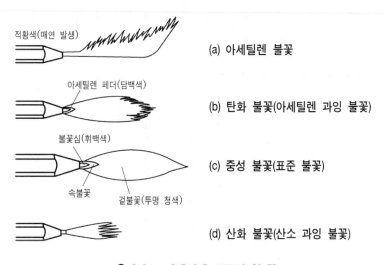

♦ [산소-아세틸렌 불꽃의 형태]

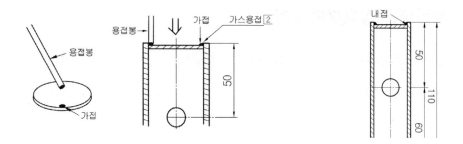

① 용접토치의 불꽃을 중성불꽃으로 잘 조정한다.

② "A"부분의 50mm가 내접으로 강관의 내접 "A"부분을 작업대 위에 세워놓는다.

③ 내접엽전의 거스러미 부분을 위로 오게하여 엽전 아랫부분에 철용접봉을 2~3 방울 녹여 붙이고, 다시 내접엽전 윗부분과 철용접봉을 가열하여 엽전과 철용접봉을 붙인다.

④ 내접엽전을 강관 끝에서 약 2~3mm 정도 안쪽으로 넣고, 용접봉이 2~3방울 녹아 붙어 있는 엽전부분을 강관 아래쪽의 안쪽과 가접한 후 엽전을 수평으로 다시 맞춘다.

⑤ 가접한 부분 반대편에 용접봉이 붙어 있는 엽전부분을 다시 가접하고, 이 가접한 부분부터 시계방향으로 용접봉을 사용하여 내접 용접을 한다.

⑥ 내접은 엽전 우측 아랫부분부터 시작하여 토치의 가스불꽃이 용접하고자 하는 방향을 향하도록 예열하면서 용융풀은 5mm 정도가 되도록 유지하고, 연속적으로 2~3회에 걸쳐 강관을 돌려가면서 용접한다.

3) 강관용접(철용접 - A' 외접부분) ·························· ③

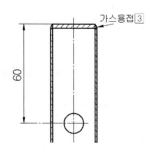

강관의 외접 60mm "b"방향을 작업대 위로 세워놓고, 압연강판(엽전)의 거스러미 부분이 위를 향하도록 하여 강관 상부 끝부분과 압연강판(엽전) 사이의 틈새를 최소한으로 한 후 2군데를 가접 후 엽전의 우측 아랫부분부터 토치의 가스불꽃이 용접하고자 하는 방향을 향하도록 예열하면서 용융풀은 5mm 정도가 되도록 유지하면서 연속적으로 외접을 진행한다.

4) 황동땜(강관과 1/2″동관 연결) ·· ④

① 강관 구멍에 1/2″동관을 직각이 되도록 삽입 후 동관을 약간 뒤로 하고, 용접불꽃은 중성불꽃으로 하여 동관보다 강관에 불꽃이 2/3 정도 향하도록 하여 동관에 구멍이 나지 않도록 주의하면서 강관과 동관을 충분히 예열 후 황동용접봉(신주봉)을 약간 예열하여 봉사를 조금 묻히고, 용접부에 황동땜을 진행한다. 이 때 봉사는 용접 중간에 3~4회 정도 묻히면서 용접한다. 용접부분이 황금색을 띠고, 강관과 동관에 용접물이 확실히 안착되어 있으면 된다.(이때, 용접 시 황동봉을 사용하고, 은납봉을 사용하지 않도록 주의한다.)

② 용접 후 강관을 수조에 넣어 서서히 냉각시키도록 한다.

(2) 1/2″동관작업(동관 구멍뚫기와 플레어링 및 스웨이징 작업)

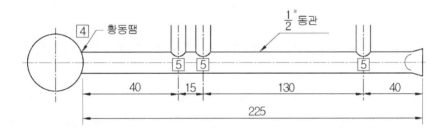

1) 1/2″동관 우측 구멍뚫기 ··· ⑤

황동땜 ④부분에서 치수를 40mm, 40+15=55mm, 40+15+130=185mm, 40+15+130+40=225mm를 표시하고, 동관을 절단하지 말고, 강관을 탁상(수평) 바이스에 강관부분을 고정한 후 3/8″구멍에 맞는 반원줄을 이용하여 1/2″동관의 황동땜부에서 185mm의 표시부분 ⑤부터 구멍을 3/8″동관이 들어갈 수 크기에 맞게 1/2″동관에 구멍뚫기 작업을 한다.(이때, 강관의 외접 A′ 방향을 바깥부분으로 하여 구멍이 상하로 바뀌지 않도록 주의하고, 반원줄을 세워 좌우로 줄질하여 구멍의 중심을 맞추고 반원줄을 다시 수평으로 하여 블록한 부분이 아래를 향하도록 하여 1/2″동관에 구멍을 뚫는다.)

2) 1/2″동관 가운데 구멍뚫기 ··· ⑤

황동땜부에서부터 50+15=65mm의 표시부분 ⑤부터 구멍을 3/8″동관이 들어갈 수 크기에 맞게 구멍뚫기를 동일한 방법으로 작업한다.

3) 1/2″동관 좌측 구멍뚫기 ·· ⑤

① 동일한 방법으로 1/2″동관 40mm의 ⑤번 우측의 구멍뚫기 작업을 한다.

② 1/2″동관 끝을 강관의 황동땜부분 ④에서 40+15+130+40=225mm 표시한 후 튜브커터로 절단한다.

(3) 상부 1/2″동관 플레어링 및 스웨이징 작업

1) 상부 1/2″동관 플레어링 작업 ··· ⑥

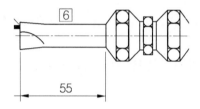

① 강관에 연결한 1/2″동관 나머지를 이용하여 플레어링 공구세트를 사용하여 작업한다.

② 동관 끝을 2~3mm 정도 블록 상부에 나오도록 고정한 후 리머로 거스러미를 제거하고 반원줄을 이용하여 동관 끝을 수평으로 매끈하게 1mm 정도 갈아낸 후 ⑥번을 플레어링 작업을 한다.

③ 플레어 너트를 먼저 삽입한 후 플레어 너트 끝에서 55mm 치수 표시 후 절단한다.

2) 상부 1/2″동관 플레어링 및 스웨이징 작업 ······················· ⑦⑧⑨

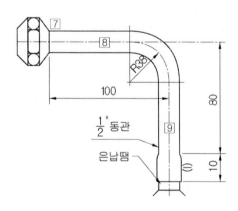

① 동일한 방법으로 나머지 1/2″동관의 끝부분 ⑦을 플레어링 작업을 한다.

② ⑧의 벤딩은 플레어 너트를 방향에 맞게 삽입한 후 플레어 너트 끝에서 100－38＝62mm 표시하고, 1/2″벤더를 사용하여 90° 벤딩하고, 표시한다.

③ 표시부에서 벤딩부와 스웨이징 부분의 10mm 및 줄 작업시 갈아낼 부분 약 1mm를 더하여 80＋10＋1－38＝53mm 표시한 후 튜브커터로 절단한다.

④ 블록에 스웨이징 부분 ⑨를 10＋1＝11mm 정도 블록 상부에 나오도록 고정한 후 리머 작업 후 반원줄을 이용하여 수평으로 동관 끝을 1mm 정도 갈아낸다.

⑤ 블록부분을 탁상(수평) 바이스에 물리고, 요크의 플레어링 콘을 스웨이징 콘으로 교체 후 스웨이징 작업을 한다.(이때, 확관기를 사용하면 리머 및 줄 작업을 하지 않아도 되므로 1mm는 고려하지 않아도 되며 다만, 동관 끝을 가스토치로 약간 예열한 후 확관하여야 한다.)

(4) 3/8″동관 벤딩

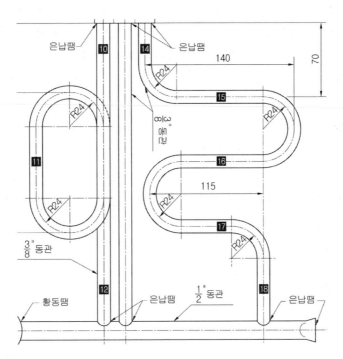

1) 좌측 3/8″동관 벤딩 ·································· ⑩ ～ ⑫

① 분기관 끝까지 3/8″동관을 삽입한 후 삽입된 길이만큼 표시하고, 분기관 끝부분에서 "⑩－24", 즉 100＋70－24＝146mm로 계산 후 표시하고, 튜브벤더를 이용하여 180°로 벤딩하고, 표시한다.

② "⑪－(2×24)", 즉 100－48＝52mm로 계산 후 벤딩 후 표시부분에서 치수측정 후 표시하고, "B"부분 정면도처럼 앞의 벤딩부분 ⑩의 뒤로 가도록 아래 방향으로 180° 벤딩하고, 표시한다.

③ 1/2″동관에 3/8″동관이 삽입되는 것을 고려하여 4mm 정도를 가산하여야 하므로 "⑫－24＋4", 즉 100＋50－24＋4＝130mm로 표시 후 튜브커터로 절단한다.

④ "B"부분 정면도처럼 상하 동관의 겹침부분의 틈새가 없도록 최대한 눌러준다.

2) 가운데 3/8″동관 절단 ⋯⋯⋯⋯⋯⋯⋯⋯⋯⋯⋯⋯⋯⋯⋯⋯⋯⋯⋯⋯ ⑬

남은 3/8″동관을 분기관에 삽입한 후 분기관 끝부분에서 "⑬＋4", 즉 220＋4＝224mm로 계산 후 표시하고, 절단한다.

3) 우측 3/8″동관 벤딩 ⋯⋯⋯⋯⋯⋯⋯⋯⋯⋯⋯⋯⋯⋯⋯⋯⋯⋯⋯ ⑭～⑱

① 남은 3/8″동관을 분기관에 삽입한 후 삽입된 길이만큼 표시하고, 분기관 끝부분에서 "⑭－24", 즉 70－24＝46mm로 계산 후 표시하고, 90° 벤딩하고, 표시한다.

② "⑮－(2×24)", 즉 140－48＝92mm로 계산 후 전 표시부분에서 측정 후 표시하고, 동관의 방향에 주의하여 180° 벤딩하고, 표시한다.

③ "⑯－24", 즉 115－24＝91mm로 계산 후 전 표시부분에서 측정 후 표시하고, 반대 방향으로 180° 벤딩하고, 표시한다.

④ "⑰－(2×24)", 즉 115－48＝67mm로 계산 후 전 표시부분에서 측정 후 표시하고, 아래로 90° 벤딩하고, 표시한다.

⑤ 1/2″동관에 3/8″동관이 삽입되는 것을 고려하여 치수 4mm를 가산하여 계산하므로 ⑱번은 전체길이에서 상부길이를 뺀 "220－70－48－48－24＋4＝34mm로 표시한 후 튜브커터로 절단한다.(또는, 분기관 표시부에서 220＋4＝224mm 표시 후 절단한다.)

(5) 은납땜 작업

1) 1/2″동관과 3/8″동관의 은납땜 ⋯⋯⋯⋯⋯⋯⋯⋯⋯⋯⋯⋯⋯⋯⋯⋯ ⑲

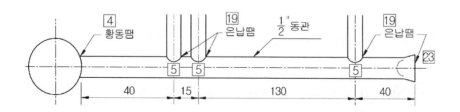

① 3분기관에 수직으로 3/8″동관 3개를 정확하게 삽입 후 1/2″동관에 맞추어 수직으로 세운다.

② 동관의 모양을 전체적으로 잡아주고, 다시한번 도면과 같이 일치시키도록 한다.

③ 용접불꽃을 탄화불꽃으로 약하게 하고, 동관을 충분히 가열하면서 거리를 조정하면서 은납봉을 사용하여 ⑲의 좌측 용접부 부터 3개소를 은납땜한다.(이때, 은납봉이 동관 틈새에 스며 들어가도록 땜을 하며 과도한 은납땜 사용은 피하여야 한다.)

2) 3분기관 3/8″ 부분 은납땜 ⑳

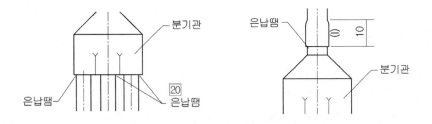

① 내화벽돌 위에 3분기관이 아랫방향을 향하도록 한다.

② ⑳의 3분기관 틈새가 위로 오도록 한 후 은납땜을 진행하고, 작품을 뒤집어 분기관의 틈새가 없도록 은납땜한다.

3) 1/2″ 스웨이징 부분 은납땜 ㉑

㉑의 스웨이징 부분을 분기관에 삽입하고, 결합부를 가열하여 틈새가 없도록 은납땜한다.

4) 모세관 은납땜 ㉒

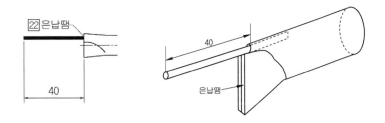

모세관에 치수 40mm 표시하고, 플레어 너트와 볼트를 체결한 후 가스토치로 동관 끝을 가열한 후 플라이어를 이용하여 주어진 치수만큼 모세관을 고정하고, 도면대로 찝은 후 모세관이 동관의 위로 오도록 하여 모세관이 막히지 않고, 녹지 않도록 주의하면서 용접한다.

5) 강관연결 1/2″동관 끝부분 은납땜 ······························· ㉓

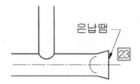

강관에 연결된 1/2″동관 끝을 가스토치로 가열한 후 플라이어로 도면과 같은 모양으로 찝은 후 은납땜을 한다.

(5) 최종 확인

① 완성된 작품을 냉각한 후 플레어 볼트와 너트를 적당히 조이고 도면을 보고, 전체적인 수평과 수직을 확인한다.(수직수평이 틀리면 일부 다시 잡아준다.)

② 작품의 전체치수와 부분치수를 재확인하고, 깨끗하게 한 후 완성된 작품을 제출한다.

③ 용접대와 작업대를 정리하고, 사용한 모든 공구를 정리정돈한다.

2-6 동관배관 도면(B형)

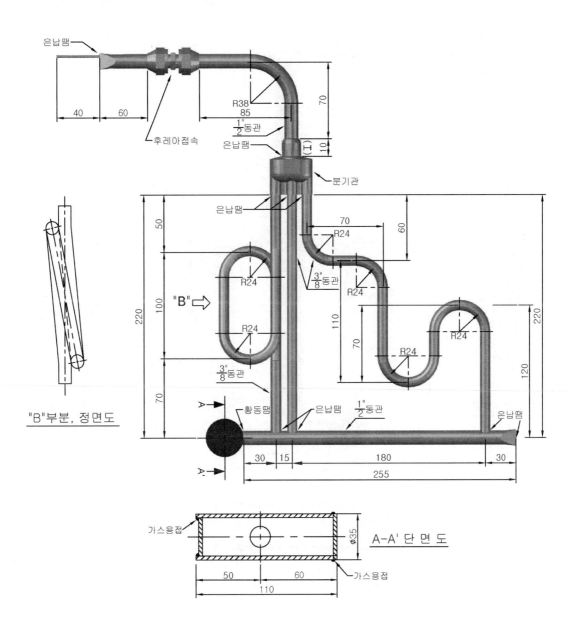

은납땜

후레아접속

40   60   85   R38   70

$\frac{1}{2}$"동관

은납땜

분기관

(Ⅰ)   10

은납땜

"B" ⇒

R24   70   60

50

100   R24 $\frac{3}{8}$"동관   R24

220   R24   110   70   R24   R24   220

70   $\frac{3}{8}$"동관   120

"B"부분, 정면도

A   황동땜   은납땜 $\frac{1}{2}$"동관   은납땜

A'   30   15   180   30

255

가스용접   φ35   A-A' 단 면 도

50   60   가스용접

110

2-7 동관배관 도면계산(B형)

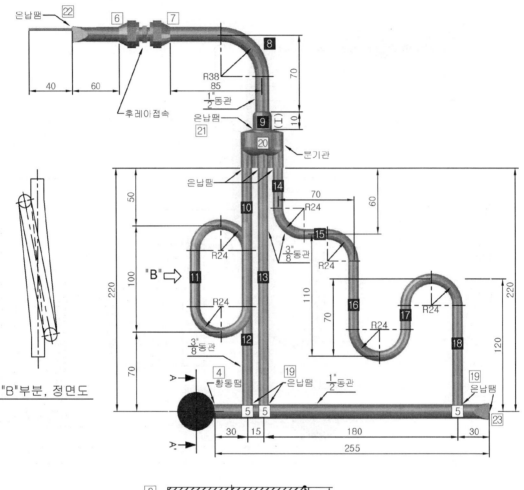

"B"부분, 정면도

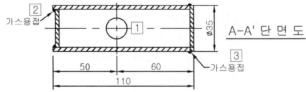

A-A' 단 면 도

※ 배관의 치수 계산
8 85−38=47mm
9 70−38+11(스웨이징)=43mm
10 50+100−24+10(분기관 삽입)=136mm
11 100−(2×24)=52mm
12 100+70−24+4(동관 삽입)=150mm
13 10(분기관 삽입)+220+4(동관 삽입)=234mm

14 60−24+10(분기관 삽입)=46mm
15 70−(2×24)=22mm
16 110−(2×24)=62mm
17 70−(2×24)=22mm
18 120−24+4(동관 삽입)=100mm

2-8 동관배관 실습방법(B형)

(1) 강관작업(강관 구멍뚫기, 강관용접, 황동땜)

1) 강관 구멍 뚫기 ·· ①

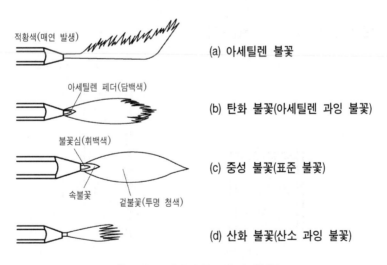

25A의 강관을 주어진 치수 50mm와 60mm 사이에 맞추어 표시하고, 펀치를 이용하여 흑강관을 탁상드릴의 볼반바이스에 고정시키고, 펀칭부에 구멍을 뚫는다. (이때, 강관의 이음매 부분을 피하여 드릴 작업한다.)

2) 강관용접(철용접 – "A" 내접부분, 내외접 방향에 주의) ······························· ②

(a) 아세틸렌 불꽃
적황색(매연 발생)

(b) 탄화 불꽃(아세틸렌 과잉 불꽃)
아세틸렌 페더(담백색)

(c) 중성 불꽃(표준 불꽃)
불꽃심(휘백색)
속불꽃   겉불꽃(투명 청색)

(d) 산화 불꽃(산소 과잉 불꽃)

❂ [산소-아세틸렌 불꽃의 형태]

① 용접토치의 불꽃을 중성불꽃으로 잘 조정한다.
② "A"부분의 50mm가 내접으로 강관의 내접 "A"부분을 작업대 위에 세워놓는다.
③ 내접엽전의 거스러미 부분을 위로 오게하여 엽전 아래 부분에 철용접봉을 녹여 2~3방울 녹여 붙이고, 다시 내접엽전 윗부분과 철용접봉을 가열하여 엽전과 용접봉을 붙인다.

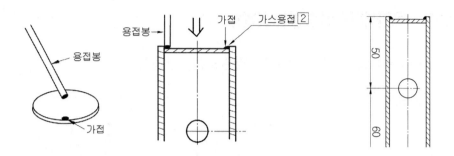

④ 내접 엽전을 강관 끝에서 약 2~3mm 정도 안쪽으로 넣고, 용접봉이 2~3방울 녹아 붙어 있는 엽전부분을 강관 아래쪽의 안쪽과 가접한 후 엽전을 수평으로 다시 맞춘다.

⑤ 용접봉이 붙어 있는 엽전부분을 다시 가접하고, 이 가접한 부분부터 시계방향으로 용접봉을 사용하여 내접 용접을 한다.

⑥ 내접은 엽전 우측 아래부분부터 시작하여 토치의 가스불꽃이 용접하고자 하는 방향을 향하도록 돌려 예열하면서 용융풀은 5mm 정도가 되도록 유지하고, 연속적으로 2~3회에 걸쳐 강관을 돌려가면서 용접한다.

3) 강관용접(철용접 – A′ 외접부분) ·································· ③

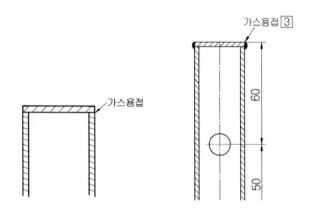

강관의 외접 60mm "b"방향을 작업대 위로 세워놓고, 압연강판(엽전)의 거스러미 부분이 위를 향하도록 하여 강관 상부 끝부분과 압연강판(엽전) 사이의 틈새를 최소한으로 한 후 2군데를 가접 후 엽전의 우측 아래부분부터 토치의 가스불꽃이 용접하고자 하는 방향을 향하도록 돌려 예열하면서 용융풀은 5mm 정도가 되도록 유지하면서 연속적으로 외접을 진행한다.

4) 황동땜(강관과 1/2″동관 연결) ···································· ④

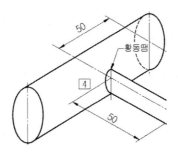

① 강관 구멍에 1/2″동관을 직각이 되도록 삽입 후 동관을 약간 뒤로 하고, 용접불꽃은 중성불꽃으로 하여 동관보다 강관에 불꽃이 2/3 정도 향하도록 하여 동관에 구멍이 나지 않도록 주의하면서 강관과 동관을 충분히 예열 후 황동용접봉(신주봉)을 약간 예열하여 봉사를 조금 묻히고, 용접부에 황동땜을 진행한다. 이때 봉사는 용접 중간에 3~4회 정도 묻히면서 용접한다. 용접부분이 황금색을 띄고, 강관과 동관에 용접물이 확실히 안착되어 있으면 된다.(이때, 용접 시 황동봉을 사용하고, 은납봉을 사용하지 않도록 주의한다).

② 용접 후 강관을 수조에 넣어 서서히 냉각시키도록 한다.

(2) 1/2″동관작업(동관 구멍뚫기와 플레어링 및 스웨이징 작업)

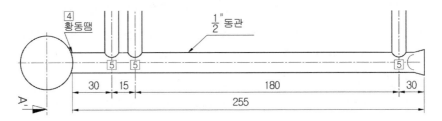

1) 1/2″동관 우측 구멍뚫기 ·· ⑤

황동땜 ④부분에서 치수를 30mm, 30+15=45mm, 30+15+180=225mm, 30+15+180+30=255mm를 표시하고, 동관을 절단하지 말고, 강관을 탁상(수평)바이스에 강관부분을 고정한 후 3/8″구멍에 맞는 반원줄을 이용하여 1/2″동관의 황동땜부에서 225mm의 표시부분 ⑤부터 구멍을 3/8″동관이 들어갈 수 크기에 맞게 1/2″동관에 구멍뚫기 작업을 한다.(이때, 강관의 외접 A′방향을 바깥부분으로 하여 구멍이 상하로 바뀌지 않도록 주의하고, 반원줄을 세워 좌우로 줄질하여 구멍의 중심을 맞추고 반원줄을 다시 수평으로 하여 블록한 부분이 아래를 향하도록 하여 1/2″동관에 구멍을 뚫는다.)

2) 1/2"동관 가운데 구멍뚫기 ··· 5

황동땜부에서부터 30+15=45mm의 표시부분 5부터 구멍을 3/8"동관이 들어갈 수 크기에 맞게 구멍뚫기를 동일한 방법으로 작업한다.

3) 1/2"동관 좌측 구멍뚫기 ··· 5

① 동일한 방법으로 1/2"동관 30mm의 5번 우측의 구멍뚫기 작업을 한다.

② 1/2"동관 끝을 강관의 황동땜부분 4에서 255mm 표시한 후 튜브커터로 절단한다.

(3) 상부 1/2"동관 플레어링 및 스웨이징 작업

1) 상부 1/2"동관 플레어링 작업 ·· 6

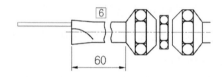

① 강관에 연결한 1/2"동관 나머지를 이용하여 플레어링 공구세트를 사용하여 작업한다.

② 동관 끝을 2~3mm 정도 블록 상부에 나오도록 고정한 후 리머로 거스러미를 제거하고 반원줄을 이용하여 동관 끝을 수평으로 매끈하게 1mm 정도 갈아낸 후 6번을 플레어링 작업을 한다.(이때, 자동 플레어링 공구를 사용시에는 리머 작업 및 줄 작업을 하지 않아도 되며 게 1mm도 계산하지 않는다.)

③ 플레어 너트를 먼저 삽입한 후 플레어 너트 끝에서 60mm 치수 표시 후 절단한다.

2) 상부 1/2"동관 플레어링 및 스웨이징 작업 ······························ 7 8 9

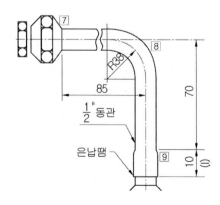

① 동일한 방법으로 나머지 1/2"동관의 끝부분 ⑦을 플레어링 작업을 한다.

② ⑧의 벤딩은 플레어 너트를 방향에 맞게 삽입한 후 플레어 너트 끝에서 85-38= 47mm 표시하고, 1/2″벤더를 사용하여 90° 벤딩하고, 표시한다.

③ 표시부에서 벤딩부와 스웨이징 부분의 10mm 및 줄 작업시 갈아낼 부분 약 1mm를 더하여 70+10+1-38=43mm 표시한 후 튜브커터로 절단한다.

④ 블록에 스웨이징 부분 ⑨를 10+1=11mm 정도 블록 상부에 나오도록 고정한 후 리머 작업 후 반원줄을 이용하여 수평으로 동관 끝을 1mm 정도 갈아낸다.

⑤ 블록부분을 탁상(수평) 바이스에 물리고, 요크의 플레어링 콘을 스웨이징 콘으로 교체 후 스웨이징 작업을 한다.(이때, 확관기를 사용하면 리머 및 줄 작업을 하지 않아도 되므로 1mm는 고려하지 않아도 되며 다만, 동관 끝을 가스토치로 약간 예열한 후 확관하여야 한다.)

(4) 3/8″동관 벤딩

1) 좌측 3/8″동관 벤딩 ·· ⑩ ~ ⑫

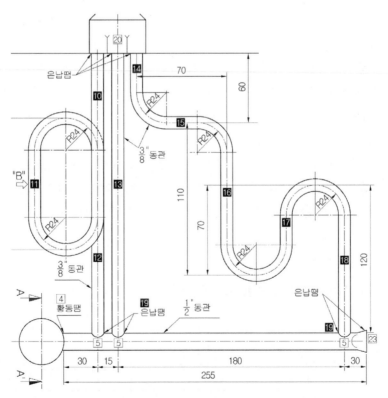

① 분기관 끝까지 3/8″동관을 삽입한 후 삽입된 길이만큼 표시하고, 분기관 끝부분에서 "⑩-24", 즉 50+100-24=126mm로 계산 후 표시하고, 튜브벤더를 이용하여

180°로 벤딩하고, 표시한다.

② "**11**−(2×24)", 즉 100−48=52mm로 계산 후 벤딩 후 표시부분에서 치수측정 후 표시하고, "B"부분 정면도처럼 앞의 벤딩부분 **10**의 뒤로 가도록 아래 방향으로 180° 벤딩하고, 표시한다.

③ 1/2″동관에 3/8″동관이 삽입되는 것을 고려하여 4mm정도를 가산하여야 하므로 "**12**−24+4", 즉 100+70−24+4=150mm로 표시 후 튜브커터로 절단한다.

④ "B"부분 정면도처럼 상하 동관의 겹침부분의 틈새가 없도록 최대한 눌러준다.

2) 가운데 3/8″동관 절단 ·· **13**

남은 3/8″동관을 분기관에 삽입한 후 분기관 끝부분에서 "**13**+4", 즉 220+4=224mm로 계산 후 표시하고, 절단한다.

3) 우측 3/8″동관 벤딩 ··· **14**~**18**

① 남은 3/8″동관을 분기관에 삽입한 후 삽입된 길이만큼 표시하고, 분기관 끝부분에서 "**14**−24", 즉 60−24=36mm로 계산 후 표시하고, 90° 벤딩하고, 표시한다.

② "**15**−(2×24)", 즉 70−48=22mm로 계산 후 전 표시부분에서 측정 후 표시하고, 동관을 아랫방향으로 90° 벤딩하고, 표시한다.

③ "**16**−(2×24)", 즉 110−48=62mm로 계산 후 전 표시부분에서 측정 후 표시하고, 윗방향으로 180° 벤딩하고, 표시한다.

④ "**17**−(2×24)", 즉 70−48=22mm로 계산 후 전 표시부분에서 측정 후 표시하고, 아랫방향으로 180° 벤딩하고, 표시한다.

⑤ 1/2″동관에 3/8″동관이 삽입되는 것을 고려하여 치수 4mm를 가산하여 계산하므로 **18**번은 전체길이에서 상부길이를 뺀 "120−24+4=100mm로 표시한 후 튜브커터로 절단한다.(또는 분기관 표시부에서 220+4=224mm 표시 후 절단한다.)

(5) 은납땜 작업

1) 하부 1/2″동관과 3/8″동관의 은납땜 ······························· **19**

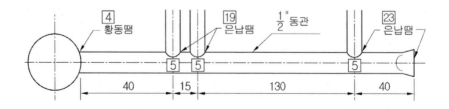

① 3분기관에 수직으로 3/8″동관 3개를 정확하게 삽입 후 1/2″동관에 맞추어 수직으로 세운다.

② 동관의 모양을 전체적으로 잡아주고, 다시한번 도면과 같이 일치시키도록 한다.

③ 용접불꽃을 탄화불꽃으로 약하게 하고, 동관을 충분히 가열하면서 거리를 조정하면서 은납봉을 사용하여 ⑲의 좌측 용접부 부터 3개소를 은납땜한다.(이때, 은납봉이 동관 틈새에 스며 들어가도록 땜을 하며 과도한 은납땜 사용은 피하여야 한다.)

2) 3/8″ 3분기관 은납땜 ··· ⑳

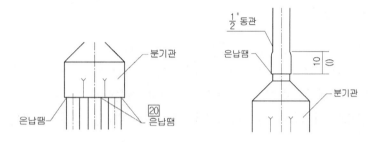

① 내화벽돌 위에 3분기관이 아랫방향을 향하도록 한다.

② ⑳의 3분기관 틈새가 위로 오도록 한 후 은납땜을 진행하고, 작품을 뒤집어 분기관의 틈새가 없도록 은납땜 한다.

3) 1/2″ 스웨이징 부분 은납땜 ··· ㉑

㉑의 스웨이징 부분을 분기관에 삽입하고, 결합부를 가열하여 틈새가 없도록 은납땜 한다.

4) 모세관 은납땜 ··· ㉒

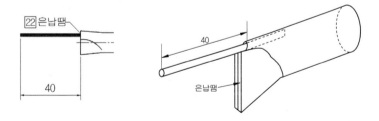

모세관에 치수 40mm 표시하고, 플레어 너트와 볼트를 체결한 후 가스토치로 동관 끝을 예열하고, 플라이어를 이용하여 치수만큼 모세관을 고정하고, 도면대로 찝은 후 모세관이 동관의 위로 오도록 하여 모세관이 막히지 않고, 녹지 않도록 주의하면서 용접한다.

5) 강관 연결 1/2″동관 끝부분 은납땜 ·· ㉓

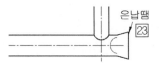

강관에 연결된 1/2″동관 끝을 가스토치로 가열 후 플라이어로 도면과 같은 모양으로 수직으로 찝은 후 은납땜을 한다.

(5) 최종 확인

① 완성된 작품을 냉각한 후 플레어 볼트와 너트를 적당히 조이고, 도면을 보고, 전체적인 수평과 수직을 확인한다.(수직수평이 틀리면 일부 다시 잡아준다.)

② 작품의 전체치수와 부분치수를 재확인하고, 깨끗하게 한 후 완성된 작품을 제출한다.

③ 용접대와 작업대를 정리하고, 사용한 모든 공구를 정리정돈한다.

냉동기 구성장치

07 냉동기 구성장치

1 냉동장치의 명칭 및 역할

번호	사 진	명칭 및 역할
1		**압축기(compressor)** 증발기에서 피냉각 물체로부터 열을 흡수하여 증발한 저온 저압의 냉매가스를 흡입, 압축하여 냉매가스의 압력을 상승시켜 주는 기기
2		**공냉식 응축기(condenser)** 압축기에서 토출된 고온·고압의 냉매가스의 열을 상온의 공기를 통과시켜 외부로 방출하여 냉매가스를 응축시키는 일종의 열교환기
3		**수냉식 응축기(condenser)** 압축기에서 토출된 고온·고압의 냉매가스의 열을 냉각수를 통과시켜 제거하여 냉매가스를 액화시키는 일종의 열교환기
4		**온도식 팽창밸브(T.E.V)** 응축기에서 응축된 고온·고압의 냉매액을 증발기에서 증발하기 쉽도록 압력과 온도를 내려주고 냉동부하 변동에 따라 적절한 냉매량을 증발기에 공급하는 위한 밸브
5		**증발기(evaporator)** 팽창밸브에서 팽창된 저온·저압의 냉매가 피냉각 물체로부터 증발잠열을 흡수하여 냉동의 목적을 달성하는 일종의 공기냉각용 열교환기

번호	사 진	명칭 및 역할
6		수액기(receiver) 응축기에서 응축된 냉매액을 일시 저장하는 고압 용기로서 냉동장치를 수리하거나 장기간 정지시키는 경우 펌프다운으로 장치내의 냉매를 회수하여 저장하는 역할
7		액분리기(accumulator) 증발기와 압축기 사이의 흡입관에 설치하여 흡입가스 중의 액냉매를 분리시켜 압축기로의 액압축(liquid back)을 방지하여 압축기를 보호하는 장치로서 또한 기동시 증발기 내의 액이 교란되는 것을 방지
8		유분리기(oil separator) 압축기에서 토출된 고온고압의 냉매가스 중에 오일을 분리하기 위한 기기로 압축기와 응축기 사이에 설치하여 오일을 압축기로 다시 회수시키기 위한 기기
9		열교환기(heat exchanger) 액가스형 열교환기로 고온 고압의 냉매 액관과 저온 저압의 흡입 가스를 접촉시켜 열교환시키는 열교환기
10		필터 드라이어(filter dryer) 프레온 냉동장치 중에 이물질 제거하여 전자밸브나 팽창밸브 등의 막힘을 방지하고 냉매중의 수분을 제거하여 팽창밸브의 동결폐쇄를 방지하기 위한 장치로 고압의 액관에 설치
11		투시경(sight glass) 적정 냉매량이 충전되었는지의 여부와 냉매의 수분의 존재량을 색깔의 변화로 확인하기 위한 기기
12		전자밸브(solenoide valve) 전기적인 신호에 따라 밸브를 차단하여 냉매의 흐름을 제어하는 자동제어 밸브로서 수액기와 팽창밸브 사이에 설치

번호	사 진	명칭 및 역할
13		증발압력 조정밸브(EPR) 온도가 다른 2대의 증발기 사용시 고온측 증발기 출구측에 설치하여 증발압력이 일정 이하로 되지 않도록 하기 위한 밸브
14		역류방지밸브(Check valve) 체크밸브라고 하며 온도가 다른 2대의 증발기 사용시 고온증발기의 압력은 높고 저온증발기의 압력은 낮으므로 저온증발기 출구측에 설치하여 냉매가 역류하는 것을 방지하기 위한 밸브
15		충전니플(charging nipple) 냉동배관 고·저압 배관에 설치하여 냉매 충전, 냉매 배출, 오일 충전, 기밀시험, 진공시험 등을 위해 매니폴드 게이지를 연결하기 위한 연결구
16		머플러 왕복동압축기에서 발생하는 맥동에 따른 소음과 진동을 흡수하는 기기로서 맥동은 하나의 쉘 안에 몇 개의 방으로 나뉘어져 맥동이 흡수되며 압축기 토출관 가까이에 부착한다.
17		압력계(pressure gage) 냉매의 압력을 측정하기 위한 계측기기로 고압 압력계는 보통 1~30kgf/cm², 저압 압력계는 완전진공인 76cmHgV~8kgf/cm²까지 표시되며 최고사용압력의 2배 이상을 나타내야 한다.

(2) 냉동관련 기기의 명칭과 사진

⬆ [콤프 유니트]

⬆ [공냉식 콘덴싱 유니트]

⬆ [공냉식 콘덴싱 유니트]

⬆ [콘덴싱 유니트]

⬆ [수냉식 콘덴싱 유니트]

⬆ [수액기 유니트]

⬆ [칠링 유니트(스크류)]

⬆ [칠링 유니트]

⬆ [밀폐형 압축기]

⬆ [밀폐형 압축기]

⬆ [로터리 압축기]

⬆ [스크롤 압축기]

⬆ [반밀폐형 압축기]

⬆ [스크류 압축기]

⬆ [공냉식 응축기]

⬆ [수냉식 응축기]

⬆ [유니트 쿨러]

⬆ [쉘 엔 튜브식 증발기]

⬆ [판형 열교환기]

⬆ [수액기]

⬆ [액분리기]

⬆ [유분리기]

⬆ [유류기]

⬆ [열교환기]

⬆ [코어 필터 드라이어]

⬆ [필터 드라이어]

⬆ [여과기]

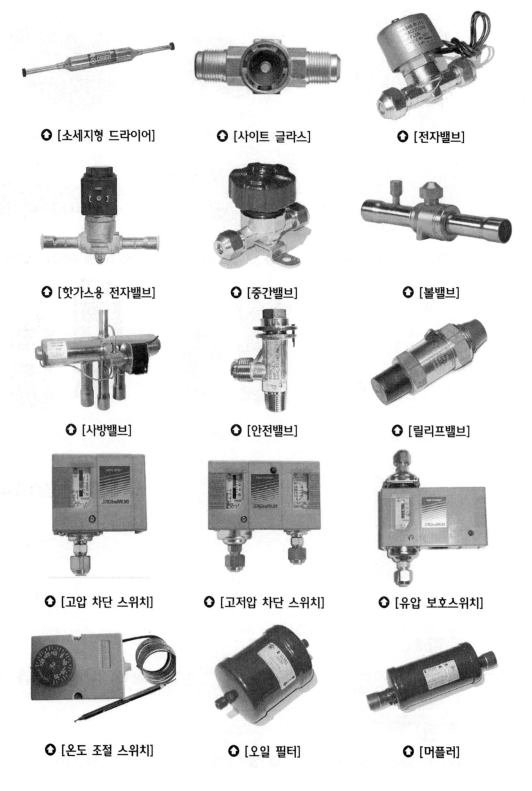

⬆ [소세지형 드라이어]   ⬆ [사이트 글라스]   ⬆ [전자밸브]

⬆ [핫가스용 전자밸브]   ⬆ [중간밸브]   ⬆ [볼밸브]

⬆ [사방밸브]   ⬆ [안전밸브]   ⬆ [릴리프밸브]

⬆ [고압 차단 스위치]   ⬆ [고저압 차단 스위치]   ⬆ [유압 보호스위치]

⬆ [온도 조절 스위치]   ⬆ [오일 필터]   ⬆ [머플러]

⬆ [플렉시블 튜브(자바라)]

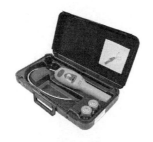

⬆ [냉매 누설 탐지기]

⬆ [매니폴드게이지]

⬆ [1회용 냉매 용기]

⬆ [진공 펌프]

⬆ [전자 저울]

⬆ [oil level switch]

⬆ [드레인 배수 펌프]

⬆ [배관 행거]

⬆ [실외기 설치대]

⬆ [콘덴서 및 릴레이]

⬆ [온도 조절기(디지털)]

⬆ [해바라기 타이머]

⬆ [콘트롤 판넬]

압축기 결선

압축기 결선

1 압축기의 결선

1-1 단상용 왕복동 밀폐 압축기 기동 릴레이 결선도

밀폐형 왕복동 압축기에 있어서 릴레이 결선은 매우 중요하다. 이를 실수하게 되면 값비싼 압축기를 사용하지 못하게 되는 경우가 있기 때문이다. 일반적인 경우 이외에도 단자가 3개밖에 없을 경우, 러닝 콘덴서가 없는 경우 등의 보기로 한다. 코플랜드, 데컴쉬 압축기 및 기타 단상용 왕복동 압축기에서 기동 릴레이를 사용하는 경우 결선도는 동일하다.

(1) 일반적인 경우

기동 릴레이에는 단자가 4개, 즉 1, 2, 4, 5번이 있고 스타트 콘텐서(start capacitor), 러닝 콘덴서(run capacitor)를 연결할 경우

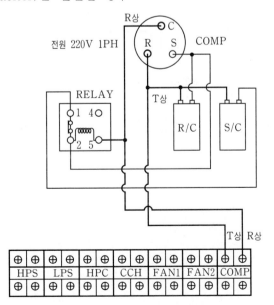

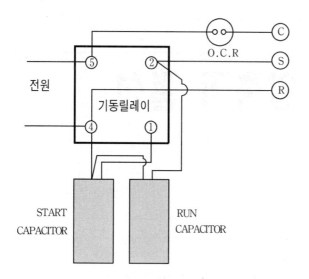

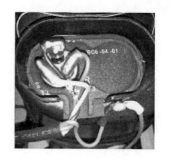

(2) 러닝 콘덴서를 사용하지 않을 때

특히 소형의 마력압축기 등에 많이 사용되며 결선을 더욱 간단해진다.

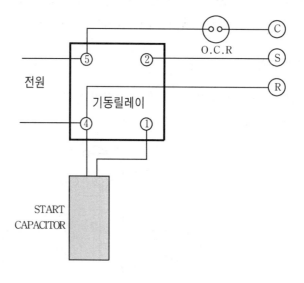

(3) 기동 릴레이 단자에 4번이 없을 때

스타트 콘덴서에서 압축기의 R단자를 바로 연결한다.

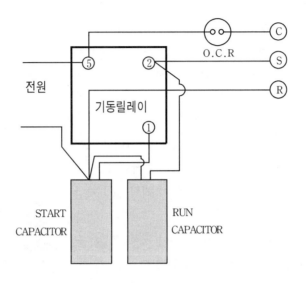

♦ [단상 CSR 기동 키트 배선함]   ♦ [콘덴서 및 릴레이]

(4) 압축기 테스트 및 권선 찾기

1) 전원부에 테스터기를 이용하는 방법

RSC 모두 저항이 같다면 전동기는 소손된 것이며 정상적인 경우 다음과 같다.

① C-R : 저항이 적으므로 전류가 크다.

② C-S : 저항이 중간이므로 전류도 중간이다.

③ R-S : 저항이 크므로 전류가 적다.

2) 저항 테스터기로 권선 찾기

저항 테스터를 터미널에 접촉하며 이때 C-R은 지침이 적게 움직이고 C-S는 더 적게 움직이며 R-S는 더욱 적게 움직인다.

① 공동 코일과 운전 코일(C-R)이 저항 값 : 가장 적다.(예 : 2Ω)

② 공동 코일과 기동 코일(C-S)이 저항 값 : C-R 저항 값의 1.2~2배 정도(예 : 8Ω)

③ 기동 코일과 운전 코일(S-R)이 저항 값 : C-R 과 C-S의 두 코일의 합(예 : 10Ω)

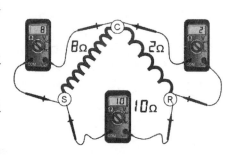

1-2 3상용 압축기의 결선

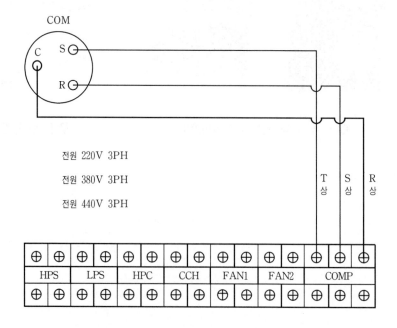

2 압축기의 전기적인 점검

2-1 압축기의 고장 진단방법

(1) 압축기의 절연저항 측정

① 압축기의 절연저항은 그림과 같이 압축기의 단자와 비충전 금속부에 절연저항계를 접속하여 측정하여 10MΩ 이상인 것을 확인한다.

② 압축기는 운전 중에 절연저항이 변화하는 것도 있으므로 필요에 따라서 운전 직후의 절연저항을 측정하여 본다.

③ 에어컨에 사용되는 R-22는 액상에서 유전율(誘電率)이 높아진다. 또한 불순물이 혼입되어 있을 때에는 전기 저항치가 극도로 작아지고, 절연불량을 일으키게 된다. 따라서 냉매에 불순물 혼입을 반드시 방지하여야 한다.

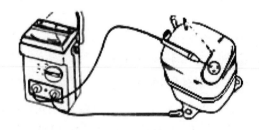

(2) 전기적 저항

1) 접지점검(ground test)

접지상태의 점검은 3상이든 단상이든 동일한 방법으로 한다.

2) 점검방법

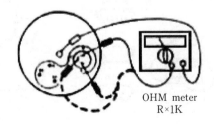

OHM meter
R×1K

① 기기로 인입되는 전원을 차단한다.

② 압축기 단자에 연결된 배선을 제거한다.

③ 압축기 단자와 토출(흡입)관을 깨끗하게 한다.

④ Ohm meter의 R×1K 스케일을 사용하여 토출(흡입)관과 각 단자간의 저항을 측정한다.

⑤ 지침이 현저하게 움직이는 단자는 접지된 상태이므로 압축기를 교체해야 한다.

(3) 압축기 단자의 오결선 점검

압축기 단자의 커버에 있는 압축기 단자 배선도 및 제품의 전기회로도를 점검하여 오결선이 없는가를 점검한다.

(4) 전선의 단선 및 과부하 보호기의 작동상태 점검

모터 내부의 권선단선 상태를 점검하는 것으로서 과부하 보호기가 내장된 단상 압축기에 있어서 이 시험은 과부하보호기의 작동과 권선의 단선을 구분해 낼 수 있다.

1) 점검방법

① 기기로 인입되는 전원을 차단한다.

② 압축기 단자에서 배선을 제거한다.

③ 접지상태를 점검한 후 압축기를 충분히 냉각시킨다.(상온)

④ Ohm meter의 R×1K 스케일을 사용하여 저항을 측정한다.

2) 판단

① 단상 압축기일 때 : 각 단자간을 측정하여 지침이 움직이지 않으면 개방된 상태이다.

② 3상 압축기일 때 : 각 단자간을 측정하여 지침이 움직이지 않는 두 단자간은 권선이 단선된 것으로 이때는 압축기를 교체해야 한다.

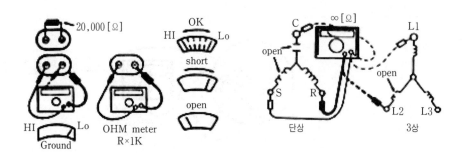

3) 과부하 보호기 작동 원인

과부하 보호기는 아래와 같은 원인으로 작동되는 수가 있으므로 반드시 원인을 찾아 제거하여야 한다.

① 저전압 상태의 운전
② 운전 혹은 시동 기구의 결함
③ 응축기 코일의 막힘, 응축기 모터의 결함, 액라인의 폐쇄 또는 injection capillary의 폐쇄 등에 의한 압축기 모터의 과열에 기인한다.

(5) 기계적인 고장

1) 기동불량

압축기는 기동되지 않으면서 기동전류가 계속적으로 흐르고 있는 것을 말한다.

[점검방법]

① Capacitor를 점검한다.(압축기 기동용 혹은 운전용 capacitor를 사용한 기종)
② 기동용 릴레이를 점검한다.(압축기 기동용 릴레이를 사용한 기종)
③ 이상이 없으면 압축기 내부의 마모, 윤활기구의 파손 등에 의한 문제로 판단하고 압축기를 교체한다.

2) 압축불량

압축기는 운전하지만 냉방능력이 약하고 고압측 압력이 낮고, 저압측 압력이 높게 나타나는 상태이다. 원인은 압축기 내부의 밸브의 파손, 커넥팅로드나 크랭크샤프트의 손상, 기타 내부의 누설에 의한 것이다.

[점검방법]

① 응축기 팬을 정지시키고 운전을 시켜서 고압측 압력이 상승하지 않으면 압축불량이다.
② 압축기의 토출측 파이프의 온도측정 : 이상저온(50℃ 이하)일 때는 압축 불량이다.
③ 운전전류 측정 : 표시치보다 현저하게 적은 경우(1/2)에는 압축 불량이다.
④ 시스템의 펌프다운 시험을 하여 압축능력을 점검할 수 있다.
⑤ 펌프다운(pump down)시
　㉠ 제품의 전원을 OFF한다.
　㉡ 액라인 서비스 밸브를 닫는다.(변봉을 시계방향으로 돌려 변봉을 닫는다.)
　㉢ 매니폴드 게이지를 연결한다.

ⓔ 압축기를 기동하고 흡입압력을 관찰한다.

ⓜ 시스템을 펌프 다운하여 압축기가 정상이면 압력이 0~5PSI·G(0~0.35 kgf/cm^2·G)에서 유지되고, 흡입압력이 상승되면 내부 누설, 밸브 파손 등으로 인한 압축불량이다.

3) 운전중에 과전류가 흐를 경우

작동압력을 점검하여 이상이 없으면 압축기 베어링의 손상으로 추정하고, 압축기를 교체한다. 냉매 과잉충전의 경우에도 과전류가 흐를 수 있다.

2-2 운전용 콘덴서의 고장점검

(1) 단자와 몸체의 어스검사

그림과 같이 콘덴서의 한쪽 단자와 몸체사이에 저항계를 연결하여 통전여부를 확인한다. 통전이 안 되어야 정상이다.

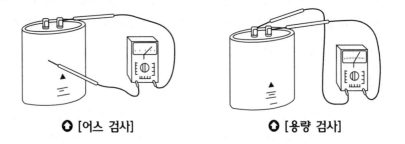

❂ [어스 검사]　　　　❂ [용량 검사]

(2) 용량 검사

① 검사하고자 하는 콘덴서의 양 단자에 lead선을 제거한다.

② 방전용 lead선을 준비하여 양 단자를 2~3초 접속시켜 방전시킨다.(이는 테스터의 파손을 막기 위해 측정 전에 반드시 하여야 한다.)

③ 방전 후 테스터의 양 탐침을 콘덴서의 양 단자에 접촉시켜 저항계의 지침 진동방향을 확인한다. 테스터의 지침 진동방향은 3종류가 있고, 각기 진동방향과 증상은 다음과 같다.

　ⓐ 정상 : 지침이 순간적으로 흔들리다 곧 원래대로 되돌아온다.

　ⓑ SHOT : 지침이 움직인 채로 그대로 있다.

　ⓒ 용량 완전 소모 : 지침이 전혀 움직이지 않는다.

냉동장치의 고장
원인과 대책

09 냉동장치의 고장 원인과 대책

1 압축기

상 태	원 인	대 책	점검 요령
1. 토출압력이 너무 높다.	• 공기가 냉매계통에 혼입	• 응축기로부터 공기 배출 • 응축기를 충분히 냉각한 후에 냉매액 온도의 포화압력까지 공기를 방출한다.	• 응축기의 온도에 대한 냉매액의 포화 압력과 실제 압력의 차
	• 냉각수(냉각공기)의 온도가 높거나 유량이 부족	• 급배수관이나 스트레이너가 막혀 있지 않나, 밸브가 완전히 열려 있는지 확인하고 수압을 점검, 절수 밸브를 조절한다.(응축기용 팬을 조사)	• 냉각수 입구온도, 출구온도 및 온도차(냉각 공기 출입구온도, 유량, 응축기의 막힘, 오염)
	• 응축된 냉각관에 스케일이 퇴적되었거나 수로 커버의 칸막이 벽의 부식(공냉식 응축기의 핀이 오염)	• 냉각관을 청소하고 필요하면 수로 커버를 교환한다.(핀을 청소한다.)	• 냉각수 출입구 온도 및 온도차
	• 냉매를 과잉 충전하여 응축기의 냉각관이 액냉매에 잠겨 유효 전열면적이 감소	• 과잉 충전된 냉매를 배출한다.	• 응축기 또는 수액기의 액면이 필요 이상 높지 않을 것
	• 토출 배관중의 스톱밸브가 완전히 열려 있지 않다.	• 스톱밸브를 확실하게 연다.	• 안전상 중요하므로 항상 운전전에 점검해야 한다.
2. 토출압력이 너무 낮다.	• 냉각수량(냉각공기량)이 너무 많거나 수온(공기온도)이 너무 낮다.	• 냉각수 입구 밸브 또는 절수 밸브를 조절한다.(냉각 공기량을 감소시킨다.)	• 냉각수(냉각공기) 출입구 온도 및 온도차
	• 증발기에서 액냉매가 흡입된다.	• 팽창밸브를 조절한다. • 팽창밸브의 감온통을 흡입관에 확실하게 부착한다. • 감온통을 보온재로 감아준다. • 바이패스형 수동팽창밸브를 확실하게 닫아준다.	• 압축기 전체의 온도가 낮다.

상 태	원 인	대 책	점검 요령
2. 토출압력이 너무 낮다.	• 냉매 충전량의 부족	• 누설하는 것을 수리하고 냉매를 보충한다.	• 응축기, 수액기의 액면은 정상인지 확인한다.
	• 토출밸브로부터 누설	• 토출밸브의 수리, 교환	
3. 흡입압력이 너무 높다.	• 냉동부하의 증가	• 부하를 조정한다.	• 부하의 상황을 점검
	• 팽창밸브가 너무 많이 열림 • 흡입밸브, 밸브시트 피스톤링 등이 파손되었거나 언로더기구의 고장	• 팽창밸브를 조절하고 감온통과 흡입관과의 접촉을 확인하거나 팽창밸브를 조여준다.	• 팽창밸브의 용량이 너무 크지 않는가 확인한다.
	• 유분리기의 오일리턴장치의 누설(가스 리턴)	• 흡입밸브 밸브시트 피스톤링 등을 검사하고 마모되었으면 교환한다. • 언로더 기구를 점검	• 압축기의 흡입스톱밸브를 닫고 진공이 충분히 낮아지는지를 점검
	• 언로더 제어장치의 설정치가 너무 높다.	• 오일리턴밸브를 점검 • 작동압력(온도)을 낮춘다.	• 오일리턴배관이 뜨겁다.
4. 시동 후 부하가 가해지지 않는다.	• 유압이 너무 낮다.	• 유압조정밸브를 조정 • 압축기 회전수를 낮게한다.	• 유압스위치 등을 점검 • 압축기의 상황점검
	• 언로더 전자변의 불량	• 전자변의 누설을 수리, 교환	

2 응축기

상 태	원 인	대 책	점검 요령
1. 응축온도가 너무 높다.(응축압력이 너무 높음)	• 공기의 혼입	• 응축기(또는 수액기)에서 에어퍼지 • 진공 운전을 하지 않도록 조정한다. • 흡입측의 누설을 점검, 수리한다.	• 응축기의 온도에 대응하는 포화압력과 실제의 압력과의 차
	• 냉각관의 오염	• 청소한다. • 해수를 사용할 때는 방식아연판도 점검	• 냉각수 출입구의 온도차
	• 수로커버의 칸막이 누설	• 부식 등에 의한 칸막이 벽의 결손 (파손)은 살돋움 수리 또는 교환	• 냉각수 출입구의 온도차
	• 냉각수량(공기량)의 부족	• 설계수량(공기량)을 조사 • 냉각수 배관(덕트)의 저항을 조사하여 고친다. • 펌프의 양정(팬 정압)을 조사한다.	• 냉각수(냉각공기) 출입구 온도차
	• 냉각면적의 부족	• 냉매를 과충전해서 응축기의 액면이 높을때는 냉매를 뽑아낸다. • 상기한 처리로 해결되지 않을 때는 설계 계산을 다시 해본다.	–
2. 냉각관이 빨리 손상된다.	• 냉각관의 부식	• 수질을 조사한다. • 아연판의 점검(크기, 설치방법, 풀어짐을 보수한다.) • 냉각관 유속을 점검하여 3m/s 이하가 되도록 패스를 수정한다.	• 수량(펌프의 특성)을 조사한다.
	• 냉매 누설	• 패킹부분에서 가스 검지하여 누설이 있으면 교환 • 유리관의 중심 맞추기가 불량, 유리관의 변형이 있으면 교환 • 유리의 접촉면 수정	–
3. 액면계의 불량	• 볼의 상승 불량	• 볼시트와 볼을 점검하여 보수한다.	–

3 팽창밸브 및 액배관

상 태	원 인	대 책	점검 요령
1. 냉매의 통과가 나쁘다. (유량 감소)	• 팽창밸브의 선정 잘못(오리피스 구경이 작다.)	• 구경이 큰 것으로 교환한다.	• 흡입가스의 과열도가 크다.
	• 팽창밸브의 직전까지의 압력 손실이 크다.	• 팽창밸브를 크게 하거나 압력손실을 작게 한다.	• 팽창밸브 직전에서 냉매액이 차다.
	• 응축압력이 너무 낮다. • 냉각수량(공기량)을 줄인다.	• 특히 겨울철	–
	• 팽창밸브의 막힘	• 여과망, 오리피스를 청소 • 수분이 동결할 때에는 냉매 계통을 건조시킨다.	• 팽창밸브의 서리가 없어진다.
2. 팽창밸브의 작동 불량	• 감온통의 가스가 누설되었다.	• 교환한다.	• 팽창밸브의 서리가 없어진다.
	• 감온통이 올바른 위치에 부착되어 있지 않다.	• 올바른 위치에 부착시켜 설치한다.	–
	• 감온통이 흡입 가스관에 잘 부착되어 있지 않다.	• 밀착시킨다.	–
	• 내부기구의 불량 • 감온통 내의 충전가스의 선정 잘못	• 교환한다. • 충전가스를 확인하고 규정의 것으로 교환한다.	–
3. 액압축이 일어난다.	• 팽창밸브가 불량하지 않으면 조정불량	• 점검하고 조정한다.	–
	• 팽창밸브의 구경이 너무 크다.	• 교환한다.	–
4. 흡입압력이 너무 낮다.	• 냉동부하의 감소	• 부하를 조정한다.	• 부하의 상황을 점검
	• 흡입 여과기의 막힘	• 청소	• 흡입 압력과 증발 압력의 차압이 크다.
	• 냉매액 통과량이 제한되어 있다.	• 전자변을 정상으로 하고 스트레이너 등의 막힌곳을 수리한다.	• 팽창밸브의 앞에 있는 냉매액관이 차다.
	• 냉매 충전량이 부족	• 냉매를 추가로 충전한다.	• 응축기나 수액기의 액면
	• 언로더 제어장치의 설정치	• 작동압력(온도)를 높임	• 증발기와 압축기의 관계
5. 고압압력 스위치가 작동해서 압축기의 ON-OFF를 반복한다.	• 냉각수량이 부족하거나 냉각관이 막혔다.	• 냉각수가 흐르고 있는지 확인하고 급수 밸브를 더 연다.	• 냉각관이나 냉각수(냉각공기)의 출입구 온도차
	• 응축기 팬 용량 부족	• 또는 냉각수용 스트레이너를 청소한다.(응축기 팬을 점검)	–
	• 압력스위치의 고압측의 설정이 잘못되었다.	• 압력스위치의 고압측의 설정을 점검한다.	• 허용압력 이하로 설정
	• 냉매 충전량이 너무 많다.	• 여분의 냉매를 뽑아낸다.	• 응축기, 수액기 액면

상 태	원 인	대 책	점검 요령
6. 고압압력 스위치의 작동으로 압축기가 발정을 반복	• 냉각기의 서리가 끼었다.	• 서리를 제거한다.	• 냉각기의 상황 조사
	• 액냉매 필터의 막힘	• 액냉매 필터를 청소한다.	• 필터 출구가 차다.
	• 감온식 팽창밸브 감온통내의 냉매가 누설하였다.	• 팽창밸브의 동력부를 신품으로 교환한다.	• 흡입관에서 감온통을 떼어내고 다른 손으로 감온통을 쥐어보아 냉매가 흐르지 않는 것 같으면 감온통의 가스가 누설한 것이다.
	• 언로더 제어장치의 설정이 너무 낮다.	• 작동 압력을 높인다.	• 압력스위치 등을 점검
	• 압력스위치의 저압측의 설정이 너무 높다.	• 압력스위치 등을 점검작동 압력을 낮춘다.	• 압력스위치 등을 점검
7. 압축기의 정지시간이 짧다.	• 냉매의 부족(냉동능력 저하)	• 작동압력을 높인다.	• 응축기나 수액기의 액면
	• 토출밸브로부터의 누설이 심하다.	• 토출밸브를 수리하거나 교환	• 전반적인 상황
	• 냉매액 전자변이 확실하게 열리지 않는다.	• 전자변의 밸브나 밸브시트가 마모되었으면 교환한다.	–
	• 피스톤 링의 누설 • 실린더의 마모	• 실린더의 마모 • 링이나 또는 실린더 라이너를 교환	• 전반적인 상황
8. 압축기가 시동되지 않는다.	• 전압의 강하	• 전원의 전압을 조사한다.	• 전격 전압의 90% 이상
	• 과부하 보호 릴레이가 작동하였다.	• 과부하 보호 릴레이를 리셋한다.	• 작동원인도 조사한다.
	• 전원 등의 스위치를 넣지 않았다.	• 스위치를 넣는다.	–
	• 저압압력스위치가 작동하였다.	• 압력스위치의 설정압력이 될 때까지 기다린다. • 압력스위치의 설정압력 변경	• 압축기 4.항목 참조
	• 유압보호스위치가 리셋되어 있지 않다.	• 유압보호스위치가 작동하는 원인을 확인하여 수리한 다음 리셋한다.	–
	• 냉매가 누설하였다.	• 누설하는 곳을 찾아서 수리한 후 냉매를 필요량만큼 충전한다.	
	• 냉매액 전자변이 닫혀 있다.(펌프다운방실일 때)	• 전자변의 전류를 흘려보내서 마모되었으면 교환한다.	• 전자변의 작동 시험
9. 시동 후 90초 이내에 정지된다.	• 유압보호스위치가 작동하였다.	• 유압을 조정한다. • 냉동기유를 보충한다. • 냉동기유 계통의 막힘을 청소한다.	• 유압계와 흡입 압력계의 지시 값의 차 • 압축기의 유면

상 태	원 인	대 책	점검 요령
10. 운전중에 이상음을 발생한다.	• 기초볼트가 풀어져서 진동 벨트 풀리의 이완	• 볼트를 조여준다. • 너트나 키 등을 점검하여 마모되었으면 교환한다.	–
	• 구동측 커플링의 중심이 맞지 않거나 볼트가 풀림	• 중심을 맞추고 볼트를 조인다.	–
	• 액흡입을 일으킨다.	• 팽창밸브가 너무 크게 열렸으면 밸브를 닫는다. • 팽창밸브 감온통의 설치가 나쁘거나 풀어졌다.	–
	• 피스톤 핀, 연결봉 베어링 등이 마모되었다.	• 소리나는 곳을 찾아내어 수리한다.	–
	• 토출측 스톱밸브의 디스크가 진동한다.	• 밸브를 완전히 연다.	–
11. 크랭크 케이스에 서리가 맺힌다.	• 액냉매가 압축기로 돌아온다.	• 팽창밸브를 조절한다. • 수동 팽창밸브가 닫혔는지 확인한다.	
12. 냉동기유 온도가 너무 높다.	• 압축기 실린더 자켓에 냉각수가 흐르지 않음	• 냉각수가 흐르게 한다.	• 실린더의 온도가 높다.
	• 실린더 자켓부분이 물 때(스케일)에 의해 막혔다.	• 청소한다.	• 냉각수가 흐르는 것을 확인한다.
	• 토출온도가 너무 높다.	• 흡입가스의 과열도가 낮아지도록 팽창밸브를 조절한다. • 토출밸브가 누설해서 역류한 가스를 재압축하지 않는가를 점검하고 수리한다.	• 압축기를 정지할 때 저압측의 압력 상승이 따른다.
	• 크랭크 케이스 온도 상승	• 피스톤링 누설을 수리한다. • 유분리기의 반유 밸브를 점검 • 흡입압력이 높다.	• 반유관이 뜨겁다.
	• 베어링 부분, 마찰부분의 조정 불량	• 간격을 조사하고 조정한다.	–
13. 유압이 낮다.	• 유압계의 고장	• 신품과 교환한다.	–
	• 유압계 배관이 막힘	• 청소한다.	• 시동시 지침의 상승 속도가 늦다.
	• 유압조정밸브가 너무 많이 열렸다.	• 조정한다.	• 유압을 확인한다.
	• 오일펌프의 고장	• 신품과 교환한다.	• 유압을 확인한다.
	• 각 베어링 부분의 마모가 심하다.	• 정규의 간격으로 조정 • 부품을 교환	• 압축기의 운전 상황

상 태	원 인	대 책	점검 요령
13. 유압이 낮다.	• 냉동기유 온도가 높다.	• 냉동기유 온도의 항 1.를 참조	–
	• 고도의 진공 운전	• 흡입압력이 너무 낮다. • 4.의 항을 참조	–
	• 유량의 부족	• 냉매가 냉동기유에 섞여 들어가지 않았는지 조사 • 냉동기유 보급	• 압축기 유면계의 상황
14. 유압이 높다.	• 유압계의 고장	• 신품과 교환한다.	• 정지중의 지침은 0인가
	• 유압조정 밸브가 닫혀있다.	• 조정한다.	
	• 냉동기유 온도가 낮다.	• 유냉각기의 냉각을 조정	–
	• 오일 배관의 막힘	• 점검, 청소한다.	• 냉동기의 오염을 조사
15. 냉동기유의 토출이 많다.	• 액냉매가 압축기로 돌아온다.	• 액복귀를 없게 한다. • 습운전을 하지 않는다. • 유분리기에서 액냉매를 응축시키지 않는다. • 압축기의 유면계를 본다.	• 오일 포밍
	• 유분리기에서 냉동기유가 돌아오지 않는다.	• 반유장치를 점검, 수리한다.	• 유분리기의 유면
	• 오일링의 마모	• 신품과 교환	–
	• 시동시 크랭크 케이스 내 유면에서 오일포밍 발생	• 정지할 때 크랭크 케이스 내를 펌프다운하여 둔다. • 크랭크 케이스 히터를 설치한다.	• 겨울철에 기동할 때 주의할 것
16. 고압측과 저압측 압력이 곧 균형이 잡힌다.	• 밸브 누설, 밸브 주위 부품의 마모, 가공불량	• 점검하고 가공한다.	–
	• 토출밸브의 파손	• 신품과 교환한다.	–
17. 용량제어 장치가 작동하지 않는다.	• 용량제어용 전자변의 불량	• 수리 또는 교환	• 압축기의 상황
	• 압력스위치의 불량	• 조정, 수리한다.	
	• 언로드기구의 불량	• 조정, 수리한다.	
	• 냉동기유 배관의 막힘 • 압력스위치의 가스배관 막힘	• 막힌 것을 고친다.	
18. 언로더에서 로드로 돌아가지 않는다.	• 마찰부분의 마모가 심하다.	• 청소, 언로더 기구의 스프링을 강하게 한다.	• 압축기의 상황

4 유분리기

상 태	원 인	대 책	점검 요령
1. 냉동기유를 잘 분리하지 못한다.	• 냉동기유가 너무 많이 고인다.	• 플로트밸브를 분해, 수리, 반유관의 막힘을 수리한다.	• 유면계에 주의
	• 칸막이판, 선회판 등이 떨어지거나 누설 • 유분리기가 작다.	• 내부를 점검하여 수리한다. • 교환한다. • 내부속도가 낮은 것으로 교환한다.	• 유면계에 주의
2. 소리가 난다.	• 크기가 작다.	• 수리한다.	-
	• 칸막이판, 선회판, 플로트밸브의 설치 불량	• 내부속도가 낮은 것으로 교환한다.	-
3. 유분리기에 액냉매가 고인다.	• 겨울철 시동할 때 유분리기에서 토출가스가 냉각되어 응축	• 압축기 크랭크 케이스 내의 유면의 오일 포밍에 주의하여 유분리기가 따뜻하게 될 때까지 기다린다.	-

5 증발기 및 기타

상 태	원 인	대 책	점검 요령
1. 냉각이 불충분하다.	• 냉매 부족(증발기에서의 냉각에 편차가 있다.)	• 냉매의 보충	• 응축기 또는 수액기의 액면
	• 냉동기유가 증발기에 고였다.	• 압축기의 냉동기유가 돌아가기 쉬운 운전으로 한다. (약간 습운전 만액시 증발기에서는 액면을 높임) • 흡입배관이 냉동기유가 돌아가기 쉽게 되어 있는지 점검하여 보수한다.	–
	• 냉각 표면적의 부족	• 설계를 검토	–
	• 냉매 분류기의 불량	• 구조, 설치 방법을 검토, 수정	–
	• 공기 냉각기의 적상이 심하다.	• 냉매 증발온도가 너무 낮은 것을 고친다. • 제상간격을 짧게 한다. • 냉각기의 핀 피치를 검토, 보수	–
	• 헤더의 형상이 불량하여 냉매의 분포가 나쁘다.	• 헤더의 형상이나 설치방법을 검토하여 보수	• 코일의 이슬이나 서리의 부착상태(분포)
	• 피냉각물(물, 공기, 브라인 등의 유량의 부족)	• 점검해서 정상의 상태로 되돌린다.	–
	• 피냉각물의 온도가 너무 낮아진다.	• 디스트리뷰터 교환	–
2. 냉각기의 이슬, 서리의 부착에 극단적인 편차가 있다.	• 디스트리뷰터의 구조 설치가 나빠서 냉매의 분류가 불량하다.	• 설치위치를 점검해서 수정	
3. 냉각기가 서리에 의해 금방 막힌다.	• 핀 간격이 너무 좁다.	• 냉각기를 교환한다. • 부하의 상황을 조사하고 팽창밸브를 조정한다.	• 흡입압력 저하
	• 증발온도가 너무 낮다.(0℃)	–	• 공기가 흐르는 속도
	• 공기량의 감소	• 핀을 점검해서 에어필터를 청소 • 팽창밸브의 설치위치를 고려하여 흡입	–
4. 부하가 변동할 때 리키드백	• 팽창밸브가 부하의 변동에 따르지 못함.	• 관에 액분리기를 설치 • 배수관, 스트레이너, 트랩 부분을 청소하고 각부를 점검	–
5. 증발기의 드레인이 넘쳐 흐른다.	• 배수관에 경사 불충분 막힘 • 증발기 내의 극단적인 부압	• 방열을 좋게 한다.	
6. 증발기의 방열표면의 이슬 맺힘	• 방열 불량 • 금속 접속부의 전열 불량	–	–

냉동장치 도면

10 냉동장치 도면

1 냉동장치 배관도면

1-1 냉동장치 배관도면(1)

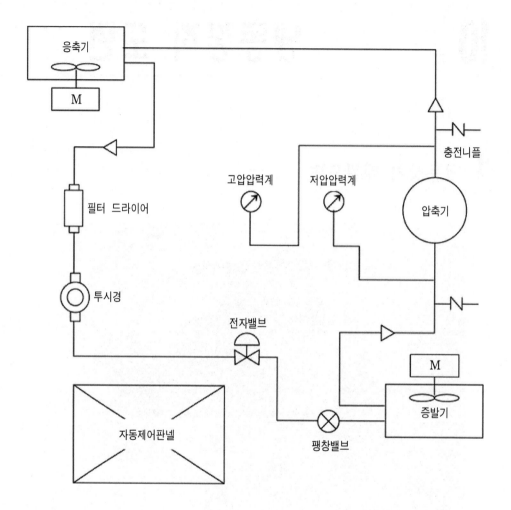

1-2 냉동장치 배관도면(2)

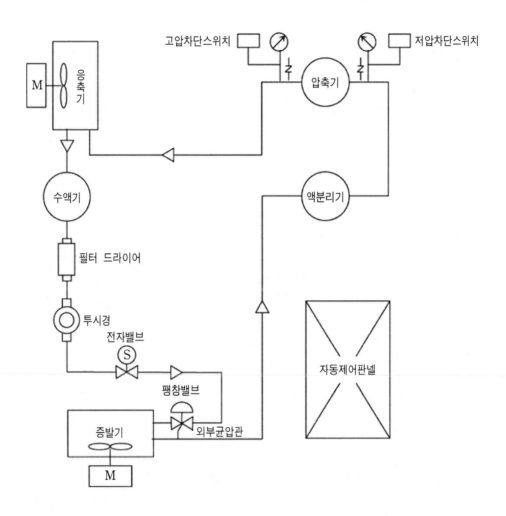

1-3 냉동장치 배관도면(3)

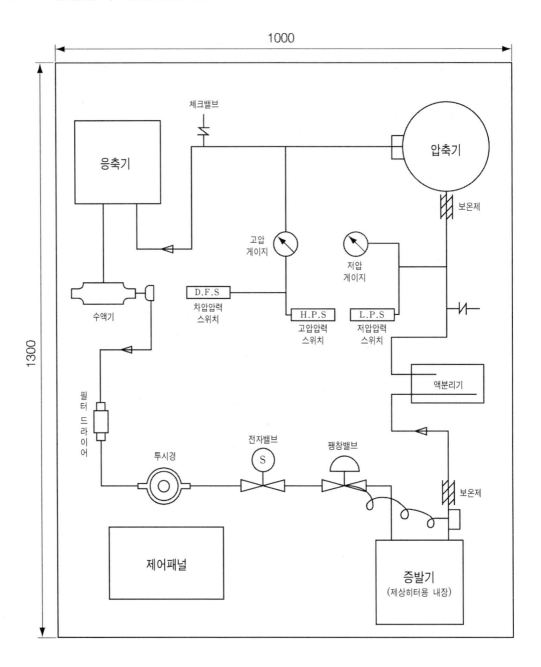

1-4 냉동장치 배관도면(4)

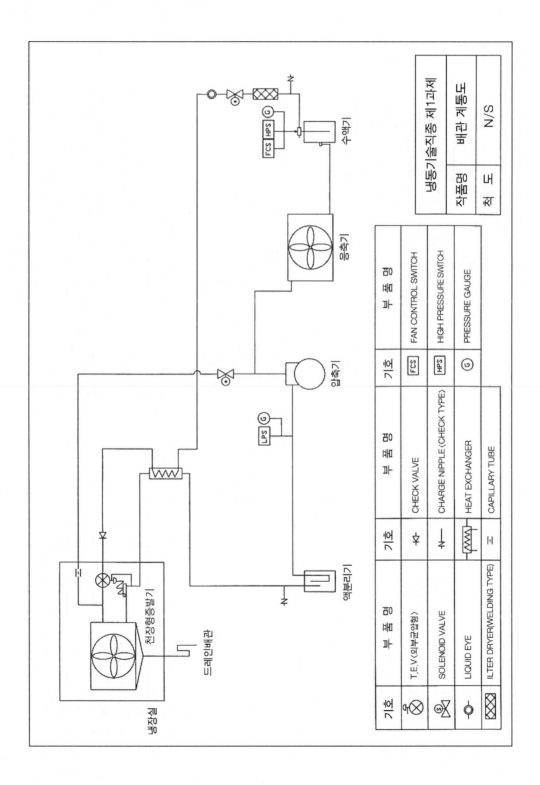

기호	부 품 명	기호	부 품 명	기호	부 품 명
	T.E.V〈외부균압형〉		CHECK VALVE	FCS	FAN CONTROL SWITCH
	SOLENOID VALVE		CHARGE NIPPLE〈CHECK TYPE〉	HPS	HIGH PRESSURE SWITCH
	LIQUID EYE		HEAT EXCHANGER	G	PRESSURE GAUGE
	ILTER DRYER(WELDING TYPE)	三	CAPILLARY TUBE		

냉동기솔직종 제1과제	
작품명	배관 계통도
척 도	N/S

1-5 냉동장치 배관도면(5)

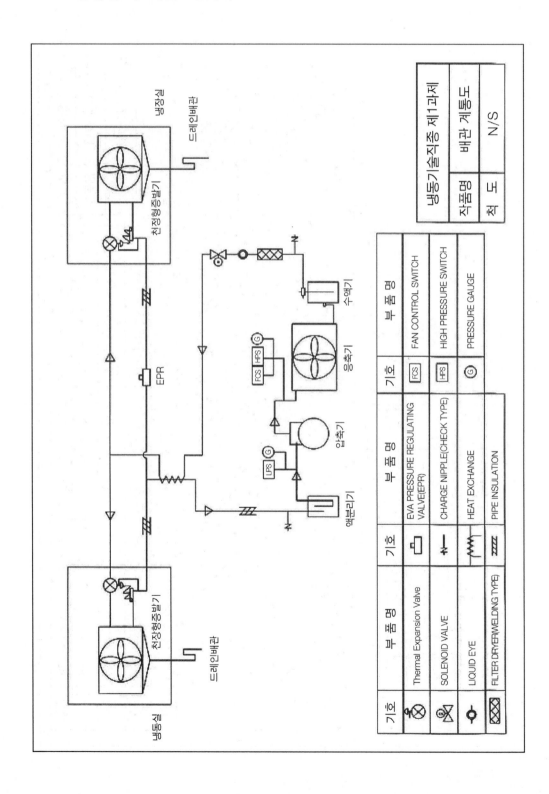

기호	부 품 명	기호	부 품 명	기호	부 품 명
	Thermal Expansion Valve		EVA PRESSURE REGULATING VALVE(EPR)	FCS	FAN CONTROL SWITCH
	SOLENOID VALVE		CHARGE NIPPLE(CHECK TYPE)	HPS	HIGH PRESSURE SWITCH
	LIQUID EYE		HEAT EXCHANGE	G	PRESSURE GAUGE
	FILTER DRYER(WELDING TYPE)		PIPE INSULATION		

냉동기술직종 제1과제	배관 계통도
작품명	척 도
N/S	

1-6 냉동장치 배관도면(6)

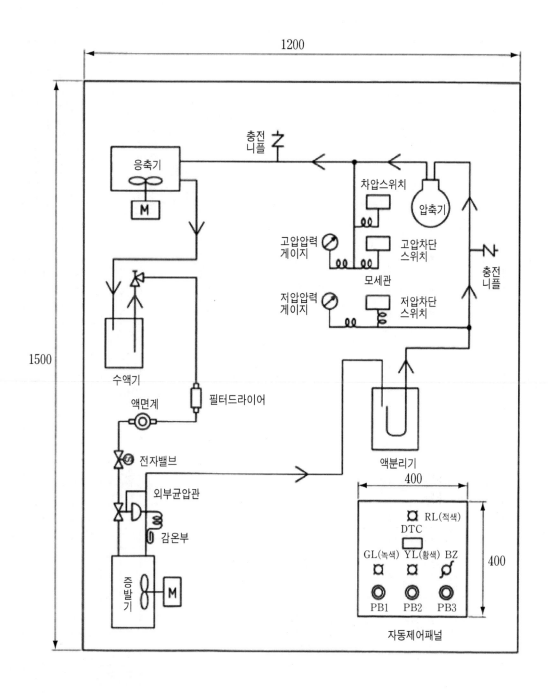

1-7 냉동장치 배관도면(7)

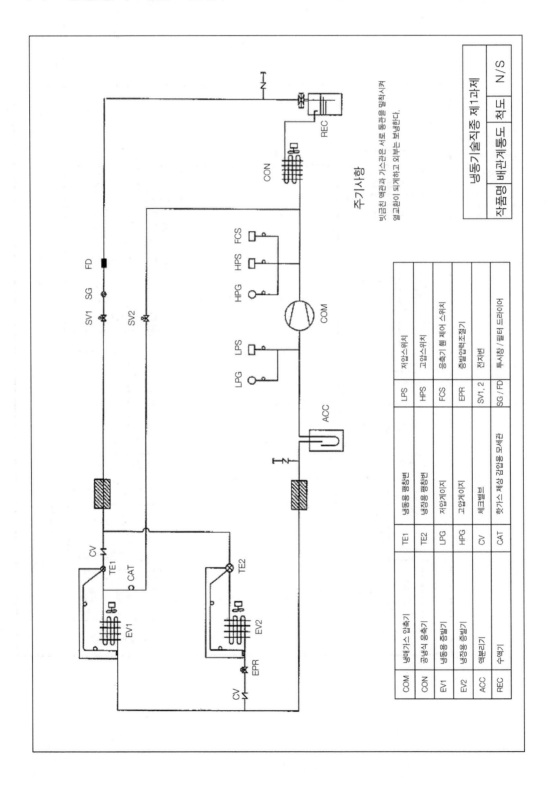

COM	냉매가스 압축기	TE1	냉동용 팽창변	LPS	저압스위치
CON	공냉식 응축기	TE2	냉장용 팽창변	HPS	고압스위치
EV1	냉동용 증발기	LPG	저압게이지	FCS	응축기 휀 제어 스위치
EV2	냉장용 증발기	HPG	고압게이지	EPR	증발압력조절기
ACC	액분리기	CV	체크밸브	SV1, 2	전자변
REC	수액기	CAT	핫가스 제상 감압용 모세관	SG / FD	투시창 / 필터 드라이어

주기사항

빗금친 액관과 가스관은 서로 동관을 밀착시켜
열교환이 되게하고 외부는 보냉한다.

냉동기술직종 제1과제

| 작품명 | 배관계통도 | 척도 | N/S |

1-8　냉동장치 배관도면(8)

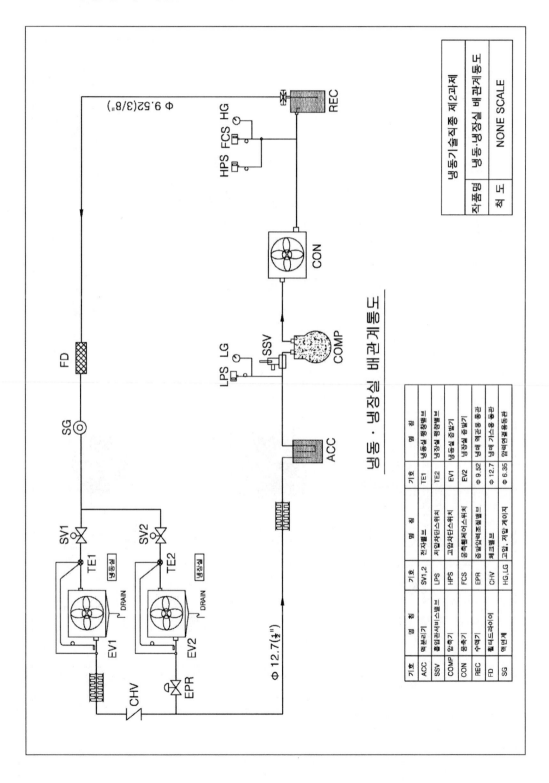

냉동 · 냉장실 배관계통도

기호	명 칭	기호	명 칭	기호	명 칭
ACC	액분리기	SV1,2	전자밸브	TE1	냉동실 팽창밸브
SSV	흡입관서비스밸브	LPS	저압차단스위치	TE2	냉장실 팽창밸브
COMP	압축기	HPS	고압차단스위치	EV1	냉동실 증발기
CON	응축기	FCS	응축팬제어스위치	EV2	냉장실 증발기
REC	수액기	EPR	증발압력조절밸브	Φ 9.52	냉매 액관용 동관
FD	필터드라이어	CHV	체크밸브	Φ 12.7	냉매 가스용 동관
SG	액면계	HG,LG	고압, 저압 게이지	Φ 6.35	압력연결용동관

냉동기술직종 제2과제		
작품명	냉동 · 냉장실 배관계통도	
척 도	NONE SCALE	

1-9 냉동장치 배관도면(9)

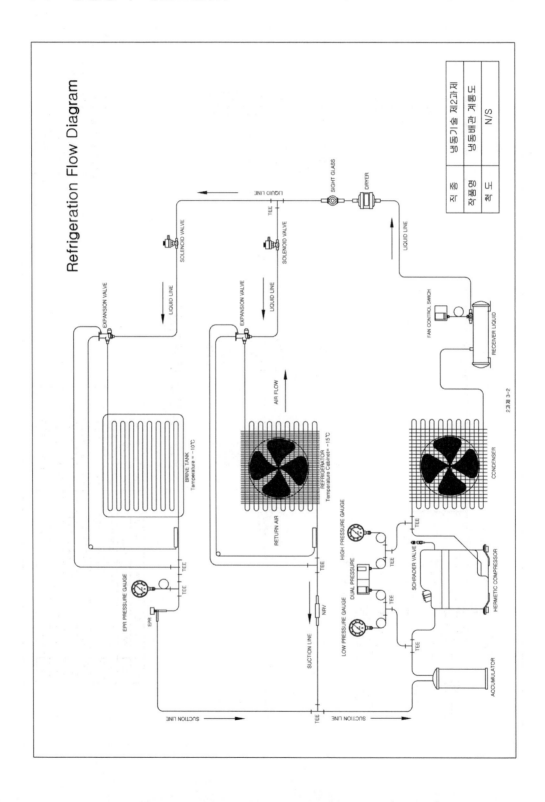

1-10 냉동장치 배관도면(10)

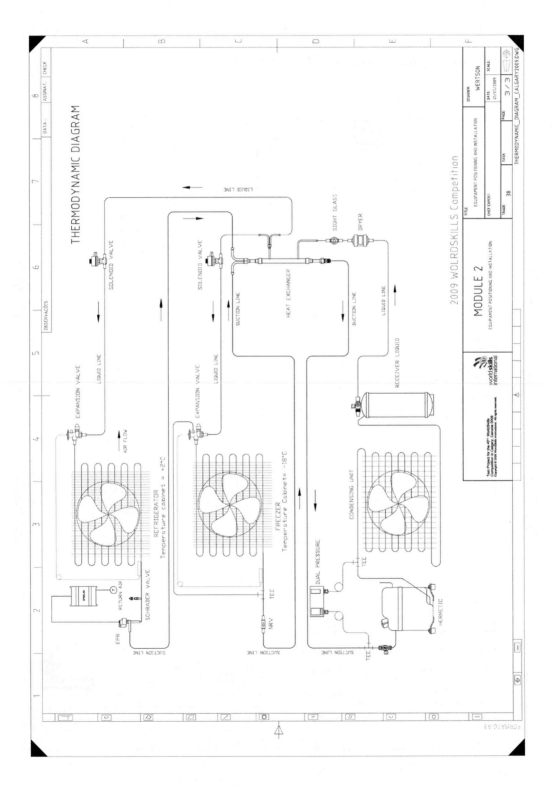

1-11 냉동장치 배관도면(11)

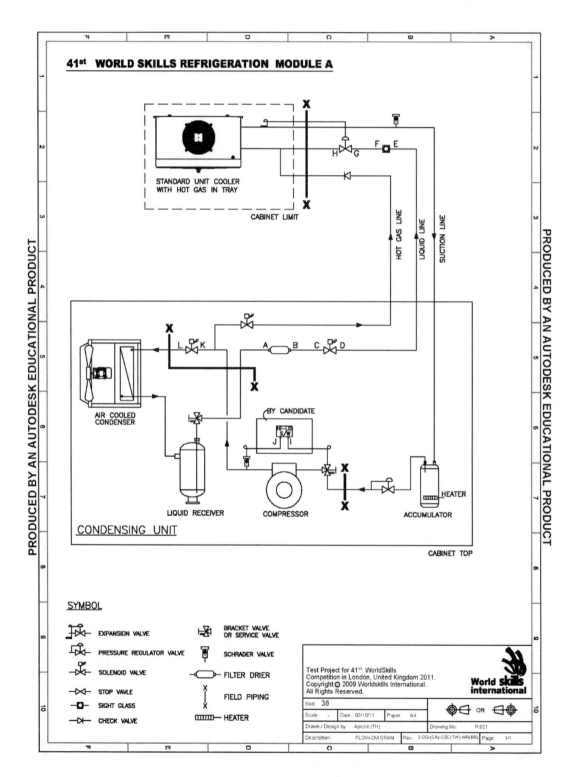

2 냉동장치 제어회로 도면

2-1 제어회로 도면(1)

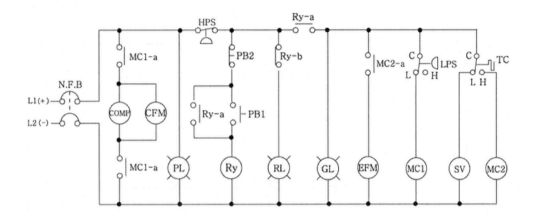

① N.F.B 스위치 ON : P.L, R.L 점등

② PB1 스위치 스위치 ON(누름) : Ry여자, Ry-a접점 닫힘(Ry-b접점 열림)

　　　　　　　　　　　　　MC여자, MC-a접점 닫힘

　　　　　　　　　　　　　COMP, CFM, EFM 정상 기동 S.V열림(정상운전)

　　　　　　　　　　　　　PL, GL점등, RL소등

　• TC 세팅 온도 in point : TC열림, MC소자, SV닫힘

　　　　　　　　　　　　　MC-a접점 열림, COMP, CFM정지

　• TC 세팅 온도 in point : TC닫힘, MC여자, SV열림,

　　　　　　　　　　　　　MC-a접점 닫힘, COMP, CFM 기동

③ PB2 스위치 ON(누름) : Ry소자, Ry-a접점 열림, MC소자 MC-a접점 열림

　　　　　　　　　　　　COMP, CFM, EFM 정지, SV 닫힘

　　　　　　　　　　　　PL, RL 점등, GL 소등

④ N.F.B스위치 off : 모든 동작 정지(메인 전원 차단상태)

2-2 제어회로 도면(2)

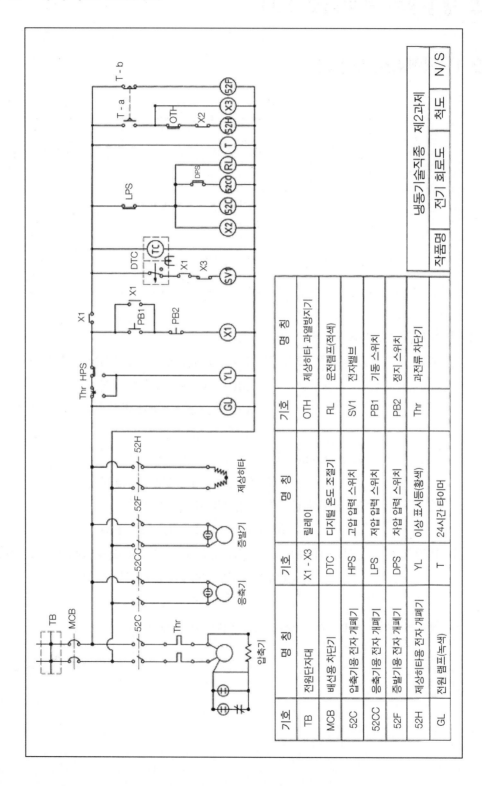

기호	명칭
TB	전원단자대
MCB	배선용 차단기
52C	압축기용 전자 개폐기
52CC	응축기용 전자 개폐기
52F	증발기용 전자 개폐기
52H	제상히터용 전자 개폐기
GL	전원 램프(녹색)

기호	명칭
X1 - X3	릴레이
DTC	디지털 온도 조절기
HPS	고압 압력 스위치
LPS	저압 압력 스위치
DPS	차압 압력 스위치
YL	이상 표시등(황색)
T	24시간 타이머

기호	명칭
OTH	제상히터 과열방지기
RL	운전램프(적색)
SV1	전자밸브
PB1	기동 스위치
PB2	정지 스위치
Thr	과전류 차단기

작품명	냉동기술직종	제2과제
	전기 회로도	척도
		N/S

2-3 제어회로 도면(3)

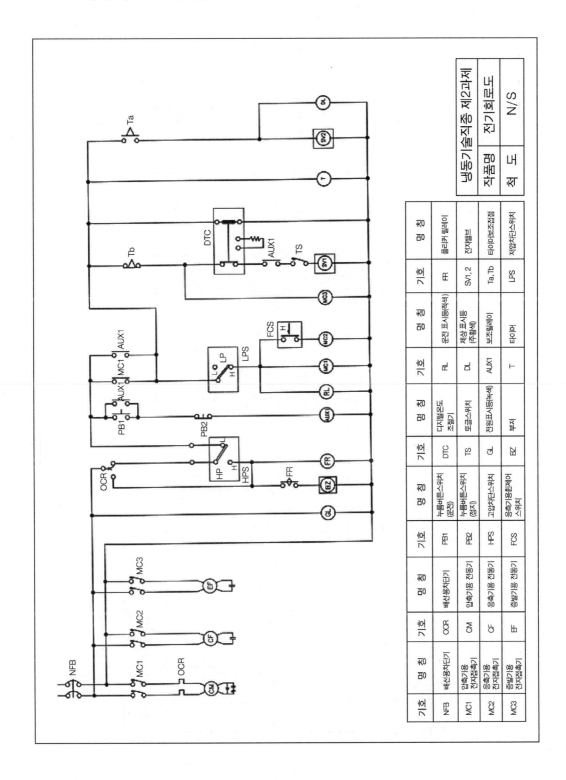

기호	명 칭	기호	명 칭	기호	명 칭	기호	명 칭	기호	명 칭
NFB	배선용차단기	OCR	배선용차단기	PB1	누름버튼스위치 (운전)	DTC	디지털온도 조절기	RL	운전 표시등(적색)	FR	플리커 릴레이
MC1	압축기용 전자접촉기	CM	압축기용 전동기	PB2	누름버튼스위치 (정지)	TS	토글스위치	DL	제상 표시등 (주황색)	SV1, 2	전자밸브
MC2	응축기용 전자접촉기	CF	응축기용 전동기	HPS	고압차단스위치	GL	전원표시등(녹색)	AUX1	보조릴레이	Ta, Tb	타이머 부조절점
MC3	증발기용 전자접촉기	EF	증발기용 전동기	FCS	응축기용팬제어 스위치	BZ	부저	T	타이머	LPS	저압차단스위치

냉동기술직종 제2과제

작품명	전기회로도
척 도	N/S

2-4 제어회로 도면(4)

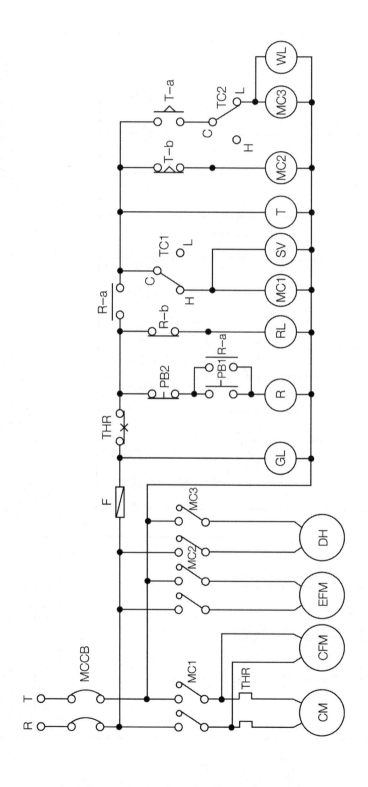

2-5 제어회로 도면(5)

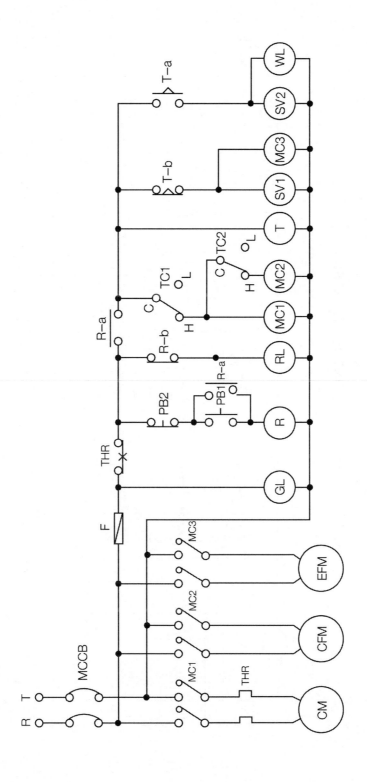

2-6 제어회로 도면(6)

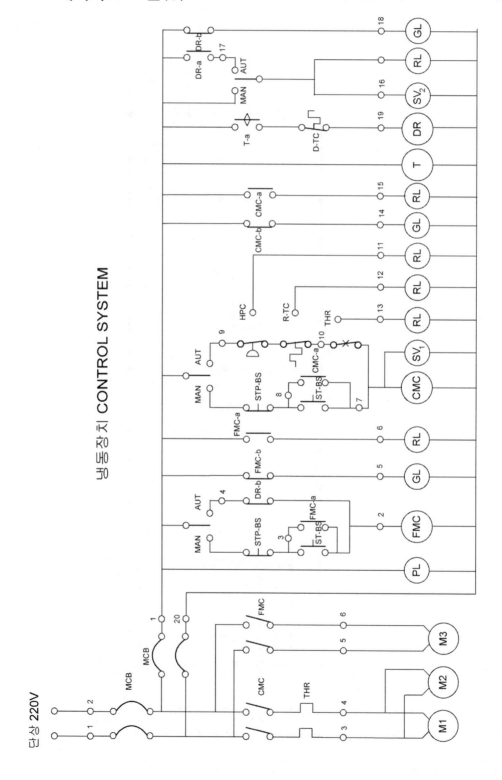

기능경기대회

냉동기계기술실무

11 기능경기대회

1 냉동기술(Refrigeration)

1. 직종설명

냉동원리를 이용하여 냉동제품의 생산과 보관 및 사람이 주거하는 실내공간의 냉방 등에 적용되는 냉동/냉장 시스템 설비를 효율적으로 설계, 시공 및 유지·관리하는 직종임

2. 작업범위

가. 지방대회(총 6과제로 한다.)

(용기제작(Brazing), 배관, 전기(제어), 시운전 및 측정, 전기고장수리, 기계고장수리)
○ 용기제작(Brazing)과제 : 간단한 기초적인 용기제작 및 Brazing 과제로 한다.
  (용기를 제작 후 배관작품에 부착도 가능하다.)
○ 배관과제 : 압축기 1대에 증발기 1~2대를 설치하는 과제로 한다.
○ 전기(제어)과제 : 전기부품 및 냉동전용 컨트롤러를 사용하는 방식으로 한다.
○ 시운전 및 측정과제 : 비교적 단순한 측정 및 기초적인 이론에 기본을 둔다.
○ 전기고장수리과제 : 전기회로의 기본원리를 이해하면 해결할 수 있는 과제로 한다.
○ 기계고장수리과제 : 간단하고 비교적 단순한 기계적인 고장을 해결하는 과제로 한다.

나. 전국대회(총 6과제로 한다.)

(용기제작(Brazing), 배관, 전기(제어), 시운전 및 측정, 전기고장수리, 기계고장수리)

○ 용기제작(Brazing)과제 : 치수 및 부위별 용접방법 등을 다르게 하고, 조금 난이도 있는 용기제작 및 Brazing과제로 한다.(용기를 제작 후 배관작품에 부착도 가능하다.)

○ 배관과제 : 압축기 1대에 증발기 2대를 설치하는 과제로 한다.

○ 전기(제어)과제 : 전기부품 및 냉동전용 컨트롤러를 사용하는 방식으로 한다.

○ 시운전 및 측정과제 : 시스템의 성능 측정 항목과 세계대회에 준하는 난이도 있는 항목을 추가한다.

○ 전기고장수리과제 : 전기회로 및 냉동전용 컨트롤러를 이해해야 해결할 수 있는 과제

○ 기계고장수리과제 : 표준냉동 사이클을 충분히 이해하여야 해결할 수 있는 과제

다. 국제대회 평가전(총 7과제로 한다.)

(용기제작(Brazing), 배관, 전기(제어), 시운전 및 측정, 에어컨 설치, 전기고장수리, 기계고장수리)

○ 용기제작(Brazing)과제 : 치수 및 부위별 용접방법 등을 다르게 하며, 국제대회 수준의 용기제작 및 Brazing과제로 한다.(용기를 제작 후 배관작품에 부착도 가능하다.)

○ 배관과제 : 압축기 1대에 증발기 2대를 또는 응용냉동 설비를 제작하는 과제로 한다.

○ 전기(제어)과제 : 전기부품 및 냉동전용 컨트롤러를 사용하는 방식으로 한다.

○ 시운전 및 측정과제 : 시스템의 성능 측정 항목 및 세계대회 수준의 난이도 높은 측정 항목을 추가한다.

○ 에어컨 설치 : 에어컨배관 설치와 시운전 후 건,습구 온도와 습도 등의 측정, 풍속, 풍량을 측정하여 습공기 선도에 표시하고 냉동용량 등을 계산하는 과제.(에어컨은 1차전에서 사용했던 것을 요구조건에 따라 계속 사용)

○ 전기고장수리과제 : 전기회로 및 냉동전용 컨트롤러를 이해해야 해결할 수 있는 과제.

○ 기계고장수리과제 : 냉동원리를 충분히 이해하여야 해결할 수 있는 과제.

3. 작업수행(과제수행)

가. 과제시간

○ 지방대회 : 과제 제작시간은 총 19시간 전, 후로 한다.

순번	과 제 명	주 요 작 업 내 용	시간	비 고
1	용기제작(Brazing)	도면 치수대로, 용접, 가압 후 누설확인	2	공구사용, 용접기사용, 질소사용, 안전수칙이행 확인 등
2	냉동배관작업	기구배치, 배관, 용접, 질소 가압시험	7	공구사용, 용접기사용, 질소사용, 안전수칙이행 확인 등
3	전기배선작업	도면에 따른 부품 설치, 배선 작업	6	측정기사용, 전기안전수칙이행
4	냉매충전 및 세팅, 운전결과 측정 작업	진공시험, 냉매충전, 시운전 및 측정	3	진공펌프사용법, 특수공구사용 등
5	전기 고장수리	전기고장 부위를 찾고 수리 후 정상 운전	0.5	제어회로와 전기적인 이론이해
6	기계 고장수리	기계적인 고장부위를 찾고 수리 후 정상 운전	1	냉동기본 사이클 이해
	계		19.5	

○ 전국대회 : 과제 제작시간은 총 19시간 전, 후로 한다.

순번	과 제 명	주 요 작 업 내 용	시간	비 고
1	용기제작(Brazing)	도면 치수대로 용접, 가압 후 누설확인	2	공구사용, 용접기사용, 질소사용, 안전수칙이행 확인 등
2	냉동배관작업	기구배치, 배관, 용접 질소 가압시험	7	공구사용, 용접기사용, 질소사용, 안전수칙이행 확인 등
3	전기배선작업	도면에 따른 부품 설치, 배선 작업	6	측정기사용, 전기안전수칙이행
4	냉매충전 및 세팅, 운전결과 측정 작업	진공시험, 냉매충전, 시운전 및 측정	3	진공펌프사용법, 특수공구사용 등
5	전기 고장수리	전기고장 부위를 찾고 수리 후 정상 운전	0.5	제어회로와 전기적인 이론이해
6	기계 고장수리	기계적인 고장부위를 찾고 수리 후 정상 운전	1	냉동 사이클, 원리 이해
	계		19.5	

○ 국제대회 평가전 : 과제 제작시간은 총 22시간 전, 후로 한다.

순번	과 제 명	주 요 작 업 내 용	시 간	비 고
1	용기제작(Brazing)	도면 치수대로 용접, 가압 후 누설확인	2	공구사용, 용접기사용, 질소사용, 안전수칙이행 확인 등
2	냉동배관작업	기계배치, 배관, 용접 질소 가압시험	7	공구사용, 용접기사용, 질소사용, 안전수칙이행 확인 등
3	전기배선작업	도면에 따른 부품 설치, 배선 작업	6	측정기사용, 전기안전수칙이행
4	냉매충전 및 세팅, 운전결과 측정 작업	진공시험, 냉매충전, 시운전 및 측정	3	진공펌프사용법, 특수공구사용 등
5	에어컨 설치	에어컨설치, 시운전, 측정	3	에어컨설치, 공조냉동의 이해
6	전기 고장수리	전기고장 부위를 찾고 수리 후 정상 운전	0.5	제어회로와 전기적인 이론이해
7	기계 고장수리	기계적인 고장부위를 찾고 수리 후 정상 운전	1	냉동 사이클, 원리 이해
계			22.5	

나. 과제별 경기 일정표

○ 지방대회

경기 0일차	경기 1일차		경기 2일차		경기 3일차	
오후	오전	오후	오전	오후	오전	오후
경기준비	1, 2과제		3과제		4, 5, 6과제	

※ 1과제 용기제작(용접)과제는 2과제 작품에 부착하지 않을 경우 2일차에 할 수도 있음.

○ 전국대회

경기 0일차	경기 1일차		경기 2일차		경기 3일차	
오후	오전	오후	오전	오후	오전	오후
경기준비	1, 2과제		3과제		4, 5, 6과제	

※ 1과제 용기제작(용접)과제는 2과제 작품에 부착하지 않을 경우 2일차에 할 수도 있음.

○ 국제대회 평가전

경기 0일차	경기 1일차		경기 2일차		경기 3일차	
오후	오전	오후	오전	오후	오전	오후
경기준비	1, 2과제		3, 4과제		5, 6, 7과제	

다. 작업내용

1) 실기작업

○ 압력용기 제작
- 냉동사이클에 필요한 용기 또는 응용 용기 등을 도면에서 주어진 치수와 용접방법 등을 고려해 작업하며, 치수 정밀도, 용접능력 등을 알아보는 작업이다.

○ 냉동장치의 기구배치 및 배관구성작업
- 제공되는 지급 및 지참 재료로 과제에 주어진 치수를 고려하여 기구 배치, 고정 및 배관을 구성하고 용접이나 플레어 너트 등을 이용하여 기본 냉동사이클에 알맞게 각 기구를 안전에 유의하며 연결하는 작업이다.

○ 전기회로구성 및 결선작업
- 문제에서 요구하는 사항에 맞도록 회로를 설계하고 지급 및 지참 재료를 이용하여 주어진 도면에 요구 조건대로 각 기구를 배치 고정하며 시스템을 가동할 수 있도록 결선하는 작업이다.

○ 압력 및 진공 시험작업
- 배관작업 종료 후 질소를 이용하여 누설부위의 검사와 기밀을 유지하기 위한 후 완전한 수분 제거를 위하여 진공을 시키는 작업이다.

○ 시운전 및 측정
- 과제에서 주어진 압력 및 온도를 알맞게 세팅하고 제시된 냉동, 냉장실 온도를 맞추기 위해 정량의 냉매를 주입 후, 팽창변 과열도 등을 조절하며, 과제에서 주어진 측정값 계산과 그 값을 기록하는 성능검사 작업이다.

○ 고장진단 및 수리
- 냉동설비의 고장 진단 및 수리작업
  • 기본 냉동이론의 습득정도 및 선수의 기능도를 판단하는 작업으로 선수 개인이 고장을 진단하고, 수리하는 작업이다. (지원이 가능한 경우 별도의 상용화 된 장비를 이용할 수 있음.)

2) 이론지식

○ 이론지식은 실기를 수행하기에 필요한 사항으로 제한한다.
○ 냉동기술에 필요한 기본적인 지식과 필수 사항에 대한 이론적인 지식.
○ 각 부품의 특성 이해와 배관방식에 대한 지식.
○ 각종 압력 및 온도 등의 단위에 대한 지식.

○ 시운전 및 측정 시 필요한 이론적인 지식.

○ 냉동 특수공구, 전기계측기 및 가스용접기의 사용법에 관한 지식

라. 작업방법

1) 압력용기제작(용접과제)

○ 용접 전 심사 위원에게 산소 및 아세틸렌의 압력 상태를 확인 받아야 한다.

○ 용접기 사용 시 안전에 유의하며, 불꽃점화 시 그을음 발생이 없어야 한다.

○ 모든 치수는 도면에 제시된 치수의 2mm미만의 오차이어야 한다.

○ 용접은 용접면이 균일해야 하며, 용착금속이 충분히(2/3이상) 용입 되어야 한다. 또한, 용착금속이 흘러내리거나 용착금속이 넓은 범위에 묻어서는 안 된다.

○ 용접면은 사포 또는 줄을 사용해서 이물질을 제거하고 용제(붕사)를 도포 후 용접해야 한다.

○ 용접 시 내부 산화방지를 위해 질소를 흘려야 하며, 열교환기 등과 같은 이중관 용접 시에는 내, 외부 양쪽 모두에 질소를 흘려야 한다.
   이때, 질소를 흘리는 관의 입구는 공기가 빨려 들어가지 않도록 밀봉 상태이어야 하며 관의 다른 끝 부분은 질소가 빠져 나갈 수 있도록 개방해야 한다.

○ 관에 구멍(천공)을 내기 위한 드릴 작업 시 반대편 관에 손상이 없어야 한다.

○ 모든 관은 수평, 수직이어야 한다.(수평계로 확인하며 작업 한다.)

○ 용기내부에 이물질이 없어야 한다.

○ 용기제작 중 용기내부에 이물질이 들어가지 않도록 배관의 끝을 막아가며 작업 한다.

○ 용기 제작 후 질소 가압에서 누설이 없어야 한다.

○ 작업 시 안전에 유의해야 하며, 보안경, 장갑, 마스크, 귀마개 등을 작업 조건에 맞게 착용해야 한다.

○ 용기제작이 끝나면 외관을 깨끗이 청소(광택) 한다.

○ 용접완료 후 산소 및 아세틸렌의 용기의 밸브를 잠그고 잔여 가스를 방출 한다.

2) 배관작업 및 질소가압

(공통사항)

○ 용접 전 심사 위원에게 산소 및 아세틸렌의 압력 상태를 확인 받아야 한다.

○ 용접기 사용 시 안전에 유의하며, 불꽃점화 시 그을음 발생이 없어야 한다.

○ 용접시 내부 산화방지를 위해 질소를 흘려야 하며, 열교환기 등과 같은 이중관

용접 시는 내, 외부 양쪽 모두에 질소를 흘려야 한다. 이때, 질소를 흘리는 관의 입구는 공기가 빨려 들어가지 않도록 밀봉 상태이어야 하며 관의 다른 끝 부분은 질소가 빠져 나갈 수 있도록 개방해야 한다.

○ 용접작업 시 용접에 의한 버닝(열 번짐)이 작아야 한다.(50mm 이내)

○ 선수의 잘못된 판단, 실수 등에 의한 불필요한 용접개소를 만들지 말아야 한다.

○ 모든 관의 밴딩은 90로 해야 하며, 평행하게 가는 배관의 간격은 일정해야 한다.(압축기 토출관 및 흡입관 등 특수한 경우는 제외)

○ 관이 겹치거나(전선관과 겹치는 것 포함) 불필요하게 우회하지 말아야 한다.

○ 관의 분기(압력계, 압력 스위치 등)는 관의 상부에서 취해야 한다.

○ 관의 밴딩 개소를 최소화해야 한다.

○ 요구조건에 없을 경우 액관과 가스관이 열 교환되지 않게 한다.(냉동효율 증대보다는 과열도가 높아짐으로 인한 압축기 오일 탄화 및 과열압축 등 폐해가 큼)

흡입관과 액관을 합친 경우(아래 그림)

흡입관과 액관을 접속시켜서 교환하는 것은 피해 주십시오. 이것은 과열이 크게 되기 때문에, 토출가스 온도의 상승과 냉동유의 열화등의 폐해가 크게 되기 때문입니다.

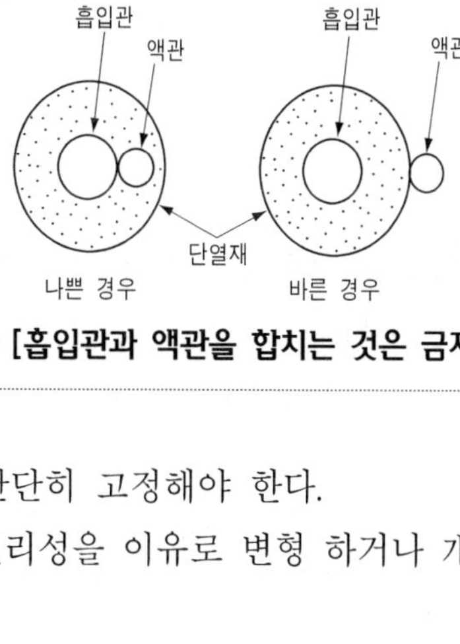

흡입관　액관　　흡입관　　액관

단열재

나쁜 경우　　　바른 경우

✪ **[흡입관과 액관을 합치는 것은 금지]**

○ 배관은 흔들림 없이 단단히 고정해야 한다.

○ 모든 부품은 작업의 편리성을 이유로 변형 하거나 개조하면 안되고 원형 그대로를 유지해야 한다.

○ 모든 관은 휨 없이 곧아야 한다.

○ 밴딩 부위의 찌그러짐이나 흠집이 없어야 한다.

○ 플레어 작업 시 플레어 공구에 의한 흠집이 없어야 한다.

○ 모든 관은 커팅하고 나서 리머작업으로 거스러미를 제거 후 줄 작업을 하고 질소로 배관내의 이물질을 불어 내야 한다.

○ 배관 작업 중에 있는 배관의 끝 부위는 이물질이 들어가지 않도록 막으며 작업한다.

○ 냉장고의 배관과 플렉시블 설치 후 생긴 냉장고 본체와의 틈새는 고무찰흙 등으로 마감하여 냉기가 외부로 새어 나가지 않도록 한다.

○ 관이 납작해지거나 급격한 관 줄임이 일어나지 않도록, 밴딩부의 반지름은 관 외경의 최소한 5배는 넘어야 한다.

　(예) 6mm관 반지름=30mm이상, 9mm관 반지름=45mm이상

○ 관 밴딩부의 최대 반지름은 자연스러운 유동이 이루어지도록 최대 반경을 관지름의 10배 이내로 한다.

　(예) 6mm관 반지름=60mm이내, 9mm관 반지름=90mm이내

○ 관 작업 표준화를 위하여 수직면을 따르는 배관은 완전히 수직이 되게 설치하고 수평면을 따르는 배관은 완전히 수평하게 배관이 되도록 하되 오일 회수를 위하여 4m마다 20mm의 구배를 둔다.

○ 모든 압력제어 측정위치는 압축기를 기준으로 한다.

즉, 저압 지점은 흡입측 서비스 밸브나 압축기의 크랭크 케이스로 한다.

만약, 흡입측 서비스 밸브가 없으면 압축기로 들어가는 흡입관으로 정한다.

고압 지점은 토출측 서비스 밸브로 한다. 서비스 밸브가 없으면 액관에 설치된 다른 서비스 밸브를 이용한다.

만약 고압 서비스 밸브가 설치되어 있지 않으면, 설치 위치를 압축기와 응축기 사이의 토출관으로 정한다.

(증발기)

○ 증발기 배관 입,출구 부위는 배관 보호와 열 교환 효율을 높이기 위해 고무 실링 처리를 해야 한다.

○ 증발기 설치는 문제 요구 사항에 따르며 토출측은 최대한 거리를 확보 한다.

○ 증발기는 제상 시 드레인이 잘되도록 설치해야 한다.

○ 드레인 호스는 물이 외부로 흘러가기 좋은 기울기를 유지해야 한다.

○ 드레인 호스는 냉동실은 물론이고, 외부관도 최소 20cm이상 보온해야 한다.

○ 드레인관은 외부공기 침입을 방지하기 위한 트랩을 설치하고 물을 채운다. 그 위치는 드레인 출구보다 충분히 낮아야 한다.(30cm 이상)

○ 드레인이 설치되면 드레인판에 물을 부어 누수 여부를 확인해야 한다.

○ 드레인 호스 끝에 물을 받을 수 있는 용기를 설치한다.

(팽창변 및 전자변)

○ 팽창변은 증발기에 최대한 가깝게 증발기 케이싱 내·외부에 설치하고, 액관 전
자변은 팽창변에 최대한 가깝게 설치한다.

○ 전자변은 습기가 없는 건조한 장소에 설치한다.

○ 전자변의 코일을 상부로 오게 하고 지면과는 수직이 되게 설치한다.

○ 팽창변의 설치는 수직을 원칙으로 하나 수직, 수평 어떤 방식도 가능하며,
균압관은 짧고 트랩이 생기지 않도록 설치한다.

○ 팽창변 감온구는 균압관 분기부 전에 증발기와 가깝게 부착하고, 부착 면이 고
르고 넓어야 한다.(부착에 필요한 각도는 제조사에서 제시한 것으로 한다.)

○ 감온구는 손으로 흔들어 움직이지 않도록 단단히 고정해야 한다.
(비닐 절연 테이프 등으로만 감는 것은 안 됨)

○ 팽창변에는 오리피스 번호(인디케이터)를 부착하여 서비스 시 활용토록 한다.

○ 감온구의 여유관은 진동 등에 소손이 없도록 잘 정리해서 묶음 줄로 묶는다.

○ 과열도 조절변은 조절하기 쉽도록 공간을 확보해서 팽창변을 설치한다.

(응축기)

○ 응축기의 바람 방향은 압축기 쪽을 향하도록 하며, 압축기는 응축기 바람을 최
대한 많이 받을 수 있도록 설치한다.

○ 부품에 부품을 설치할 수 없다.(예 : 응축기에 전자변 부착 등)

○ 응축기는 운전 시 진동, 소음이 없도록 단단히 고정한다.

(액·가스 열교환기)

○ 열교환기는 증발기 출구 라인에 설치하되, 증발기 내부나 증발기 직후에 설치
한다. 단, 냉동고 내에는 설치하지 않는다.(열 교환 후의 액관은 보온한다.)

○ 열교환기의 설치는 수직, 수평 모두 가능하며, 오일회수 및 열 교환 효율을 높
일 수 있게 설치하고, 같은 위치에 액관의 입, 출구가 설치 됐을 경우는 수평
시 액관이 위로 오게 하고, 수직 시 액관의 입구가 아래로 향해야 한다.
또한, 액관과 가스관은 서로 교차해야 한다.

○ 열교환기는 보온 작업을 한다.

(기타부품)

○ 오일분리기는 제조사의 지시에 따르되, 압축기와 응축기 토출라인에 설치한다.

○ 고정 가능한 모든 부품은 단단히 고정해야 한다.

○ 모든 부품은 방향성과 같은 부품 설명이 잘 보이도록 설치한다.
○ 모든 부품은 재료목록에 표기한 부품만을 사용하며, 상이한 부품의 사용으로 인한 불이익은 선수의 책임이다.
○ 핫가스 모세관은 굵은 관을 덧대어 보호한다.
○ 모든 부품 용접 시 열로부터 부품을 보호해야 하며, 필요시 물수건 등을 사용한다.
○ 용접 시 냉장고와 실외기 베이스, 부품 등에 그을림 현상이 없어야 한다.
○ 서비스밸브 부착 시 서비스에 필요한 방향성을 고려해 부착한다.
○ EPR, NRV등 압력 조절 밸브(Pressure Regulator)는 제조사에서 제시하는 방향성과, 기능, 그 특징 및 설치 조건에 알맞게 설치한다.
○ 액관 드라이어는 냉매 흐름과 같은 방향이 되도록 설치한다. 필터 드라이어는 액관의 팽창밸브 전에 설치한다. 필터드라이어 보관 시 공기 중 수분이 침투하지 않도록 양끝을 막아서 보관하고 장비에 부착 시에도 공기에 노출되는 시간을 최대한 줄여야 한다.
○ 사이트 글라스는 액관의 필터드라이어 바로 직후에 설치한다.
○ 냉장고 벽체 관통부에는 부품을 부착(설치)할 수 없다.
○ 액분리기는 제조사의 지시에 따르되 압축기 바로 전에 설치하며 보온한다.
○ 모든 압력계 및 압력 스위치는 선수가 앉아서 보거나 서서 보았을 때 눈높이에 맞게 설치한다.(이때, 연결 부위는 모세관을 사용한다. 개인 제작 브라켓 사용 가능)

○ 모세관은 강관 20mm에 3회를 감아서 사용하고, 직선부의 길이는 원 중심에서 50mm로 만들어 1/4 ″(6mm)관에 10mm 삽입하여 사용 한다.
이때, 직선 부위는 원의 한 부분을 기준으로 일직선상에 있어야 하며, 곧아야 하고 나머지 모자라는 연결 부분은 1/4 ″관으로 작업 한다.

→ 원 중심에서 50mm

(흡입관)

○ 오일회수에 용이 하도록 압축기 측으로 하향 구배를 만들어야 하며, 불필요한 오일트랩을 만들지 말아야 한다.(단, 바닥에 서비스 밸브가 있어 어쩔 수 없이 생기는 오일트랩은 제외)

○ 증발기 출구에는 오일트랩을 두며 흡입관을 증발기 상부보다 최소 150mm 이상 입상시켜 정지 중 배관 내의 가스가 증발기에서 응축되어 압축기로 흘러 들어가지 않도록 해야 한다.(오일트랩의 길이는 최대한 짧아야 한다.)

펌프다운 방식에서는 증발기 출구가 자연스럽게 하향 구배가 되도록 한다.(배관과 제 요구조건에 펌프다운 방식에 대한 언급이 없을 경우 심사위원 지시에따르며, 심사위원은 출제자에게 질의하여 펌프다운 여부를 확인해야 한다.)

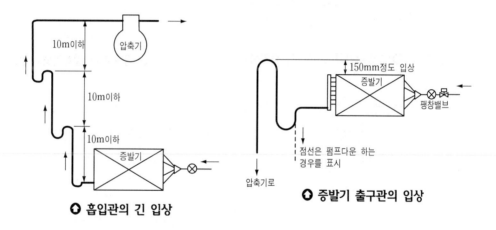

◑ 흡입관의 긴 입상

◑ 증발기 출구관의 입상

○ 관의 합류는 "T"이음을 하지 말고 "Y"이음 또는 "ㅓ" 이음을 해야 하며, "ㅓ" 이음의 경우 직진 방향은 배관의 유속이 빠른 것으로 해야 한다.

만일 유속이 같을 경우는 배관 길이가 긴 쪽이 직진 방향에 있어야 한다.

○ 각 증발기에서 흡입주관으로 들어가는 관은 주관의 위로 접속해야 한다.

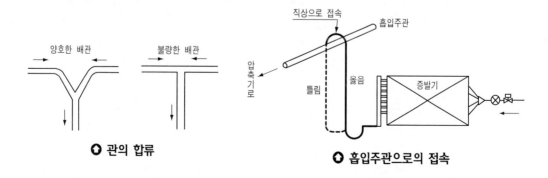

◑ 관의 합류

◑ 흡입주관으로의 접속

(토출관)

○ 압축기에서 토출된 관은 응축기 쪽으로 구배를 주어 정지 중에 오일이 압축기
쪽으로 되돌아오지 않도록 배관한다.

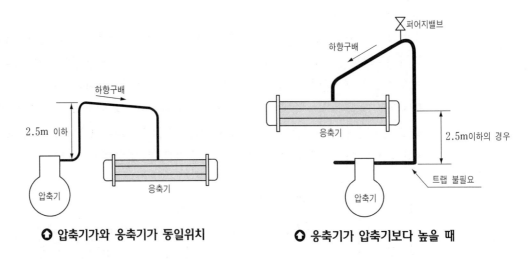

❹ 압축기가 응축기가 동일위치   ❹ 응축기가 압축기보다 높을 때

○ 핫가스를 위한 토출관은 "T"분기 후 부터 보온한다.(토출가스 온도가 저하되지
않도록 해서 제상시간을 단축하고, 화상과 주위 부품을 열로부터 보호하기 위
함이다.)

(액관)

○ 응축기가 증발기 상부에 있을 경우는 수액기 출구에 액루프를 주어 정지 중 액
이 증발기에 고이는 걸 방지해야 하며 그 입상 높이는 응축기 상부 보다
150mm이상 이어야 하며 펌프다운 방식에서는 불필요하다.

○ 액관은 열교환 후나 주위온도 상승구간을 지나가는 곳은 보온해야 한다.

○ 액분배관은 "T" 또는 "Y" 이음으로 분배한다.

○ 2대의 증발기가 응축기 상부에 서로 다른 높이로 있을 경우, 후레쉬가스 방지
를 위한 배관을 해야 한다.

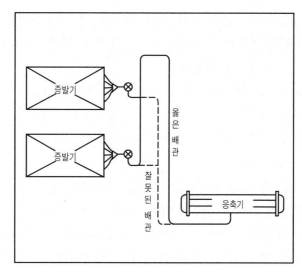

※ 후레쉬가스의 균등분배 배관

(가압시험)

○ 가압 전 심사 위원에게 가압 사실을 보고하고 심사위원 입회하에 가압한다.

○ 가압 전 선수는 보안경등 보호 장구를 착용한다.

○ 가압 전 각종 서비스 밸브 및 전자변을 개방한다.

○ 질소 가압은 고, 저압 측에 동시에 가압한다.

○ 1차에서 5kg/cm² 가압 후 누설이 없으면 안전을 위해 2차로 7kg/cm² 가압한다.

○ 1차 가압에서 누설이 있을시 감점이 된다.

○ 2차 가압 후 누설이 없으면 고, 저압 압력 게이지에 표시를 하고, 다음 날 아침
까지 방치한다.(이때 압력의 변화가 전혀 없어야 한다.)

3) 전기배선 및 진공작업

○ 제어함을 도면에서 주어진 치수로 수평을 유지하며 부착한다.

○ 전기도면에서 누락된 회로 부분이 있으면 작도를 한다.

○ 주어진 전기도면에 따라 부품을 적절히 배치하여 작업한다.

○ 제어선(제어회로선), 동력선(주회로선), 접지선의 색상을 구분하여 작업한다.

○ 제어함 내부의 전선은 안전을 위해 케이싱에 닿지 않도록 한다.

○ 외부로 나가는 전선은 모두 단자대를 통하게 한다.

○ 온도센서선은 동력선, 제어선과 분리한다.

○ 온도센서선을 연장 또는 줄여 사용해서는 안 된다.
　(온도 표시의 오차가 생길 수 있음)

○ 동력선과 제어선은 분리 한다.(제어함 내부, 후렉시블 내부, 조인트박스 내부)

○ 동력선의 연결은 터미널과 볼트체결 또는 납땜 후 고무절연 테이프, 비닐 절연 테이프 순으로 작업한다.

○ 온도컨트롤러의 전선 연결은 핀 압착단자를 사용한다.

○ 제어함 내부의 전선은 보기 좋게 잘 정리 되어야 한다.

○ 제어함 전면에 부착된 램프, 스위치, 버튼, 온도조절기의 위치가 도면과 일치해야 한다.

○ 안전을 위해 접지해야 할 부분은 접지해야 한다.
  (모터, 전자변 등 코일이 있는 부품)

○ 외장 후렉시블 전선관은 불필요하게 우회하거나 겹치지 않아야 한다.

○ 제어선 연결 시 압착단자와 절연튜브(넘버링)를 사용한다.

○ 제어선의 220V라인과 0V라인을 구분하고 색상도 달리 해야 한다.
  (220V＝황색, 0V＝적색, 동력선＝청색, 접지선＝녹색)

○ 제어선은 도면의 넘버링과 일치해야 한다.

○ 조인트 박스 내부의 전선은 여유분을 두어 작업한다.(최소 150mm이상)

○ 제어함에 부착되는 모든 부품은 견고히 부착해야 한다.

○ 제어함 내부의 전선은 전선 닥트를 사용해서 정리 및 보호한다.

○ 제어 외장선 연결부분은 엔드터미널(접속자)등으로 안전하게 연결한다.

○ 압력스위치 인입선 부위는 구매 시 부착됐던 고무패킹을 사용하여 보호한다.

○ 냉장고 내부의 후렉시블 내의 전선과 후렉시블 틈새를 고무 찰흙 등으로 막아 외부공기의 응축으로 수분이 생기는 현상을 방지해야 한다.

○ 후렉시블 이후의 노출된 전선부분은 헤리컬벤드나 수축튜브 등으로 보호하고 후렉시블 끝부분은 비닐테이핑 처리하여 수분이나 이물질의 침입을 막는다.

⊙ [바르지 못한 경우]　　　　　　　　⊙ [올바른 경우]

○ 동력선 및 제어선의 외장 연결부위는 상부(위)로 향하게 해서 수분 등의 침입 시 안전해야 하며 여유분의 전선은 잘 정리해 두어야 한다.

○ 전선 작업 시 전선의 손실을 최소화해야 한다.

○ 모든 기구에는 도면에 표기된 기구 명칭을 표기한다.

○ 제어함 내 기구 명칭을 부착할 경우에는 닥트 뚜껑에 부착하지 않는다.

○ 후렉시블은 흔들림이 없도록 고정해야 한다.

○ 후렉시블의 R값은 관 지름의 6배 이상 이어야 한다.

○ 후렉시블은 겹치거나 교차하지 말아야 한다.(동 배관과 교차하는 것 포함)

○ 온도센서 감온구는 증발기 흡입 망에 견고히 부착하고 여유 선은 묶음줄 등으로 묶어 잘 정리한다.

○ 전기배선 작업이 완료되면 회로시험기를 사용하여 전기회로의 결선상태를 검사한다. 이때, 벨 테스터기는 상대 선수의 작업에 방해가 되므로 사용하지 않는다.

○ 회로 시험시 전원을 투입해서 회로시험을 해서는 안 된다.
  전원 투입은 반드시 시운전 및 측정 과제 전 심사위원의 입회하에서만 가능하다.

○ 전기배선 작업 중 적당한 시기에 배관 내 질소 가스를 완전히 비운 후 진공 작업 을 한다.

○ 진공작업을 위해 각종 서비스 밸브 및 전자변 등을 모두 개방한다.

○ 진공작업 시 진공압력은 1,000microns 이하까지 실시하고 30분 방치 시 200 microns 이상 상승해서는 안 된다.

○ 심사위원으로 부터 진공검사를 받은 즉시 냉매를 대기압 이상으로 충전하여 불응축가스의 혼입을 방지 한다. 이때 충전한 냉매 량은 기록 후 측정 과제에서 합산한다.

4) 시운전 및 측정

○ 작업조건에 맞는 안전장구를 착용 한다.

○ 팽창변 직후부터 압축기 흡입측까지의 배관과 결로가 발생 될 수 있는 부위는 모두 보냉한다.

○ 보온(냉)재는 재료목록에 있는 것으로 하며, 고무발포 보온재나 아티론보온재를 사용 할 수 있다. 고무발포 보온재는 전용 본드를 사용해서 갈라진 부위를 접합하고 그 끝 부분은 테이핑 처리하며, 아티론 보온재는 보온테이프으로 마무리한다.

○ 보온테이프는 너무 힘을 주어 감아 보온재가 변형이 있어서는 안 되고, 가능한 에어컨 배관에서처럼 보온된 가스관과 액관을 함께 감지 않고 분리한다.

○ 냉장고의 전면에 비닐커바를 부착하고 틈새로 냉기가 새지 않도록 잘 마감한다.

○ 메니폴드 게이지의 고압호스는 수액기측에 연결하고 저압호스는 저압서비스 밸브 또는 첵크 니쁠에 연결하고 냉매 충전 전 호스 내의 불응축 가스를 퍼지 한다.(소량으로 퍼지한다.)

○ 수액기 측으로는 액 상태로(정량의 60~70%), 흡입관 측으로는(정량의 10~20%) 가스 상태로 충전한다. 나머지는 시운전 중 싸이트 글라스 상태를 보며 가스 상태로 흡입측으로 충전한다.(단일 냉매의 경우이며, 혼합냉매는 모두 액 상태로 충전한다.)

○ 시운전시 압축기의 운전 전류 및 액 압축 또는 과열 압축이 생기는지 주의 깊게 관찰하여 그 원인을 제거 한다.

○ 온도측정용 센서부위는 배관에 밀착 고정 후 보온 한다.

○ 제어함에 전원 투입 전 심사위원 입회하에 절연 테스트를 해야 한다.

    – 절연측정 방법은 먼저 누전차단기를 ON에 위치한다.

    – 전원코드 두선의 대지절연 및 선간 절연을 측정한다.

    – 전원코드의 접지단자와 냉장고 케이싱 또는 배관 등에 접지가 되었는지 확인한다.

    – 제어함 단자대의 제어선 및 동력선의 대지 절연을 측정한다.

        • 대지 전압이 150[V]를 넘고 300[V] 이하인 경우 : 0.2[MΩ]

        • 대지 전압이 300[V]를 넘고 400[V] 미만인 경우 : 0.3[MΩ]

○ 절연에 이상이 없으면 심사위원 입회하에 전원을 투입하고 전원이 들어오는지 테스터기로 전압을 확인한다.

○ 초기 운전 시 압축기, 증발기, 응축기 순으로 운전 전류를 측정하고 요구조건

에 맞게 OCR을 세팅한다.
○ 요구조건에 맞게 압력스위치류의 세팅을 한다.
○ 요구조건에 맞게 온도조절 스위치를 세팅 한다.
○ 요구조건에 맞게 체크시트를 작성 한다.
○ 증발기 과열도를 5~7℃로 맞추어야 한다.
○ 냉매는 싸이트 글라스에 기포가 보이지 않을 때 까지 충전한다.
　냉매의 흐름이 보이거나, 기포가 계속 흐를 경우는 냉매가 부족한 상태이며,
　기포가 없이 꽉 찬 상태를 유지하거나 기포가 생겨도 움직임이 없는 상태가
　정상이다. (충전 저울을 사용해서 충전량을 기록한다.)

투시경(Sight glass, Magic eye)

(1) 설치 목적

　냉매 중 수분의 혼입여부와 냉매 충전량의 적정여부를 확인하기 위해 설치한다.

(2) 설치 위치

　고압의 액관(응축기와 팽창밸브 사이)

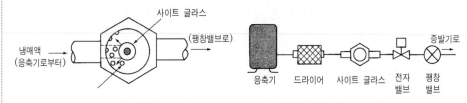

❖ [사이트 글라스의 구조]　　　　❖ [고압 액관에서의 부속기기]

(3) 수분 침입확인(Dry eye)

　① 건조시 : 녹색

　② 요주의 : 황록색

　③ 다량혼입 : 황색

(4) 충전 냉매의 적정량 확인(sight glass)

　① 기포가 없을 때

　② 투시경내에 기포가 있으나 움직이지 않을 때

　③ 투시경 입구측에는 기포가 있고 출구측에는 없을 때

　④ 기포가 연속적으로 보이지 않고 가끔 보일 때

○ 냉매 충진 후 배관에서 메니폴드 게이지 철거 후 후레아 부위나 밸브부위 재
조립 후 반드시 비눗물 검사를 실시하여 누설 여부를 확인한다.

○ 작업 완료 후 장비에 부착되었던 공구류를 모두 철거해야 한다.

5) 전기고장수리

○ 심사위원들이 합의하여 낸 고장 부위를 합리적인 방법으로 찾아야 한다.

○ 고장수리 전 측정과제에서 했던 절연 측정을 심사위원 입회하에 재실시 한다.

○ 전기적인 고장이므로 특히 누전으로 인한 감전에 주의를 해야 한다.

○ 압력 및 운전 전류 등의 변화를 확인해야 한다.(휀제어스위치, 고압차단스위
치 등 전기적인 고장으로 고압상승과 과전류에 의해 위험할 수 있음.)

○ 정해진 시간 내에 고장부위를 찾아야 한다.

○ 고장수리를 위해 부착된 공구(메니폴드게이지, 테스터기 등)는 반드시 철거한다.

○ 고장수리를 위해 개방된 냉장고 비닐커버, 압력스위치커버, 압축기 단자대커
버 등은 반드시 원상태로 복구한다.

○ 고장수리를 위해 생긴 쓰레기나 이물질을 청소한다.

○ 사용했던 공구는 모두 정리해야 하고 작업대 위에 놓아서는 안 된다.

○ 고장수리가 완료되면 장비를 가동시켜 놓고 퇴장한다.(정상 가동 및 요구 온
도까지 도달하는 것을 심사위원이 확인하기 위함)

6) 기계고장수리

○ 선수는 심사위원들이 합의하여 제시한 고장 부위를 체크시트를 통해 합리적
인 방법으로 찾아낸 후, 그 내용을 서술해야 한다.

○ 심사위원 입회하에 절연을 측정한다.

○ 고압의 변화에 특히 주의해야 한다.

○ 정해진 시간 내에 고장부위를 찾아야 한다.

○ 고장수리를 위해 부착된 공구(메니폴드게이지, 테스터기 등)는 반드시 철거한다.

○ 고장수리를 위해 개방된 냉장고 비닐커버, 압력스위치커버, 압축기 단자대커
버 등은 반드시 원래 상태대로 복구한다.

○ 고장수리를 위해 생긴 쓰레기나 이물질을 청소 한다.

○ 사용했던 공구는 모두 정리해야 하고 작업대 위에 놓아서는 안 된다.

○ 고장수리가 완료되면 장비를 가동 시켜 놓고 퇴장 한다.(정상 가동 및 요구
온도까지 도달하는 것을 심사위원이 확인하기 위함)

7) 냉매의 취급

○ 혼합냉매의 경우 충전할 냉매량만큼 반드시 액상으로 충전한다.
   보충시도 저압측에 액 상태로 주입하며 액 압축이 일어나지 않도록 소량씩
   시간을 두며 주입한다.

○ 단일 냉매의 경우는 액관에는 액 상태로, 가스관에는 가스 상태로 충전한다.

○ 장치에서 대기로 냉매가 배출(방출)되는 경우, 냉매를 적절한 용기에 회수한다.

○ 냉동시스템 해체 시 대기로 냉매를 방출하지 않는다.

○ 냉동기에서 불응축가스를 배출 시 대기 중으로 방출하지 않는다.

○ 누설 탐지 목적으로 냉매를 사용하지 않는다.

○ 메니폴드 게이지의 호스와 배관을 연결 및 분리 시에 발생되는 냉매 손실은
   극히 소량이어야 한다.

○ 냉매를 다룰 때는 보호 장구를 갖추어야 한다.
   - 냉화를 입지 않도록 피부가 드러나지 않는 긴 소매 상의, 긴 바지 착용.
   - 가죽 장갑 또는 이와 유사한 장갑 착용.
   - 보안경 및 마스크 착용.

8) 정리정돈 및 청결

○ 작업 시 꼭 필요한 공구만 작업대에 있어야 하며, 불필요 하거나 다음 작업에
   사용할 공구가 작업대에 있어서는 안 된다.

○ 작업 중 생기는 이물질, 쓰레기 등은 발생되는 즉시 청소하면서 작업에 임해
   야 한다.

○ 매 과제가 끝나면 사용했던 공구를 정리하여 장비 또는 작업대에 부착 되거
   나 놓여 있게 하여서는 안 된다.

○ 부품 및 공구를 작업장 맨 바닥에 놓고 작업해서는 안 된다.

9) 에어컨 설치(국제대회 평가전)

○ 에어컨 부착 설치대에 주어진 도면과 같이 부품(실내기, 실외기 등)을 부착,
   고정하고 배관작업을 해야 한다.

○ 보온은 액관도 포함하여 작업해야 한다.

○ 배관 고정 새들에 의해 보온재가 눌리지 않도록 한다.

○ 실내기 부착은 드레인이 잘 되는 구조 이어야 한다.

○ 배관이 통과하는 부위의 틈새는 막음 처리해야 한다.

○ 배관이 완료되면 질소 가압시험을 해야 하며, 이때 경기 시간이 짧은 관계로 가압 후 15분간 압력의 변화가 없어야 한다.

○ 진공작업은 30분간 2,000microns이하 까지 도달해야 하며, 도달되지 않을 경우 도달 될 때까지 진공해야 하며, 도달 후 10분간 방치하여 50microns 이상 상승해서는 안 된다.

○ 진공이 끝나면 냉매를 제조사에서 제시하는 량을 주입한다.

○ 시운전시 체크시트에 있는 내용을 작성하며, 습공기 선도상에 표시한다.

※ 에어컨 설치대 도면

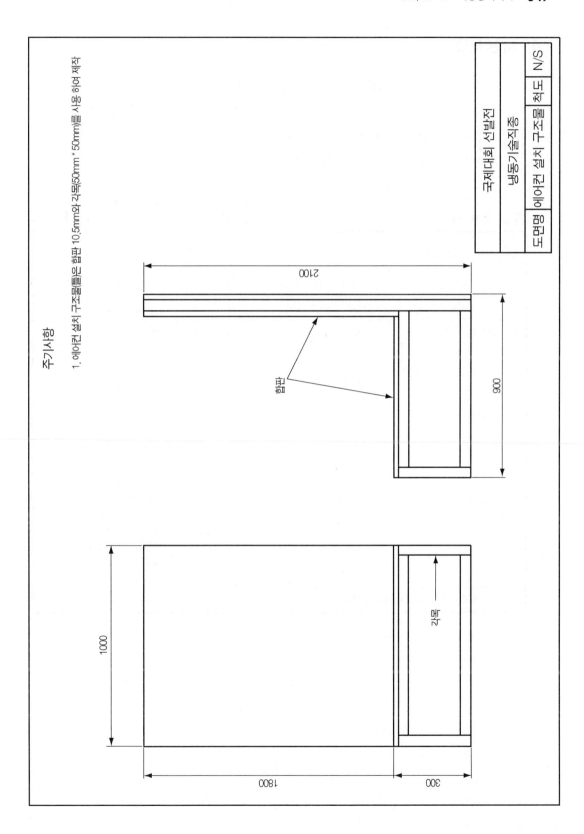

주기사항

1. 에어컨 설치 구조물틀은 합판 10.5mm와 각목(50mm * 50mm)를 사용 하여 제작

국제대회 선발전

냉동기술직종

| 도면명 | 에어컨 설치 구조물 | 척도 | N/S |

4. 사용재료

○ 경기용 재료는 국내에서 쉽게 조달 가능한 양질의 것이어야 한다.
○ 재료 목록 및 지시사항, 유의사항 등은 경기 시작 50일 이전에 공개한다.
○ 경기용 재료는 과제의 특성에 따라 선수가 지참하도록 할 수 있으며 이러한 경우에는 재료 목록 공개 시에 명시한다.

지급 재료 목록			직종명		냉 동 기 술
NO	재료명	규격(치수)	단위	1인당 소요량	비고
1	냉동, 냉장고	1250W×1000D×2000H	개	1	샌드위치 판넬 50T(도면참조)
2	유니트베이스	500W×500D×50H	개	1	합판(도면참조)
3	컨트롤 박스	400×500×200	개	1	도면 참조
4	전밀폐형 왕복동압축기	단상 220V×2P×1HP (R-22용)	대	1	기동, 운전 콘덴서 부착 코플랜드사 제품 (KCJ513HAE S321)
5	공냉식 응축기	220V×60Hz (FIN&TUBE)	대	1	휀&모터 포함 응축열량 : 2817Kcal/h
6	증발기	220V×60Hz (FIN&TUBE)	대	2	휀&모터 포함(저온용 : 제상히터 포함) 냉동실(저온용) : TD10℃, 601kcal/h (L460×W460×H188) 냉장실(중온용) : TD10℃, 774kcal/h (L460×W460×H188)
지급재료 목록은 위의 6가지로 한다. 단, 용기제작시 선수간 동일한 자재를 사용하게 하기위해 필요시 지급자재로 할 수 있다.					

지참 재료 목록(냉동부분)

No	재 료 명	규 격(치 수)	단위	1인당 소요량	공동 소요량	추정 단가	비 고
			직 종 명				**냉 동 기 술**
1	전자 밸브	ø9.52, 220V용	개	3			Brazing Type
2	자동온도 팽창변 (Flare Type)	ø9.52×ø12.7, 0.5RT	개	2			외부균압형
3	사이트글라스	ø9.52	개	1			Brazing Type
4	드라이어	ø9.52	개	2			Brazing Type
5	고·저압 차단 스위치(듀얼 TYPE)	고압 : 30kg/cm² 저압 : −50cmHg~6kg/cm²	개	1			HPS(수동복귀) LPS(자동복귀)
6	응축압력 조절스위치 (FCS)	0.5~3MPa(5~30kgf/cm²)	개	1			자동복귀형
7	동관 Tee	ø9.52 ø6.35 ø12.7	개 개 개	2 3 1			냉동배관용
8	이형 동관 Tee	ø9.52-6.35-9.52 ø12.7-6.35-12.7 ø12.7-9.52-12.7	개 개 개	3 4 2			냉동배관용 〃 〃
9	동 Reducer	ø9.52-6.35	개	2			냉동배관용
10	모세관	ø3.2	m	10			압력연결용외
11	압력스위치 모세관 연결용 레듀서	Flare+ø6.35−30L+ Redusing+ø3.5	개	3			냉동배관용
12	압력스위치 모세관 연결용 레듀서	ø6.35−30L+ Redusing+ø3.5	개	3			냉동배관용
13	수액기	1 HP용	개	1			ø9.52
14	비닐커버-덮게	1000W×2000H×1.5T	개	1			냉동-냉장실용
15	드레인 호스	ø25	m	5			보온재 포함
16	배관 고정용 새들	액관 및 가스관	set	1			개인제작 가능
17	서비스 밸브	ø12.7	개	1			바닥 고정형
18	고무발포 보온재(흑색)	ø12.7	m	6			냉동배관용
19	본드		통	1			보온재 접착용
20	증발압력조정변(EPR)	1/2″	개	1			Brazing Type
21	냉매	R-22(20kg)	병	1			
22	체크밸브(Check Valve)	ø12.7	개	1			Brazing Type
23	은납용접봉	5%	개	8			후락스, 봉사포함
24	질소압조절기, 연결관+ 모세관	연결기+모세관 3m	개	1			질소압시험, 유입용
25	냉동장치용 각 부품들의 플레이어너트 및 볼트너트, 스크류, 케이블타이, 사포, 홀쏘, 테프론테이프 등						

지참 재료 목록(전기부분)			직종명				냉 동 기 술	
No	재 료 명	규 격(치 수)	단위	1인당 소요량	공동 소요량	추 정 단 가	비 고	
1	냉동유니트 제어장치		개	2			센서 2개 포함	
2	전자 접촉기	220V, 10A	개	1			TH(OCR) 포함 4a (4~6A)	
3	전자 접촉기	220V, 10A	개	4			4a이상	
4	점등 표시 램프	ø25 220V	개	4			백색, 녹색, 적색, 황색	
5	릴레이	4a4b, 14pin 220V	개	1			미니츄어형 소켓포함	
6	Fuse+Holder	3A	개	2				
7	전선덕트	20mm×35mmH	m	4				
8	배선용 차단기(ELB)	220V, 10A	개	1			누전차단형	
9	토글 스위치	ø12 1a1b	개	2			TG	
10	단자대	30A 3P	개	1			전원+접지	
11	단자대	20A 25P	개	1			제어용	
12	비닐절연전선	2.5mm² IV 연선 청색	m	50			동력용	
13	비닐절연전선	1.5mm² IV 연선 황색 1.5mm² IV 연선 적색	m m	50 20			제어용	
14	비닐절연전선	1.5mm² IV 연선 녹색	m	30			접지용	
15	O형 압착단자	2.5mm²	개	100			절연튜브포함	
16	Y형 압착단자 핀형 압착단자 절연튜브	1.5mm² 1.5mm² 넘버링 1~30번	개 개 각	200 30 10			1, 2번은 각각 30개씩	
17	접지형 단자대(동)	5 HOLE(M4 Bolt)	개	1			접지용	
18	후렉시블 관	⌀16, /⌀22	m	각20			PVC 흑색 주름관	
19	후렉시블 카플링	⌀16, /⌀22	개	각10			PVC 주름관용	
20	조인트 박스	100×100×60	개	5				
21	전원 플러그	2P15A 1P접지	개	1			접지형 2m	
22	접속자(엔드콘넥타)	2.5mm	개	100				
23	헤리칼 벤드	소, 중	m	각5				
24	고무절연 테이프	0.8mm×19w×5m	개	1				
25	전선용 절연 테이프	0.18mm×19w×10m	개	1			PVC	

No	재 료 명	규 격(치 수)	단위	직종명	냉 동 기 술			
				1인당 소요량	공동 소요량	추정 단가	비 고	
1	에어컨(인버터 히트펌프) R-22 또는 R-410	1R/T / 220V 벽걸이형	1set				선수 지참재료	
2	동배관	3/8 ″	6m				″	
3	동배관	1/4 ″	6m				″	
4	후레아너트	3/8 ″	2개				″	
5	후레아너트	1/4 ″	2개				″	
6	보온재(고무발포)	3/8 ″	6m				″	
7	보온재(고무발포)	1/4 ″	6m				″	
8	배관고정 새들		1set				″	
9	드레인 호스	16mm	3m				″	
10	충전니쁠	1/4 ″	2개				″	
11	제어선	1.5mm/4P	6m				″	
12	전원코드(접지형)		3m				″	
13	냉매(설치되는 에어컨에 맞게)	R-22 또는 R-410A	5kg				″	
14	에어컨 설치대	도면참조	1개				지급재료	
15								
16								
17								
18								
19								
20								
21								
22								
23								
24								
25	에어컨은 1대를 가지고 평가전 전체를 시행 한다. 또한 에어컨은 선수가 대회전 훈련을 해야 하므로 선수 지참 재료로 분류함.							

에어컨 재료목록(국제대회 평가전)

5. 경기장 시설 및 선수 지참공구

가. 경기장 구성

○ 1인당 소요면적 : 최소한 가로 3m, 세로 3.5m, 통로 1m 이상 개인 공간 필요.
  - 분진 및 가스 배출 환풍 장치 설치
  - 220V 전원 콘센트 배선 설치

나. 경기장 시설 목록

No	시 설 및 장 비 명	규 격(치 수)	직종명 단위	수량	냉 동 기 술 비 고
1	경기 준비실+칠판	인원점검, 공지사항 전달등	실	1	참가인원 수용할 교실
2	가스용접기+역화방지기설치	산소+아세칠렌 저압식	조	1	참가 인원수량
3	단상 220V 전원+접지형	선수별 3구 콘세트×2kW	개	1	참가 인원수량
4	산소	본 항목은 반드시 시설 및 장비목록에 포함 시켜야 하며, 선수가 지참할 수 없다.	병	1	참가 인원수량
5	아세틸렌		병	1	참가 인원수량
6	질소		병	1	참가 인원수량
7	물통		통	1	참가 인원수량
8	게시판(현황판)	공고용	개	1	작업장별
9	온도계, 시계	0~50℃, 벽걸이용	개	각1	실내온도, 경기시각용
10	컴퓨터+프린터 A4+용지	윈도우 XP	조	1	채점 집계용
11	사무책상+회의 탁자+계산기	업무용	개	각1	회의, 채점용
12	소화기		개	10	
13	칠판		개	1	
14	보안경	심사위원용	개	1	심사위원 인원수량
15	내열장갑 및 면장갑	심사위원용	개	각1	심사위원 인원수량
16	기타 경기에 필요한 기구류 등				

다. 선수 지참공구 목록

No	지 참 공 구 명	규 격	단 위	수 량	비 고
1	풍속계		개	1	디지털 타입
2	직각자	250×100mm	개	1	
3	스텐인레스 자	500mm	개	1	
4	쇠톱+톱날	300mm	개	1	
5	조줄	5본조	조	1	
6	평줄	세목, 200mm L	개	1	
7	핸드 드릴	250W	개	1	단상 220V
8	드릴 날	ø13, 9, 6.5, 3	개	각 1	
9	리머	3~25mm	개	1	
10	몽키 스패너	250, 200mm L	개	각 1	
11	플래어링 공구세트	ø12.7, 9.52, 6.35	조	1	
12	파이프 밴더	ø12.7, 9.52, 6.35	개	각 1	
13	동 파이프 절단기	6~35mm	개	1	
14	해머	300g	개	1	
15	스파크 라이터	가스용접용	개	1	
16	보안경	가스용접용	개	1	
17	작업복+장갑+안전화+앞면복	가스용접용	개	각 1	
18	벤치, 니퍼, 롱로즈플라이어	160mm L	개	각 1	
19	송곳	중	개	1	
20	멀티 테스터(V, Ω, A)	회로 시험용	개	1	
21	전류계(Hookmeter)	0−600A	개	1	
22	드라이버	+, −형	개	각 1	
23	터미널 압착기	1.25~8mm²	개	1	
24	스트리퍼	0.4~2.5mm²	개	1	
25	사다리	1.8m 이상	개	1	
26	매니폴드 게이지	고압, 저압	개	1	
27	진공펌프	1/2HP	개	1	단상 220V
28	진공 게이지	진공 0.1mmHg	개	1	
29	싸인펜	필기용	개	1	
30	줄자	2m	개	1	
31	전기 납땜 인두+땜납	220V용	개	1	
32	비눗물+물수건	누설검사 냉각용	개	각 1	
33	홀컷터	ø12, 20, 25, 30	개	각 1	
34	온도 측정기	디지털(−20~100℃)	개	1	
35	무게 측정 저울	냉매가스 충전용	개	1	
36	냉매회수기		대	1	
37	냉매회수통		개	1	
38	각도기	0~180도	개	1	
39	냉동작업에 필요한 기타 공구 및 전원 연장콘센트 등				

라. 경기장 배치

○ 작업장의 공간은 선수 작업 공간(작업대, 가스용접기)과 냉장실 부스를 위한 충분한 공간이 있어야 한다. 특히, 각 경기장에 선수들이 지나 다닐 때 방해받지 않고, 심사위원과 참관인들이 작업장을 충분히 순회할 수 있도록 통로를 설치해야 한다.

○ 선수 1인의 작업 공간은 가로 3m, 세로 3.5m 이상, 선수간의 간격은 50cm, 통로는 1m 이상으로 주위의 다른 선수의 작업에 영향을 주지 않는 범위에서 자유롭게 배치할 수 있으며, 작업장의 공간은 경기장 바닥에 청색 테이프로 표시해야 한다.

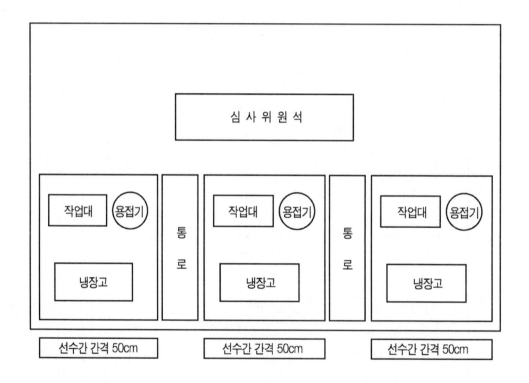

6. 과제 출제 기준

○ 과제에 사용되는 모든 기술 용어 및 기호는 KSC, IEC 심벌 규격에 일치해야 한다.

○ 출제 영역은 냉동 또는 응용냉동으로 제한하며, 냉동실은 −10℃ 이하 냉장실은 5℃ 이하로 한다. 경기대회 특성상 공조냉동은 제외한다.

○ 과제에 대하여 가급적 시행 시 유의사항·지시사항 등은 문장으로 설명하지 않으며, 시행 시 유의사항·지시사항 등은 과제를 공개할 때 모두 공개할 수 있도록 한다.

○ 과제에 대한 지시 사항은 최소한의 문장으로 이루어져야 하고, 선수에게 불이익이 될 수 있는 지시 사항·유의 사항 등은 배제하며, 채점에 지장을 주지 않는 범위 내에서 표현한다.

○ 출제 시 과제별로 작업상황에 맞게 요구조건 및 채점기준표를 만들어야 한다. 예를 들어 배관과제에서 보온을 채점기준표에 넣거나, 배관과제에서 제어함 부착위치를 제시하지 않아 대회 진행에 어려움이 없도록 한다.

○ 과제의 공개는 압력용기 도면(치수는 미공개) 및 배관도면만 공개한다.
(공개된 과제에 한하여 경기장에서 30% 수정한다.)

○ 전기과제, 측정과제, 고장수리 과제는 공개하지 않는다.

○ 모든 치수는 기준선으로부터 적용한다.

○ 채점기준표의 항목은 200문항 이상으로 한다.

○ 압축기, 증발기, 응축기는 지급자재에 포함하며, 규격을 명확히 제시한다.
(예, 압축기의 모델명, 증발기와 응축기의 열량 등)

○ 출제자는 직종설명 내용 및 세계대회 규정과 냉동공학, 부품 제조사에서 지시하는 극히 객관적인 내용으로 출제해야 한다.

○ 출제자는 개인의 성향이나 주관적인 지식을 문제 출제에 반영해서는 안 된다.

○ 저압차단 스위치, 고압차단 스위치, 휀제어 스위치의 세팅치를 온도 또는 압력으로 제시 할 때는 제조회사의 TD값, 증발온도, 응축온도, 안전율 등을 감안하여 제시 한다.
(예) 저압차단 스위치의 경우(사용냉매 R-22)

고내온도 : -15℃, 제품의 TD값 : 10℃, 안전율 : 10℃

$(-15)+(-10)+(-10)=-35$℃ (0.3kg/cm^2) (저압차단 스위치 설정치)

예상되는 운전 압력 : $(-15)+(-10)=1\text{kg/cm}^2$ (증발온도 : -25℃)

○ 질소 압력 방치 시험은 전혀 누설이 없는 것을 원칙으로 하며, 누설량(압력강하)에 기준하여 차등 감점을 해야 한다.

○ 냉동·냉장실은 각각 요구 온도에 대한 채점 항목이 있어야 하며, 체크시트는 요구 온도의 70% 이상 도달한 상태에서 작성하도록 한다.

※ 경기과제의 구성 및 배점 현황

순번	과 제 명	경기시간	배점	주 요 내 용	비 고
1	압력용기 제작	2(2)	15(10)점	치수, 용접 및 방법	지방, 전국, (평가)
2	냉동배관 및 누설시험	7(7)	30(25)점	냉동사이클의 배관 작업	지방, 전국, (평가)
3	전기배선 및 진공작업	6(6)	20(15)점	전기회로도 구성 및 진공작업	지방, 전국, (평가)
4	냉매충전과 시운전 결과측정	3(3)	20(20)점	고내 설정온도에 따른 냉매충전 및 운전결과 측정	지방, 전국, (평가)
5	에어컨 설치 및 측정	3	0(15)점	에어컨 배관 설치 및 시운전, 측정	(평가)
6	전기고장 수리	0.5(0.5)	5(5)점	전기적인 고장부위 찾기	지방, 전국, (평가)
7	기계고장수리	1(1)	10(10)점	기계적인 고장부위 찾기	지방, 전국, (평가)
	계	19.5 (22.5)	100(100)점	3일 과제	

※ 적색은 국제대회 평가전시 추가 사항이며,
　　○ 지방 및 전국대회는 1일차 : 1, 2과제 / 2일차 : 3과제 / 3일차 : 4, 5, 6과제
　　○ 국제대회 평가전, 1일차 : 1, 2과제 / 2일차 : 3, 5과제 / 3일차 : 4, 5, 6과제
※ 위의 내용은 출제자의 의도에 따라 경기시간과 배점이 일부 변경될 수도 있음.

7. 경기 진행

(경 기 전)

○ 선수의 자리배정은 추첨에 의해 배치한다.

○ 선수들은 배치장소에서 작업에 필요한 전원을 확인하고, 공구를 작업하기에 편리하도록 세팅 및 정리한다.

○ 선수가 지참한 장비, 공구 및 재료는 심사위원이 경기 전에 점검하고 다른 선수에게 불이익을 줄 수 있는 장비, 공구, 재료는 사용하지 않도록 한다.

○ 경기장의 설비와 장비, 공구 사용법을 공지해야 할 경우 설명시간을 갖도록 한다.

○ 경기 시작 전에 모든 재료를 지급하고 재료에 이상이 있는지 선수로부터 확인시킨 후 교환 또는 부족 시에는 추가 지급한다.

○ 심사위원은 경기 시작 전에 선수들에게 요구사항을 확실하게 주지시키고 검토하도록 하며, 안전교육을 반드시 실시한다.

○ 심사위원은 경기 시작 전에 선수들에게 실격처리 되는 사항을 명확하게 주지 시켜서 선수들에게 불이익이 발생하지 않도록 한다.

(경 기 중)

○ 모든 작업은 안전 수칙에 따라 진행되어야 하며, 개인은 반드시 적합한 보호구를 착용해야 한다.

○ 각각의 과제는 과제별 시간 진행계획에 따라 진행하고, 설비부족으로 인해 대기하는 시간은 작업시간에서 제외할 수 있다.

○ 경기 중 의문 사항은 심사위원에게 질문할 수 있고, 경기 중 공통적인 사항은 공지하여 나머지 선수들도 알 수 있도록 한다.

○ 심사위원은 선수에게 불필요한 대화를 하거나, 경기에 지장을 줄 수 있는 행동을 하지 않는다.

○ 각 구역 담당 심사위원은 특정 선수를 일정시간 동안 집중적으로 주시하여 선수가 경기를 하는데 위축되어 민원이 발생하는 소지를 만들지 않도록 한다.

○ 각 구역 담당 심사위원은 특별한 경우를 제외하고 필기, 스케치 및 촬영 등 경기에 영향을 줄 수 있는 행동을 하지 않는다.

○ 각 구역에 배정된 심사위원은 배정된 구역 이외로 자리를 이동하지 않도록 한다.

○ 선수 또는 지도교사가 이의를 제기할 경우 심사장이 판단하여 적절하게 심사위원의 배치를 변경할 수 있다.

(경 기 후)

○ 작업 종료 후 사용한 설비, 장비는 원래의 상태로 정리하고 경기장을 나간다.

○ 주관적인 채점은 심사장의 주관 하에 심사위원의 합의로 채점을 진행한다.

○ 가스밸브와 전원 등 안전에 필요한 사항을 다시 한 번 점검 한다.

○ 심사장은 경기가 종료되면 출입문에 출입통제를 위한 시건 장치를 해야 한다.

8. 과제채점

8-1. 일반사항

8-1-1. 심사 그룹 편성

○ 객관적인 채점을 위해서 심사위원 3인 이상을 1조로 편성한다.

○ 같은 시·도 선수를 같은 그룹에 넣어 배치하되, 같은 시·도 선수끼리 겹치지 않도록 중간에 타시·도 선수를 배치한다.

○ 심사위원은 본인 시·도 선수가 속한 그룹에서 채점할 수 없다.

○ 심사위원은 경기 중에 본인 시·도 선수의 그룹에 들어가거나 선수와 접촉할 수 없고 선수가 경기장을 떠나기 전까지 작품을 가까이에서 볼 수 없다.

○ 심사장은 고장수리 할 심사위원을 추첨으로 선출하고, 고장을 낸 후 반드시 심사장이 고장부위 및 상태가 모든 선수에게 일정하게 적용 됐는지 확인한다.

8-1-2. 채점방법

○ 경기진행 중 채점과 경기종료 후 채점으로 구분한다.

○ 과정 채점 시 심사위원 2명 이상이 함께 채점해야 하며 감점 항목란에 날인 한다.

○ 심사채점은 합의채점을 원칙으로 하되, 채점방식을 변경할 시에는 심사위원 전원의 합의에 의하여 결정한다.

○ 채점기준에서 부족한 세부 채점기준을 심사위원 전원 합의에 의해 추가할 수 있다.

○ 각 과제별 경기 시간 내에 완성하지 못한 작품은 시간 내에 작업한 부분까지만 채점하여 미완성 부분을 감점 처리한다. 단, 감점요인을 찾아 최대한 감점한다.

　(예) 스위치관의 분기배관을 못했을 경우 : 용접상태, 관의 수직, 관의 수평, 리머작업관내 이물질제거(질소), 질소흘림, 1차 누설, 2차 누설 등 감점 할 수 있는 요인을 찾아 최대한 감점하여 완성된 작품과의 차별을 두어야 함.

○ 과제를 완성치 못한 선수는 다음 과제 진행 중에 미완성된 작업을 해야 하며, 미완성된 과제가 끝나면 이어서 다음 과제를 진행한다. 제1과제 용기제작에서 제작한 용기를 배관에 부착하지 않을 경우는 제2과제에서 이어서 할 필요가 없다. 단, 제3과제(전기배선, 진공)를 완성하지 못한 작품은 다음 과제인 시운전, 측정 및 고장수리를 할 수 없으며 제3과제(전기배선, 진공) 까지만 참가 할 수 있다.

○ 제3과제(전기배선 및 진공작업) 작업 완료는 다음 사항에 준한다.

　① 주어진 제어용 부품을 이용하여 제어함 및 외부에 규정에 따라 부착완료.

　② 부착된 부품에 전선관, 덕트 등을 사용하여 안전한 방법으로 동력 및 제어선 연결 완료.

　③ 절연저항 측정값이 직종정의 내용과 일치 한 안전한 값일 것.

　④ 작업완료 후 심사위원에게 확인 요청 및 서명이 완료된 작품.

○ 경기 시간 내에 완성하기 위해 꼭 해야 할 작업을 하지 않고 동작 위주로 작업했을 경우 선수의 고의성이 있기 때문에 해당 과제 총점의 20% 이상을 추가감점하여 미완성으로 인해 감점 받은 선수와의 형평성을 유지 한다.

　(예) 시간 내에 작업하기 위해 고의로 전선 후렉시블을 사용하지 않았을 경우 등

○ 배관작업 시 액관, 가스관, 토출관, 게이지관, 핫가스관 등의 벤딩 부위 개소수가 적어야 하며, 그 평가는 상대 평가 이어야 한다. 선수 중 가장 벤딩 개소가 적은 선수를 만점으로 하여 차등 감점하는 형식으로 한다. 채점기준에 항목이 없을 경우 과제 시작 전 심사위원들이 합의해서 배점을 정할 수 있다.

○ 과제 출제위원이 도면에 지시하지 않았거나, 채점표에 없는 항목은 심사위원의 자의적인 해석으로 선수에게 불이익이 되는 채점을 할 수 없다. 단, 경기 시작 전에 심사위원의 합의 하에 채점 항목을 추가할 수 있으며, 이때 선수들에게 수정된 내용을 도면 또는 서면으로 공지한다.

○ 채점은 객관적이며 공개 채점을 원칙으로 한다. 공개 채점이라 함은 채점에 지장이 없는 범위에서 선수 또는 지도교사가 입회한 상태를 말한다.

○ 채점 기준은 채점 실시 이전에 공개하고 채점하여야 한다. 이때 점수 항목은 공개하지 않을 수 있다.

○ 경기 중에 지시된 사항(문서로 지시된 경우 또는 도면에 표기한 경우)을 행하지 않았을 경우에는 채점 기준에 의하여 처리한다.

○ 심사위원은 시운전 및 측정과제 시작 전 모든 선수의 온도조절기 지시치를 같은 조건이 되도록 통일 시켜야 한다.

  (예) 실내 온도 측정 후 오차가 생기는 부분을 개별적으로 선수의 판넬에 기록하여 온도 점수에 반영해야 한다. 실내온도 20도, 선수 온도조절기는 19도인 경우 채점 시 +1도를 추가하며, 반대로 21도 인 경우는 −1를 빼야 한다.

○ 선수, 지도교사 등을 입회시켜 공정하고 투명하게 채점할 수 있다.

○ 채점 대상의 선수만큼 채점표를 출력하여 비번호를 기입하고 채점 대상 선수의 작업영역에 채점표를 비치하여 부분 채점을 용이하게 할 수 있도록 한다.

○ 입회한 선수 또는 지도교사로부터 이의가 발생하지 않도록 객관적으로 채점한다.

○ 선수에게 문서로 지시하지 않았거나 도면에 표기되어 있지 않은 항목에 대해서는 주관적인 채점을 하지 않는다.

○ 심사장은 압력용기 제작 후 치수를 확인 하는 과정을 각 그룹 별로 할 경우 개인의 오차가 있을 수 있으므로 각조에서 1명씩 심사위원을 지명하고 지명받은 심사위원들이 모여 치수를 확인하여 개인 오차를 줄여야 한다.

○ 기타 채점과 관련된 사항은 기능경기대회 관리규칙에서 정한 바에 의한다.

8-1-3. 채점운영

○ 심사장은 채점을 위한 심사위원 그룹을 만들어 부분 채점을 할 수 있도록 한다.
○ 채점 대상 선수와 심사위원이 동일한 시·도의 경우 심사위원은 해당 선수 그룹
  에서 채점 할 수 없다.
○ 매 과제가 끝나고 채점이 완료 되면 즉시 전산에 입력하는 것을 원칙으로 한다.
○ 공정하고 투명하게 채점을 하기위해 다음과 같은 순서로 채점 할 수 있다.
  - 채점이 완료된 선수의 채점표 하단에는 채점한 심사위원 3명이 모두 서명을
    한다.
  - 채점이 완료된 후에는 시·도에서 위촉된 심사위원은 해당 소속의 시·도 선수
    의 채점을 확인하고 하단에 서명을 한다.

8-1-4. 채점기준표

○ 아래 "별지"를 참조하여 요구 조건과 과제 내용에 맞게 항목을 추가 또는 삭제
  하여 작성한다.
○ 채점 항목을 최소한 200문항 이상 세분화 하여 작성 한다.
○ 항목 당 점수가 최대 2점을 넘지 않도록 한다.
○ 객관적인 채점을 할 수 있도록 "거리는 적정 한가?" 등의 문구를 쓰지 말고,
  "200mm 이상 인가?"와 같이 명확한 표현을 써야 한다.

9. 안전 및 기타

○ 심사장은 경기 시작 전에 반드시 선수들에게 안전 교육을 실시한다.
○ 경기장 내에서는 모든 선수는 긴소매의 상의와 긴 바지 작업복을 착용한다.
○ 모든 선수는 경기 진행 중에는 필요한 보호 장구를 착용한다.(보안경, 귀마개, 안
  전화, 보호 장갑 마스크 등 단, 안전모는 생략할 수 있다.)
○ 심사위원도 경기장 내에서는 전원 안전화 및 보안경을 착용해야 한다.
○ 용접시 안전한 용접을 해야 한다.
  용접토치를 점화된 상태로 들고 다니거나, 다음 작업을 위해 점화상태로 방치해
  서는 안 된다. 또한 용접 불꽃으로 인한 화재에 주의해야 한다.
○ 용접 작업이 완료됨과 동시에 가스 밸브를 닫아야 한다.(산소, 아세틸렌, 질소)
○ 다음과 같은 작업에서는 반드시 보안경을 착용해야 한다.

- 드릴링, 냉매주입, 용접, 질소가압 등 눈에 영향을 줄 수 있는 경우
- 용접 시에는 색이 있는 보안경을 착용 한다.
- 천정 작업과 같이 눈에 직접적인 이물질이 들어갈 수 있는 경우
○ 드릴링 등 소음이 많이 발생하는 경우에는 반드시 귀마개를 착용해야 한다.
○ 사다리 및 작업 보조대 사용 시 안전에 유의 한다.
- 사다리 및 작업 보조대는 냉장고에 최대한 가깝게 설치한다.
- 사다리의 최상단이나 같은 계단에 두 발을 동시에 올릴 수 없다.
- 사다리를 가랑이 사이에 끼고 사용할 수 없다.
○ 보호 장갑은 작업 조건에 맞는 안전한 장갑을 착용하여 손을 보호 할 수 있게 한다.
- 냉매 작업 시 가죽 소재의 장갑 또는 유사한 소재의 것으로 한다.
- 용접 시 열에 강한 장갑을 착용해야 한다.
- 전원투입 시 절연 장갑을 착용해야 한다.
○ 분진(먼지)이 있거나, 용접 및 냉매 주입 등 작업 시 마스크를 착용해야 한다.
○ 경기 중에는 모든 선수는 안전화를 착용해야 한다.
○ 경기 중에는 안전사고를 예방하기 위하여 선수는 다음 작업에 들어가기 전에 필히 전 작업의 주변을 정리해야 한다.
○ 심사위원은 안전을 위하여 선수에 대한 지속적인 감시·감독을 하여 안전사고에 대비한다.
○ 안전 지시나 교육에 임하지 않는 선수는 안전 점수를 중복 감할 수 있다.
○ 심사장은 추가 위험 요소나 지켜야 할 안전 수칙을 확인한다.
○ 경기 시작 전에 선수들에게 소화기의 위치 및 비상구의 위치 등을 숙지시킨다.

10. 공통

□ 주요개정내용

주요항목	개정사항	개정사유
1. 작업내용	작업내용을 세계대회, 냉동공학, 부품제조사 지시사항 등을 참고로 객관적으로 규격화하였음. 또한, 처음 냉동기술을 시작하는 학교에서도 직종설명 내용만 이해한다면 큰 어려움 없이 직종을 할 수 있으며, 그림 설명을 통해 이해를 도왔음.	과제별 작업내용이 분명치 않고 출제자별, 심사위원별 성향 차이로 인해 일선지도 교사들이 많은 혼란을 겪고 있으며, 대회에서도 진행상 많은 혼선이 있음.
2. 문제출제 (채점기준)	출제기준을 직종설명, 세계대회기준, 냉동공학 등 객관적인 자료를 바탕으로 출제함으로써 주관적인 지식을 배제 하고, 채점기준도 보다 세분화하여 선수의 장단점을 파악하는데 도움이 되도록 하였음.	기능경기에서 문제출제의 비중이 대회에 끼치는 영향이 높은 만큼 보다 객관적인 문제출제와 세분화된 채점기준이 절실히 요구됨.
3. 심사위원 배정 및 채점방법	세계대회와 같이 심사위원 및 선수배정을 그룹별로 편성해 해당시도 선수가 있는 조에서 심사위원이 심사할 없게 하고 채점기준표도 선수에게 공개하여 선수가 공정한 평가를 받을 수 있도록 하였음.	심사위원들의 편파판정, 본인 시,도가 유리한 방향으로 채점유도, 비밀리에 선수 지도 등의 문제와 선수가 출제자의도를 모르는 상태로 작업에 임하여 생기는 불이익이 발생

【알　림】

○ 직종설명서의 내용은 과제출제 및 경기진행, 심사채점 과정 등에서 사전 예고 없이 일부 변경될 수 있음.

○ 직종설명의 내용보다는 경기과제, 채점 기준표, 시행자료(시행시 유의사항, 경기장 시설목록, 선수지참재료목록, 선수지참공구목록 등) 등이 우선함

○ 개정일자 : 2012. 3. 2

○ 시행시기 : 2012년 전국대회부터 적용

[별지]

지방, 전국대회 과제(Sample)

직종명	냉동기술	과제명	용접과제	과제번호	제 1 과제
경기시간	2시간	비번호		감독위원 확 인	(인)

1. 요구사항

(1) 용접과제

① 주어진 도면을 참조하여 과제를 완성 한다.

② 용접작업 시작 전 심사위원에게 확인을 받는다.

용접작업 전	심사위원 서명	(서명)

③ 용접시 동관 내부가 산화되지 않도록 한다.

④ 작업 완료후 심사위원에게 도면과 완성 과제물을 제출한다.

2. 경기자 유의사항

1) 선수는 경기시작 전 고장진단 및 수리에 필요한 공구등과 전원공급은 이상 없는
   지 확인하여야 한다.

2) 특수설비의 경우 조작요령을 충분히 숙지한 후 경기를 시작한다.

3) 전원 투입 시 감전 및 누전에 유의한다.

4) 선수는 안전수칙을 반드시 준수한다.

5) 경기장내 정리, 정돈과 청결을 유지한다.

6) 선수는 경기도중 타 선수의 경기에 지장을 초래해서는 안 된다.

지방, 전국대회 과제(Sample)

직종명	냉동기술	과제명	냉동배관 및 누설시험	과제번호	제 2 과제
경기시간	7	비번호		감독위원 확　인	(인)

1. 요구사항

(1) 냉동배관 및 누설시험

① 본 냉동실은 도면과 같이 제작되어 있으며, 장치는 전열 제상 시스템으로 지시 된 사항대로 작품을 완성하시오.

② 각 부품의 입 출구 높이차에 의한 배관의 연결방법은 선수 개인이 판단하되 배 관이 겹치거나, 길어지지 않도록 하여 배관의 압력손실이 최소화 되도록 한다.

③ 토출관 및 액 관은 3/8″(∅9.52mm) 동관을 사용하고, 흡입관은 1/2″(∅12.7mm) 동관을 사용한다.

④ 용접 및 벤-딩 부위는 두텁고 외관상 양호해야 하며, 찌그러짐이나 흠 자국 등 이 없어야 한다.

용접작업 전 확인	심사위원 서명	(서명)

⑤ 배관작업 시 용접개소 및 벤-딩 부위가 최소화 되어야 한다.

⑥ 각종부품은 운전 시 진동이나 소음이 발생되지 않도록 단단히 고정하여야 한다.

⑦ 배관 및 각종 부품의 부착은 시스템의 성능이 최대로 발휘될 수 있도록 하여야 한다.

⑧ 질소가압 누설 테스트전에 심사 위원에게 확인 받고, 누설 테스트후 질소를 5kg/cm^2 가압후 심사위원에게 확인 받는다.

질소가압 누설 테스트 전	심사위원 서명	(서명)
질소가압 후	심사위원 서명	(서명)

⑨ 누설검사가 끝나면 가압된 압력을 표시한 후 익일 재확인 할 수 있도록 조치하 고, 흡입관 보온작업을 완료한다.

⑩ 증발기 드레인은 냉장실 뒤편으로 배출하며 외부 공기가 침입되지 않도록 트랩 을 만든다.

⑪ 벽을 관통하는 배관의 홀 부위는 막음 처리하여 마무리 작업한다.

⑫ 팽창밸브의 감온통은 설치를 완료한다.

2. 선수 유의사항

1) 선수는 경기시작 전 모든 재료 및 부품이 이상 없는지 확인하고 한다.

2) 특수설비의 경우 조작요령을 충분히 숙지한 후 경기를 시작한다.

3) 부주의로 인하여 지급된 부품 및 재료의 교환이 있을 경우, 일정 점수를 감점한다.

4) 가스 용접기는 사용 후 반드시 밸브의 잠금 여부를 확인한다.

5) 선수는 안전수칙을 반드시 준수한다.

6) 경기장내 정리, 정돈과 청결을 유지한다.

7) 선수는 경기도중 타 선수의 경기에 지장을 초래해서는 안 된다.

8) 선수는 경기 중 심사위원에 확인 받을 사항을 필히 확인받은 후 작업에 임하도록 한다.

지방, 전국대회 과제(Sample)

직종명	냉동기술	과제명	전기배선 및 진공작업	과제번호	제 3 과제
경기시간	7	비번호		감독위원 확 인	(인)

1. 요구사항

(1) 전기배선, 진공작업

① 선수는 제2과제를 시작하기 전에 심사위원의 누설여부를 확인하고 누설이 있을 경우에는 해당 누설부위를 조치후 2과제에 임한다. 단 누설부분은 감점 조치된다.

누설 유, 무 확인	심사위원 확인 및 서명	(서명)

② 전기배선작업은 전기배선도를 확인 후 주어진 부품을 이용하여 작업하여야하며, 운전 시 진동에 의한 이탈이 없어야 한다.

③ 전기 배선시 전선이 불필요 하게 복잡 하거나 우회하지 않아야 한다.

④ 전기배선 작업도중 진공작업 실시여부는 선수 개인이 판단하며, 진공은 2000micro 이하까지 작업을 수행하고, 진공펌프가 중지된후 3분동안 200micro이 증가하면 안된다. 진공검사전과 검사 후를 심사위원에게 확인 받는다.

진공압력확인 : micro	심사위원 서명	(서명)
3분 방치 후 진공압력 확인 : micro	심사위원 서명	(서명)

⑤ 온도 조절기 감지용 센서는 증발기 휀 흡입구 보호망에 견고히 고정시킨다.

⑥ 전기 결선 작업이 완료되면 회로 점검완료 후 심사위원에게 전기 결선작업에 대해 검사를 받아야한다.

전기 결선 확인	심사위원 서명	(서명)

2. 경기자 유의사항

가) 선수는 경기시작 전 모든 재료 및 부품이 이상 없는지 확인하고 시작한다.

나) 완성된 냉동 유니트에 전원 투입 시 감전 및 누전에 유의한다.

다) 선수는 안전수칙을 반드시 준수한다.

라) 경기장내 정리, 정돈과 청결을 유지한다.

마) 선수는 경기도중 타 선수의 경기에 지장을 초래해서는 안 된다.

지방, 전국대회 과제(Sample)

직종명	냉동기술	과제명	냉매충전, 운전결과측정	과제번호	제 4 과제
경기시간	2	비번호		감독위원 확 인	(인)

1. 요구사항

(1) 냉매충전, 운전결과

① 전원투입 전 잘못된 배선작업이 있는지 확인하여 주십시오.

② 제상 시 증발기 휀 제어는 off상태이며, 제상방식은 전열 히터 방식으로 설정한다.
제상주기는 3시간 간격으로 설정하고, 제상시간은 10분으로 설정한다.
제상후 증발기 휀이 10초후에 운전될수 있도록 설정한다.

③ 셋팅온도는 −5℃로 설정하며, 편차온도는 2℃로 설정한다.

④ 저온설정온도는 3℃로 설정하며, 고온설정은 off로 설정한다.

⑤ 냉동시 증발기 휀은 냉동기 운전시 연동으로 운전되게 설정하고, 펌프다운은
전자밸브 off신호 출력 후 5초후 comp가 정지할 수 있게 설정한다.

⑥ 고압차단 스위치의 압력설정은 50℃에 해당하는 포화압력으로 한다.

⑦ 저압차단 스위치의 압력설정은 cut out −24℃, cut in −12℃에 해당하는 포화
압력으로 한다.
과전류 계전기(OCR)의 cut out은 정상운전 전류보다 1.2배 높게 설정한다.

⑧ 응축기 압력조절용 스위치의 설정압력은 cut out 31℃, cut in 38℃에 해당하는
포화압력으로 한다.

⑨ 고·저압 차단스위치 및 각종 압력 스위치류의 설정은 냉방 시스템에 부착된
압력 게이지를 확인하면서 실제 제시된 포화압력으로 설정하여야 한다.

⑩ 냉동설비가 정상적인 운전을 하고 있으면 운전 중 DATA를 주어진 TEST
SHEET에 기록하여야 한다.

⑪ 작성한 TEST SHEET는 서명날인 후 심사 위원에게 제출한다.

⑫ 냉매충전 시 가스의 충전 량을 측정하여야 한다.

2. 경기자 유의사항

1) 선수는 경기시작 전 냉매 및 전원공급은 이상 없는지 확인하고 한다.
2) 특수설비의 경우 조작요령을 충분히 숙지한 후 경기를 시작한다.
3) 전원 투입 시 감전 및 누전에 유의한다.
4) 선수는 안전수칙을 반드시 준수한다.
5) 경기장내 정리, 정돈과 청결을 유지한다.
6) 선수는 경기도중 타 선수의 경기에 지장을 초래해서는 안 된다.

지방, 전국대회 과제(Sample)

직종명	냉동기술	과제명	냉매충전, 운전결과측정	과제번호	제 4 과제
경기시간	2	비번호		감독위원 확 인	(인)

■ TEST SHEET ■

(정상운전 후)

번호	측정 항목	단위	계산식	설정 및 측정값	판정
1	고압	kg/cm² · G	*계산식 없음*	kg/cm² · G	
2	저압	kg/cm² · G	*계산식 없음*	kg/cm² · G	
3	압축기 운전 전류	A	*계산식 없음*	A	
4	온도 조절기 설정온도	℃	*계산식 없음*	℃	
5	냉매 충전 량	kg	*계산식 없음*	kg	
6	압축기 입구(흡입관)의 과열도	℃		℃	
7	팽창밸브 직전 과냉도	℃		℃	
8	압축비	kg/cm² · a		kg/cm² · a	
9					
10					
11					
12					
평 가					

지방, 전국대회 과제(Sample)

직종명	냉동기술	과제명	전기고장진단 수리	과제번호	제 5 과제
경기시간	30분	비번호		감독위원 확 인	(인)

1. 요구사항

(1) 전기고장진단 수리

① 심사위원이 인위적으로 발생시킨 고장부분을 수리하여야 한다.

② 고장진단 및 수리는 최대한 빠른 시간 내(시간에 따라 점수 차이가 있음)에 해결하여야 한다.

③ 고장진단은 해당공구(계기류)를 이용하여 합리적인 방법으로 진단하고 수리하여야 한다.

④ 고장진단 시작과 종료시간을 기록한다.

고장부위 및 고장부위를 찾은 방법을 서술하시오.	

2. 경기자 유의사항

1) 선수는 경기시작 전 고장진단 및 수리에 필요한 공구등과 전원공급은 이상 없는지 확인하여야 한다.

2) 특수설비의 경우 조작요령을 충분히 숙지한 후 경기를 시작한다.

3) 전원 투입 시 감전 및 누전에 유의한다.

4) 선수는 안전수칙을 반드시 준수한다.

5) 경기장내 정리, 정돈과 청결을 유지한다.

6) 선수는 경기도중 타 선수의 경기에 지장을 초래해서는 안 된다.

지방, 전국대회 과제(Sample)

직종명	냉동기술	과제명	기계고장진단 수리	과제번호	제 6 과제
경기시간	1시간	비번호		감독위원 확 인	(인)

1. 요구사항

(1) 기계고장진단 수리

① 심사위원이 인위적으로 발생시킨 고장부분을 수리하여야 한다.

② 고장진단 및 수리는 최대한 빠른 시간 내(시간에 따라 점수 차이가 있음)에 해결하여야 한다.

③ 고장진단전 CHECK SHEET를 기록하고, 합리적인 방법으로 진단하고 수리하여야 한다.

④ 고장진단 시작과 종료시간을 기록한다.

번호	측정항목	단위	계산식	설정 및 측정값	판단
1	고내온도	℃	*계산식 없음*		
2	압축기 흡입압력(저압)	$kg/cm^2 \cdot G$	*계산식 없음*		
3	압축기 토출압력(고압)	$kg/cm^2 \cdot G$	*계산식 없음*		
4	증발온도	℃	*계산식 없음*		
5	응축온도	℃	*계산식 없음*		
6	압축기 흡입관의 과열도	℃			
7	응축기 출구 과냉도	℃			
8	팽창밸브 직전 과냉도	℃			
고장부위 및 고장부위를 찾은 방법을 서술하시오.					

2. 경기자 유의사항

1) 선수는 경기시작 전 고장진단 및 수리에 필요한 공구등과 전원공급은 이상 없는지 확인하여야 한다.

2) 특수설비의 경우 조작요령을 충분히 숙지한 후 경기를 시작한다.

3) 전원 투입 시 감전 및 누전에 유의한다.

4) 선수는 안전수칙을 반드시 준수한다.

5) 경기장내 정리, 정돈과 청결을 유지한다.

6) 선수는 경기도중 타 선수의 경기에 지장을 초래해서는 안 된다.

채점기준표(Sample)

1) 배점(1과제 경기중, 후)

직 종 명	냉동기술

일련 번호	주 요 항 목		점수
1	안전화를 신고 작업을 하는가?	YES 0.5 NO 0	0.5
2	긴바지와 긴 상의를 착용하는가?(장갑포함)	YES 0.5 NO 0	0.5
3	용접작업, 줄작업, 드릴링작업을 할때 보안경을 착용하는가?	YES 0.5 NO 0	0.5
4	용접 시 안전한 용접을 하는가?	very good 1 acceptable 0.5 not acceptable 0	1
5	동관 내부 산화를 방지하기 위해 질소를 동관 내부로 흘리는가?	YES 0.5 NO 0	0.5
6	동관 용접전 후락스 또는 붕사를 도포하고 용접을 하는가?	YES 0.5 NO 0	0.5
7	동관을 컷팅 후 리이머 작업을 하는가?	very good 1 acceptable 0.5 not acceptable 0	1
8	16mm 동관은 스프링 벤더로 벤딩하는가?	YES 0.5 NO 0	0.5
9	16mm 동관의 벤딩각은 90도 각인가?	YES 0.5 NO 0	0.5
10	동관 외부의 흠집및 벤딩부위는 찌그러지지 않았는가?	YES 0.5 NO 0	0.5
11	완성된 제품의 치수(7포인트)가 도면과 일치하는가? (+, − 1mm : 0.5점) (+, − 2mm : 0.3점) (+, − 3mm : 0점)	very good 0.5 acceptable 0.3 not acceptable 0	3.5
12	용접부(5포인트)는 흘러내림 없이 균일하게 용접되었는가? (각 포인트당 0.5점)	very good 0.5 acceptable 0.3 not acceptable 0	2.5
13	질소 압력으로 5kg/cm² 가압하여 물속에 담궈 누설 test 하였을 때 누설이 없는가?	YES 1 NO 0	1
14	동 레듀서 부분을 톱으로 썰어 단면을 확인 하였을때 용접물이 적당히 내부까지 스며들었는가?(용접물이 겉에만 입혀져 있거나, 너무 스며들어 동관 내부로 흘러 나왔을때 감점 처리)	very good 1 acceptable 0.5 not acceptable 0	1
15	동 캡 부분을 톱으로 썰어 단면을 확인 하였을때 용접물이 적당 히 내부까지 스며들었는가?(용접물이 겉에만 입혀져 있거나, 너 무 스며들어 동관 내부로 흘러 나왔을때 감점 처리)	very good 1 acceptable 0.5 not acceptable 0	1
16			
배 점 합 계			15

채점기준표(Sample)

1) 배점(2과제 경기중)

일련 번호	주 요 항 목	직 종 명	냉동기술	점수
			냉동기술	
1	안전화를 신고 작업을 하는가?		YES 0.5 NO 0	0.5
2	긴바지와 긴 상의를 착용하는가?(장갑포함)		YES 0.5 NO 0	0.5
3	용접작업, 줄작업, 그라인딩작업, 톱작업, 드릴링작업과 질소가스 혹은 압축공기를 다룰 때 보안경을 착용하는가?		YES 0.5 NO 0	0.5
4	용접 시 안전한 용접을 하는가?		very good 1.5 acceptable 1 not acceptable 0.5	1.5
5	용접작업 시 드라이어, 사이트글라스 등을 젖은 헝겊으로 감싸고 용접하는가?		YES 0.5 NO 0	0.5
6	주변 정리정돈을 깔끔히 하면서 작업하는가?		YES 0.5 NO 0	0.5
7	동관 커트 후 리이머 작업을 하는가?		YES 0.5 NO 0	0.5
8	작업중 배관자재인 동관의 LOSS(손실)가 있는가? (배관 손실이 몇 cm미만 이어야 하는지 명확히 기재)		very good 1.5 acceptable 1 not acceptable 0.5	1.5
9	작업중 배관 내부로 이물질이 들어가지 않도록 막음처리를 하는가?		very good 1.5 acceptable 1 not acceptable 0	1.5
10	용접작업 시 동관 내부의 산화를 방지하기위해 질소를 흘리며 용접 하는가?		very good 1.5 acceptable 1 not acceptable 0	1.5
11	질소 가압 test를 심사위원에게 알리고, 확인후 가압test를 하는가?		YES 1 NO 0	1
12	질소 가압 첫 test에서 발견되는 누설이 있는가?		YES 1 NO 0	1
13	질소 가압 시 서비스 게이지가 시스템에 올바르게 연결되어 있는가?		YES 0.5 NO 0	0.5
14	요구하는 질소 압력으로 test를 하는가?		YES 0.5 NO 0	0.5
배 점 합 계				12

채점기준표(Sample)

1) 배점(2과제 경기후)

	직 종 명	냉동기술

일련번호	주 요 항 목		점수
1	유니트는 서비스 공간을 고려하여 각 기구를 적절한 배치를 하였는가?	very good 1 acceptable 0.5 not acceptable 0	1
2	싸이클 계통도대로 드라이어, 사이트글라스, 전자밸브의 위치는 올바른가?	very good 1 acceptable 0.5 not acceptable 0	1
3	벤딩부위가 찌그러지거나 흠집이 생긴 부위가 있는가?	very good 1.5 acceptable 1 not acceptable 0.5	1.5
4	용접상태가 깨끗하고, 용접물이 흘러내린 부분이 있는가?	very good 2 acceptable 1.5 not acceptable 1	2
5	동관이 반듯하고, 휘어진 부분은 없는가?	very good 1.5 acceptable 1 not acceptable 0.5	1.5
6	저압관과 결로가 생기는 부분 등 보온이 되어야 할 부분에 보온이 정상으로 되어 있는가?	very good 1 acceptable 0.5 not acceptable 0	1
7	팽창밸브의 감온통 설치위치는 올바르며, 견고하게 고정시켜 놓았는가? 팽찰밸브의 균압관의 위치는 올바른가?	very good 1.5 acceptable 1 not acceptable 0.5	1.5
8	드레인 파이프는 원활하게 물이 배출될 수 있도록 충분히 구배를 주고, 냉동실 내부에서 보온작업은 하고, 외부공기가 침투되지 않도록 트랩을 주었는가?	very good 1.5 acceptable 1 not acceptable 0.5	1.5
9	전체적인 배관상태가 겹치지 않고, 깨끗하게 잘 되어있는가	very good 1 acceptable 0.5 not acceptable 0	1
10	벽관통 부위의 홀부분은 막음 처리를 하였는가?	very good 1 not acceptable 0	1
11	오일 회수를 위한 배관작업을 하였는가?(구배 및 트랩)	very good 1 acceptable 0.5 not acceptable 0	1
12	증발기의 설치는 증발기에서 토출되는 공기가 벽체를 맞고 와류되지 않도록 적절한 위치에 설치하였는가? (거리를 몇 cm 이상 이격해야 하는지 명확히 기재)	very good 1 acceptable 0.5 not acceptable 0	1
13	압축기, 응축기, 증발기, 수액기, 액분리기 등 기구를 흔들어 보았을 때 견고하게 고정이 잘되어 있는가?	very good 1 acceptable 0.5 not acceptable 0	1
14	익일 질소 압력을 확인하였을 때 누설이 있는가?	very good 2 not acceptable 0	2
	배 점 합 계		18

채점기준표(Sample)

1) 배점(3과제 경기중)

직 종 명	냉동기술

일련 번호	주 요 항 목		점수
1	안전화를 신고 작업을 하는가?	YES 0.5 NO 0	0.5
2	긴바지와 긴 상의를 착용하는가?(장갑포함)	YES 0.5 NO 0	0.5
3	드릴링작업시 보안경을 착용하는가?	YES 0.5 NO 0	0.5
4	주변 정리정돈을 깔끔히 하면서 작업하는가?	YES 0.5 NO 0	0.5
5	공구의 사용이 올바른가?	YES 0.5 NO 0	0.5
6	전기 결선 완료 후 심사위원에게 전기 결선에 대해 검사를 받 는가? (문제지의 서명란)	YES 0.5 NO 0	0.5
7	올바른 방법으로 전기회로 결선 검사를 하는가?	YES 0.5 NO 0	0.5
8	진공작업전 시스템 내부의 질소를 정상적으로 비웠는가?	YES 0.5 NO 0	0.5
9	진공작업을 위해 서비스밸브, 전자밸브 등을 정상적으로 열었 는가?	YES 0.5 NO 0	0.5
10	진공작업test를 심사위원에게 체크(문제지의 서명란)받아 작업 에 임하는가?	very good 1 acceptable 0.5 not acceptable 0	1
11	진공작업시 시스템에 연결된 게이지와 호스, 디지털 진공게이 지의 연결상태는 정상으로 연결하였는가?	very good 1.5 acceptable 1 not acceptable 0.5	1.5
12	진공작업시 진공압력이 1000micro까지 떨어지는가?	YES 1 NO 0	1
13	진공방치 30분안에 200micro이 상승하지 않고 진공도가 유지 되는가?	YES 1.5 NO 0	1.5
14	전선의 LOSS(손실)은 없는가? (동력선과 제어선을 구분하고, 로스량이 얼마 미만이어야 하는 지 구체적으로 기재)	very good 0.5 acceptable 0.3 not acceptable 0	0.5
배 점 합 계			10

채점기준표(Sample)

1) 배점(3과제 경기후)

		직종 명	냉동기술	
일련 번호	주 요 항 목			점수
1	컨트롤 박스는 견고하게 고정되었는가?		very good 1 acceptable 0.5 not acceptable 0	1
2	컨트롤 박스 내부 배선판은 견고하게 고정되었는가?		very good 1 acceptable 0.5 not acceptable 0	1
3	컨트롤 박스 전면의 컨트롤러는 견고하게 고정되었는가?		very good 1 acceptable 0.5 not acceptable 0	1
4	컨트롤 박스 내부 배전판의 기구들은 견고하게 고정되었는가?		very good 1 acceptable 0.5 not acceptable 0	1
5	컨트롤 박스 내부 바닥에 이물질 등은 없는가?		YES 0.5 NO 0	0.5
6	압축기, 증발기, 응축기의 접지상태는 정상인가?		very good 1 acceptable 0.5 not acceptable 0	1
7	외장 전선의 배선상태가 불필요하게 우회하거나 겹치지 않았는가?		very good 1 acceptable 0.5 not acceptable 0	1
8	각 기구 및 단자대에 물려있는 터미널은 단단히 고정되어 있는가?		very good 1 acceptable 0.5 not acceptable 0	1
9	온도센서는 증발기 흡입그릴 부분에 정상적으로 설치되어 있는가?		YES 0.5 NO 0	0.5
10	각 기구에 연결되어 있는 외장선 연결부(테이핑처리부) 터미널 또는 납땜으로 튼튼하게 연결하였는가?		very good 2 acceptable 1 not acceptable 0	2
11				
12				
13				
14				
배 점 합 계				10

채점기준표(Sample)

1) 배점(4과제 경기중)

직 종 명	냉동기술

일련 번호	주 요 항 목		점수
1	안전화를 신고 작업을 하는가?	YES 0.5 NO 0	0.5
2	긴바지와 긴 상의를 착용하는가?(장갑포함)	YES 0.5 NO 0	0.5
3	보안경을 착용하는가?	YES 0.5 NO 0	0.5
4	주변 정리정돈을 깔끔히 하면서 작업하는가?	YES 0.5 NO 0	0.5
5	냉매 충전 전 호스내의 불응축 가스를 배출하는가?	YES 1 NO 0	1
6	냉매 충전시 저울을 사용하여 충전량을 체크하는가?	YES 0.5 NO 0	0.5
7	냉매 충전 방법은 올바른가?(액관은 액충진, 가스관은 가스 충진)	YES 0.5 NO 0	0.5
8	제품을 운전 전 접지상태, 전원 등을 체크하는가?	YES 1 NO 0	1
9	제품이 정상적으로 운전이 되는가? 회로결선 불량 등으로 인하여 오동작하는가?	YES 1.5 NO 0	1.5
10	제품 운전시 테스터기를 이용하여 압축기, 증발기, 응축기의 운전 전류를 체크하는가?	YES 1 NO 0	1
11	압력스위치의 셋팅압력을 실제게이지 압력을 확인하면서 정 상적으로 셋팅하는가? 또한 셋팅압력 체크 방법이 올바른 가? (고압, 저압, 응축기 휀컨트롤 압)	very good 1.5 acceptable 1 not acceptable 0.5	1.5
12			
13			
14			
배 점 합 계			9

채점기준표(Sample)

1) 배점(4과제 경기후)

	직 종 명	냉동기술	
일련 번호	주 요 항 목		점수
1	제상시 증발기휀 제어가 off로 셋팅되었는가?	YES 0.2 NO 0	0.2
2	제상방식은 전열히터 방식으로 셋팅되었는가?	YES 0.2 NO 0	0.2
3	제상주기는 3시간 셋팅이 되었는가?	YES 0.2 NO 0	0.2
4	제상시간은 10분으로 셋팅되었는가?	YES 0.2 NO 0	0.2
5	제상후 증발기 휀은 10초후에 운전되게 셋팅되었는가?	YES 0.2 NO 0	0.2
6	셋팅온도는 −5도로 셋팅 되었는가?	YES 0.2 NO 0	0.2
7	편차온도는 2도로 셋팅 되었는가?	YES 0.2 NO 0	0.2
8	저온설정온도는 3도로 셋팅되었는가?	YES 0.2 NO 0	0.2
9	고온설정온도는 off로 셋팅 되었는가?	YES 0.2 NO 0	0.2
10	증발기 휀은 comp운전시 연동으로 운전되게 셋팅 되었는가?	YES 0.2 NO 0	0.2
11	펌프다운은 전자밸브 off출력후 5초후 comp정지되게 셋팅되어 있는가?	YES 0.2 NO 0	0.2
12	고압차단 스위치의 압력은 정상 셋팅 되었는가?	YES 0.5 NO 0	0.3
13	저압차단 스위치의 cut out압력과 cut in압력은 정상 셋팅 되었는가?	YES 0.5 NO 0	0.5
14	comp, 증발기 fan motor, 응축기 fan motor의 과전류 계전기 셋팅값은 실 운전전류의 1.2배로 셋팅되었는가?	YES 0.5 NO 0	0.5
15	응축압력 조절용 압력스위치의 cut out압력과 cut in압력은 정상 셋팅 되었는가?	YES 0.5 NO 0	0.5
16	측정 항목의 1, 2, 3, 4, 5번의 측정값을 기록하였는가?	각 항목당 0.1점	0.5
17	측정 항목의 6, 7, 8번의 계산식및 값이 올바른가?	각 항목당 0.5점	1.5
18	시스템이 정상적인 과열도 값에서 운전되고 있는가? (과열도는 5~10도 이내로한다)	5~7도 2점 8~10도 1점 10도 이상 0점	2
19	고내의 온도는 요구하는 −5도까지 운전되는가?	−5이하 2점 −4~−3 1점 −2~0 0점	2
20	시스템은 모든 조건을 만족하면서 정상적인 동작을 하는가?	YES 1 NO 0	1
	배 점 합 계		11

채점기준표(Sample)

1) 배점(5과제)

직 종 명	냉동기술

일련 번호	주 요 항 목		점수
* 전기고장진단 과제 : 심사위원들은 컨트롤러의 IN2로 들어가는 52C의 접점신호가 들어가지 못하게 접점을 소손 또는 전선을 단선시킨다.(단 접점을 소손 시에는 수리가 가능토록 한다.) 상기 고장시 현상 : 콤프 ON 후 10초 동안 Comp(IN2) 입력이 들어오지 않으면 Err7 에러가 발생한다.			
1	안전화를 신고 작업을 하는가?	YES 0.5 NO 0	0.5
2	긴바지와 긴 상의를 착용하는가?(장갑포함)	YES 0.5 NO 0	0.5
3	보안경을 착용하는가?	YES 0.5 NO 0	0.5
4	테스터기를 사용하여 정상적인 방법으로 고장진단을 하는가?	YES 0.5 NO 0	0.5
5	고장부위를 찾았는가?	YES 1.5 NO 0	1.5
6	고장진단하고 처리하는 시간이 빠른가? 종료 15분 전(1.5점), 10분 전(1점), 5분 전(0.5점), 종료 전에 못찾는다(0점)	very good 1.5 acceptable 1 not acceptable 0.5	1.5
7			
8			
9			
10			
11			
12			
13			
14			
15			
16			
배 점 합 계			5

채점기준표(Sample)

1) 배점(6과제)

직 종 명	냉동기술

일련 번호	주 요 항 목		점수
* 기계고장진단 과제 : 심사위원들은 시스템의 필터드라이어 또는 전자밸브 입구측을 적당한 이물질로 저항을 주어서 드라이어 입·출구 온도차 확연히 벌어지게 한다. 선수들이 먼저 CHECK SHEET를 기록하고 고장진단 및 수리를 할 수 있도록 한다.			
1	안전화를 신고 작업을 하는가?	YES 0.5 NO 0	0.5
2	긴바지와 긴 상의를 착용하는가?(장갑포함)	YES 0.5 NO 0	0.5
3	보안경을 착용하는가?	YES 0.5 NO 0	0.5
4	CHECK SHEET의 1, 2, 3, 4, 5번의 측정값을 기록하였는가?	개당 0.1점	0.5
5	CHECK SHEET의 6, 7, 8번의 계산식 및 값이 맞는가?	개당 0.5점	1.5
6	고장부위를 찾았는가?	YES 2 NO 0	2
7	찾게 된 방법이 올바른가? 체크한 과냉도 및 과열도, 압력을 서술 하였다.	very good 1.5 acceptable 1 not acceptable 0.5	1.5
8	필터드라이어를 교체 또는 전자밸브의 이물질을 제거하는 방법이 올바른가? 수액기 서비스 밸브를 OFF후 펌프다운하여 교체하는 방법이 옳다.	very good 1.5 acceptable 1 not acceptable 0.5	1.5
9	고장진단하고 처리하는 시간이 빠른가? 종료 30분 전(1.5점), 15분 전(1점), 5분 전(0.5점), 종료 전에 못찾는다(0점)	very good 1.5 acceptable 1 not acceptable 0.5	1.5
10			
11			
12			
13			
14			
15			
16			
배 점 합 계			10

국제대회 평가전 과제(Sample)

직종명	냉동기술	과제명	용접과제(용기제작)	과제번호	제 1 과제
경기시간	1시간	비번호		심사위원 확　인	(인)

1. 요구사항

(1) 용접과제

① 주어진 도면을 참조하여 과제를 완성 한다.

② 용접기 사용 전 가스밸브 및 압력 이상 유무를 심사 위원에게 확인을 받는다.

용접기 사용 전	심사위원 서명	(서명)

③ 용접 시 용접부위에 후락스 또는 붕사를 도포하고, 동관 내부가 산화되지 않도록 질소를 흘리며 용접 작업한다.

④ 용접작업이 완료되면 외관은 깨끗이 처리한다.

⑤ 작업 완료 후 심사 위원에게 도면과 완성 과제물을 제출한다.

* 용접 시 용접부위를 사포 작업 후 후락스 또는 붕사를 도포하여 용접한다.

* 과제 완료 후 과제물 제출 시 누설검사를 위해 CM아답타에 볼밸브를 체결하고, 1/4″동관에 게이지를 체결후 질소를 $7kg/cm^2$ 가압 후 제출한다. (누설이 있을시 감점됨을 유의한다.)

2. 경기자 유의사항

1) 선수는 경기시작 전 필요한 공구등과 전원공급은 이상 없는지 확인하여야 한다.

2) 특수설비의 경우 조작요령을 충분히 숙지한 후 경기를 시작한다.

3) 용접기 사용 시 화재 등 화상에 유의한다.

4) 선수는 안전수칙을 반드시 준수한다.

5) 경기장내 정리, 정돈과 청결을 유지한다.

6) 선수는 경기도중 타 선수의 경기에 지장을 초래해서는 안 된다.

국제대회 평가전 과제(Sample)

직종명	냉동기술	과제명	냉동배관 및 누설시험	과제번호	제 2 과제
경기시간	6시간	비번호		심사위원 확 인	(인)

1. 요구사항

(1) 냉동배관 및 누설시험

① 냉동장치를 배관 계통도에 주어진 각종 부품의 설치 순서와 동일하게 설치해야 한다. 단, 부품의 치수나 형상이 다를 경우 냉매 배관 방향을 적절하게 변경시 켜 작업할 수 있다.

② 좌측은 냉동실 우측은 냉장실로 하고, 제상은 전기히터 방식으로 한다.

③ 각종 부품의 입출구 높이차에 의한 배관의 연결 방법은 선수 개인이 판단하되 배관이 겹치거나 외관이 불량하지 않고 압력손실이 최소화 되도록 한다.

④ 토출 관과 액관은 3/8″(Ø9.52mm), 흡입관은 1/2″(Ø12.7mm) 동관을 사용한다.

⑤ 용접 부위는 두텁고 외관상 양호해야 하며, 벤딩 부위는 찌그러짐이나 흠집 등 이 없어야 한다.

용접작업 전 확인 아세틸렌 및 산소 압력 :	심사위원	(날인)

⑥ 배관작업 시 용접개소 및 벤딩 부위가 최소화 되도록 하고, 각종부품은 운전시 진동이나 소음이 발생되지 않도록 단단히 고정하여야 한다.

⑦ 팽창변은 최대한 증발기에 가깝게 설치하며, 전자변은 팽창변에 최대한 가깝게 설치한다.

⑧ 질소가압 누설 테스트 전에 심사 위원에게 확인 받고, 누설 테스트후 질소를 $7kgf/cm^2$ 가압후 심사 위원에게 확인 받는다.

질소가압 누설 테스트 전	심사위원	(날인)
질소가압 후 압력 :	심사위원	(날인)

⑨ 냉동배관은 필요에 따라 보냉 위치를 결정하여, 제4과제에서 보냉을 실시한다.

⑩ 증발기와 응축기의 배치는 배관내의 압력손실을 최소화할 수 있도록 배치하되

압축기는 응축기 냉각용 송풍기 바람방향에 배치한다.

⑪ 동 배관이 분기되거나 합류되는 부분은 동 Tee를 사용하여 압력손실이 최소화 되게 한다.

⑫ 압력스위치는 브라켓트로 고정한 후 진동이나 흔들림으로 인한 배관손상 방지 와 안정적인 압력유지를 위해 6.35mm 동관과 모세관을 사용하여 연결한다.

⑬ 누설검사후 가압된 압력은 압력계에 표시하고 익일 재 확인 할 수 있도록 표시 한다.

⑭ 증발기 드레인은 냉동, 냉장실 뒤편으로 배출하며 외부 공기 침입되지 않도록 하며 보온한다.

⑮ 2과제가 끝나면 냉동,냉장실 본체의 외벽에 도면과 같이 컨트롤박스를 부착한다.

2. 선수 유의사항

1) 선수는 경기시작 전 모든 재료 및 부품이 이상 없는지 확인하고 시작한다.
2) 특수설비의 경우 조작요령을 충분히 숙지한 후 경기를 시작한다.
3) 가스 용접기는 사용 후 반드시 밸브의 잠금 여부를 확인한다.
4) 선수는 안전수칙을 반드시 준수하고 경기장내 정리, 정돈과 청결을 유지하며, 특 히 사다리 사용시 안전수칙에 유의하며 사용해야 한다.
5) 선수는 경기도중 타 선수의 경기에 지장을 초래해서는 안 된다.

국제대회 평가전 과제(Sample)

직종명	냉동기술	과제명	전기배선 및 진공작업	과제번호	제 3 과제
경기시간	6시간	비번호		심사위원 확　인	(인)

1. 요구사항

(1) 전기배선, 진공작업

① 선수는 제3과제를 시작 하기 전에 심사위원에게 누설여부를 확인받고, 누설이 있을 경우엔 해당 누설 부위를 조치후 3과제에 임한다. 단, 누설부분은 감점 조치된다.

누설 유, 무 확인	심사위원 확인	(날인)

② 전기 배선작업은 전기배선도를 확인 후 주어진 부품을 이용하여 작업해야 하며, 운전시 진동에 의한 이탈이 없어야 한다.

③ 전기배선은 전선이 불필요하게 복잡 하거나 우회하지 않아야 한다.

④ 전기배선 작업도중 진공작업 실시여부는 선수가 판단하며, 진공은 1000micro 이하까지 작업을 수행하고, 진공펌프가 중지된 후 30분 동안 200micro이 증가하면 안 된다. 진공검사전과 검사 후를 심사위원에게 확인 받는다.

진공압력확인 :	micro	심사위원	(날인)
30분방치 후 진공압력 확인 :	micro	심사위원	(날인)

⑤ 온도 감지용 센서는 증발기 송풍기 흡입구 보호망에 견고히 고정시켜야 하며, 제상용 센서는 토출측 증발기 핀 사이에 삽입한다.

⑥ 모든 접지선은 단자대로 모아 접지한다.

⑦ 전기배선은 주어진 부품을 이용 작업해야 하며, 운전시 진동에 의한 이탈이 없어야 한다.

⑧ 외부전선은 단자대를 통한 후 PVC 후렉시블 전선관으로 처리하며, 잔여 노출되는 부분은 헤리컬 벤드 또는 수축튜브 등으로 마감해야 한다.

⑨ 전선 연결시 동력선은 볼트, 넛트체결 또는 납땜으로 연결후 고무, 비닐절연 테이

프 순으로 마감해야 하며, 제어선은 접속자(엔드콘넥터)를 사용해서 작업한다.

⑩ 제어선의 압착단자에는 넘버링이 된 절연튜브를 사용해야 한다.

⑪ 제어합 내,외부의 부품에 부품 명칭을 기입해야 한다.

⑫ 상기 조건들을 만족할수 있도록 전기 결선작업이 완료되면, 회로점검 완료 후 심사 위원에게 결선작업에 대해 검사를 받아야한다.

전기 결선 확인(종료시간 :)	심사위원 (날인)

2. 선수 유의사항

1) 선수는 경기시작 전 모든 재료 및 부품이 이상 없는지 확인하고 시작한다.

2) 특수설비의 경우 조작요령을 충분히 숙지한 후 경기를 시작한다.

3) 완성된 냉동유니트에 전원 투입시 감전 및 누전에 유의한다.

4) 선수는 안전수칙을 반드시 준수한다.

5) 경기장내 정리, 정돈과 청결을 유지하고 타 선수에 지장을 초래해서는 안 된다.

국제대회 평가전 과제(Sample)

직종명	냉동기술	과제명	냉매충전, 작동시 운전 결과측정	과제번호	제 4 과제
경기시간	2시간	비번호		심사위원 확　인	(인)

1. 요구사항

(1) 냉매충전 및 작동운전 결과측정

① 전원 투입전 잘못된 배선작업이 있는지 확인하여 주십시오.(심사위원 입회하에)

② 냉동유니트 제어장치의 셋팅(아래 요구사항 이외 항목은 선수가 알아서 정상가
동 될수 있도록 셋팅한다.)

- 고온 알람온도 : -15℃
- 저온 알람온도 : -25℃
- 제상 후 고온알람지연 시간 : 20분
- 고온 알람 지연 시간 : 40분
- 저온 알람 지연 시간 : 1분
- 설정 가능한 냉각운전기준 설정 값은 최소값을 -25℃, 최댓값을 -10℃로
  설정.
- 제상종료는 제상온도와 제상시간 중 먼저 발생한 것에 의해 종료 되도록 설정.
- 펌프다운 시간은 0로 설정.
- 배수시간은 1분으로 설정.
- 제상은 5시간 주기로 10분간 제상이 되도록 설정.
- 제상시 팬 운전은 냉동실은 열원제상으로 냉장실은 자연제상으로 설정.
- 제상시 팬 운전은 냉동실은 제상 후 팬 지연으로 냉장실은 바로운전으로 설정.
- 제상 후 팬 지연시간은 20초, 팬 운전 온도는 5℃로 설정.
- 콤프레샤의 잦은 ON/OFF를 방지하기 위해 재기동 지연을 60초로 설정.
- 냉동실 설정온도 : -20℃ 냉장실 설정온도 : 0℃ 제어편차는 2℃로 설정.

③ 고압차단스위치(HPS) 압력설정은 58℃에 해당 포화압력으로 설정한다.

④ 저압차단스위치(LPS)의 Cut Out 압력설정은 -38℃, Cut In 압력설정은 -22
℃에 해당하는 포화압력으로 하며, 과전류계전기(OCR)의 cut out은 정상운전
전류보다 1.5배 높게 설정한다.

⑤ 응축기압력스위치(FCS) 설정은 1.5MPa에서 휀 가동, 차압 0.3MPa에서 정지 토록 설정한다.

⑥ 증발압력 조정밸브(EPR)의 압력설정은 냉장실온도가 0℃가 유지될 수 있는 압력으로 설정한다.

⑦ 냉동장치가 정상적인 운전을 하고 있으며 냉동실 온도가 −15℃이하가 되면 DATA를 주어진 TEST SHEET에 작성하여, 비번호 및 성명을 기록후 심사위원에게 제출한다.

⑧ 제상히터 과열방지 센서는 30℃로 셋팅 한다.

⑨ 냉매충전 전과 후의 가스통 중량을 심사 위원에게 확인받은 후 충전 량을 TEST SHEET에 기록한다.

충전 전 중량 :	Kg	심사위원	(인)
충전 후 중량 :	Kg	심사위원	(인)

2. 선수 유의사항

1) 선수는 경기시작 전 냉매 및 전원공급은 이상 없는지 확인하고 한다.
2) 특수설비의 경우 조작요령을 충분히 숙지한 후 경기를 시작한다.
3) 전원 투입시 감전 및 누전에 유의한다.
4) 선수는 안전수칙을 반드시 준수하고, 경기장내 정리, 정돈과 청결을 유지한다.
5) 선수는 경기도중 타 선수의 경기에 지장을 초래해서는 안 된다.

국제대회 평가전 과제(Sample)

직종명	냉동기술	과제명	냉매충전, 운전결과측정	과제번호	제 4 과제
경기시간	2시간	비번호		심사위원 확 인	(인)

■ TEST SHEET ■

번호	측정 항목	단위	계산식	측정값	판 정
1	고, 저 압력			고압 : 저압 :	
2	고내온도			냉동실 : 냉장실 :	
3	고압차단스위치 설정압력				
4	저압차단스위치 설정압력				
5	휀제어(FCS) 설정압력				
6	증발압력조정변설정압력				
7	과전류 계전기 설정치				
8	장비 총 운전전류				
9	응축기 출구 과냉각도				
10	압축기 운전저항				
11	장비 소비전력(역률 85%)				
12	증발기 풍량			냉동실 : 냉장실 :	
13	응축기 풍량				
14	증발기온도차(배관/공기)			냉동실 : 냉장실 :	
15	응축기온도차(배관/공기)				
16	압축기 흡입측 과열도 (압력강하는 2℃이다)				
	평 가(심사위원)				

국제대회 평가전 과제(Sample)

직종명	냉동기술	과제명	에어컨 설치 및 시운전	과제번호	제 5 과제
경기시간	3	비번호		심사위원 확 인	(인)

1. 요구사항

(1) 에어컨 설치 및 시운전(결과측정)

① 제시한 도면과 같이 설치 설치대에 실내기와 실외기를 설치하고, 배관을 완성하시오.

② 배관의 연결방법은 선수 개인이 판단하되 배관이 겹치거나, 길어지지 않도록 하여 배관의 압력손실이 최소화 되도록 한다.

③ 액 관은 1/4˝ 동관을 사용하고, 흡입관은 3/8˝ 동관을 사용한다.

④ 용접부위 없이 배관을 연결하며, 벤딩 찌그러짐이나 흠 자국 등이 없어야 한다. 또한 반경은 직종설명에서 제시한 값이어야 한다.

⑤ 배관 및 부품은 운전 시 진동이나 소음이 발생되지 않도록 단단히 고정하여야 한다.

⑥ 배관 및 부품의 부착은 시스템의 성능이 최대로 발휘될 수 있도록 하여야 한다.

⑦ 실내기는 드레인이 잘되는 구조로 설치해야 한다.

⑧ 질소가압 누설 테스트전에 심사 위원에게 확인 받고, 누설 테스트후 질소를 $7kg/cm^2$ 가압 후 심사위원에게 확인 받는다. 15분간 가압 방치 시 압력 변화가 없어야 한다.

질소가압 누설 테스트 전	심사위원 서명	(서명)
질소가압 후	심사위원 서명	(서명)
질소방치 15분 경과 후	심사위원 서명	(서명)

⑨ 누설검사가 끝나면 안전하게 질소를 배출하고 진공작업전에 심사위원에게 확인을 받고 진공작업을 실시 한다. 진공은 30분 내에 2000micron 이하까지 도달해야 하고, 도달 되지 않을 경우 도달 될 때 까지 진공해야 하며, 도달 후 10분간 방치시 50micron 이상 상승되지 않아야 한다.

진공 시험전	심사위원 서명	(서명)
진공 시험후	심사위원 서명	(서명)
진공방치 10분 경과 후	심사위원 서명	(서명)

⑩ 증발기 드레인은 냉장실 뒤편으로 배출하며 외부 공기가 침입되지 않도록 트랩을 만든다.

⑪ 벽을 관통하는 배관의 홀 부위는 막음 처리하여 마무리 작업한다.

2. 선수 유의사항

1) 선수는 경기시작 전 모든 재료 및 부품이 이상 없는지 확인하고 한다.

2) 특수설비의 경우 조작요령을 충분히 숙지한 후 경기를 시작한다.

3) 부주의로 인하여 지급된 부품 및 재료의 교환이 있을 경우, 일정 점수를 감점한다.

4) 선수는 안전수칙을 반드시 준수한다.

5) 경기장내 정리, 정돈과 청결을 유지한다.

6) 선수는 경기도중 타 선수의 경기에 지장을 초래해서는 안 된다.

7) 선수는 경기 중 심사위원에 확인 받을 사항을 필히 확인받은 후 작업에 임하도록 한다.

▪ TEST SHEET(에어컨) ▪

번호	측정 항목	단위	계산식	측정값	판 정
1	토출압력(고압)				
2	응축온도				
3	흡입압력(저압)				
4	증발온도				
5	실내기 흡입온도			건구온도 : 습구온도 :	
6	실내기 토출온도			건구온도 : 습구온도 :	
7	총 운전전류				
8	전압				
9	증발기 풍속				
10	증발기 출구 공기 면적				
11	증발기 풍속				
12	밀도=1.28kg/m³으로 가정하고, 공기유량은?				
13	질량유량은?				
14	습공기선도에 측정위치를 표시 하시오.				
15	난방용량을 계산하시오.				
16					
17					
18					
19					
20					
21					
22					
	기타사항				

국제대회 평가전 과제(Sample)

직종명	냉동기술	과제명	전기 고장진단 수리	과제번호	제 6 과제
경기시간	30분	비번호		심사위원 확 인	(인)

1. 요구사항

1) 심사위원이 인위적으로 발생시킨 고장부분을 수리하여야 한다.
2) 고장진단 및 수리는 최대한 빠른 시간 내(시간에 따라 점수 차이가 있음)에 해결
   하여야 한다.
3) 고장진단은 해당공구(계기류)를 이용하여 합리적인 방법으로 진단하고 수리하여
   야 한다.
4) 전원 투입 전 전압과 접지상태를 확인한다.

■ 고장수리 총 소요 시간 :

고장부위 및 고장부위를 찾은 방법을 서술하시오.	

2. 경기자 유의사항

1) 선수는 경기시작 전 고장진단 및 수리에 필요한 공구등과 전원공급은 이상 없는
   지 확인하여야 한다.
2) 특수설비의 경우 조작요령을 충분히 숙지한 후 경기를 시작한다.
3) 전원 투입 시 감전 및 누전에 유의한다.
4) 선수는 안전수칙을 반드시 준수한다.
5) 경기장내 정리, 정돈과 청결을 유지한다.
6) 선수는 경기도중 타 선수의 경기에 지장을 초래해서는 안 된다.

국제대회 평가전 과제(Sample)

직종명	냉동기술	과제명	기계 고장진단 수리	과제번호	제 7 과제
경기시간	1시간	비번호		심사위원 확 인	(인)

1. 요구사항

(1) 고장진단 수리

① 심사위원이 인위적으로 고장을 발생시킨 이상 부위를 찾아 수리하여야 한다.

② 고장진단 및 수리는 최대한 빠른 시간 내(시간에 따라 점수 차이가 있음)에 해결
하여야 한다.

③ 기계 고장진단 전 CHECK SHEET를 기록하고, 합리적인 방법으로 진단하고 수
리하여야 한다.

번호	측정항목	단위	계산식	설정 및 측정값	판단
1	고내온도		불필요	냉동실 : 냉장실 :	
2	압축기 흡입압력		불필요		
3	압축기 토출압력		불필요		
4	증발온도			냉동실 : 냉장실 :	
5	토출가스 온도				
6	응축온도				
7	압축기 흡입관 과열도				
8	증발기 풍량			냉동실 : 냉장실 :	
9	응축기 과냉도				
10	응축기 풍량				
11	증발기 공기 입출구 온도차			냉동실 : 냉장실 :	
12	응축기 공기 입출구 온도차				

2. 선수 유의사항

1) 선수는 경기시작 전 고장진단 및 수리에 필요한 공구와 측정 장비 이상 유무를 확인한다.
2) 특수설비의 경우 조작요령을 충분히 숙지한 후 경기를 시작한다.
3) 전원 투입시 감전 및 누전에 유의한다.
4) 선수는 안전수칙을 반드시 준수하고, 경기장내 정리, 정돈과 청결을 유지한다.
5) 선수는 경기도중 타 선수의 경기에 지장을 초래해서는 안 된다.

3. 기계 고장진단 및 수리 점검표

1) 선수는 고장을 찾게 된 과정을 내용을 자세히 그리고 올바르게 서술해야 한다.

■ 고장수리 총 소요 시간 :

순번	고장 부위/ 찾은 방법	진단 수리 내용	판 정
1			

득점(심사위원) : _____

채 점 기 준 표(Sample)

1과제 : 용기제작(경기중, 후)		직 종 명	냉동기술	
No	주 요 항 목		평 가	배점
1	안전화를 신고 작업을 하는가?		YES 0.2 NO 0	0.2
2	긴바지와 긴 상의를 착용하는가?(장갑 포함)		YES 0.2 NO 0	0.2
3	Brazing작업, 줄작업, 드릴링작업을 할 때 보안경을 착용하는가?		YES 0.2 NO 0	0.2
4	정리정돈 상태가 양호한가.		YES 0.4 NO 0	0.4
5	Brazing작업시 안전한 용접을 하는가? (용접기의 사용방법, 토치점화시 그을음 등)		YES 0.2 NO 0	0.2
6	동관 내부 산화를 방지하기 위해 질소를 동관 내부로 흘리는가?		YES 0.2 NO 0	0.2
7	질소를 흘리는 방법은 올바른가?(입구측을 공기유입이 않되도록 하는가?)		YES 0.2 NO 0	0.2
8	동관 Brazing작업 전 용접부위를 사포작업을 하는가?		YES 0.2 NO 0	0.2
9	동관 Brazing작업 전 후락스 또는 붕사를 도포하고 Brazing작업 을 하는가?		YES 0.3 NO 0	0.3
10	동관을 컷팅후 리이머 작업을 하는가?		YES 0.2 NO 0	0.2
11	누설부분은 없는가?(질소가 가압된 제품을 물속에 담궈 누설여부 를 확인)		YES 0.5 NO 0	0.5
12	Brazing작업으로 인한 동관 내부에 산화가 일어나지 않았는가?		very good 1 acceptable 0.5 not acceptable 0	1
13	32A 동캡 Brazing작업 부위에 용물이 충분히 흘러 들었는가? (2포인트)		very good 1 acceptable 0.5 not acceptable 0	1
14	외관을 깨끗이 청소하였는가?		very good 0.2 acceptable 0.1 not acceptable 0	0.2
15	동관은 휨 없이 곧은가?		YES 0.5 NO 0	0.5
16	완성된 제품의 치수가 도면과 일치하는가? 치수 포인트 10개소(총2.7점) 각 포인트별(±1mm이내 : 0.3점/ ±2mm이내 : 0.2점/±2mm이상 : 0점)		very good 0.3 acceptable 0.1 not acceptable 0	3
17	Brazing작업부(5개소)는 흘러내림 없이 두텁고 균일하게 되었는 가?(각 포인트별 좋음 : 0.3점, 보통 : 0.1점, 나쁨 : 0점)		very good 0.3 acceptable 0.1 not acceptable 0	1.5
배 점 소 계				10

채 점 기 준 표(Sample)

2과제 : 냉매배관(경기중)		직 종 명	냉동기술	
No	주 요 항 목		평 가	배점
1	안전화를 신고 작업을 하는가?		YES 0.2 NO 0	0.2
2	긴바지와 긴 상의를 착용하는가?		YES 0.2 NO 0	0.2
3	작업조건에 맞는 장갑을 착용하는가?		YES 0.2 NO 0	0.2
4	A형 사다리를 안전하게 사용하는가?(최상단 및 한 계단에 두발을 동시에 올려놓으면 안되고, 사다리를 가랑이 사이에 끼워 사용해서도 안됨)		YES 0.3 NO 0	0.3
5	사다리를 최대한 냉동고에 가깝게 설치 하는가?		YES 0.3 NO 0	0.3
6	Brazing작업, 줄작업, 그라인딩작업, 드릴링작업과 질소가스 혹은 압축공기를 다룰 때 보안경을 착용하는가?(한번이라도 하지 않는다면 0점)		YES 0.2 NO 0	0.2
7	동관 커트 후 리이머 작업을 하는가?(흡입관)		YES 0.2 NO 0	0.2
8	리이머 작업후 질소로 이물질을 불어 내는가?(흡입관)		YES 0.2 NO 0	0.2
9	동관 커트 후 리이머 작업을 하는가?(액관)		YES 0.2 NO 0	0.2
10	리이머 작업후 질소로 이물질을 불어 내는가?(액관)		YES 0.2 NO 0	0.2
11	동관 커트 후 리이머 작업을 하는가?(토출관)		YES 0.2 NO 0	0.2
12	리이머 작업후 질소로 이물질을 불어 내는가?(토출관)		YES 0.2 NO 0	0.2
13	Brazing작업 시 안전한 작업을 하는가?		YES 0.2 NO 0	0.2
14	경기 중 정리정돈 상태는 양호한가?		very good 0.3 acceptable 0.2 not acceptable 0	0.3
15	Brazing작업 시 드라이어를 젖은 헝겊으로 감싸고 하는가?		YES 0.2 NO 0	0.2
16	Brazing작업 시 사이트글라스를 젖은 헝겊으로 감싸고 하는가?		YES 0.2 NO 0	0.2
17	Brazing작업 시 팽창밸브를 젖은 헝겊으로 감싸고 하는가?		YES 0.2 NO 0	0.2
18	작업 중 배관자재인 동관의 LOSS(손실)가 없는가?(흡입관) (구체적으로 몇 cm 미만이어야 한다고 명확히 기재)		YES 0.4 NO 0	0.4
19	작업 중 배관재 동관의 LOSS(손실)가 없는가?(액관) (구체적으로 몇 cm 미만이어야 한다고 명확히 기재)		YES 0.4 NO 0	0.4
20	작업중 배관재 동관의 LOSS(손실)가 없는가?(토출관) (구체적으로 몇 cm 미만이어야 한다고 명확히 기재)		YES 0.4 NO 0	0.4

21	작업중 배관재 동관의 LOSS(손실)가 없는가?(압력스위치관) (구체적으로 몇 cm 미만이어야 한다고 명확히 기재)	YES 0.4 NO 0	0.4
22	작업중 배관 내부로 이물질이 들어가지 않도록 막음처리를 하는 가?(흡입관)	YES 0.2 NO 0	0.2
23	작업중 배관 내부로 이물질이 들어가지 않도록 막음처리를 하는 가?(액관)	YES 0.2 NO 0	0.2
24	작업중 배관 내부로 이물질이 들어가지 않도록 막음처리를 하는 가?(토출관)	YES 0.2 NO 0	0.2
25	작업중 배관 내부로 이물질이 들어가지 않도록 막음처리를 하는 가?(압력스위치관)	YES 0.2 NO 0	0.2
26	Brazing작업 시 동관 내부의 산화를 방지하기위해 질소를 흘리며 작업 하는가? 또한 그 방법이 올바른가?(흡입관) (질소가 정상적으로 배관내부를 통과 하며, 입구측을 막고 하는 가?)	very good 0.3 acceptable 0.1 not acceptable 0	0.3
27	Brazing작업 시 동관 내부의 산화를 방지하기위해 질소를 흘리며 작업하는? 또한 그 방법이 올바른가?(액관) (질소가 정상적으로 배관내부를 통과 하며, 입구 측을 막고 하는 가?)	very good 0.3 acceptable 0.1 not acceptable 0	0.3
28	Brazing작업 시 동관 내부의 산화를 방지하기위해 질소를 흘리며 작업하는가? 또한 그 방법이 올바른가? (토출관) (질소가 정상적으로 배관내부를 통과 하며, 입구 측을 막고 하는 가?)	very good 0.3 acceptable 0.1 not acceptable 0	0.3
29	Brazing작업 시 동관 내부의 산화를 방지하기위해 질소를 흘리며 작업 하는가? 또한 그 방법이 올바른가?(압력스위치관) (질소가 정상적으로 배관내부를 통과 하며, 입구 측을 막고 하는 가?)	very good 0.3 acceptable 0.1 not acceptable 0	0.3
30	질소 가압 첫 test에서 발견되는 누설이 있는가?	YES 1 NO 0	1
31	질소 가압 시 서비스 게이지가 시스템에 올바르게 연결되어 있는 가?(전자밸브 등을 열어 고·저압 균압상태인가?)	YES 0.2 NO 0	0.2
배 점 소 계			8.5

채 점 기 준 표(Sample)

2과제 : 냉매배관(경기후)		직 종 명	냉 동 기 술	
No	주 요 항 목		평 가	배점
1	유니트는 서비스 공간을 고려하여 각 기구를 적절하게 배치 하였는가?		YES 0.2 NO 0	0.2
3	흡입관 서비스밸브의 방향은 맞는가?(서비스용도에 맞게 설치 되었나?)		YES 0.5 NO 0	0.5
4	드레인 설치 상태는 양호한가?(물이 정상적으로 흘러 배수 되는지 확인)		YES 0.3 NO 0	0.3
5	드레인 배관 연결부에 물이 새지는 않는가?		YES 0.3 NO 0	0.3
6	드레인을 통해 외부공기가 유입되지 않도록 트랩을 주었는가?		YES 0.3 NO 0	0.3
7	싸이클 계통대로 드라이어, 사이트글라스, 전자밸브, EPR, 첵크밸브의 위치는 올바른가?		YES 0.5 NO 0	0.5
8	Brazing부위 열번짐 현상이 적은가? (50mm 미만 3곳이상 : 2점, 70mm 미만 3곳이상 : 1점)		very good 2 acceptable 1 not acceptable 0	2
9	벤딩부위가 찌그러지거나 흠집이 생긴 부위가 있는가?(흡입관)		very good 0.5 acceptable 0.2 not acceptable 0	0.5
10	벤딩부위가 찌그러지지나 흠집이 생긴 부위가 있는가?(액관)		very good 0.5 acceptable 0.2 not acceptable 0	0.5
11	벤딩부위가 찌그러지거나 흠집이 생긴 부위가 있는가?(토출관)		very good 0.5 acceptable 0.2 not acceptable 0	0.5
12	Brazing상태가 깨끗하고, 용접물이 흘러내린 부분이 있는가? (흡입관)		very good 0.5 acceptable 0.2 not acceptable 0	0.5
13	Brazing상태가 깨끗하고, 용접물이 흘러내린 부분이 있는가?(액관)		very good 0.5 acceptable 0.2 not acceptable 0	0.5
14	Brazing상태가 깨끗하고, 용접물이 흘러내린 부분이 있는가? (토출관)		very good 0.5 acceptable 0.2 not acceptable 0	0.5
15	Brazing상태가 깨끗하고, 용접물이 흘러내린 부분이 있는가? (압력스위치관)		very good 0.5 acceptable 0.2 not acceptable 0	0.5
16	팽창밸브를 증발기에 최대한 가깝게 설치 했는가?		very good 0.5 acceptable 0.2 not acceptable 0	0.5
17	전자변을 팽창밸브에 최대한 가깝게 설치 했는가?		very good 0.4 acceptable 0.2 not acceptable 0	0.4
18	팽창변에 인티게이터를(오리피스 넘버) 설치하였는가?(냉동, 냉장)		YES 0.2 NO 0	0.2

19	컨트롤 박스는 도면의 치수대로 올바른 위치에 설치하였는가?	YES 0.3 NO 0	0.3
20	드레인 배관 내·외부에 보온작업을 하였는가?	YES 0.2 NO 0	0.2
21	전체적인 배관상태가 겹치 거나 교차하지 않고 잘 되었는가?	YES 0.3 NO 0	0.3
22	열교환 효율과 동관 보호를 위하여 증발기 입·출구 배관과 케이싱 사이의 틈새를 고무패킹등으로 막음 처리를 하였는가?	YES 0.2 NO 0	0.2
23	오일 회수를 위한 배관작업을 하였는가? (구배, 트랩)	YES 0.3 NO 0	0.3
24	압축기, 응축기, 증발기와 기타 기구들을 흔들어 보았을 때 견고하게 고정이 잘되어 있는가?	YES 0.3 NO 0	0.3
25	냉동, 냉장고 및 유니트 쪽 합판 등은 용접불꽃에 의해 그을림이 없는가?	YES 0.3 NO 0	0.3
26	냉동배관은 흔들리지 않도록 잘 고정 되었나?	YES 0.3 NO 0	0.3
27	익일 질소 압력을 확인하였을 때 누설이 있는가?	YES 2 NO 0	2
28	흡입관의 수직 부분이 수직인가?	YES 0.3 NO 0	0.3
29	액관의 수직 부분이 수직가?	YES 0.3 NO 0	0.3
30	게이지관의 수직 부분이 수직인가.	YES 0.3 NO 0	0.3
31	게이지관의 분기는 관의 상부에서 했는가?	YES 0.3 NO 0	0.3
32	관이 겹치거나 교차하지 않는가?(전선관과 겹치는 것 포함)	YES 0.3 NO 0	0.3
33	관의 분기는 올바른가?	YES 0.3 NO 0	0.3
34	관의 합류는 올바른가?	YES 0.3 NO 0	0.3
35	모든 관과 관 사이의 간격이 일정한가?	YES 0.3 NO 0	0.3
36	배관이 불필요하게 우회 않았는가?	YES 0.3 NO 0	0.3
37	불필요한 밴딩 부위는 없는가? (가스관, 액관, 핫가스관, 게이지관 등)	YES 0.3 NO 0	0.3
38	후레쉬 가스 균등 분배를 위한 배관을 했는가?	YES 0.3 NO 0	0.3
39	증발기 부착시 전면으로 거리를 최대한 멀게 설치했는가?	YES 0.3 NO 0	0.3
40			
배 점 소 계			16.5

채 점 기 준 표(Sample)

3과제 : 전기배선, 진공(경기중)		직 종 명	냉 동 기 술	
No	주 요 항 목		평 가	배점
1	안전화를 신고 작업을 하는가?		YES 0.2 NO 0	0.2
2	긴바지와 긴 상의를 착용하는가?(장갑포함)		YES 0.2 NO 0	0.2
3	작업공정에 맞게 보안경을 착용하는가?(용접시 색안경, 기타시 보안경)		YES 0.2 NO 0	0.2
4	주변 정리정돈을 깔끔히 하면서 작업하는가?		YES 0.2 NO 0	0.2
5	공구의 사용이 올바른가?		YES 0.2 NO 0	0.2
6	전기 결선 완료 후 심사 위원에게 전기 결선에 대해 검사를 받는가? (문제지의 싸인 란)		YES 0.2 NO 0	0.2
7	올바른 방법으로 전기회로 결선 검사를 하는가? (TESTER사용)		YES 0.2	0.2
8	진공작업 전 시스템 내부의 질소를 정상적으로 비웠는가? (고저압 Okg/cm″2)		YES 0.1 NO 0	0.1
9	진공작업을 위해 서비스밸브, 전자밸브 등을 정상적으로 열었는가?		YES 0.1 NO 0	0.1
10	진공작업 test를 심사 위원에게 체크(문제지의 싸인 란)받아 작업에 임하는가?		YES 0.2 NO 0	0.2
11	진공작업 시 시스템에 연결된 게이지와 호스, 디지털 진공게이지의 연결 상태는 정상으로 연결하였는가?		YES 0.2 NO 0	0.2
12	진공작업시 진공압력이 1000micron 이하 까지 떨어지는가? (1000micron 이내 : 0.5점, 2000micron 이내 : 0.3점, 2000micron이상 : 0점)		YES 0.5 NO 0	0.5
13	진공방치 30분안에 200micron이 상승하지 않고 진공도가 유지되는가? (200micron 이내 : 0.5점, 200~400micron : 0.3점, 400micron이상 : 0점)		YES 0.5 NO 0	0.5
14	전선의 LOSS(손실)가 없는가? (동력, 제어선을 구분하여 구체적으로 몇 cm 미만이어야 한다고 기재)		YES 0.5 NO 0	0.5
배 점 소 계				3.5

채 점 기 준 표(Sample)

3과제 : 전기배선, 진공(경기후)		직 종 명	냉 동 기 술	
No	주 요 항 목		평 가	배점
1	컨트롤 박스는 견고하게 고정 되었으며 수평 인가?		YES 0.2 NO 0	0.2
2	컨트롤 박스 내부 배선 판은 견고하게 고정되었는가?		YES 0.2 NO 0	0.2
3	동력선에는 0형 터미널을 사용하였는가?		YES 0.5 NO 0	0.5
4	콘트롤러의 전선 연결은 핀 압착단자를 사용하였나?		YES 0.2 NO 0	0.2
5	온도 센서선의 길이를 연장 또는 줄여 사용 하지 않았는가?		YES 0.2 NO 0	0.2
6	온도 센서선을 동력, 제어선과 분리 했는가?		YES 0.5 NO 0	0.5
7	동력선 및 제어선의 색상은 도면과 일치 하는가?		YES 0.5 NO 0	0.5
8	제어선의 220V라인과 0V라인이 도면과 일치 하는가?		YES 0.5 NO 0	0.5
9	컨트롤 박스 내부의 전선은 미관상 좋고, 잘 정리 되었는가?		YES 0.4 NO 0	0.4
10	제어선 연결부에 넘버링(절열튜브)을 사용 했는가?		YES 0.4 NO 0	0.4
11	제어선 넘버링이 도면과 일치 하는가?		YES 0.2 NO 0	0.2
12	컨트롤 박스 전면의 컨트롤러 및 램프 등의 부착이 도면과 일치 하는가?		YES 0.2 NO 0	0.2
13	컨트롤 박스 전면의 컨트롤러 및 램프 등은 견고하게 고정 되었는가?		YES 0.2 NO 0	0.2
14	컨트롤 박스 내부 배전판의 기구들은 견고하게 고정 되었는가?		YES 0.2 NO 0	0.2
15	컨트롤 박스 내부 바닥에 이물질 등은 없는가?		YES 0.2 NO 0	0.2
16	접지를 해야 할 부품들의 접지상태는 정상인가?		YES 0.4 NO 0	0.4
17	외장 전선의 배선상태가 불필요하게 우회하거나 겹치지 않았는가?		YES 0.4 NO 0	0.4
18	동력선과 제어선은 분리 되었는가?		YES 0.4 NO 0	0.4
19	외부로 나가는 전선은 단자대를 통해 나갔는가?		YES 0.4 NO 0	0.4
20	제어함 내부의 전선은 케이싱 등에 닿지 않도록 작업을 했는가?		YES 0.4 NO 0	0.4

21	동력선 연결시 고무절연 테이프,비닐절연 테이프 순으로 작업했는가?	YES 0.4 NO 0	0.4
22	후렉시블 이후의 노출 전선을 보호 했는가?(수축튜브,헤리컬벤드)	YES 0.4 NO 0	0.4
23	각 기구 및 단자대에 물려있는 터미널은 단단히 고정되어 있는가?	YES 0.2 NO 0	0.2
24	조인트박스 내부의 전선은 여유분을 두어 작업 했는가?(150mm이상)	YES 0.2 NO 0	0.2
25	조인트박스에 불필요한 홀은 막음 처리를 했는가?	YES 0.2 NO 0	0.2
26	온도센서를 증발기 흡입 그릴 부분에 정상적으로 설치하고 견고하게 고정되어 했는가?	YES 0.2 NO 0	0.2
27	동력 외장선 연결부(테이핑처리부)를 터미널 또는 납땜으로 튼튼하게 연결하였는가?	YES 0.5 NO 0	0.5
28	외장 부품의 연결선(동력,제어)은 여유분을 두고 잘 정리정돈 되었는가?	YES 0.2 NO 0	0.2
29	제어 외장선 연결부를 접속자(엔드터미널)등으로 안전하게 연결했는가?	YES 0.3 NO 0	0.3
30	동력 및 제어선의 외장 연결부위가 상부(위)로 향하여 수분(물)등의 침입을 막도록 작업했는가?	YES 0.3 NO 0	0.3
31	제어함 내,외부에 부품 명칭을 기입하였는가?(내부는 부품에 부착)	YES 0.3 NO 0	0.3
32	후렉시블은 잘 고정 되었는가?	YES 0.2 NO 0	0.2
33	후렉시블의 R값은 정상적인가?	YES 0.2 NO 0	0.2
34	후렉시블은 겹치거나 교차하지 않는가?(동배관 포함)	YES 0.3 NO 0	0.3
35	진공완료후 불응축가스 혼입방지를 위해 대기압 이상으로 냉매를 주입하고, 그 양을 기록하는가?	YES 0.3 NO 0	0.3
36	외부 동력선을 후렉시블을 사용해서 작업 했는가?	YES 0.3 NO 0	0.3
37	외부 제어선을 후렉시블을 사용해서 작업 했는가?	YES 0.2 NO 0	0.2
38	후렉시블 끝단의 콘넥터가 없는 부분은 테이핑 처리를 했는가?	YES 0.2 NO 0	0.2
배 점 소 계			11.5

채 점 기 준 표(Sample)

4과제 : 냉매충전, 시운전(경기중)		직 종 명	냉 동 기 술	
No	주 요 항 목		평 가	배점
1	안전화를 신고 작업을 하는가?		YES 0.2 NO 0	0.2
2	긴바지와 긴 상의를 착용하는가?(장갑포함)		YES 0.2 NO 0	0.2
3	보안경을 착용하는가?		YES 0.2 NO 0	0.2
4	주변 정리정돈을 깔끔히 하면서 작업하는가?		YES 0.3 NO 0	0.3
5	냉매 충전 전 호스내의 불응축 가스를 배출하는가?		YES 0.2 NO 0	0.2
6	냉매 충전시 저울을 사용하여 충전량을 체크하는가?		YES 0.3 NO 0	0.3
7	냉매 충전 방법은 올바른가? (액관은 액충진, 가스관은 가스충진)		YES 0.3 NO 0	0.3
8	냉매 충전량은 적당한가? (싸이트 그라스에 기포가 안보이면 : 0.5점, 조금보이면 : 0.2점, 냉매 흐름이 보이면 : 0점)		very good 0.5 acceptable 0.2 not acceptable 0	0.5
9	장치를 운전 전 절연상태, 전원 등을 체크하며, 그 방법은 올바른가?		YES 0.3 NO 0	0.3
10	초기 동작시험 시 제품이 정상적으로 운전이 되는가? 회로결선 불량 등으로 인하여 오동작 하는가?		YES 1 NO 0	1
11	제품 운전시 테스터기를 이용하여 압축기의 운전 전류를 체크하는가?		YES 0.2 NO 0	0.2
12	제품 운전시 테스터기를 이용하여 증발기의 운전 전류를 체크하는가?		YES 0.2 NO 0	0.2
13	제품 운전시 테스터기를 이용하여 응축기의 운전 전류를 체크하는가?		YES 0.2 NO 0	0.2
	보온테이프의 작업 상태는 보온재가 변형이 없거나, 끝마무리 등이 잘 되었있나?(고무 발포의 경우 본드 접합 상태는 양호한가?)		YES 0.3 NO 0	0.3
14	저압스위치의 셋팅압력을 실제게이지 압력을 확인하면서 정상적으로 셋팅하는가? 또한 셋팅압력 체크 방법이 올바른가?		YES 0.3 NO 0	0.3
15	고압스위치의 셋팅압력을 실제게이지 압력을 확인하면서 정상적으로 셋팅하는가? 또한 셋팅압력 체크 방법이 올바른가?		YES 0.3 NO 0	0.3
16	응축기 훼컨트롤 스위치의 셋팅압력을 실제 게이지 압력을 확인하면서 정상적으로 셋팅하는가? 또한 셋팅 압력 체크 방법이 올바른가?		YES 0.3 NO 0	0.3
17	저압관과 결로가 생기는 부분등 보냉이 되어야 할 부분에 보냉이 정상으로 되어 있는가?		YES 0.5 NO 0	0.5
18	벽관통 부위의 홀(구멍) 부분은 막음 처리를 하였는가?		YES 0.3 NO 0	0.3
19	메니폴드게이지 철거 후 압력관 내부의 불응축 가스를 제거 하는가?		YES 0.2 NO 0	0.2
20	"19"항 작업후 압력관 연결 후레아 넛트 부위를 비눗물 검사를 하는가?		YES 0.3 NO 0	0.3
배 점 소 계				6.6

채 점 기 준 표(Sample)

No	주 요 항 목	평 가	배점
4과제 : 냉매충전, 시운전(경기후)	직 종 명	냉 동 기 술	
1	냉동유니트 제어장치의 셋팅값이 올바른가 ① 고온 알람온도 : −15℃ ② 저온 알람온도 : −25℃ ③ 제상 후 고온알람지연 시간 : 20분 ④ 고온 알람 지연 시간 : 40분 ⑤ 저온 알람 지연 시간 : 1분 ⑥ 설정가능한 냉각운전기준 설정값은 최소값을 −25℃, 최대값을 −10℃로 설정. ⑦ 제상종료는 제상온도와 제상시간 중 먼저 발생한 것에 의해 종료되도록 설정. ⑧ 펌프다운 시간은 0로 설정. ⑨ 배수시간은 1분으로 설정. ⑩ 제상은 5시간 주기로 10분간 제상이 되도록 설정. ⑪ 제상시 팬 운전은 냉동실은 열원제상으로 냉장실은 자연제상으로 설정. ⑫ 제상시 팬 운전은 냉동실은 제상 후 팬 지연으로 냉장실은 바로운전으로 설정. ⑬ 제상 후 팬 지연시간은 20초, 팬 운전 온도는 5℃로 설정. ⑭ 콤프레샤의 잦은 ON/OFF를 방지하기 위해 재기동 지연을 60초로 설정. ⑮ 냉동실 설정온도 : −20℃ 냉장실 설정온도 : 0℃ 제어편차는 2℃로 설정.	YES 0.2×15 NO 0	3
2	저압스위치의 셋팅압력 및 실제 요구된 압력 값에서 동작되는가? (±0.1kg/cm²이내 : 0.2점/±0.2kg/cm²이내 : 0.1점/±0.3kg/cm²이상 : 0점)	YES 0.2 NO 0	0.2
3	고압스위치의 셋팅압력 및 실제 요구된 압력 값에서 동작되는가?	YES 0.2 NO 0	0.2
4	응축기 휀컨트롤 스위치의 셋팅압력 및 실제 요구된 압력값에서 동작되는가? (±0.1kg/cm²이내 : 0.2점/±0.2kg/cm²이내 : 0.1점/±0.3kg/cm²이상 : 0점)	YES 0.2 NO 0	0.2
5	TEST SHEET의 1-10번까지 정상적인 값을 측정 하였는가? (각 0.2점)	YES 2 NO 0	2
6	TEST SHEET의 11-16번까지 정상적인 값을 측정 하였는가? (각 0.3점)	YES 1.8 NO 0	1.8
7	냉동실 고내 온도는 -20℃ 에서 운전 되는가? (1℃에 0.5점씩 감점)	YES 2.5 NO 0	2.5
8	냉장실 고내 온도는 0℃ 에서 운전 되는가? (1℃에 0.5점씩 감점)	YES 2.5 NO 0	2.5
9	시스템은 모든 조건을 만족하면서 정상적인 동작을 하는가?	YES 1 NO 0	1
배 점 소 계			13.4

채 점 기 준 표(Sample)

5과제 : 에어컨설치 및 시운전 후 측정		직 종 명	냉 동 기 술	
No	주 요 항 목		평 가	배점
1	안전화를 신고 작업을 하는가?		YES 0.2 NO 0	0.2
2	긴바지와 긴 상의를 착용하는가?(장잠포함)		YES 0.2 NO 0	0.2
3	보안경을 착용하는가?		YES 0.2 NO 0	0.2
4	배관작업 시 용접 이음매는 없는가?		YES 0.5 NO 0	0.5
5	작업 시 주변 정리 정돈 및 청소를 깨끗이 하면서 하는가?		YES 0.3 NO 0	0.3
6	1차 질소 가압 시 누설이 없는가?		YES 0.5 NO 0	0.5
7	질소 가압 방치 후 15분간 누설이 없는가?		YES 0.5 NO 0	0.5
8	진공작업시 30분간 2,000micron 이하까지 도달했는가?		YES 0.5 NO 0	0.5
9	진공 방치시 10분간 50micron 이상 상승하지 않는가?		YES 0.5 NO 0	0.5
10	냉매주입 방법은 올바른가?		YES 0.3 NO 0	0.3
11	냉매주입량은 맞는가? 제조사에서 제시한 량을 주입했는가?		YES 0.3 NO 0	0.3
12	실내기 설치는 드레인이 잘되는 구조로 설치했는가?		YES 0.2 NO 0	0.2
13	실내기 설치 위치는 도면과 일치 하는가?		YES 0.3 NO 0	0.3
14	실외기 설치 위치는 도면과 일치 하는가?		YES 0.3 NO 0	0.3
15	보온은 가스관과 액관 모두를 보온했는가?		YES 0.2 NO 0	0.2
16	보온재의 손상된 부분이 없는가?		YES 0.2 NO 0	0.2
17	보온재의 이음매는 전용본드로 부착했는가?		YES 0.2 NO 0	0.2
18	보온재는 고정새들 또는 케이블타이 등에 의해 눌림 등의 변형이 없는가?		YES 0.2 NO 0	0.2
19	액관은 1/4″관으로 했는가?		YES 0.2 NO 0	0.2
20	가스관은 3/8″관으로 했는가?		YES 0.2 NO 0	0.2

21	액관과 가스관이 서로 겹치지 않았는가?	YES 0.2 NO 0	0.2
22	1/4″관의 벤딩 부위 반경은 직종설명과 일치하는가?	YES 0.3 NO 0	0.3
23	3/8″관의 벤딩 부위 반경은 직종설명과 일치하는가?	YES 0.3 NO 0	0.3
24	벤딩 부위가 찌그러 지거나 뒤틀림 현상이 없는가?	YES 0.3 NO 0	0.3
25	고정 새들의 간격은 400mm이내 이며 간격이 일정한가?	YES 0.3 NO 0	0.3
26	흡입관을 압축기 측으로 구배를 주었는가?	YES 0.3 NO 0	0.3
27	수직면을 따르는 배관은 수직인가?	YES 0.3 NO 0	0.3
28	실내기의 고정은 흔들림 없이 단단히 고정 됐는가?	YES 0.2 NO 0	0.2
29	실외기는 바닥에 단단히 고정 했는가?	YES 0.2 NO 0	0.2
30	시운전 하기 전 전원 및 절연을 확인하고 그 방법은 올바른가?	YES 0.2 NO 0	0.2
31	시운전시 메니폴드 게이지 등을 연결하기 위해 제거된 실외기 커버를 닫고 하는가? 커버를 닫지 않을 경우 고압상승 등의 원인이 됨.	YES 0.3 NO 0	0.3
32	냉방 또는 난방 모드가 요구 조건과 일치 하는가?	YES 0.2 NO 0	0.2
33	휀 스피드는 요구조건과 일치 하는가?	YES 0.2 NO 0	0.2
34	토출그릴 고정 또는 회전 모드는 요구 조건과 일치 하는가?	YES 0.2 NO 0	0.2
35	온도 설정치는 요구 조건과 일치 하는가?	YES 0.2 NO 0	0.2
36	체크시트의 1~8번 항목을 올바르게 기록 했는가? 항목 당 0.2점	YES 1.6 NO 0	1.6
37	체크시트의 9~15번 항목을 올바르게 기록 했는가? 항목 당 0.3점	YES 2.1 NO 0	2.1
38	장비를 최초 운전 시 오동작을 하지 않는가?	YES 1 NO 0	1
39	시운전이 완료되고 측정 공구를 모두 장비에서 철거 했나?	YES 0.3 NO 0	0.3
40	모든 작업이 완료 된 후 청소 및 정리정돈이 잘 되었나?	YES 0.3 NO 0	0.3
배 점 소 계			15

채 점 기 준 표(Sample)

No	5과제 : 전기 고장수리	직 종 명	냉 동 기 술	
	주 요 항 목		**평 가**	**배점**
1	안전화를 신고 작업을 하는가?		YES 0.2 NO 0	0.2
2	긴바지와 긴 상의를 착용하는가?(장잠포함)		YES 0.2 NO 0	0.2
3	보안경을 착용하는가?		YES 0.2 NO 0	0.2
4	고장수리전 절연저항 및 전원을 체크하며 방법은 올바른가?(심 사위원 입회하에)		YES 0.2 NO 0	0.2
5	고장수리를 위해 부착된 공구류는 철거 했는가?		YES 0.3 NO 0	0.3
6	고장수리를 위해 분해 또는 개폐된 장치 및 부품은 원상복구 되었 는가? (전면 비닐카바, 압력스위치 카바, 압축기 단자대 카바 등)		YES 0.3 NO 0	0.3
7	고장수리 완료후 주변정리는 청결하게 정리 되었는가?		YES 0.2 NO 0	0.2
8	고장부위를 주어진 시간내 찾았는가?		YES 1.4 NO 0	1.4
9	고장 진단부 수리하는 방법이 올바른(적정)가?		very good 1 acceptable 0.5 not acceptable 0	1
10	고장진단하고 처리하는 시간이 빠른가? 종료 20분전(1점), 10분전(0.5점), 5분전(0.2점), 종료전에 못찾음 (0점)		20분전 : 1 10분전 : 0.5 5분전 : 0.2	1
	고장은 1개소를 같은 곳을 내어 찾도록 한다.			
	배 점 소 계			5

채 점 기 준 표(Sample)

No	주 요 항 목	평 가	배점
	6과제 : 기계 고장수리　　　직 종 명	냉 동 기 술	
1	안전화를 신고 작업을 하는가?	YES 0.2 NO　0	0.2
2	긴바지와 긴 상의를 착용하는가?(장잠포함)	YES 0.2 NO　0	0.2
3	보안경을 착용하는가?	YES 0.2 NO　0	0.2
4	고장수리전 절연저항 및 전원을 체크하며 방법은 올바른가? (심사위원 입회하에)	YES 0.2 NO　0	0.2
5	고장수리를 위해 부착된 공구류는 철거 했는가?	YES 0.3 NO　0	0.3
6	고장수리를 위해 분해 또는 개폐된 장치 및 부품은 원상복구 되었는가? (전면 비닐카바, 압력스위치 카바, 압축기 단자대 카바 등)	YES 0.3 NO　0	0.3
7	고장수리 완료 후 주변정리는 청결하게 정리 되었는가?	YES 0.2 NO　0	0.2
8	CHECK SHEET의 측정값을 올바르게 기록하였는가? (각 항목별 0.2점 배점, 12개소)	YES 2.4 NO　0	2.4
9	고장부위를 주어진 시간내 찾았는가?	YES 2 NO　0	2
10	찾게 된 방법이 올바른가? CHECK SHEET의 온도 또는 압 력값을 가지고 서술 하였는가?	very good 1 acceptable 0.5 not acceptable 0	1
11	고장 진단부 수리하는 방법이 올바른(적정)가? (공구사용법, 압력스위치 연결시 퍼지 및 손댄 부위 누설검사 능)	very good 1 acceptable 0.5 not acceptable 0	1
12	고장진단하고 처리하는 시간이 빠른가? 종료 30분전(2점), 20분전(1.5점), 10분전(1.0점), 5분전(0.5점), 종료전에 못찾음(0점)	30분전 : 2 20분전 : 1.5 10분전 : 1.0 5분전 : 0.5	2
	고장은 1개소를 같은 방법으로 내고 가급적 운전이 되어 CHECK SHEET를 작성 한 후 고장수리를 할 수 있도록 한다.		
	배 점 소 계		10

2 기능경기대회

1. 2010년 지방기능경기대회 과제

분 과	기 계	직 종 명	냉동기술
경기시간	제1과제(냉동배관 및 누설시험 : 7시간) 제2과제(전기배선 및 진공작업 : 7시간) 제3과제(냉매 충전과 시운전 및 결과 측정과 TEST SHEET 작성 : 2시간) 제4과제(기계고장진단 및 수리 : 1시간) 제5과제(전기고장진단 및 수리 : 30분) 제6과제(용접과제 : 2시간)		

○ 시행시 유의사항

(시 행 전)

1. 집행위원은 선수에게 지급할 모든 지급재료 및 부품의 사양을 점검하고 이상이 없을 시 선수에게 지급하고 선수의 지참재료 목록을 점검하여 지참 수량 이외에는 반입을 금지시키고 경기를 집행한다.

2. 집행위원은 경기장 설비 목록에 따라 비치된 각종 설비의 수량 및 고장 유무를 파악하고 안전조치사항 등에 대한 내용을 선수에게 전달 숙지시킨다.

3. 비치된 설비 중 산소, 질소 및 아세틸렌 용기의 잠김 상태를 확인하도록 하며, 각 선수의 작업장에는 소화기를 배치한다.

4. 냉동장치의 작동 테스트 시 감전의 위험이 없도록 누설 점검 시 사용되는 물기는 반드시 제거하도록 한다.

5. 집행위원은 특수설비에 대한 사용법을 충분히 설명하여 선수 혼자 기기를 사용할 수 있도록 한다.

6. 배관 작업 시 벤-딩, T형 이음관 등의 사용은 주어진 수량 내에서 각자 판단에 따라 시행토록 한다.

7. 선수의 안전을 위해 가스 용접기 사용 방법 등 기타 안전수칙을 반드시 지키도록 한다.

8. 질소가압 누설시험은 제1과제 때 가압하도록 하고 익일 제2과제 경기 전 확인한 후 이상이 있는 작품은 당해 선수로 하여금 확인하도록 한다.

9. 각 과제는 정해진 시간 내에 끝내도록 한다.

10. 고장진단은 채점기준표의 과제내용을 참고하여 심사위원이 선수의 작품을 인위적으로 고장을 내고 이를 수리하도록 한다.

11. 모든 과제별 채점은 과제가 끝나는 당일에 과제별 채점을 완료해야 하며, 과제별 진행과정 및 과제별 완성도를 가지고 채점한다. 선수는 진행과정 중 심사위원이 확인해 주어야 할 부분을 심사위원의 서명날인를 받고 과제를 진행할 수 있도록 한다.

12. 심사위원은 과제별 시간을 준수해야 하며, 시간의 연장이나, 단축하는 일이 없도록 한다.

(시 행 중)

1. 경기 도중 발생된 각종 지급설비의 불량은 정도에 따라 집행위원이 판단하여 선수에게 불리하지 않도록 최대한 배려한다.

2. 경기 도중 선수 상호간의 불필요한 이동, 잡담 및 외부인과 정보교환 등을 최대한 억제시키고 이를 어길시 부정행위로 불이익을 받을 수 있음을 주지시킨다.

(시 행 후)

1. 경기장 내 각종 설비에 대한 안전점검(각종 고압가스 기기의 밸브 잠금 여부, 용기의 전도방지조치 여부, 전원차단 여부 등)을 실시하고 이상 없음을 확인한다.

2. 경기장 내 정리정돈 여부를 확인하고, 각 선수 작품의 훼손을 방지하기 위해 시건장치를 점검한다.

2010년도 기능경기대회 과제

직종명	냉동기술	과제명	냉동배관 및 누설시험	과제번호	제 1 과제
경기시간	7	비번호		심사위원 확 인	(인)

1. 요구사항

(1) 냉동배관 및 누설시험

① 본 냉동실은 도면과 같이 제작되어 있으며, 장치는 전열 제상 시스템으로 지시된 사항대로 작품을 완성하시오.

② 각 부품의 입출구 높이차에 의한 배관의 연결방법은 선수 개인이 판단하되 배관이 겹치거나 길어지지 않도록 하여 배관의 압력손실이 최소화되도록 한다.

③ 토출 관 및 액 관은 3/8″(ø9.52mm) 동관을 사용하고, 흡입관은 1/2″(ø12.7mm) 동관을 사용한다.

④ 용접 및 벤-딩 부위는 두텁고 외관상 양호해야 하며, 찌그러짐이나 흠 자국 등이 없어야 한다.

용접작업 전 확인(아세틸렌 및 산소 압력)	심사위원	(날인)

⑤ 배관작업 시 용접개소 및 벤-딩 부위가 최소화되어야 한다.

⑥ 각종 부품은 운전 시 진동이나 소음이 발생되지 않도록 단단히 고정하여야 한다.

⑦ 배관 및 각종 부품의 부착은 시스템의 성능이 최대로 발휘될 수 있도록 하여야 한다.

⑧ 질소가압 누설 테스트 전에 심사 위원에게 확인받고, 누설 테스트 후 질소를 5kgf/cm^2 가압 후 심사위원에게 확인받는다.

질소가압 누설 테스트 전	심사위원	(날인)
질소가압 후	심사위원	(날인)

⑨ 누설검사가 끝나면 가압된 압력을 표시한 후 익일 재확인할 수 있도록 조치하고, 흡입관 보온작업을 완료한다.

⑩ 증발기 드레인은 냉장실 뒤편으로 배출하며 외부 공기가 침입되지 않도록 트랩

을 만든다.

⑪ 벽을 관통하는 배관의 홀 부위는 막음 처리하여 마무리 작업한다.

⑫ 팽창밸브 및 감온통은 정상작동에 지장이 없도록 설치를 완료한다.

2. 선수 유의사항

① 선수는 경기시작 전 모든 재료 및 부품이 이상 없는지 확인한다.

② 특수설비의 경우 조작요령을 충분히 숙지한 후 경기를 시작한다.

③ 부주의로 인하여 지급된 부품 및 재료의 교환이 있을 경우, 일정 점수를 감점한다.

④ 최초 질소가압 첫 test에서 누설이 있는 경우 감점됨을 알아야 한다.

⑤ 가스 용접기는 사용 후 반드시 밸브의 잠금 여부를 확인한다.

⑥ 선수는 안전수칙을 반드시 준수한다.

⑦ 경기장내 정리, 정돈과 청결을 유지한다.

⑧ 선수는 경기 도중 타 선수의 경기에 지장을 초래해서는 안 된다.

⑨ 선수는 경기 중 심사위원에 확인받을 사항을 필히 확인받은 후 작업에 임하도록
한다.

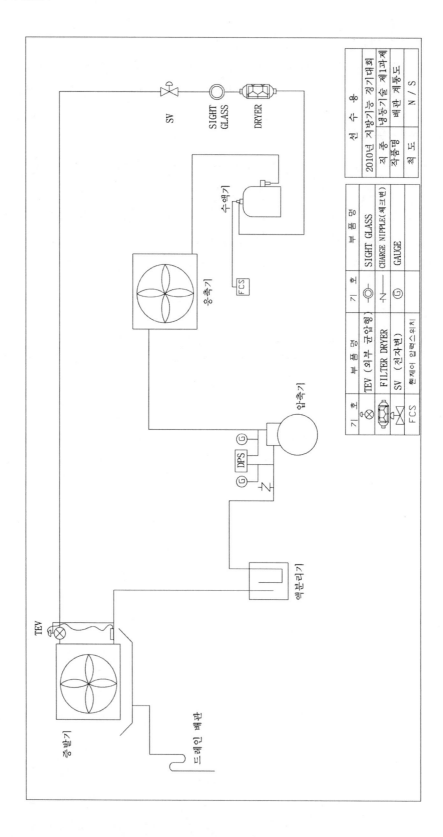

기 호	부 품 명	기 호	부 품 명	선 수 용	
⊗	TEV (외부 균압형)	⊙	SIGHT GLASS	2010년 지방기능 경기대회	
▨	FILTER DRYER	⋈	CHARGE NIPPLE(체크변)	직 종	냉동기술 제1과제
⋈	SV (전자변)	G	GAUGE	작품명	배관 계통도
FCS	팬제어 압력스위치			척 도	N / S

SV SIGHT GLASS DRYER

수액기

FCS

응축기

압축기

G

DPS

G

액분리기

TEV

증발기

드레인 배관

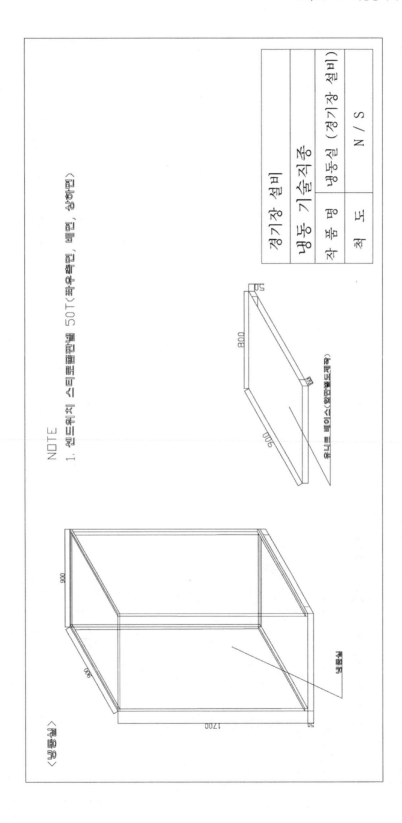

NOTE
1. 샌드위치 스티로폼 패널 50T〈좌우측면, 배면, 상하면〉

800

900

50

유니트 베이스〈앵글로 제작〉

경기장 설비		
냉동 기술직종		
작 품 명	냉동실 (경기장 설비)	
척 도	N / S	

〈냉동실〉

900

900

1200

50

냉동실

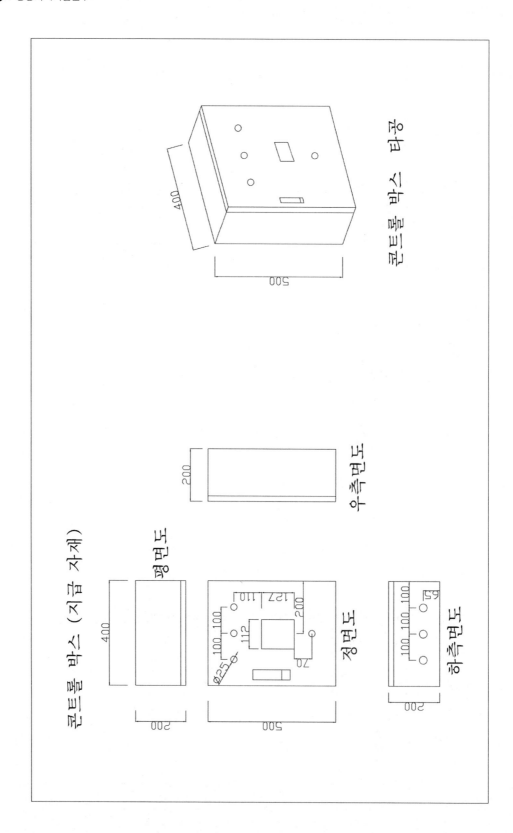

2010년도 기능경기대회 과제

직종명	냉동기술	과제명	전기배선 및 진공작업	과제번호	제 2 과제
경기시간	7	비번호		심사위원 확 인	(인)

1. 요구사항

(1) 전기배선, 진공작업

① 선수는 제2과제를 시작하기 전에 심사위원의 누설 여부를 확인하고 누설이 있을 경우에는 해당 누설부위를 조치 후 2과제에 임한다. 단, 누설부분은 감점 조치된다.

누설 유,무 확인	심사위원 확인	(날인)

② 전기배선작업은 전기배선도를 확인 후 주어진 부품을 이용하여 작업하여야 하며, 운전 시 진동에 의한 이탈이 없어야 한다.

③ 전기 배선시 전선이 불필요하게 복잡하거나 우회하지 않아야 한다.

④ 전기 배선 작업 도중 진공작업 실시 여부는 선수 개인이 판단하며, 진공은 2,000micro 이하까지 작업을 수행하고, 진공펌프가 중지된 후 30분 동안 200micro이 증가하면 안 된다.

진공검사 전과 검사 후를 심사위원에게 확인받는다.

진공압력 확인 :	micro	심사위원	(날인)
30분 방치 후 진공압력 확인 :	micro	심사위원	(날인)

⑤ 온도 조절기 감지용 센서는 증발기 팬 흡입구 보호망에 견고히 고정시킨다.

⑥ 전기 결선 작업이 완료되면 회로 점검완료 후 심사위원에게 전기 결선작업에 대해 검사를 받아야 한다.

전기 결선 확인 :	심사위원	(날인)

2. 경기자 유의사항

① 선수는 경기 시작 전 모든 재료 및 부품이 이상 없는지 확인하고 시작한다.

② 완성된 냉동 유닛에 전원 투입 시 감전 및 누전에 유의한다.

③ 선수는 안전수칙을 반드시 준수한다.

④ 경기장내 정리, 정돈과 청결을 유지한다.

⑤ 선수는 경기 도중 타 선수의 경기에 지장을 초래해서는 안 된다.

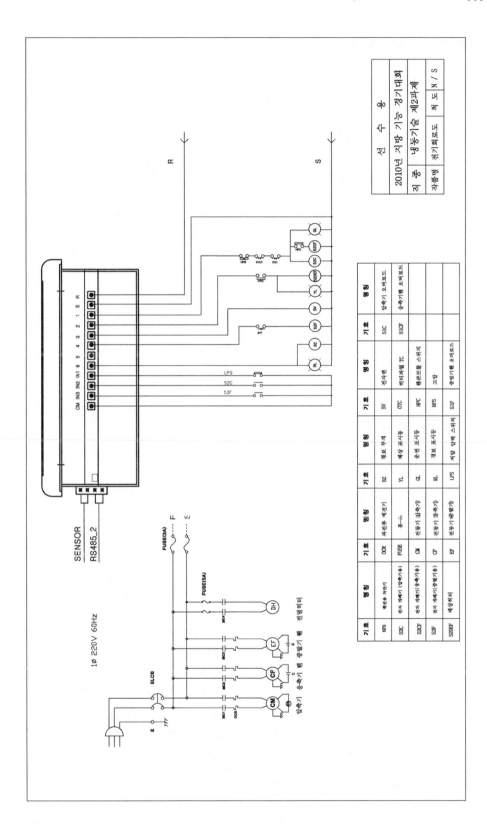

■ 내부 입 · 출력 배치도

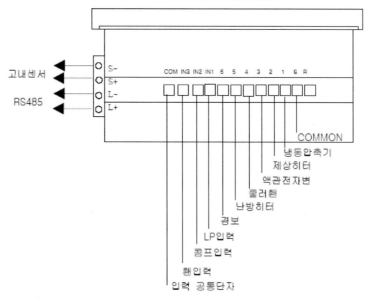

■ SPEC

항목	내 용
전원	AC 200V, 60Hz
출력	6PORT(AC 220V)
입력	3PORT(무접점)

항목	내 용
센서	1PORT(103ETB)
온도범위	−35~50℃
통신	485통신 1EA

■ 입 · 출력 세부 내용

입력	내 용
IN1	LP(A접점)
IN2	콤프경보(A접점)
IN3	쿨러형(A접점)

출력	내 용
1	냉동 압축기
2	제상 히터
3	액관 전자변
4	쿨러 팬
5	난방 히터
6	통합 경보

■ 경보 내용

구 분	내 용	비 고
Err1, Err2	고내센서 Open, 고내센서 Short	센서 결선 확인
Err5	현재온도가 냉방설정온도−편차온도−저온설정온도 이하이면 발생	저온 에러
Err6	현재온도가 냉방설정온도+편차온도+고온설정온도 이상이면 발생	제상 후 30분 뒤 체크
Err7	콤프 ON 후 10초 동안 Comp(IN2) 입력이 들어오지 않으면 발생	
Err8	Fan 출력 후 10초 동안 입력부 Fan(IN3) 입력이 들어오지 않으면 발생	
Errd	Solenoid ON 후 LP가 10분 동안 붙지 않으면 발생	
ErrE	Display부와 Main 통신상태 에러	

◑ [일체형 냉동, 냉장 유닛 쿨러(3301) 요약 설명서]

■ 제품 요약 설명

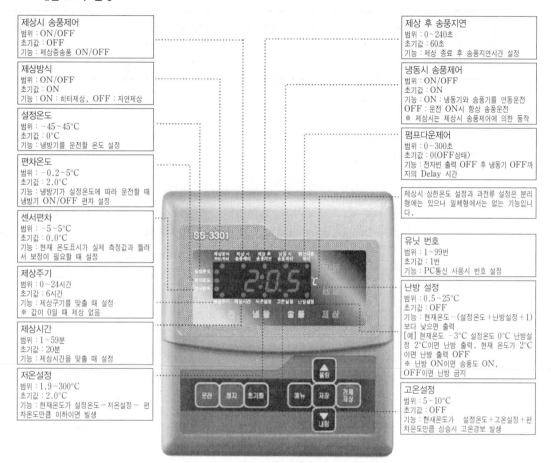

제상시 송풍제어
범위 : ON/OFF
초기값 : OFF
기능 : 제상중송풍 ON/OFF

제상방식
범위 : ON/OFF
초기값 : ON
기능 : ON : 히터제상, OFF : 자연제상

설정온도
범위 : −45~45℃
초기값 : 0℃
기능 : 냉방기를 운전할 온도 설정

편차온도
범위 : −0.2~5℃
초기값 : 2.0℃
기능 : 냉방기가 설정온도에 따라 운전할 때
냉방기 ON/OFF 편차 설정

센서편차
범위 : −5~5℃
초기값 : 0.0℃
기능 : 현재 온도표시가 실제 측정값과 틀려
서 보정이 필요할 때 설정

제상주기
범위 : 0~24시간
초기값 : 6시간
기능 : 제상구기를 맞출 때 설정
※ 값이 0일 때 제상 없음

제상시간
범위 : 1~59분
초기값 : 20분
기능 : 제상시간을 맞출 때 설정

저온설정
범위 : 1.9~300℃
초기값 : 2.0℃
기능 : 현재온도가 설정온도−저온설정−편
차온도만큼 이하이면 빌생

제상 후 송풍지연
범위 : 0~240초
초기값 : 60초
기능 : 제상 종료 후 송풍지연시간 설정

냉동시 송풍제어
범위 : ON/OFF
초기값 : ON
기능 : ON : 냉동기와 송풍기를 연동운전
OFF : 운전 ON시 항상 송풍운전
※ 제상시는 제상시 송풍제어에 의한 동작

펌프다운제어
범위 : 0~300초
초기값 : 0(OFF상태)
기능 : 전자변 출력 OFF 후 냉동기 OFF까
지의 Delay 시간

제상시 상한온도 설정과 과전류 설정은 분리
형에는 있으나 일체형에서는 없는 기능입니
다.

유닛 번호
범위 : 1~99번
초기값 : 1번
기능 : PC통신 사용시 번호 설정

난방 설정
범위 : 0.5~25℃
초기값 : OFF
기능 : 현재온도 −(설정온도+난방설정+1)
보다 낮으면 출력
[예]현재온도 −3℃ 설정온도 0℃ 난방설
정 2℃이면 난방 출력. 현재 온도가 2℃
이면 난방 출력
※ 난방 ON이면 송풍도 ON,
OFF이면 난방 금지

고온설정
범위 : 5~10℃
초기값 : OFF
기능 : 현새온도가 설정온도+고온실정+편
차온도만큼 상승시 고온경보 발생

■ 버튼 기능

구분	기 능	비고
운전	1초 이상 누르면 운전 ON.	
정지	1초 이상 누르면 운전 OFF.	
초기화	5초 이상 누르고 있으면 모든 설정치가 초기값으로 변경됨. 보통 입력시 메뉴 모드, 과열방지 센서 데이터 표시기능 해제시 사용	
메뉴	보통 입력시(설정온도, 편차온도, 센서편차, 제상주기, 제상시간, 냉동지연 제상후 송풍지연)만 설정할 수 있도록 이동되며, 5초 이상 누르면 세부 설정으로 들어감.	
저장	1초 이상 누르면 설정값 저장, 보통 입력시 경보음이 울릴 때 경보음 해제	
강제제상	2초 이상 누르면 강제제상 ON/OFF	
올림	설정값을 올릴 때 사용하며 ON/OFF 선택시 ON, 5초간 누르면 시간단축모드 (1/60)로 동작	
내림	설정값을 내릴 때 사용하며 ON/OFF 선택시 OFF	

2010년도 기능경기대회 과제

직종명	냉동기술	과제명	냉매 충전, 운전결과 측정	과제번호	제 3 과제
경기시간	2	비번호		심사위원 확 인	(인)

1. 요구사항

(1) 냉매충전, 운전결과 측정

① 전원투입 전 잘못된 배선작업이 있는지 확인하여 주십시오.

② 제상 시 증발기 팬 제어는 off 상태이며, 제상방식은 전열 히터 방식으로 설정한다. 제상주기는 3시간 간격으로 설정하고, 제상시간은 10분으로 설정한다. 제상 후 증발기 팬이 10초 후에 운전될 수 있도록 설정한다.

③ 고내온도의 세팅온도는 −5℃로 설정하며, 편차온도는 2℃로 설정한다.

④ 저온설정온도는 3℃로 설정하며, 고온설정은 off로 설정한다.

⑤ 냉동시 증발기 팬은 냉동기 운전시 연동으로 운전되게 설정하고, 펌프다운은 전자밸브 off신호 출력 후 5초 후 comp가 정지할 수 있게 설정한다.

⑥ 고압차단 스위치의 압력설정은 50℃에 해당하는 포화압력으로 한다.

⑦ 저압차단 스위치의 압력설정은 cut out −24℃, cut in −12℃에 해당하는 포화압력으로 한다. 과전류 계전기(OCR)의 cut out은 정상운전전류보다 1.2배 높게 설정한다.

⑧ 응축기 압력조절용 스위치의 설정압력은 cut out 31℃, cut in 38℃에 해당하는 포화압력으로 한다.

⑨ 고·저압 차단스위치 및 각종 압력 스위치류의 설정은 냉방 시스템에 부착된 압력 게이지를 확인하면서 실제 제시된 포화압력으로 설정하여야 한다.

⑩ 냉동설비가 정상적인 운전을 하고 있으면 운전 중 DATA를 주어진 TEST SHEET에 기록하여야 한다.

⑪ 작성한 TEST SHEET는 서명 날인 후 심사위원에게 제출한다.

⑫ 냉매 충전 전과 후의 가스통 중량을 심사위원에게 확인받은 후 충전량을 TEST SHEET에 기록한다.

충전 전 중량 :	KG	심사위원	(날인)
충전 후 중량 :	KG	심사위원	(날인)

2. 경기자 유의사항

① 선수는 경기 시작 전 냉매 및 전원공급은 이상 없는지 확인하고 한다.

② 특수설비의 경우 조작 요령을 충분히 숙지한 후 경기를 시작한다.

③ 전원 투입 시 감전 및 누전에 유의한다.

④ 선수는 안전수칙을 반드시 준수한다.

⑤ 경기장내 정리, 정돈과 청결을 유지한다.

⑥ 선수는 경기 도중 타 선수의 경기에 지장을 초래해서는 안 된다.

2010년도 기능경기대회 과제

직종명	**냉동기술**	과제명	**냉매 충전, 운전결과 측정**	과제번호	**제 3 과제**
경기시간	**2시간**	비번호		심사위원 확 인	(인)

▪ TEST SHEET ▪

(정상운전 후)

번호	측정 항목	단위	계산식	설정 및 측정값	판정
1	고압	kgf/cm² · G	*계산식 없음*	kgf/cm² · G	
2	저압	kgf/cm² · G	*계산식 없음*	kgf/cm² · G	
3	압축기 운전 전류	A	*계산식 없음*	A	
4	온도조절기 설정온도	℃	*계산식 없음*	℃	
5	냉매 충전량	kg	*계산식 없음*	kg	
6	압축기 입구(흡입관)의 과열도	℃		℃	
7	팽창밸브 직전 과냉각도	℃		℃	
8	압축비	kgf/cm² · a		kgf/cm² · a	
평 가					

2010년도 기능경기대회 과제

직종명	냉동기술	과제명	기계고장진단 수리	과제번호	제 4 과제
경기시간	1시간	비번호		심사위원 확 인	(인)

1. 요구사항

(1) 기계고장진단 수리

① 심사위원이 인위적으로 발생시킨 고장부분을 수리하여야 한다.

② 고장진단 및 수리는 최대한 빠른 시간 내(시간에 따라 점수 차이가 있음)에 해결하여야 한다.

③ 고장진단 전 CHECK SHEET를 기록하고, 합리적인 방법으로 진단하고 수리하여야 한다.

④ 고장진단 시작과 종료시간을 기록한다.

고장부위 및 고장부위를 찾은 방법을 서술하시오.	

2. 경기자 유의사항

① 선수는 경기 시작 전 고장진단 및 수리에 필요한 공구 등과 전원공급은 이상 없는지 확인하여야 한다.

② 특수설비의 경우 조작 요령을 충분히 숙지한 후 경기를 시작한다.

③ 전원 투입 시 감전 및 누전에 유의한다.

④ 선수는 안전수칙을 반드시 준수한다.

⑤ 경기장내 정리, 정돈과 청결을 유지한다.

⑥ 선수는 경기 도중 타 선수의 경기에 지장을 초래해서는 안 된다.

2010년도 기능경기대회 과제

직종명	**냉동기술**	과제명	**전기고장진단 수리**	과제번호	**제 5 과제**
경기시간	**1시간**	비번호		심사위원 확 인	(인)

1. 요구사항

(1) 전기고장진단 수리

① 심사위원이 인위적으로 발생시킨 고장부분을 수리하여야 한다.

② 고장진단 및 수리는 최대한 빠른 시간 내(시간에 따라 점수 차이가 있음)에 해결하여야 한다.

③ 고장진단은 해당 공구(계기류)를 이용하여 합리적인 방법으로 진단하고 수리하여야 한다.

④ 고장진단 시작과 종료시간을 기록한다.

고장부위 및 고장부위를 찾은 방법을 서술하시오.	

2. 경기자 유의사항

① 선수는 경기 시작 전 고장진단 및 수리에 필요한 공구 등과 전원공급은 이상 없는지 확인하여야 한다.

② 특수설비의 경우 조작 요령을 충분히 숙지한 후 경기를 시작한다.

③ 전원 투입 시 감전 및 누전에 유의한다.

④ 선수는 안전수칙을 반드시 준수한다.

⑤ 경기장내 정리, 정돈과 청결을 유지한다.

⑥ 선수는 경기 도중 타 선수의 경기에 지장을 초래해서는 안 된다.

2010년도 기능경기대회 과제

직종명	**냉동기술**	과제명	**용접과제**	과제번호	**제 6 과제**
경기시간	**2시간**	비번호		심사위원 확 인	(인)

1. 요구사항

(1) 용접과제

① 주어진 도면을 참조하여 과제를 완성한다.

② 용접작업 시작 전 아세틸렌 및 산소의 압력을 심사위원에게 확인받는다.

용접작업 전	심사위원	(날인)

③ 용접시 동관 내부가 산화되지 않도록 한다.

④ 작업 완료 후 심사위원에게 도면과 완성 과제물을 제출한다.

2. 경기자 유의사항

① 선수는 경기 시작 전 필요한 공구와 재료 등은 이상 없는지 확인하여야 한다.

② 특수설비의 경우 조작 요령을 충분히 숙지한 후 경기를 시작한다.

③ 전원 투입 시 감전 및 누전에 유의한다.

④ 선수는 안전수칙을 반드시 준수한다.

⑤ 경기장내 정리, 정돈과 청결을 유지한다.

⑥ 선수는 경기 도중 타 선수의 경기에 지장을 초래해서는 안 된다.

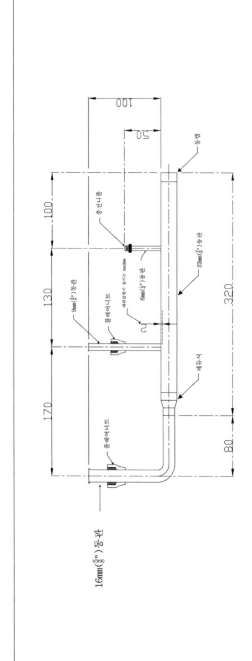

1. 16mm($\frac{5}{8}$) 배관은 반드시 스프링 벤더로 벤딩작업한다.

2. 치수는 끝단 겹면을 기준으로 한다.

3. 은납봉은 5%를 사용하며, 후락스 또는 봉사를 사용하여 용접한다.

4. 허용오차는 + - 1mm.

5. 22mm배관에 9mm, 6mm배관 용접시 삽입깊이는 최대2mm이하로 한다.

6. 용접작업 완료후 16mm, 9mm플레어 너트에 황동니플과 황동캡을 사용하여 막음처리를 한후 충진니플을 이용하여 플음을 이용하여 질소를 5kgf/㎠' 충진 후 과제를 제출한다.

선 수 용

2010년 지방기능 경기대회

직 종	냉동기술 제6과제		
작품명	용접과제		
척 도	1 : 1		

1. 지급 재료 목록

일련 번호	재료명	규격(치수)	단위	직 종 명			냉동기술
				1인당 소요량	공동 소요량	추정 단가	비 고
1	냉동실	900×900×1700h	set	1			도면 참조
2	콘덴싱 유닛 베이스	900×800×50	set	1			도면 참조
3	스위치 박스	400×500×200	개	1			전면
4	전밀폐형 왕복동 압축기	220V×60Hz×1/2HP (R-134a용)	대	1			전면 • ø25 구멍 4개 • 사각 112×127 1개 바닥면 • ø30구멍 3개
5	공냉식 응축기 (FIN & TUBE)	3/4HP (단상 220V)	대	1			팬&모터 포함
6	증발기 냉동용 (FIN & TUBE)	3/4HP (단상 220V, 절연제상 히터 포함.)	대	1			팬&모터 포함 전열제상히터 과열T/C 부착형
7	동관(경질)	22mm(7/8″)	m	0.5			용접과제용
8	동관(연질)	16mm(5/8″)	m	0.5			용접과제용
9	동캡(end cap)	22mm(7/8″)	EA	1			용접과제용
10	동 레듀서	22mm*16mm (7/8″ * 5/8″)	EA	1			용접과제용
11	황동 니플	16mm(5/8″) 양단 플 레어 TYPE	EA	1			용접과제 압력TEST용
12	황동 캡	16mm(5/8″) 플레어 TYPE	EA	1			용접과제 압력TEST용
13	황동 니플	9.52mm(3/8″) 양단 플레어 TYPE	EA	1			용접과제 압력TEST용
14	황동 캡	9.52mm(3/8″) 플레 어 TYPE	EAa	1			용접과제 압력TEST용

2. 선수지참 재료 목록

일련 번호	재료명	규격(치수)	단위	직 종 명			냉동기술
				1인당 소요량	공동 소요량	추정 단가	비 고
1	유닛 컨트롤러	SS-3301	EA	1			시스트로닉스 제품
2	동관(연질)	ø12.7	M	10			
3	동관(연질)	ø9.52	M	10			
4	동관(연질)	ø6.35	M	5			
5	동 이경 TEE	ø12.7*12.7*6.35	EA	2			
6	동 이경 TEE	ø9.52*9.52*6.35	EA	2			
7	동 TEE	ø6.35*6.35*6.35	EA	2			
8	충전용 차지 니쁠	ø6.35	EA	2			체크변에 동관 10cm 부착
9	플레어 너트	ø16(5/8″), ø9.52(3/8″)	EA	각1			
10	은납 용접봉	ø3.2×500L(5%)	EA	8			
11	비닐절연전선	2.5mm²(연선)IV	M	30			
12	비닐절연전선	1.25mm²(연선)IV	M	35			
13	비닐절연전선	1.25mm²(연선)IV	M	10			접지용(녹색)
14	단자 대(전원 및 접지)	15A 3P	개	1			
15	단자 대(제어)	10A 20P	개	1			
16	Y형 압착단자	2.5mm²	개	100			슬리브 포함
17	Y형 압착단자	1.25mm²	개	100			슬리브 포함
18	케이블 타이	2t×3.5w×110L	개	100			
19	산소	120kg/cm²	병	1			경기장 시설로 변경
20	아세틸렌	3kg	병	1			경기장 시설로 변경
21	질소	120kg/cm²	병	1			경기장 시설로 변경
22	고무절연테이프	0.8mm×19mm×5m	개	1			
23	전선용 비닐테이프		개	2			
24	퓨즈 홀더	250VAC×5A	set	2			퓨즈 포함
25	퓨즈 홀더	250VAC×3A	set	2			퓨즈 포함
26	비닐 커튼(연질)	900×1750×1.2t	매	1			투명(냉장고 덮개)
27	보온 테프론 테이프	100×30M	롤	2			회색
28	아티론 보온재(파이프)	ø12.7×2M×10t	개	4			
29	모세관	ø3.2	m	5			
30	후락스 또는 봉사		통	1			
31	납땜용 납		M	5			실납

2. 선수지참 재료 목록

일련 번호	재료명	규격(치수)	단위	직 종 명			냉동기술
				1인당 소요량	공동 소요량	추정 단가	비 고
32	전자밸브	ø9.52×1ø×220V	개	1			Flare-Type
33	사이트 글래스	ø9.52	개	1			Solder-Type
34	드라이어	ø9.52	개	2			Flare-Type
35	고·저압 압력 차단 스위치(듀얼 Type)	고압 : $30kg/cm^2$ 저압 : $-50cmHg$ $\sim6kg/cm^2$	개	1			HPS(수동복귀형) LPS(자동복귀형)
36	응축압력 조절스위치	$30kg/cm^2$	개	1			자동복귀형
37	압력 게이지	고압 : $0\sim35kg/cm^2$ 저압 : $-76cmHg$ $\sim15kg/cm^2$	개	각 1			ø75(연결부 : ø6.35 플레어 타입)
38	브래킷	압력스위치 및 게이지용	개	1			
39	전자 접촉기	GMC-12	개	1			(주접점 3a, 보조접점 1a, 1b)
40	전자 접촉기	GMC-9	개	3			(주접점 3a, 보조접점 1a, 1b)
41	OCR(과부하계전기)	4A~6A	개	1			
42	OCR(과부하계전기)	0.16A~0.25A	개	2			
43	누전 차단기(ELCB)	220V×15A×2P	개	1			
44	액 분리기	1/2 HP용	개	1			In-Out : ø12.7
45	수액기(입형 Type)	1/2 HP용	개	1			In-Out : ø9.52
46	냉매	R-134a	kg	5			
47	온도식 자동팽창밸브 (R-134a)	0.3R/T(NO.00)×3/8″ ×1/2″	개	1			외부 균압형
48	전선관	ø16, ø22	M	8			새들, 커넥터 포함
49	조인트 박스	100×100×60	개	2			
50	딕트	30×40	M	2			
51	드레인 관	ø25	M	1			보온재 포함
52	터미널 단자	20Amp	개	3			
53	진공 펌프	1/2HP	대	1			
54	경보 부저	ø25, 220V	개	1			
55	모리엘 선도	R-134a용	EA	1			
56	포화증기표	R-134a용	EA	1			
57	표시램프	ø25	개	각 1			(녹색, 적색, 백색)
58	냉동장치 구성을 위한 각 부품들의 플레어 너트, 니플 및 볼트 너트, 스크류 피스 등 기타 장치 구성에 필요한 모든 재료들은 여유롭게 준비할 것.						

3. 지참 공구 목록

일련번호	지참 공구명	규격(치수)	단위	직종 명 수 량	추정 단가	냉동기술 비 고
1	플라이어	200L	개	1		
2	직각자	250×100L	개	1		
3	스테인리스 자	500L	개	1		
4	톱(대)	300L	개	1		
5	조줄	5본조	조	1		
6	핸드 드릴	250W	개	1		
7	드릴 날	ø3, ø6.5, ø9, ø13	개	각 1		
8	몽키 스패너	250, 200L	개	1		
9	리머	3~25	개	1		
10	플레어링 공구세트		세트	1		
11	동파이프 벤다	ø6.35, ø9.5, ø12.7	개	각 1		
12	스프링 벤다	ø16mm(5/8″)	개	1		
13	스파크 라이터	가스 용접용	개	1		
14	보안경	가스 용접용	개	1		
15	용접장갑	가스 용접용	개	1		
16	펜치, 니퍼	160L	개	1		
17	롱 로즈 플라이어	160L	개	1		
18	멀티테스터 암페어 메타	V, Ω, A, 테스트용	개	1		
19	드라이버	+, −형	개	1		
20	터미널 압착기	1.25~8ø	개	1		
21	스트리퍼	0.4~1.3ø	개	1		
22	사다리	1M 이상	개	1		
23	매니폴드 게이지	R-134a용	개	1		
24	사인펜	필기용	개	1		
25	줄자	2M	개	1		
26	원형 톱(홀-쏘, 철판용)	ø20, ø30	개	1		
27	온도 측정기	−20~100°C	개	1		디지털 타입
28	무게 저울	50kg(측정용)	개	1		
29	진공 게이지	1~760,000micro	개	1		디지털 타입
30	냉동장치 제작에 필요한 공구 등					

4. 경기장 시설 목록

일련번호	지참공구명	규격(치수)	단위	직종명 수량	냉동기술 추정단가	냉동기술 비고
1	가스 용접기	저압식	조	1		참가 인원수량
2	가스 용접작업대	750×850×900	대	1		참가 인원수량
3	220V 전원	3구형 콘센트	개	1		참가 인원수량
4	바이스	3″ 이상	개	1		참가 인원수량
5	온도계	$-50 \sim 100$	개	1		작업장 설치용
6	산소	$120 \mathrm{kg/cm^2}$	병	1		참가 인원수량
7	아세틸렌	3kg	병	1		참가 인원수량
8	질소	$120 \mathrm{kg/cm^2}$	병	1		참가 인원수량

2. 2011년 지방기능경기대회 과제

분 과	기 계	직 종 명	냉동기술
경기시간	제1과제(냉동배관 및 누설시험 : 7시간) 제2과제(전기배선 및 진공작업 : 7시간) 제3과제(냉매 충전과 시운전 및 결과 측정과 TEST SHEET 작성 : 3시간) 제4과제(고장진단 및 수리 : 1시간) 제5과제(용접과제 : 2시간)		

○ 시행시 유의사항

(시 행 전)

1. 집행위원은 선수에게 지급할 모든 지급재료 및 부품의 사양을 점검하고 이상이 없을 시 선수에게 지급하고 선수의 지참재료 목록을 점검하여 지참 수량 이외에는 반입을 금지 시키고 경기를 집행한다.

2. 집행위원은 경기장 설비 목록에 따라 비치된 각종설비의 수량 및 고장 유무를 파악하고 안전조치사항 등에 대한 내용을 선수에게 전달 숙지시킨다.

3. 비치된 설비 중 산소, 질소 및 아세칠렌 용기의 잠김상태를 확인하도록 하며, 각 선수의 작업장에는 소화기를 배치한다.

4. 냉동장치의 작동 테스트 시 감전의 위험이 없도록 누설 점검 시 사용되는 물기는 반드시 제거하도록 한다.

5. 집행위원은 특수설비에 대한 사용법을 충분히 설명하여 선수 혼자 기기를 사용할 수 있도록 한다.

6. 배관 작업 시 벤-딩, T형 이음관 등의 사용은 주어진 수량 내에서 각자 판단에 따라 시행토록 한다.

7. 선수의 안전을 위해 가스 용접기 사용방법 등 기타 안전수칙을 반드시 지키도록 한다.

8. 질소가압 누설시험은 제1과제 때 가압하도록 하고 익일 제2과제 경기 전 확인한 후 이상이 있는 작품은 당해 선수로 하여금 확인하도록 한다.

9. 1,2과제는 연속작업으로 하고 3,4과제는 2과제까지를 완료하지 못하면 참여할 수 없다. 5과제는 모든 선수가 참여할 수 있다.

10. 고장진단은 심사위원이 선수의 작품을 인위적으로 고장을 내고 이를 수리하도록 한다.

11. 모든 과제별 채점은 과제가 끝나는 당일에 과제별 채점을 완료해야 하며, 과제별 진행 과정 및 과제별 완성도를 가지고 채점한다. 선수는 진행과정 중 심사위원이 확인해 주어야 할 부분을 심사위원의 서명날인를 받고 과제를 진행할 수 있도록 한다.

12. 선수는 경기 시작 전 모든 재료 및 부품이 이상 없는지 확인한다.

(시 행 중)

1. 경기 도중 발생된 각종 지급설비의 불량은 정도에 따라 집행위원이 판단하여 선수에게 불리하지 않도록 최대한 배려한다.

2. 경기 도중 선수 상호간의 불필요한 이동, 잡담 및 외부인과 정보교환 등을 최대한 억제 시키고 이를 어길 시 부정행위로 불이익을 받을 수 있음을 알린다.

(시 행 후)

1. 경기장 내 각종 설비에 대한 안전점검(각종 고압가스 기기의 밸브 잠금 여부, 용기의 전도방지조치 여부, 전원차단 여부 등)을 실시하고 이상 없음을 확인한다.

2. 경기장 내 정리정돈 여부를 확인하고, 각 선수 작품의 훼손을 방지하기 위해 시건장치를 점검한다.

2011년도 기능경기대회 과제

직종명	**냉동기술**	과제명	**냉동배관 및 누설시험**	과제번호	**제 1 과제**
경기시간	**7**	비번호		심사위원 확 인	(인)

1. 요구사항

(1) 냉동배관 및 누설시험

① 본 냉동장치는 전열 제상 시스템으로 도면에서 누락된 배관을 도면에 그리고 (액투시경 1/4″ 포함) 누락된 배관을 포함하여 작품을 완성하시오.

② 각 부품의 입출구 높이차에 의한 배관의 연결방법은 선수 개인이 판단하되 배관이 겹치거나, 길어지지 않고 용접개소 및 밴-딩 부위가 최소화되도록 한다.

③ 토출 관 및 액 관은 3/8″(ø9.52mm) 동관을 사용하고, 흡입관은 1/2″(ø12.7mm) 동관을 기타 배관은 1/4(ø6.35mm) 동관을 사용한다.

④ 용접 및 벤-딩 부위는 두텁고 외관상 양호해야 하며, 찌그러짐이나 흠 자국 등이 없어야 한다.

용접작업 전 확인 아세틸렌 및 산소 압력 :	심사위원	(날인)

⑤ 각종 부품은 운전 시 진동이나 소음이 발생되지 않도록 단단히 고정하여야 한다.

⑥ 배관 및 각종 부품의 부착은 시스템의 성능이 최대로 발휘될 수 있도록 하여야 한다.

⑦ 질소가압 누설 확인 전에 심사위원에게 확인받고, 누설 확인 후 질소를 5kgf/cm^2 가압 후 심사위원에게 확인받는다.

질소가압 누설 테스트 전	심사위원	(날인)
질소가압 후	심사위원	(날인)

⑧ 누설검사가 끝나면 가압된 압력을 표시한 후 익일 재확인할 수 있도록 조치하고, 보온작업은 3과제 중 실시한다.

⑨ 증발기 드레인은 냉장실 뒤편으로 배출하며 외부 공기가 침입되지 않도록 수주 100mm 이상의 압력차를 유지하도록 만든다.

⑩ 벽을 관통하는 배관의 홀 부위는 막음 처리하여 단열과 진동이 없도록 작업한다.

⑪ 팽창밸브는 설치원칙을 지켜 100%의 성능을 유지하도록 한다.

⑫ 유회수 배관은 압축기의 서비스포트(배관)를 사용한다.

2. 경기자 유의사항

① 선수는 경기 시작 전 모든 재료 및 부품이 이상 없는지 확인한다.

② 특수설비의 경우 조작 요령을 충분히 숙지한 후 경기를 시작한다.

③ 부주의로 인하여 지급된 부품 및 재료의 교환이 있을 경우, 일정 점수를 감점한다.

④ 최초 질소가압 첫 TEST에서 누설이 있는 경우 감점됨을 알아야한다.

⑤ 가스 용접기는 사용 후 반드시 밸브의 잠금 여부를 확인한다.

⑥ 선수는 안전수칙을 반드시 준수한다.

⑦ 경기장내 정리, 정돈과 청결을 유지한다.

⑧ 선수는 경기 도중 타 선수의 경기에 지장을 초래해서는 안 된다.

⑨ 선수는 경기 중 심사위원에 확인받을 사항을 필히 확인받은 후 작업에 임하도록 한다.

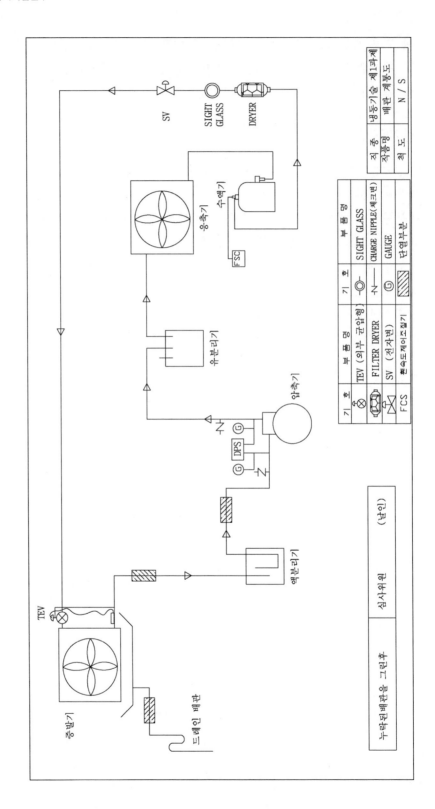

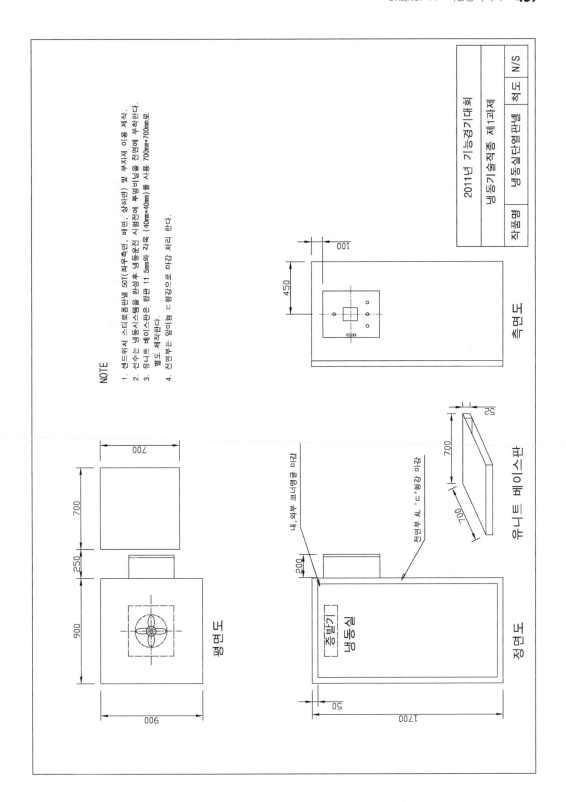

NOTE

1. 샌드위치 스티로폼판넬 50T(좌우측면, 배면, 상하면) 및 부자재 이용 제작.
2. 선수는 냉동시스템을 완성후 냉동운전 시험전에 투명비닐을 전면에 부착한다.
3. 유니트 베이스판은 합판 11.5mm와 각목 (40mm×40mm) 를 사용 700mm×700mm로 별도 제작한다.
4. 전면부는 알미늄 ㄷ형강으로 마감 처리 한다.

측면도

450

100

유니트 베이스판

52
700
700

전면부 AL "ㄷ"형강 마감

평면도

700
700
250
900
900

정면도

중발기
냉동실

내, 외부 코너앵글 마감
200
50
1700

작품명 · 2011년 기능경기대회 · 냉동기술직종 제1과제 · 냉동실단열판넬 · 척도 · N/S

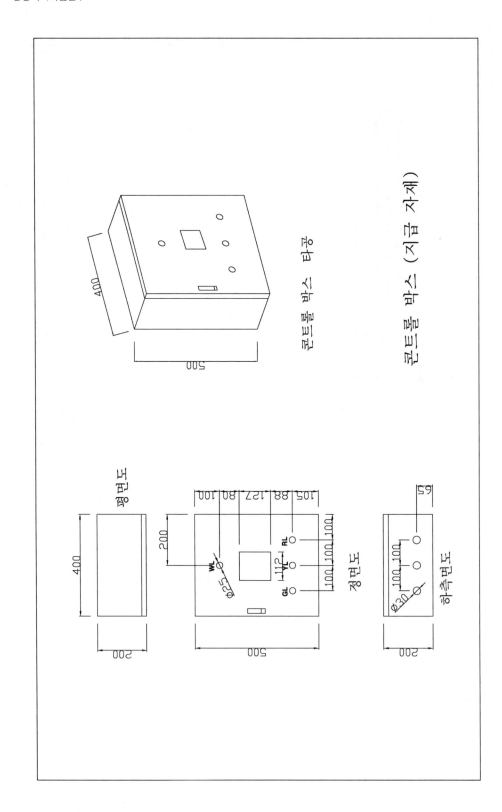

콘트롤 박스 타공

콘트롤 박스 (지급 자재)

평면도

정면도

하측면도

2011년도 기능경기대회 과제

직종명	냉동기술	과제명	전기배선 및 진공작업	과제번호	제 2 과제
경기시간	7	비번호		심사위원 확　인	(인)

1. 요구사항

(1) 전기배선, 진공작업

① 선수는 제2과제를 시작하기 전에 심사위원의 누설 여부를 확인하고 누설이 있을 경우에는 해당 누설부위를 조치 후 2과제에 임한다. 단, 누설부분은 감점 조치된다.

누설 유,무 확인	심사위원 확인	(날인)

② 전기배선작업은 전기배선도를 확인 후 주어진 부품을 이용하여 작업하여야 하며, 운전 시 진동에 의한 이탈이 없어야 한다.

③ 전기 배선시 전선이 불필요하게 복잡하거나 우회하지 않아야 한다.

④ 전기배선 작업 도중 진공작업 실시 여부는 선수 개인이 판단하며, 진공은 1,500 micro 이하까지 작업을 수행하고, 진공펌프가 중지된 후 15분 동안 200micro 이 증가하면 안 된다.

진공검사 전과 검사 후를 심사위원에게 확인받는다.

진공압력 확인 : 　　　　　micro	심사위원	(날인)
15분 방치 후 진공압력 확인 : 　　micro	심사위원	(날인)

※ 심사위원의 진공검사 확인 후 반드시 냉매를 대기압 이상으로 충전하여, 공기의 혼입을 방지해야 한다. 이때 선수는 냉매주입량을 측정하여 기록하며 총 주입량에 합산한다.

1차 냉매 충진량 : 　　　　g	심사위원	(날인)

⑤ 온도 조절기 감지용 센서는 증발기 팬 흡입구 보호망에 견고히 고정시킨다.

⑥ 전기 결선작업이 완료되면 회로 점검완료 후 심사위원에게 전기 결선작업에 대해 검사를 받아야 한다.

전기 결선 확인 :	심사위원	(날인)

2. 경기자 유의사항

① 선수는 경기 시작 전 모든 재료 및 부품이 이상 없는지 확인하고 시작한다.
② 완성된 냉동 유닛에 전원 투입 시 감전 및 누전에 유의한다.
③ 선수는 안전수칙을 반드시 준수한다.
④ 경기장내 정리, 정돈과 청결을 유지한다.
⑤ 선수는 경기 도중 타 선수의 경기에 지장을 초래해서는 안 된다.

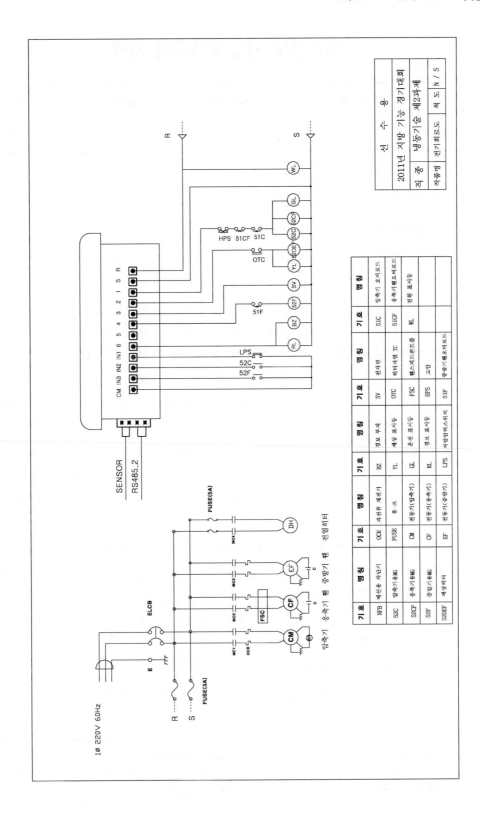

2011년도 기능경기대회 과제

직종명	**냉동기술**	과제명	**냉매 충전, 운전결과 측정**	과제번호	**제 3 과제**
경기시간	**3**	비번호		심사위원 확　인	(인)

1. 요구사항

(1) 냉매충전, 운전결과 측정 및 보온단열작업

① 전원투입 전 잘못된 배선작업이 있는지 확인하여 주십시오.

② 제상 시 증발기 팬 제어는 off상태이며, 제상방식은 전열 히터 방식으로 설정한다. 제상주기는 6시간 간격으로 설정하고, 제상시간은 10분으로 설정한다. 제상 후 증발기 팬이 10초 후에 운전될 수 있도록 설정한다.

③ 고내온도의 세팅온도는 −15℃로 설정하며, 편차온도는 1℃로 설정한다.

④ 저온설정온도는 2℃로 설정하며, 고온설정은 off로 설정한다.

⑤ 냉동시 증발기 팬은 냉동기 운전시 연동으로 운전되게 설정하고, 펌프다운은 전자밸브 off신호 출력 후 7초 후 comp가 정지할 수 있게 설정한다.

⑥ 고압차단 스위치의 압력설정은 50℃에 해당하는 포화압력으로 한다.

⑦ 저압차단 스위치의 압력설정은 cut out −20℃, cut in −10℃에 해당하는 포화압력으로 한다. 과전류 계전기(OCR)의 cut out은 정상운전전류보다 1.2배 높게 설정한다.

⑧ 응축기 압력 설정은　35℃에 해당하는 포화압력으로 한다.

⑨ 고·저압 차단스위치의 설정은 냉동 시스템에 부착된 압력 게이지를 확인하면서 실제 제시된 포화압력으로 설정하여야 한다.

⑩ 냉동설비가 정상적인 운전을 하고 있으면 운전 중 DATA를 주어진 TEST SHEET에 기록하여야 한다.

⑪ 작성한 TEST SHEET는 서명 날인 후 심사위원에게 제출한다.

⑫ 냉매 충전 전과 후의 가스통 중량을 심사위원에게 확인받은 후 충전량을 TEST SHEET에 기록한다.

충전 전 중량 :		KG	심사위원		(날인)
충전 후 중량 :		KG	심사위원		(날인)

2. 경기자 유의사항

① 선수는 경기 시작 전 냉매 및 전원공급은 이상 없는지 확인하고 한다.

② 특수설비의 경우 조작 요령을 충분히 숙지한 후 경기를 시작한다.

③ 전원 투입 시 감전 및 누전에 유의한다.

④ 선수는 안전수칙을 반드시 준수한다.

⑤ 경기장내 정리, 정돈과 청결을 유지한다.

⑥ 선수는 경기 도중 타 선수의 경기에 지장을 초래해서는 안 된다.

2011년도 기능경기대회 과제

직종명	**냉동기술**	과제명	**냉매 충전, 운전결과 측정**	과제번호	**제 3 과제**
경기시간	**3시간**	비번호		심사위원 확 인	(인)

■ TEST SHEET ■

번호	측정 항목	단위	계산식	측정값	판 정
1	고압, 저압	MPa(kgf/cm²g)		( ) ( )	적합 / 부적합
2	냉동실 운전온도	℃		냉동실 ( )	적합 / 부적합
3	전체 운전전류	A			적합 / 부적합
4	압축기 운전, 기동전류	A		( ) ( )	적합 / 부적합
5	온도조절기 설정온도(냉동)	℃		냉동 :	적합 / 부적합
6	제상타이머 설정시간	시, 분	시간과분을 기록		적합 / 부적합
7	고압차단스위치 설정압력	MPa(kgf/cm²g)-(Cut out)			적합 / 부적합
8	저압차단스위치 설정압력	MPa(kgf/cm²g)(Cut out)(Cut In)		( ) ( )	적합 / 부적합
9	팬제어(FSC) 설정압력	MPa(kgf/cm²g)			적합 / 부적합
10	과전류 계전기 설정치(압축기)	A			적합 / 부적합
11	과전류 계전기 설정치(응축기)	A			적합 / 부적합
12	과전류 계전기 설정치(증발기)	A			적합 / 부적합
13	증발기 출구 과열도	℃			적합 / 부적합
14	냉매충진량	g	1차 : g 2차 : g	합산 : g	적합 / 부적합
15	압 축 비				적합 / 부적합
평 가(심사위원)			적합 ( )개 부적합( )개		

비변호 :

제 3 과제 냉매 R-22 P-h선도

1 MPa = 10.20 kgf / cm²   1 kJ / kg = 0.239kcal / kg

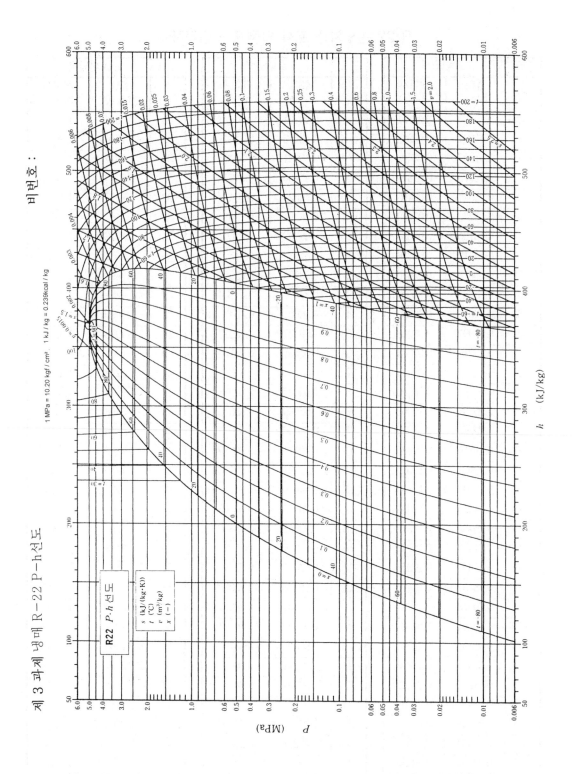

R22 *P-h* 선도

s	(kJ/(kg·K))
t	(℃)
v	(m³/kg)
x	(−)

h   (kJ/kg)

P (MPa)

R-22 온도기준 포화 압력표 - 경기자용

온도	포화압력		온도	포화압력		온도	포화압력	
t (℃)	절대 (Mpa)	게이지 (Mpa)	t (℃)	절대 (Mpa)	게이지 (Mpa)	t (℃)	절대 (Mpa)	게이지 (Mpa)
−40	0.10523	0.00391	−6	0.40761	0.30628	28	1.1314	1.0301
−39	0.11021	0.00888	−5	0.42172	0.32041	29	1.1616	1.0602
−38	0.11537	0.01405	−4	0.43621	0.33488	30	1.1924	1.0911
−37	0.12073	0.01941	−3	0.45106	0.34973	31	1.2238	1.1224
−36	0.12627	0.02495	−2	0.46629	0.36497	32	1.2557	1.1544
−35	0.13202	0.03069	−1	0.48191	0.38058	33	1.2884	1.1871
−34	0.13796	0.03664	0	0.49792	0.39661	34	1.3216	1.2203
−33	0.14412	0.04279	1	0.51433	0.41301	35	1.3554	1.2541
−32	0.15048	0.04916	2	0.53114	0.42982	36	1.3899	1.2886
−31	0.15707	0.05574	3	0.54837	0.44704	37	1.4251	1.3237
−30	0.16387	0.06255	4	0.56601	0.46468	38	1.4609	1.3595
−29	0.17091	0.06958	5	0.58407	0.48275	39	1.4973	1.3961
−28	0.17817	0.07684	6	0.60257	0.50124	40	1.5344	1.4331
−27	0.18567	0.08434	7	0.62149	0.52017	41	1.5722	1.4709
−26	0.19341	0.09209	8	0.64087	0.53954	42	1.6106	1.5093
−25	0.20141	0.10008	9	0.66069	0.55936	43	1.6498	1.5485
−24	0.20965	0.10832	10	0.68096	0.57964	44	1.6896	1.5883
−23	0.21815	0.11683	11	0.70171	0.60038	45	1.7302	1.6289
−22	0.22692	0.12559	12	0.72291	0.62158	46	1.7715	1.6701
−21	0.23595	0.13463	13	0.74459	0.64327	47	1.8134	1.7121
−20	0.24527	0.14394	14	0.76675	0.66543	48	1.8562	1.7548
−19	0.25486	0.15353	15	0.78941	0.68808	49	1.8996	1.7983
−18	0.26473	0.16341	16	0.81255	0.71123	50	1.9438	1.8425
−17	0.27491	0.17358	17	0.83621	0.73488	51	1.9888	1.8874
−16	0.28537	0.18404	18	0.86036	0.75903	52	2.0345	1.9332
−15	0.29613	0.19481	19	0.88503	0.78371	53	2.0811	1.9796
−14	0.30721	0.20589	20	0.91022	0.80891	54	2.1282	2.0269
−13	0.31861	0.21727	21	0.93594	0.83462	55	2.1763	2.0751
−12	0.33031	0.22898	22	0.96221	0.86087	56	2.2251	2.1238
−11	0.34234	0.24102	23	0.98901	0.88767	57	2.2748	2.1735
−10	0.35471	0.25338	24	1.01631	0.91502	58	2.3253	2.2241
−9	0.36741	0.26609	25	1.04431	0.94293	59	2.3766	2.2753
−8	0.38046	0.27914	26	1.07271	0.97139	60	2.4288	2.3274
−7	0.39386	0.29253	27	1.10181	1.00041	62	2.5356	2.4343

2011년도 기능경기대회 과제

직종명	**냉동기술**	과제명	**고장진단 수리**	과제번호	**제 4 과제**
경기시간	**1시간**	비번호		심사위원 확　인	(인)

1. 요구사항

(1) 고장진단 수리

① 심사위원이 인위적으로 발생시킨 고장부분을 수리하여야 한다.

② 고장진단 및 수리는 최대한 빠른 시간 내(시간에 따라 점수 차이가 있음)에 해결하여야 한다.

③ 고장진단 수리 후 CHECK SHEET를 기록하여야 한다.

번호	측정 항목	단위	고장시	수리 후 측정값	판단
1	고내온도	℃			
2	압축기 흡입압력	MPa(kgf/cm²g)			
3	압축기 토출압력	MPa(kgf/cm²g)			
4	증발온도	℃	냉동 :	냉동 :	
5	응축온도	℃			
6	압축기 흡입관 과열도	℃			
7	응축기 과냉도	℃			
8	팽창변 직전 과냉도	℃	냉동 :	냉동 :	
9	증발기 공기 입출구 온도차	℃	냉동 :	냉동 :	
10	응축기 공기 입출구 온도차	℃			

2. 경기자 유의사항

① 선수는 경기 시작 전 고장진단 및 수리에 필요한 공구등과 전원공급은 이상 없는지 확인하여야 한다.

② 특수설비의 경우 조작 요령을 충분히 숙지한 후 경기를 시작한다.

③ 전원 투입 시 감전 및 누전에 유의한다.

④ 선수는 안전수칙을 반드시 준수한다.

⑤ 경기장내 정리, 정돈과 청결을 유지한다.

⑥ 선수는 경기 도중 타 선수의 경기에 지장을 초래해서는 안 된다.

3. 고장진단 및 수리 점검표

※ 선수는 고장을 찾게 된 과정을 올바르게 서술해야 한다.

■ 고장수리 시작시간 :　　～　종료시간　 :　 =　소요시간　　분

순번	고장 부위/ 찾은 방법	진단 수리 내용	판 정
1			
2			
3			
4			
5			

득점(심사위원) :

2011년도 기능경기대회 과제

직종명	냉동기술	과제명	용접과제	과제번호	제 5 과제
경기시간	2시간	비번호		심사위원 확　인	(인)

1. 요구사항

(1) 용접과제

① 주어진 도면을 참조하여 과제를 완성한다.

② 용접작업 시작 전 아세틸렌 및 산소의 압력을 심사위원에게 확인받는다.

용접작업 전	심사위원	(날인)

③ 용접시 동관 내부가 산화되지 않도록 한다.

④ 작업 완료 후 심사위원에게 도면과 완성 과제물을 제출한다.

2. 경기자 유의사항

① 선수는 경기 시작 전 필요한 공구와 재료 등은 이상 없는지 확인하여야 한다.

② 특수설비의 경우 조작 요령을 충분히 숙지한 후 경기를 시작한다.

③ 전원 투입 시 감전 및 누전에 유의한다.

④ 선수는 안전수칙을 반드시 준수한다.

⑤ 경기장내 정리, 정돈과 청결을 유지한다.

⑥ 선수는 경기 도중 타 선수의 경기에 지장을 초래해서는 안 된다.

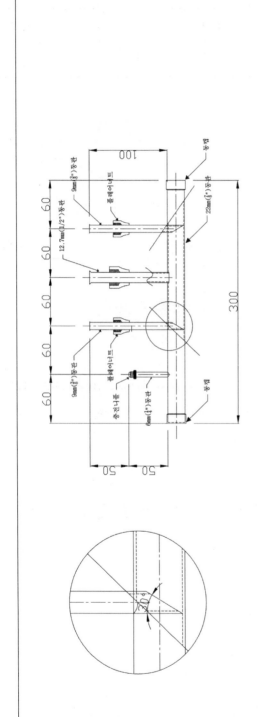

선 수 용	
2011년 지방기능 경기대회	
직 종	냉동기술 제5과제
작품명	용접과제
척 도	1 : 1

1. 9mm(3/8)배관은 30° 절삭하여 삽입후 용접한다.

2. 치수는 끝단 캡변을 기준으로 하고 22.7mm관은 관외의경을 기준한다.

3. 은납봉은 5%를 사용하며, 후락스 또는 봉사를 사용하여 용접한다.

4. 허용오차는 + - 1mm.

5. 22mm배관에 12.7mm, 6mm배관 용접시 삽입깊이는 최대2mm이하로 한다.

6. 용접작업 완료후 12.7mm, 9mm플데어 너트에 황동니플과 황동캡을 사용하여 막음처리를 한후 충전니플을 이용하여 질소를 5kgf/㎠ 충진 후 과제를 제출한다.

부 록

부록 1. 냉매 일람표 (Ⅰ)

냉매 번호	화 학 명	화 학 식	분자량	비등점 (℃)	독성
할로카본(할로겐화 탄화수소)					
11	Trichlorofluoromethane	CCl_3F	137.4	24	A1
12	Dichlorodifluoromethane	CCl_2F_2	120.9	−30	A1
12B1	Bromochlorodifluoromethane	$CBrClF_2$	165.4	−4	
13	Chlorotrifluoromethane	$CClF_3$	104.5	−81	A1
14	Tetrafluoromethane(carbon tetrafluoride)	CF_4	88.0	−128	A1
21	Dichlorofluoromethane	$CHCl_2F$	102.9	9	B1
22	Chlorodifluoromethane	$CHClF_2$	86.5	−41	A1
23	Trifluoromethane	CHF_3	70.0	−82	A1
30	Dichloromethane (methylene chloride)	CH_2Cl_2	84.9	40	B2
31	Chlorofluoromethane	CH_2ClF	68.5	−9	
32	Difluoromethane (methylene fluoride)	CH_2F_2	52.0	−52	A2
40	Chloromethane (methyl chloride)	CH_3Cl	50.4	−24	B2
41	Fluoromethane (methyl fluoride)	CH_3F	34.0		
113	1,1,2-trichloro-1,2,2-trifluoroethane	CCl_2FCClF_2	187.4	48	A1
114	1,2-dichloro-1,1,2,2-tetrafluoroethane	$CClF_2CClF_2$	170.9	4	A1
115	Chloropentafluoroethane	$CClF_2CF_3$	154.5	−39	A1
116	Hexafluoroethane	CF_3CF_3	138.0	−78	A1
123	2,2-dichloro-1,1,1-trifluoroethane	$CHCl_2CF_3$	153.0	27	B1
124	2-chloro-1,1,1,2-tetrafluoroethane	$CHClFCF_3$	136.5	−12	A1
125	Pentafluoroethane	CHF_2CF_3	120.0	−49	A1
134a	1,1,1,2-tetrafluoroethane	CH_2FCF_3	102.0	−26	A1
141b	1,1-dichloro-1-fluoroethane	CH_3CCl_2F	117.0	32	
142b	1-chloro-1,1-difluoroethane	CH_3CClF_2	100.5	−10	A2
143a	1,1,1-trifluoroethane	CH_3CF_3	84.0	−47	A2
152a	1,1-difluoroethane	CH_3CHF_2	66.0	−25	A2
E170	Dimethyl ether	CH_3OCH_3	46.0	−25	A3
218	Octafluoropropane	$CH_3CF_2CF_3$	188.0	−37	A1
236fa	1,1,1,3,3,3-hexafluoropropane	$CF_3CH_2CF_3$	152.0	−1	A1
245a	1,1,1,3,3-pentafluoropropane	$CF_3CH_2CHF_2$	134.0	15	B1
환식 유기 화합물					
C316	Dichlorohexafluorocyclobutane	$C_4Cl_2F_6$	233.0	60	
C317	Monochloroheptafluorocyclobutane	C_4ClF_7	216.5	25	
C318	Octafluorocyclobutane	C_4F_8	200.0	−6	A1
탄화 수소					
50	Methane	CH_4	16.0	−161	A3
170	Ethane	CH_3CH_3	30.0	−89	A3
290	Propane	$CH_3CH_2CH_3$	44.0	−42	A3
600	Butane	$CH_3CH_2CH_2CH_3$	58.1	0	A3
600a	Isobutane	$CH(CH_3)_2CH_3$	58.1	−12	A3
산소 화합물					
610	Ethyl ether	$CH_3CH_2OCH_2CH_3$	74.1	35	
611	Methyl formate	$HCOOCH_3$	60.0	32	B2
유황 화합물					
620	Sulfur Hexafluoride	SF_6	126.0	64	
질소 화합물					
630	Methyl amine	CH_3NH_2	31.1	−7	
631	Ethyl amine	$CH_3CH_2NH_2$	45.1	17	
무기 화합물					
702	Hydrogen	H_2	2.0	−253	A3
704	Helium	He	4.0	−269	A1
717	Ammonia	NH_3	17.0	−33	B2
718	Water	H_2O	18.0	100	A1
720	Neon	Ne	20.2	−246	A1
728	Nitrogen	N_2	28.1	−196	A1
732	Oxygen	O_2	32.0	−183	

부록 1. 냉매 일람표 (Ⅱ)

냉매 번호	화 학 명	화 학 식	분자량	비등점 (℃)	독성
무기 화합물					
740	Argon	Ar	39.9	-186	A1
744	Carbon dioxide	CO_2	44.0	-78	A1
744A	Nitrous oxide	N_2O	44.0	-90	
764	Sulfur dioxide	SO_2	64.1	-10	B1
불포화 유기화합물					
1150	Ethene (ethylene)	$CH_2 = CH_2$	28.1	-104	A3
1270	Propane (propylene)	$CH_3CH = CH_2$	42.1	-48	A3
비공비혼합물		조성성분 오차범위			
401A	R-22/152a/124 (53.0/13.0/34.0)	(±2/+0.5,-1.5/±1)			A1
401B	R-22/152a/124 (61.0/11.0/28.0)	(±2/+0.5,-1.5/±1)			A1
401C	R-22/152a/124 (33.0/15.0/52.0)	(±2/+0.5,-1.5/±1)			A1
402A	R-125/290/22 (60.0/2.0/38.0)	(±2/±0.1,-1/±2)			A1
402B	R-125/290/22 (38.0/2.0/60.0)	(±2/±0.1,-1/±2)			A1
403A	R-290/22/218 (5.0/75.0/20.0)	(+0.2,-2/±2/±2)			A1
403B	R-290/22/218 (5.0/56.0/39.0)	(+0.2,-2/±2/±2)			A1
404A	R-125/143a/134a (44.0/52.0/4.0)	(±2/±1/±2)			A1
405A	R-22/152a/142b/C318 (45.0/7.0/5.5/42.5)	(±2/±1/±1/±2)			
406A	R-22/600a/142b (55.0/4.0/41.0)	(±2/±1/±1)			A2
407A	R-32/125/134a (20.0/40.0/40.0)	(±2/±2/±2)			A1
407B	R-32/125/134a (10.0/70.0/20.0)	(±2/±2/±2)			A1
407C	R-32/125/134a (23.0/25.0/52.0)	(±2/±2/±2)			A1
407D	R-32/125/134a (15.0/15.0/70.0)	(±2/±2/±2)			A1
407E	R-32/125/134a (25.0/15.0/60.0)	(±2/±2/±2)			A1
408A	R-125/143a/22 (7.0/46.0/47.0)	(±2/±1/±2)			A1
409A	R-22/124/142b (60.0/25.0/15.0)	(±2/±2/±1)			A1
409B	R-22/124/142b (65.0/25.0/10.0)	(±2/±2/±1)			A1
410A	R-32/125 (50.0/50.0)	(+0.5,-1.5/+1.5,-0.5)			A1
410B	R-32/125 (45.0/55.0)	(±1/±1)			A1
411A	R-1270/22/152a (1.5/87.5/11.0)	(+0,-1/+2,-0/+0,-1)			A2
411B	R-1270/22/152a (3.0/94.0/3.0)	(+0,-1/+2,-0/+0,-1)			A2
412A	R-22/218/142b (70.0/5.0/25.0)	(±2/±1/±1)			A2
413A	R-218/134a/600a (9.0/88.0/3.0)	(±1/±2/±0,-1)			A2
414A	R-22/124/600a/142b (51.0/28.5/4.0/16.5)	(±2/±2/±0.5/+0.5,-1)			A1
414B	R-22/124/600a/142b (50.0/39.0/1.5/9.5)	(±2/±2/±0.5/+0.5,-1)			A1
415A	R-22/152a (82.0/18.0)	(±1/±1)			A2
415B	R-22/152a (25.0/75.0)	(±1/±1)			A2
416A	R-134a/124/600 (59.0/39.5/1.5)	(+0.5,-1/+1,-0.5/+1,-0.2)			A1
417A	R-125/134a/600 (46.6/50.0/3.4)	(±1/±1/+0.1,-0.4)			A1
418A	R-290/22/152a (1.5/96.0/2.5)	(±0.5/±1/±0.5)			A2
419A	R-125/134a/E170 (77.0/19.0/4.0)	(±1/±1/±1)			A2
420A	R-134a/142b (88.0/12.0)	(+1,-0/+0,-1)			A1
공비혼합물		공융점			
500	R-12/152a (73.8/26.2)	0	99.3	-33	A1
501	R-22/12 (75.0/25.0)c	-41	93.1	-41	A1
502	R-22/115 (48.8/51.2)	19	112.0	-45	A1
503	R-23/13 (40.1/59.9)	88	87.5	-88	
504	R-32/115 (48.2/51.8)	17	79.2	-57	
505	R-12/31 (78.0/22.0)c	115	103.5	-30	
506	R-31/114 (55.1/44.9)	18	93.7	-12	
507	R-125/143a (50.0/50.0)	-40	98.9	-46.7	A1
508A	R-23/116 (39.0/61.0)	-86	100.1	-86	A1
508B	R-23/116 (46.0/54.0)	-45.6	95.4	-88.3	A1
509A	R-22/218 (44.0/56.0)	0	124.0	-47	A1

부록 2. 냉매의 특성값($t_e = -15\,℃$, $t_c = 30\,℃$, $\Delta t_{sc} = 5\,℃$, $\Delta t_{sh} = 0\,℃$)

냉 매	화학명	화학식	임계온도 (℃)	임계압력 kPa	표준냉동사이클 냉동능력 1 kW당 m (kg/h)	V (m³/h)	N (kW)	성적계수 (cop)
R-11	Trichlorofluoromethane	CCl_3F	198.01	4402.6	22.535	17.173	0.194	5.168
R-12	Dichlorodifluoromethane	CCl_2F_2	112.0	4157.6	29.683	2.702	0.204	4.902
R-13(1)	Chlorotrifluoromethane	$CClF_3$	28.8	3865	42.990	1.603	0.309	3.241
R-14(2)	Tetrafluoromethane	CF_4	-45.7	3741	60.464	1.654	0.496	2.016
R-21	Dichlorofluoromethane	$CHCl_2F$	178.5	5168	16.882	9.606	0.195	5.125
R-22	Chlorodifluoromethane	$CHClF_2$	96.0	4977.4	21.272	1.652	0.206	4.844
R-23(1)	Trifluoromethane	CHF_3	25.9	4830	24.785	1.208	0.302	3.315
R-50(3)	Methane	CH_4	-82.59	4598.8	11.773	2.948	0.629	1.589
R-113	1,1,2-trichloro-1,2,2-trifluoroethane	CCl_2FCClF_2	214.1	3437	27.810	46.838	0.197	5.084
R-114	1,2-dichloro-1,1,2,2-tetrafluoroethane	$CClF_2CClF_2$	145.7	3259	34.796	9.181	0.208	4.817
R-123	2,2-dichloro-1,1,1-trifluoroethane	$CHCl_2CF_3$	183.68	3668	24.438	21.199	0.195	5.120
R-134a	1,1,1,2-tetrafluoroethane	CH_2FCF_3	101.1	4067	23.374	2.803	0.207	4.830
R-152a	1,1-difluoroethane	CH_3CHF_2	113.26	4516.8	14.155	2.874	0.198	5.039
R-170	Ethane	CH_3CH_3	32.73	5010.2	18.091	0.597	0.298	3.358
R-290	Propane	$CH_3CH_2CH_3$	96.67	4235.93	12.280	1.894	0.209	4.790
R-C318	Octafluorocyclobutane	C_4F_8	115.3	2781	82.380	12.465	0.384	2.603
R-600	Butane	$CH_3CH_2CH_2CH_3$	150.8	3718.1	11.953	7.585	0.201	4.964
R-600a	Isobutane	$CH(CH_3)_3$	135.92	3684.55	12.988	5.167	0.204	4.905
R-717	Ammonia	NH_3	132.35	11353	3.193	1.622	0.205	4.878
R-718	Water	H_2O	374.15	22089				
R-729	Air	air	-140.65	3774.36				
R-744	Carbon dioxide	CO_2	31.06	7383.4	22.265	0.366	0.304	3.294
R-1150(1)	Ethene(ethylene)	C_2H_4	9.5	5075	15.128	0.780	0.351	2.846
R-1270	Propene(propylene)	$CH_3CH = CH_2$	91.75	4613	11.970	1.536	0.209	4.774

냉 매	조성성분 (질량%)	조성 오차범위	임계온도 (℃)	임계압력 kPa	표준냉동사이클 냉동능력 1 kW당 m (kg/h)	V (m³/h)	N (kW)	성적계수 (cop)
R-401A	R-22/R-152a/R-124 (53/13/34%)	±2 / +0.5~1.5 / ±1	96.67	4235.93	20.696	2.684	0.205	4.881
R-401B	R-22/R-152a/R-124 (61/11/28%)	±2 / +0.5~1.5 / ±1	103.68	4647.05	20.633	2.502	0.206	4.863
R-401C	R-22/R-152a/R-124 (33/15/52%)	±2 / +0.5~1.5 / ±1	110.07	4348.12	21.523	3.201	0.203	4.931
R-402A	R-125/R-290/R-22 (60/2/38%)	±2 / +0.1~1 / ±2	75.5	4134.7	29.696	1.490	0.220	4.542
R-402B	R-125/R-290/R-22 (38/2/60%)	±2 / +0.1~1 / ±2	87.05	4531.64	25.849	1.530	0.214	4.673
R-404A	R-125/R-143a/R-134a (44/52/4%)	±2 / ±1 / ±2	72.07	3731.5	29.431	1.613	0.224	4.467
R-406A	R-22/R-142b/R-600a (55/41/4%)	±2 / ±1 / ±1	114.49	4581	18.245	2.918	0.188	5.317
R-407A	R-32/R-125/R-134a (20/40/40%)	±2 / ±2 / ±2	82.36	4532.15	22.362	1.756	0.214	4.670
R-407B	R32/R125/R134a (10/70/20%)	±2 / ±2 / ±2	75.36	4130.29	28.405	1.657	0.222	4.507
R-407C	R32/R125/R134a (23/25/52%)	±2 / ±2 / ±2	86.74	4619.1	20.480	1.850	0.210	4.752
R-408A	R-22/R-143a/R-125 (47/46/7%)	±2 / ±2 / ±1	83.68	4341.83	23.194	1.598	0.257	3.889
R-409A	R-22/R-124/R-142b (60/25/15%)	±2 / ±2 / ±1	106.8	4621.76	21.268	2.681	0.244	4.102
R-410A	R-32/R-125 (50/50%)	+0.5~1.5 / +0.5~+1.5	74.67	5173.7	20.375	1.122	0.217	4.618
R-410B	R-32/R-125 (45/55%)	±1 / ±1	71.03	4779.5	21.389	1.123	0.216	4.620
R-500	R-12/R-152a (73.8/26.2%)		105.5	4423	24.488	2.295	0.205	4.884
R-502	R-22/R-115 (48.8/51.2%)		82.2	4081.8	32.544	1.628	0.217	4.609
R-507	R-125/R143a (50/50%)		70.9	3793.56	28.635	1.459	0.217	4.617
R-508A(1)	R-23/R116 (39.0/61.0%)		49.573		49.573	1.437	0.365	2.740

※ 아래첨자 1-팽창 전, 2-팽창 후, 3-압축 전, 4-압축 후
※ 위첨자 (1) $t_e = -50℃$, $t_c = 0℃$, $\Delta t_{sc} = 5℃$ (2) $t_e = -100℃$, $t_c = -50℃$, $\Delta t_{sc} = 5℃$ (3) $t_e = -150℃$, $t_c = -100℃$, $\Delta t_{sc} = 5℃$
※ 위첨자 *: 승화온도

부록 3. 물(H_2O)의 포화증기표(온도기준 Ⅰ)

온도 $t℃$	압력 P kPa	비체적 (m³/kg) 액(v_f)	증기(v_g)	비내부에너지 (kJ/kg) 액(u_f)	증기(u_g)	비엔탈피(kJ/kg) 액(h_f)	증기(h_g)	증발열(h_{fg})	비엔트로피(kJ/kgK) 액(s_f)	증기(s_g)
0.01	0.6117	0.001	206.0	0	2375	0	2501	2501	0	9.155
1	0.6571	0.001	192.4	4.176	2376	4.177	2503	2498.823	0.01526	9.129
2	0.7060	0.001	179.8	8.391	2378	8.392	2505	2496.608	0.03061	9.103
3	0.7581	0.001	168.0	12.60	2379	12.60	2506	2493.400	0.04589	9.076
4	0.8135	0.001	157.1	16.81	2380	16.81	2508	2491.19	0.06110	9.051
5	0.8726	0.001	147.0	21.02	2382	21.02	2510	2488.98	0.07625	9.025
6	0.9354	0.001	137.6	25.22	2383	25.22	2512	2486.78	0.09134	8.999
7	1.002	0.001	128.9	29.43	2385	29.43	2514	2484.57	0.1064	8.974
8	1.073	0.001	120.8	33.63	2386	33.63	2516	2482.37	0.1213	8.949
9	1.148	0.001	113.3	37.82	2387	37.82	2517	2479.18	0.1362	8.924
10	1.228	0.001	106.3	42.02	2389	42.02	2519	2476.98	0.1511	8.900
11	1.313	0.001000	99.79	46.21	2390	46.22	2521	2474.78	0.1659	8.875
12	1.403	0.001001	93.72	50.41	2391	50.41	2523	2472.59	0.1806	8.851
13	1.498	0.001001	88.06	54.60	2393	54.60	2525	2470.4	0.1953	8.827
14	1.599	0.001001	82.79	58.79	2394	58.79	2527	2468.21	0.2099	8.804
15	1.706	0.001001	77.88	62.98	2395	62.98	2528	2465.02	0.2245	8.780
16	1.819	0.001001	73.29	67.17	2397	67.17	2530	2462.83	0.2390	8.757
17	1.938	0.001001	69.00	71.36	2398	71.36	2532	2460.64	0.2534	8.734
18	2.065	0.001001	65.00	75.54	2400	75.54	2534	2458.46	0.2678	8.711
19	2.198	0.001002	61.26	79.73	2401	79.73	2536	2456.27	0.2822	8.688
20	2.339	0.001002	57.76	83.91	2402	83.91	2537	2453.09	0.2965	8.666
21	2.488	0.001002	54.48	88.10	2404	88.10	2539	2450.9	0.3107	8.644
22	2.645	0.001002	51.42	92.28	2405	92.28	2541	2448.72	0.3249	8.622
23	2.811	0.001003	48.55	96.46	2406	96.46	2543	2446.54	0.3391	8.600
24	2.986	0.001003	45.86	100.6	2408	100.6	2545	2444.40	0.3532	8.578
25	3.170	0.001003	43.34	104.8	2409	104.8	2547	2442.20	0.3672	8.557
26	3.364	0.001003	40.97	109.0	2410	109.0	2548	2439.0	0.3812	8.535
27	3.568	0.001004	38.75	113.2	2412	113.2	2550	2436.8	0.3952	8.514
28	3.783	0.001004	36.67	117.4	2413	117.4	2552	2434.6	0.4091	8.493
29	4.009	0.001004	34.72	121.5	2415	121.6	2554	2432.4	0.4229	8.473
30	4.247	0.001004	32.88	125.7	2416	125.7	2556	2430.3	0.4368	8.452
31	4.497	0.001005	31.15	129.9	2417	129.9	2557	2427.1	0.4505	8.432
32	4.760	0.001005	29.53	134.1	2419	134.1	2559	2424.9	0.4642	8.411
33	5.035	0.001005	28.00	138.3	2420	138.3	2561	2422.7	0.4779	8.391
34	5.325	0.001006	26.56	142.4	2421	142.5	2563	2420.5	0.4915	8.371
35	5.629	0.001006	25.21	146.6	2423	146.6	2565	2418.4	0.5051	8.352
36	5.948	0.001006	23.93	150.8	2424	150.8	2566	2415.2	0.5187	8.332
37	6.282	0.001007	22.73	155.0	2425	155.0	2568	2413.0	0.5322	8.313
38	6.633	0.001007	21.59	159.2	2427	159.2	2570	2410.8	0.5456	8.294
39	7.000	0.001008	20.52	163.3	2428	163.4	2572	2408.6	0.5590	8.274
40	7.385	0.001008	19.52	167.5	2429	167.5	2574	2406.5	0.5724	8.256
41	7.788	0.001008	18.56	171.7	2431	171.7	2575	2403.3	0.5857	8.237
42	8.210	0.001009	17.66	175.9	2432	175.9	2577	2401.1	0.5990	8.218
43	8.651	0.001009	16.81	180.1	2433	180.1	2579	2398.9	0.6123	8.200
44	9.112	0.001010	16.01	184.2	2435	184.3	2581	2396.7	0.6255	8.181
45	9.595	0.001010	15.25	188.4	2436	188.4	2582	2393.6	0.6386	8.163
46	10.10	0.001010	14.53	192.6	2437	192.6	2584	2391.4	0.6517	8.145
47	10.63	0.001011	13.85	196.8	2439	196.8	2586	2389.2	0.6648	8.128
48	11.18	0.001011	13.21	201.0	2440	201.0	2588	2387.0	0.6779	8.110
49	11.75	0.001012	12.60	205.1	2441	205.2	2590	2384.8	0.6908	8.092
50	12.35	0.001012	12.03	209.3	2443	209.3	2591	2381.7	0.7038	8.075
51	12.98	0.001013	11.48	213.5	2444	213.5	2593	2379.5	0.7167	8.058
52	13.63	0.001013	10.96	217.7	2445	217.7	2595	2377.3	0.7296	8.040
53	14.31	0.001014	10.47	221.9	2447	221.9	2597	2375.1	0.7425	8.023
54	15.02	0.001014	10.01	226.1	2448	226.1	2598	2371.9	0.7553	8.007
55	15.76	0.001015	9.564	230.2	2449	230.3	2600	2369.7	0.7680	7.990
56	16.53	0.001015	9.145	234.4	2451	234.4	2602	2367.6	0.7808	7.973
57	17.34	0.001016	8.747	238.6	2452	238.6	2604	2365.4	0.7934	7.957
58	18.17	0.001016	8.368	242.8	2453	242.8	2605	2362.2	0.8061	7.940
59	19.04	0.001017	8.009	247.0	2455	247.0	2607	2360.0	0.8187	7.924
60	19.95	0.001017	7.667	251.2	2456	251.2	2609	2357.8	0.8313	7.908
61	20.89	0.001018	7.342	255.3	2457	255.4	2611	2355.6	0.8438	7.892
62	21.87	0.001018	7.033	259.5	2459	259.6	2612	2352.4	0.8563	7.876
63	22.88	0.001019	6.740	263.7	2460	263.7	2614	2350.3	0.8688	7.861
64	23.94	0.001019	6.460	267.9	2461	267.9	2616	2348.1	0.8813	7.845
65	25.04	0.00102	6.194	272.1	2462	272.1	2618	2345.9	0.8937	7.830

부록 3. 물(H₂O)의 포화증기표(온도기준 II)

온도 t℃	압력 P kPa	비체적 (m³/kg)		비내부에너지 (kJ/kg)		비엔탈피(kJ/kg)			비엔트로피(kJ/kgK)	
		액(v_f)	증기(v_g)	액(u_f)	증기(u_g)	액(h_f)	증기(h_g)	증발열(h_{fg})	액(s_f)	증기(s_g)
66	26.18	0.001020	5.940	276.3	2464	276.3	2619	2342.7	0.9060	7.814
67	27.37	0.001021	5.698	280.5	2465	280.5	2621	2340.5	0.9183	7.799
68	28.60	0.001022	5.468	284.7	2466	284.7	2623	2338.3	0.9306	7.784
69	29.88	0.001022	5.249	288.8	2468	288.9	2624	2335.1	0.9429	7.769
70	31.20	0.001023	5.040	293.0	2469	293.1	2626	2332.9	0.9551	7.754
71	32.58	0.001023	4.84	297.2	2470	297.3	2628	2330.7	0.9673	7.739
72	34.00	0.001024	4.65	301.4	2471	301.4	2630	2328.6	0.9795	7.725
73	35.48	0.001025	4.468	305.6	2473	305.6	2631	2325.4	0.9916	7.710
74	37.01	0.001025	4.295	309.8	2474	309.8	2633	2323.2	1.0040	7.696
75	38.6	0.001026	4.129	314.0	2475	314.0	2635	2321.0	1.0160	7.681
76	40.24	0.001026	3.971	318.2	2477	318.2	2636	2317.8	1.028	7.667
77	41.94	0.001027	3.820	322.4	2478	322.4	2638	2315.6	1.040	7.653
78	43.70	0.001028	3.675	326.6	2479	326.6	2640	2313.4	1.052	7.639
79	45.53	0.001028	3.537	330.8	2480	330.8	2641	2310.2	1.064	7.625
80	47.41	0.001029	3.405	335.0	2482	335.0	2643	2308.0	1.076	7.611
81	49.37	0.001030	3.279	339.2	2483	339.2	2645	2305.8	1.087	7.597
82	51.39	0.001030	3.158	343.4	2484	343.4	2646	2302.6	1.099	7.584
83	53.48	0.001031	3.042	347.6	2485	347.6	2648	2300.4	1.111	7.570
84	55.64	0.001032	2.932	351.8	2487	351.8	2650	2298.2	1.123	7.557
85	57.87	0.001032	2.826	356.0	2488	356.0	2651	2295.0	1.135	7.543
86	60.17	0.001033	2.724	360.2	2489	360.2	2653	2292.8	1.146	7.530
87	62.56	0.001034	2.627	364.4	2490	364.4	2655	2290.6	1.158	7.517
88	65.02	0.001035	2.534	368.6	2492	368.6	2656	2287.4	1.170	7.504
89	67.56	0.001035	2.445	372.8	2493	372.8	2658	2285.2	1.181	7.491
90	70.18	0.001036	2.359	377.0	2494	377.0	2660	2283	1.193	7.478
91	72.89	0.001037	2.277	381.2	2495	381.2	2661	2279.8	1.204	7.465
92	75.68	0.001037	2.198	385.4	2496	385.5	2663	2277.5	1.216	7.453
93	78.57	0.001038	2.123	389.6	2498	389.7	2664	2274.3	1.227	7.440
94	81.54	0.001039	2.050	393.8	2499	393.9	2666	2272.1	1.239	7.428
95	84.61	0.001040	1.981	398.0	2500	398.1	2668	2269.9	1.250	7.415
96	87.77	0.001040	1.914	402.2	2501	402.3	2669	2266.7	1.262	7.403
97	91.03	0.001041	1.850	406.4	2502	406.5	2671	2264.5	1.273	7.390
98	94.39	0.001042	1.788	410.6	2504	410.7	2672	2261.3	1.285	7.378
99	97.85	0.001043	1.729	414.8	2505	414.9	2674	2259.1	1.296	7.366
100	101.4	0.001043	1.672	419.1	2506	419.2	2676	2256.8	1.307	7.354
102	108.9	0.001045	1.564	427.5	2508	427.6	2679	2251.4	1.330	7.330
104	116.8	0.001047	1.465	435.9	2511	436	2682	2246.0	1.352	7.307
106	125.1	0.001048	1.373	444.4	2513	444.5	2685	2240.5	1.374	7.284
108	134.0	0.001050	1.288	452.8	2515	453.0	2688	2235.0	1.397	7.261
110	143.4	0.001052	1.209	461.3	2518	461.4	2691	2229.6	1.419	7.238
112	153.3	0.001053	1.1360	469.7	2520	469.9	2694	2224.1	1.441	7.216
114	163.7	0.001055	1.0680	478.2	2522	478.4	2697	2218.6	1.463	7.194
116	174.8	0.001057	1.0050	486.6	2524	486.8	2700	2213.2	1.485	7.172
118	186.4	0.001059	0.9460	495.1	2527	495.3	2703	2207.7	1.506	7.150
120	198.7	0.001060	0.8912	503.6	2529	503.8	2706	2202.2	1.528	7.129
122	211.6	0.001062	0.8402	512.1	2531	512.3	2709	2196.7	1.549	7.108
124	225.2	0.001064	0.7926	520.6	2533	520.8	2712	2191.2	1.571	7.087
126	239.5	0.001066	0.7482	529.1	2535	529.3	2715	2185.7	1.592	7.067
128	254.5	0.001068	0.7067	537.6	2537	537.9	2717	2179.1	1.613	7.046
130	270.3	0.001070	0.6680	546.1	2540	546.4	2720	2173.6	1.635	7.026
132	286.8	0.001072	0.6318	554.6	2542	554.9	2723	2168.1	1.656	7.007
134	304.2	0.001074	0.5979	563.1	2544	563.5	2726	2162.5	1.677	6.987
136	322.4	0.001076	0.5661	571.7	2546	572.0	2728	2156.0	1.698	6.968
138	341.5	0.001078	0.5364	580.2	2548	580.6	2731	2150.4	1.718	6.948
140	361.5	0.001080	0.5085	588.8	2550	589.2	2733	2143.8	1.739	6.929
142	382.5	0.001082	0.4823	597.3	2552	597.7	2736	2138.3	1.760	6.910
144	404.4	0.001084	0.4577	605.9	2553	606.3	2739	2132.7	1.780	6.892
146	427.3	0.001086	0.4346	614.5	2555	614.9	2741	2126.1	1.801	6.873
148	451.2	0.001088	0.4129	623.1	2557	623.6	2744	2120.4	1.821	6.855
150	476.2	0.001091	0.3925	631.7	2559	632.2	2746	2113.8	1.842	6.837
152	502.2	0.001093	0.3732	640.3	2561	640.8	2748	2107.2	1.862	6.819
154	529.5	0.001095	0.3551	648.9	2563	649.5	2751	2101.5	1.882	6.801
156	557.8	0.001097	0.3381	657.5	2564	658.1	2753	2094.9	1.902	6.784
158	587.4	0.001100	0.3220	666.1	2566	666.8	2755	2088.2	1.923	6.766
160	618.2	0.001102	0.3068	674.8	2568	675.5	2757	2081.5	1.943	6.749

Data from : McLinden, M.O., S.A.Kelin, E.W.Lemmon, and A.P. Peskin. 2000. NIST standard reference database

부록 4. 물(H₂O)의 포화증기표(압력기준)

압력 P kPa	온도 t ℃	비체적 (m³/kg) 액(v_f)	증기(v_g)	비내부에너지 (kJ/kg) 액(u_f)	증기(u_g)	비엔탈피(kJ/kg) 액(h_f)	증기(h_g)	증발열(h_{fg})	비엔트로피(kJ/kgK) 액(s_f)	증기(s_g)
1.0	6.97	0.001000	129.20	29.30	2384	29.30	2514	2484.70	0.1059	8.975
1.5	13.02	0.001001	87.96	54.68	2393	54.68	2525	2470.32	0.1956	8.827
2.0	17.49	0.001001	66.99	73.43	2399	73.43	2533	2459.57	0.2606	8.723
2.5	21.08	0.001002	54.24	88.42	2404	88.42	2539	2450.58	0.3118	8.642
3.0	24.08	0.001003	45.65	101.00	2408	101.00	2545	2444.00	0.3543	8.576
3.5	26.67	0.001003	39.47	111.80	2411	111.80	2550	2438.20	0.3906	8.521
4.0	28.96	0.001004	34.79	121.40	2415	121.40	2554	2432.60	0.4224	8.473
4.5	31.01	0.001005	31.13	130.00	2417	130.00	2557	2427.00	0.4507	8.431
5.0	32.87	0.001005	28.19	137.70	2420	137.70	2561	2423.30	0.4762	8.394
5.5	34.58	0.001006	25.76	144.9	2422	144.9	2564	2419.1	0.4994	8.360
6.0	36.16	0.001006	23.73	151.5	2424	151.5	2567	2415.5	0.5208	8.329
6.5	37.63	0.001007	22.01	157.6	2426	157.6	2569	2411.4	0.5406	8.301
7.0	39.00	0.001008	20.52	163.3	2428	163.4	2572	2408.6	0.5590	8.274
7.5	40.29	0.001008	19.23	168.7	2430	168.7	2574	2405.3	0.5763	8.250
8.0	41.51	0.001008	18.10	173.8	2431	173.8	2576	2402.2	0.5925	8.227
8.5	42.66	0.001009	17.09	178.7	2433	178.7	2578	2399.3	0.6078	8.206
9.0	43.76	0.001009	16.20	183.2	2434	183.3	2580	2396.7	0.6223	8.186
9.5	44.81	0.001010	15.40	187.6	2436	187.6	2582	2394.4	0.6361	8.167
10	45.81	0.001010	14.67	191.8	2437	191.8	2584	2392.2	0.6492	8.149
15	53.97	0.001014	10.02	225.9	2448	225.9	2598	2372.1	0.7549	8.007
20	60.06	0.001017	7.648	251.4	2456	251.4	2609	2357.6	0.8320	7.907
25	64.96	0.001020	6.203	271.9	2462	272.0	2617	2345.0	0.8932	7.830
30	69.10	0.001022	5.228	289.2	2468	289.3	2625	2335.7	0.9441	7.767
35	72.68	0.001024	4.525	304.3	2472	304.3	2631	2326.7	0.9877	7.715
40	75.86	0.001026	3.993	317.6	2476	317.6	2636	2318.4	1.0260	7.669
45	78.71	0.001028	3.576	329.6	2480	329.6	2641	2311.4	1.0600	7.629
50	81.32	0.001030	3.240	340.5	2483	340.5	2645	2304.5	1.0910	7.593
55	83.71	0.001032	2.963	350.5	2486	350.6	2649	2298.4	1.119	7.561
60	85.93	0.001033	2.732	359.8	2489	359.9	2653	2293.1	1.145	7.531
65	87.99	0.001035	2.535	368.5	2492	368.6	2656	2287.4	1.170	7.504
70	89.93	0.001036	2.365	376.7	2494	376.8	2659	2282.2	1.192	7.479
75	91.76	0.001037	2.217	384.4	2496	384.4	2662	2277.6	1.213	7.456
80	93.49	0.001039	2.087	391.6	2498	391.7	2665	2273.3	1.233	7.434
85	95.13	0.001040	1.972	398.5	2500	398.6	2668	2269.4	1.252	7.414
90	96.69	0.001041	1.869	405.1	2502	405.2	2670	2264.8	1.270	7.394
95	98.18	0.001042	1.777	411.4	2504	411.5	2673	2261.5	1.287	7.376
100	99.61	0.001043	1.694	417.4	2506	417.5	2675	2257.5	1.303	7.359
125	106.0	0.001048	1.375	444.2	2513	444.4	2685	2240.6	1.374	7.284
150	111.3	0.001053	1.159	467.0	2519	467.1	2693	2225.9	1.434	7.223
175	116.0	0.001057	1.004	486.8	2524	487.0	2700	2213.0	1.485	7.171
200	120.2	0.001061	0.8857	504.5	2529	504.7	2706	2201.3	1.530	7.127
225	124.0	0.001064	0.7932	520.5	2533	520.7	2712	2191.3	1.571	7.088
250	127.4	0.001067	0.7187	535.1	2537	535.3	2716	2180.7	1.607	7.052
275	130.6	0.001070	0.6573	548.6	2540	548.9	2721	2172.1	1.641	7.021
300	133.5	0.001073	0.6058	561.1	2543	561.4	2725	2163.6	1.672	6.992
325	136.3	0.001076	0.5619	572.8	2546	573.2	2729	2155.8	1.700	6.965
350	138.9	0.001079	0.5242	583.9	2548	584.3	2732	2147.7	1.727	6.940
375	141.3	0.001081	0.4913	594.3	2551	594.7	2735	2140.3	1.753	6.917
400	143.6	0.001084	0.4624	604.2	2553	604.7	2738	2133.3	1.776	6.895
425	145.8	0.001086	0.4368	613.6	2555	614.1	2741	2126.9	1.799	6.875
450	147.9	0.001088	0.4139	622.6	2557	623.1	2743	2119.9	1.820	6.856
475	149.9	0.001090	0.3934	631.3	2559	631.8	2746	2114.2	1.841	6.838
500	151.8	0.001093	0.3748	639.5	2561	640.1	2748	2107.9	1.860	6.821
525	153.7	0.001095	0.3580	647.5	2562	648.1	2750	2101.9	1.879	6.804
550	155.5	0.001097	0.3426	655.2	2564	655.8	2752	2096.2	1.897	6.789
575	157.2	0.001099	0.3285	662.6	2565	663.2	2754	2090.8	1.914	6.774
600	158.8	0.001101	0.3156	669.7	2567	670.4	2756	2085.6	1.931	6.759
625	160.4	0.001102	0.3036	676.6	2568	677.3	2758	2080.7	1.947	6.745
650	162.0	0.001104	0.2926	683.4	2569	684.1	2760	2075.9	1.962	6.732
675	163.5	0.001106	0.2823	689.9	2571	690.6	2761	2070.4	1.977	6.719
700	164.9	0.001108	0.2728	696.2	2572	697.0	2763	2066.0	1.992	6.707
725	166.4	0.001110	0.2639	702.4	2573	703.2	2764	2060.8	2.006	6.695
750	167.7	0.001111	0.2555	708.4	2574	709.2	2766	2056.8	2.019	6.684
775	169.1	0.001113	0.2477	714.3	2575	715.1	2767	2051.9	2.033	6.672
800	170.4	0.001115	0.2403	720.0	2576	720.9	2768	2047.1	2.046	6.662

Data from : McLinden, M.O., S.A.Kelin, E.W.Lemmon, and A.P. Peskin. 2000. NIST standard reference database

부록 5. R-12(CCl₂F₂, Dichlorodifluoromethane) 포화증기표

온도 t ℃	압력 P kPa	비체적 (m³/kg)		비엔탈피 (kJ/kg)			비엔트로피 (kJ/kgK)	
		액(v_f)	증기(v_g)	액(h_f)	증기(h_g)	증발열(h_{fg})	액(s_f)	증기(s_g)
-89	3.09	0.000609	4.08980	121.51	310.87	189.35	0.6540	1.6822
-85	4.24	0.000612	3.03780	124.94	312.68	187.75	0.6724	1.6702
-80	6.17	0.000617	2.13869	129.22	314.97	185.75	0.6948	1.6565
-75	8.79	0.000622	1.53790	133.51	317.27	183.76	0.7168	1.6442
-70	12.27	0.000627	1.12746	137.81	319.59	181.77	0.7382	1.6330
-65	16.80	0.000632	0.84130	142.13	321.91	179.78	0.7592	1.6229
-60	22.62	0.000637	0.63801	146.46	324.24	177.79	0.7797	1.6138
-55	29.98	0.000642	0.49108	150.80	326.57	175.77	0.7998	1.6056
-50	39.15	0.000648	0.38316	155.16	328.90	173.74	0.8196	1.5982
-48	43.39	0.000650	0.34820	156.91	329.83	172.92	0.8274	1.5954
-46	47.99	0.000652	0.31704	158.66	330.76	172.10	0.8351	1.5928
-44	52.98	0.000655	0.28920	160.42	331.69	171.27	0.8428	1.5902
-42	58.36	0.000657	0.26429	162.18	332.62	170.44	0.8504	1.5878
-40	64.17	0.000660	0.24195	163.94	333.55	169.61	0.8580	1.5855
-38	70.43	0.000662	0.22187	165.71	334.47	168.76	0.8655	1.5832
-36	77.16	0.000664	0.20379	167.48	335.39	167.92	0.8730	1.5811
-34	84.38	0.000667	0.18748	169.25	336.32	167.07	0.8804	1.5790
-32	92.13	0.000669	0.17274	171.03	337.23	166.21	0.8878	1.5770
-30	100.41	0.000672	0.15940	172.80	338.15	165.35	0.8951	1.5751
-28	109.27	0.000675	0.14730	174.59	339.06	164.48	0.9024	1.5733
-26	118.72	0.000677	0.13630	176.37	339.97	163.60	0.9096	1.5716
-24	128.80	0.000680	0.12630	178.17	340.88	162.72	0.9168	1.5699
-22	139.53	0.000683	0.11718	179.96	341.79	161.83	0.9240	1.5683
-20	150.93	0.000685	0.10886	181.76	342.69	160.93	0.9311	1.5668
-18	163.05	0.000688	0.10126	183.56	343.59	160.02	0.9381	1.5653
-16	175.89	0.000691	0.09429	185.37	344.48	159.11	0.9452	1.5639
-15	182.60	0.000693	0.09103	186.28	344.93	158.65	0.9487	1.5632
-14	189.50	0.000694	0.08791	187.18	345.37	158.19	0.9521	1.5626
-12	203.90	0.000697	0.08204	189.00	346.26	157.26	0.9591	1.5613
-10	219.12	0.000700	0.07666	190.82	347.14	156.32	0.9660	1.5600
-8	235.19	0.000703	0.07170	192.64	348.02	155.37	0.9729	1.5588
-6	252.14	0.000706	0.06712	194.48	348.89	154.42	0.9797	1.5577
-4	270.01	0.000709	0.06290	196.31	349.76	153.45	0.9865	1.5566
-2	288.82	0.000713	0.05900	198.15	350.63	152.47	0.9933	1.5556
0	308.61	0.000716	0.05540	200.00	351.48	151.48	1.0000	1.5546
2	329.40	0.000719	0.05205	201.85	352.34	150.48	1.0067	1.5536
4	351.24	0.000723	0.04895	203.71	353.19	149.47	1.0134	1.5527
6	374.14	0.000726	0.04608	205.58	354.03	148.45	1.0200	1.5518
8	398.15	0.000730	0.04340	207.45	354.86	147.42	1.0266	1.5510
10	423.30	0.000733	0.04092	209.33	355.69	146.37	1.0332	1.5502
12	449.62	0.000737	0.03860	211.21	356.52	145.30	1.0398	1.5494
14	477.14	0.000741	0.03644	213.10	357.33	144.23	1.0463	1.5486
16	505.91	0.000745	0.03443	215.00	358.14	143.14	1.0529	1.5479
18	535.94	0.000748	0.03254	216.91	358.94	142.03	1.0594	1.5472
20	567.29	0.000752	0.03078	218.83	359.73	140.91	1.0658	1.5465
22	599.98	0.000757	0.02914	220.74	360.52	139.78	1.0723	1.5459
24	634.05	0.000761	0.02759	222.67	361.30	138.63	1.0787	1.5452
26	669.54	0.000765	0.02615	224.62	362.07	137.45	1.0851	1.5446
28	706.47	0.000769	0.02479	226.57	362.82	136.26	1.0915	1.5440
30	744.90	0.000774	0.02351	228.53	363.57	135.04	1.0979	1.5434
32	784.85	0.000778	0.02231	230.51	364.31	133.80	1.1043	1.5428
34	826.36	0.000783	0.02118	232.49	365.04	132.55	1.1107	1.5423
36	869.48	0.000788	0.02012	234.49	365.76	131.26	1.1171	1.5417
38	914.23	0.000793	0.01912	236.50	366.46	129.96	1.1235	1.5411
40	960.66	0.000798	0.01817	238.53	367.15	128.63	1.1298	1.5406
45	1084.32	0.000811	0.01603	243.65	368.82	125.17	1.1458	1.5392
50	1219.32	0.000826	0.01417	248.88	370.40	121.53	1.1617	1.5378
55	1366.30	0.000841	0.01254	254.21	371.87	117.66	1.1777	1.5363
60	1525.92	0.000858	0.01111	259.68	373.22	113.53	1.1938	1.5346
65	1698.84	0.000877	0.00985	265.30	374.41	109.11	1.2101	1.5328
70	1885.78	0.000897	0.00873	271.10	375.43	104.34	1.2267	1.5307
80	2304.60	0.000946	0.00682	283.34	376.78	93.45	1.2607	1.5253
90	2788.50	0.001012	0.00526	296.77	376.76	79.99	1.2969	1.5172
100	3344.06	0.001113	0.00390	312.26	374.08	61.82	1.3373	1.5030
110	3978.46	0.001364	0.00246	333.49	361.95	28.45	1.3914	1.4657
112	4157.60	0.001792	0.00179	347.37	347.37	0.00	1.4270	1.4270

Data from : McLinden, M.O., S.A.Kelin, E.W.Lemmon, and A.P. Peskin. 2000. NIST standard reference database

부록 6. R-22(CHCIF₂, Chlorodifluoromethane) 포화증기표[Ⅰ]

온도 t ℃	압력 P kPa	비체적 (m³/kg)		비엔탈피 (kJ/kg)			비엔트로피 (kJ/kgK)	
		액(v_f)	증기(v_g)	액(h_f)	증기(h_g)	증발열(h_{fg})	액(s_f)	증기(s_g)
-140	0.015	0.000600	861.443	58.55	340.93	282.38	0.2853	2.4061
-130	0.069	0.000608	201.017	67.96	345.42	277.45	0.3535	2.2917
-120	0.253	0.000617	58.2972	77.29	350.02	272.73	0.4165	2.1973
-110	0.779	0.000627	20.1289	86.63	354.73	268.10	0.4757	2.1189
-100	2.075	0.000637	8.00939	96.03	359.53	263.51	0.5316	2.0534
-95	3.233	0.000642	5.28543	100.74	361.96	261.22	0.5584	2.0247
-90	4.899	0.000647	3.58123	105.48	364.41	258.93	0.5846	1.9984
-85	7.242	0.000653	2.48562	110.24	366.86	256.62	0.6103	1.9742
-80	10.46	0.000658	1.76347	115.05	369.32	254.27	0.6355	1.9519
-75	14.80	0.000664	1.27648	119.90	371.78	251.89	0.6603	1.9314
-70	20.52	0.000670	0.94109	124.79	374.24	249.45	0.6846	1.9125
-65	27.97	0.000676	0.70558	129.74	376.69	246.95	0.7087	1.8951
-60	37.48	0.000682	0.53724	134.75	379.12	244.38	0.7324	1.8789
-58	41.96	0.000685	0.48369	136.77	380.09	243.32	0.7419	1.8728
-56	46.86	0.000687	0.43643	138.80	381.06	242.26	0.7512	1.8669
-55	49.48	0.000689	0.41489	139.81	381.54	241.72	0.7559	1.8640
-54	52.21	0.000690	0.39462	140.84	382.02	241.18	0.7606	1.8611
-52	58.04	0.000693	0.35755	142.88	382.98	240.09	0.7699	1.8555
-50	64.39	0.000695	0.32461	144.94	383.93	238.99	0.7791	1.8501
-49	67.76	0.000697	0.30951	145.98	384.40	238.43	0.7837	1.8474
-48	71.28	0.000698	0.29526	147.01	384.88	237.86	0.7883	1.8448
-47	74.94	0.000699	0.28180	148.05	385.35	237.30	0.7929	1.8422
-46	78.75	0.000701	0.26907	149.09	385.82	236.73	0.7975	1.8397
-45	82.71	0.000702	0.25703	150.14	386.29	236.15	0.8021	1.8372
-44	86.82	0.000704	0.24564	151.19	386.76	235.57	0.8066	1.8347
-43	91.10	0.000705	0.23485	152.24	387.23	234.99	0.8112	1.8322
-42	95.55	0.000706	0.22464	153.29	387.69	234.40	0.8157	1.8298
-41	100.16	0.000708	0.21496	154.34	388.16	233.81	0.8203	1.8275
-40	104.95	0.000709	0.20578	155.40	388.62	233.22	0.8248	1.8251
-39	109.92	0.000711	0.19707	156.46	389.08	232.62	0.8293	1.8228
-38	115.07	0.000712	0.18881	157.52	389.54	232.01	0.8339	1.8205
-37	120.41	0.000714	0.18096	158.59	390.00	231.41	0.8384	1.8183
-36	125.94	0.000715	0.17351	159.66	390.45	230.79	0.8429	1.8161
-35	131.68	0.000717	0.16642	160.73	390.91	230.18	0.8474	1.8139
-34	137.61	0.000718	0.15969	161.80	391.36	229.55	0.8518	1.8117
-33	143.75	0.000720	0.15329	162.88	391.81	228.93	0.8563	1.8096
-32	150.11	0.000721	0.14719	163.96	392.26	228.30	0.8608	1.8075
-31	156.68	0.000723	0.14139	165.04	392.70	227.66	0.8652	1.8054
-30	163.48	0.000725	0.13586	166.13	393.15	227.02	0.8697	1.8034
-29	170.50	0.000726	0.13060	167.22	393.59	226.37	0.8741	1.8013
-28	177.76	0.000728	0.12558	168.31	394.03	225.72	0.8786	1.7993
-27	185.25	0.000729	0.12080	169.40	394.47	225.07	0.8830	1.7974
-26	192.99	0.000731	0.11623	170.50	394.91	224.41	0.8874	1.7954
-25	200.98	0.000733	0.11187	171.60	395.34	223.74	0.8918	1.7935
-24	209.22	0.000734	0.10772	172.70	395.77	223.07	0.8963	1.7916
-23	217.72	0.000736	0.10374	173.80	396.20	222.40	0.9007	1.7897
-22	226.48	0.000738	0.09995	174.91	396.63	221.72	0.9050	1.7879
-21	235.52	0.000739	0.09632	176.02	397.05	221.03	0.9094	1.7860
-20	244.83	0.000741	0.09286	177.13	397.48	220.34	0.9138	1.7842
-19	254.42	0.000743	0.08954	178.25	397.90	219.65	0.9182	1.7824
-18	264.29	0.000744	0.08637	179.37	398.31	218.95	0.9226	1.7807
-17	274.46	0.000746	0.08333	180.49	398.73	218.24	0.9269	1.7789
-16	284.93	0.000748	0.08042	181.61	399.14	217.53	0.9313	1.7772
-15	295.70	0.000750	0.07763	182.74	399.55	216.81	0.9356	1.7755
-14	306.78	0.000751	0.07497	183.87	399.96	216.09	0.9399	1.7738
-13	318.17	0.000753	0.07241	185.00	400.37	215.36	0.9443	1.7721
-12	329.89	0.000755	0.06996	186.14	400.77	214.63	0.9486	1.7705
-11	341.93	0.000757	0.06760	187.28	401.17	213.89	0.9529	1.7688
-10	354.30	0.000759	0.06535	188.42	401.56	213.14	0.9572	1.7672
-9	367.01	0.000761	0.06318	189.57	401.96	212.39	0.9615	1.7656
-8	380.06	0.000763	0.06110	190.71	402.35	211.64	0.9658	1.7640
-7	393.47	0.000764	0.05911	191.86	402.74	210.87	0.9701	1.7624
-6	407.23	0.000766	0.05719	193.02	403.12	210.11	0.9744	1.7609
-5	421.35	0.000768	0.05534	194.17	403.51	209.33	0.9787	1.7593
-4	435.84	0.000770	0.05357	195.33	403.88	208.55	0.9830	1.7578
-3	450.70	0.000772	0.05187	196.50	404.26	207.77	0.9872	1.7563

Data from : McLinden, M.O., S.A.Kelin, E.W.Lemmon, and A.P. Peskin, 2000, NIST standard reference database

부록 6. R-22(CHClF₂, Chlorodifluoromethane) 포화증기표[Ⅱ]

온도 $t\ ℃$	압력 P kPa	비체적 (m³/kg)		비엔탈피 (kJ/kg)			비엔트로피 (kJ/kgK)	
		액(v_f)	증기(v_g)	액(h_f)	증기(h_g)	증발열(h_{fg})	액(s_f)	증기(s_g)
-2	465.94	0.000774	0.05023	197.66	404.63	206.97	0.9915	1.7548
-1	481.57	0.000776	0.04866	198.83	405.00	206.17	0.9957	1.7533
0	497.59	0.000778	0.04714	200.00	405.37	205.37	1.0000	1.7519
1	514.01	0.000780	0.04568	201.17	405.73	204.56	1.0042	1.7504
2	530.83	0.000783	0.04427	202.35	406.09	203.74	1.0085	1.7490
3	548.06	0.000785	0.04292	203.53	406.45	202.92	1.0127	1.7475
4	565.71	0.000787	0.04162	204.72	406.80	202.09	1.0169	1.7461
5	583.78	0.000789	0.04036	205.90	407.15	201.25	1.0212	1.7447
6	602.28	0.000791	0.03915	207.09	407.50	200.41	1.0254	1.7433
7	621.22	0.000793	0.03798	208.29	407.84	199.55	1.0296	1.7419
8	640.59	0.000796	0.03685	209.48	408.18	198.70	1.0338	1.7405
9	660.42	0.000798	0.03576	210.68	408.51	197.83	1.0380	1.7392
10	680.70	0.000800	0.03472	211.88	408.84	196.96	1.0422	1.7378
11	701.44	0.000802	0.03370	213.09	409.17	196.08	1.0464	1.7365
12	722.65	0.000805	0.03273	214.30	409.49	195.19	1.0506	1.7351
13	744.33	0.000807	0.03179	215.49	409.81	194.32	1.0547	1.7338
14	766.50	0.000809	0.03087	216.70	410.13	193.42	1.0589	1.7325
15	789.15	0.000812	0.02999	217.92	410.44	192.52	1.0631	1.7312
16	812.29	0.000814	0.02914	219.15	410.75	191.60	1.0672	1.7299
17	835.93	0.000817	0.02832	220.37	411.05	190.68	1.0714	1.7286
18	860.08	0.000819	0.02752	221.60	411.35	189.74	1.0756	1.7273
19	884.75	0.000822	0.02675	222.83	411.64	188.81	1.0797	1.7260
20	909.93	0.000824	0.02601	224.07	411.93	187.86	1.0839	1.7247
21	935.64	0.000827	0.02529	225.31	412.21	186.90	1.0880	1.7234
22	961.89	0.000830	0.02459	226.56	412.49	185.94	1.0922	1.7221
23	988.67	0.000832	0.02391	227.80	412.77	184.96	1.0963	1.7209
24	1016.01	0.000835	0.02326	229.05	413.03	183.98	1.1005	1.7196
25	1043.89	0.000838	0.02263	230.31	413.30	182.99	1.1046	1.7183
26	1072.34	0.000840	0.02201	231.57	413.56	181.99	1.1087	1.7171
27	1101.36	0.000843	0.02142	232.83	413.81	180.98	1.1129	1.7158
28	1130.95	0.000846	0.02084	234.10	414.06	179.96	1.1170	1.7146
29	1161.12	0.000849	0.02029	235.37	414.30	178.93	1.1211	1.7133
30	1191.88	0.000852	0.01974	236.65	414.54	177.89	1.1253	1.7121
31	1223.24	0.000855	0.01922	237.93	414.77	176.84	1.1294	1.7108
32	1255.20	0.000858	0.01871	239.22	415.00	175.78	1.1335	1.7096
33	1287.78	0.000861	0.01822	240.51	415.22	174.71	1.1377	1.7083
34	1320.97	0.000864	0.01774	241.80	415.43	173.63	1.1418	1.7071
35	1354.79	0.000867	0.01727	243.10	415.64	172.54	1.1459	1.7058
36	1389.24	0.000871	0.01682	244.41	415.84	171.43	1.1500	1.7046
37	1424.33	0.000874	0.01638	245.71	416.03	170.32	1.1542	1.7033
38	1460.06	0.000877	0.01595	247.03	416.22	169.19	1.1583	1.7021
39	1496.46	0.000881	0.01554	248.35	416.40	168.05	1.1624	1.7008
40	1533.52	0.000884	0.01514	249.67	416.57	166.90	1.1666	1.6995
41	1571.24	0.000887	0.01475	251.00	416.74	165.73	1.1707	1.6983
42	1609.65	0.000891	0.01437	252.34	416.89	164.55	1.1748	1.6970
43	1648.74	0.000895	0.01400	253.68	417.04	163.36	1.1790	1.6957
44	1688.53	0.000898	0.01364	255.03	417.18	162.15	1.1831	1.6944
45	1729.02	0.000902	0.01329	256.38	417.32	160.93	1.1873	1.6931
46	1770.23	0.000906	0.01295	257.74	417.44	159.70	1.1914	1.6918
47	1812.15	0.000910	0.01261	259.11	417.56	158.45	1.1956	1.6905
48	1854.80	0.000914	0.01229	260.49	417.66	157.18	1.1998	1.6892
49	1898.18	0.000918	0.01198	261.87	417.76	155.90	1.2039	1.6878
50	1942.31	0.000922	0.01167	263.25	417.85	154.60	1.2081	1.6865
52	2032.84	0.000930	0.01108	266.05	417.99	151.94	1.2165	1.6838
54	2126.46	0.000939	0.01052	268.88	418.09	149.21	1.2249	1.6810
55	2174.45	0.000944	0.01025	270.31	418.13	147.82	1.2291	1.6796
56	2223.23	0.000949	0.00999	271.74	418.15	146.40	1.2333	1.6781
58	2323.24	0.000959	0.00948	274.64	418.15	143.51	1.2418	1.6752
60	2426.57	0.000969	0.00900	277.58	418.10	140.52	1.2504	1.6722
65	2699.92	0.000997	0.00789	285.13	417.70	132.56	1.2721	1.6641
70	2995.90	0.001030	0.00689	293.03	416.82	123.79	1.2944	1.6551
75	3316.07	0.001069	0.00598	301.40	415.31	113.91	1.3176	1.6448
80	3662.29	0.001118	0.00515	310.42	412.91	102.49	1.3422	1.6325
85	4036.81	0.001183	0.00436	320.50	409.11	88.61	1.3694	1.6168
90	4442.53	0.001282	0.00357	332.60	402.67	70.07	1.4015	1.5945
95	4883.48	0.001521	0.00255	351.76	386.72	34.96	1.4522	1.5472

Data from : McLinden, M.O., S.A.Kelin, E.W.Lemmon, and A.P. Peskin. 2000. NIST standard reference database

부록 7. R-134a(CH₂FCF₃, 1,1,1,2 - tetrafluoroethane) 포화증기표[I]

온도 t ℃	압력 P kPa	비체적 (m³/kg)		비엔탈피 (kJ/kg)			비엔트로피 (kJ/kgK)	
		액(v_f)	증기(v_g)	액(h_f)	증기(h_g)	증발열(h_{fg})	액(s_f)	증기(s_g)
-100	0.64	0.000634	21.9456	86.47	335.58	249.11	0.4899	1.9286
-99	0.71	0.000635	19.9412	87.42	336.18	248.75	0.4954	1.9238
-98	0.79	0.000636	18.1426	88.38	336.77	248.39	0.5009	1.9190
-97	0.87	0.000637	16.5265	89.34	337.36	248.03	0.5063	1.9144
-96	0.96	0.000638	15.0726	90.30	337.96	247.66	0.5118	1.9098
-95	1.05	0.000639	13.7630	91.26	338.56	247.29	0.5172	1.9053
-94	1.16	0.000640	12.5818	92.23	339.16	246.93	0.5226	1.9009
-93	1.27	0.000641	11.5151	93.20	339.76	246.56	0.5280	1.8966
-92	1.40	0.000642	10.5508	94.18	340.36	246.18	0.5334	1.8924
-91	1.53	0.000643	9.67784	95.16	340.96	245.81	0.5388	1.8883
-90	1.68	0.000644	8.88679	96.14	341.57	245.43	0.5442	1.8842
-89	1.83	0.000645	8.16911	97.12	342.18	245.05	0.5495	1.8803
-88	2.00	0.000646	7.51725	98.11	342.78	244.67	0.5549	1.8764
-87	2.18	0.000647	6.92453	99.10	343.39	244.29	0.5602	1.8726
-86	2.38	0.000648	6.38500	100.10	344.00	243.91	0.5656	1.8688
-85	2.59	0.000649	5.89337	101.10	344.61	243.52	0.5709	1.8652
-84	2.82	0.000651	5.44490	102.10	345.23	243.13	0.5762	1.8616
-83	3.06	0.000652	5.03539	103.10	345.84	242.74	0.5815	1.8581
-82	3.33	0.000653	4.66107	104.11	346.46	242.34	0.5868	1.8546
-81	3.61	0.000654	4.31859	105.13	347.07	241.95	0.5921	1.8512
-80	3.91	0.000655	4.00491	106.14	347.69	241.55	0.5974	1.8479
-79	4.23	0.000656	3.71735	107.16	348.31	241.15	0.6026	1.8447
-78	4.58	0.000657	3.45347	108.19	348.93	240.74	0.6079	1.8415
-77	4.95	0.000658	3.21111	109.22	349.55	240.33	0.6131	1.8384
-76	5.34	0.000660	2.98830	110.25	350.17	239.92	0.6184	1.8354
-75	5.76	0.000661	2.78327	111.28	350.80	239.51	0.6236	1.8324
-74	6.21	0.000662	2.59445	112.32	351.42	239.10	0.6289	1.8294
-73	6.69	0.000663	2.42039	113.36	352.04	238.68	0.6341	1.8266
-72	7.20	0.000664	2.25981	114.41	352.67	238.26	0.6393	1.8238
-71	7.74	0.000665	2.11153	115.46	353.29	237.83	0.6445	1.8210
-70	8.31	0.000667	1.97450	116.52	353.92	237.41	0.6497	1.8183
-69	8.92	0.000668	1.84776	117.57	354.55	236.97	0.6549	1.8157
-68	9.57	0.000669	1.73045	118.64	355.18	236.54	0.6601	1.8131
-67	10.26	0.000670	1.62177	119.70	355.80	236.10	0.6653	1.8106
-66	10.99	0.000671	1.52100	120.77	356.43	235.66	0.6704	1.8081
-65	11.76	0.000673	1.42751	121.85	357.06	235.22	0.6756	1.8056
-64	12.57	0.000674	1.34070	122.92	357.69	234.77	0.6808	1.8033
-63	13.43	0.000675	1.26004	124.00	358.32	234.32	0.6859	1.8009
-62	14.34	0.000676	1.18502	125.09	358.96	233.87	0.6911	1.7987
-61	15.30	0.000678	1.11521	126.18	359.59	233.41	0.6962	1.7964
-60	16.32	0.000679	1.05020	127.27	360.22	232.95	0.7014	1.7942
-59	17.39	0.000680	0.98961	128.37	360.85	232.48	0.7065	1.7921
-58	18.51	0.000681	0.93310	129.47	361.48	232.01	0.7116	1.7900
-57	19.70	0.000683	0.88037	130.58	362.11	231.54	0.7167	1.7879
-56	20.95	0.000684	0.83113	131.68	362.75	231.06	0.7218	1.7859
-55	22.26	0.000685	0.78511	132.80	363.38	230.58	0.7270	1.7839
-54	23.64	0.000686	0.74209	133.91	364.01	230.10	0.7321	1.7820
-53	25.10	0.000688	0.70182	135.04	364.65	229.61	0.7372	1.7801
-52	26.62	0.000689	0.66413	136.16	365.28	229.12	0.7423	1.7783
-51	28.22	0.000690	0.62881	137.29	365.91	228.62	0.7473	1.7765
-50	29.90	0.000692	0.59570	138.42	366.54	228.12	0.7524	1.7747
-49	31.66	0.000693	0.56464	139.56	367.18	227.62	0.7575	1.7730
-48	33.50	0.000694	0.53549	140.70	367.81	227.11	0.7626	1.7713
-47	35.43	0.000696	0.50812	141.85	368.44	226.59	0.7676	1.7696
-46	37.45	0.000697	0.48239	142.99	369.07	226.08	0.7727	1.7680
-45	39.56	0.000699	0.45820	144.15	369.70	225.55	0.7778	1.7664
-44	41.77	0.000700	0.43545	145.30	370.33	225.03	0.7828	1.7648
-43	44.08	0.000701	0.41403	146.47	370.96	224.50	0.7879	1.7633
-42	46.50	0.000703	0.39385	147.63	371.59	223.96	0.7929	1.7618
-41	49.01	0.000704	0.37484	148.80	372.22	223.43	0.7979	1.7604
-40	51.64	0.000706	0.35692	149.97	372.85	222.88	0.8030	1.7589
-39	54.38	0.000707	0.34001	151.15	373.48	222.33	0.8080	1.7575
-38	57.24	0.000708	0.32405	152.33	374.11	221.78	0.8130	1.7562
-37	60.22	0.000710	0.30898	153.51	374.74	221.23	0.8180	1.7548
-36	63.32	0.000711	0.29474	154.70	375.37	220.66	0.8231	1.7535
-35	66.55	0.000713	0.28128	155.89	375.99	220.10	0.8281	1.7523
-34	69.91	0.000714	0.26855	157.09	376.62	219.53	0.8331	1.7510
-33	73.40	0.000716	0.25651	158.29	377.24	218.95	0.8381	1.7498
-32	77.04	0.000717	0.24511	159.49	377.87	218.37	0.8431	1.7486

부록 7. R-134a(CH₂FCF₃, 1,1,1,2 - tetrafluoroethane) 포화증기표[II]

온도 t ℃	압력 P kPa	비체적 (m³/kg) 액(v_f)	증기(v_g)	비엔탈피 (kJ/kg) 액(h_f)	증기(h_g)	증발열(h_{fg})	비엔트로피 (kJ/kgK) 액(s_f)	증기(s_g)
-31	80.81	0.000719	0.23431	160.70	378.49	217.79	0.8480	1.7474
-30	84.74	0.000720	0.22408	161.91	379.11	217.20	0.8530	1.7463
-29	88.81	0.000722	0.21438	163.13	379.73	216.61	0.8580	1.7452
-28	93.05	0.000723	0.20518	164.35	380.35	216.01	0.8630	1.7441
-27	97.44	0.000725	0.19645	165.57	380.97	215.40	0.8679	1.7430
-26	101.99	0.000726	0.18817	166.80	381.59	214.79	0.8729	1.7420
-25	106.71	0.000728	0.18030	168.03	382.21	214.18	0.8778	1.7410
-24	111.60	0.000730	0.17282	169.26	382.82	213.56	0.8828	1.7400
-23	116.67	0.000731	0.16571	170.50	383.44	212.94	0.8877	1.7390
-22	121.92	0.000733	0.15896	171.74	384.05	212.31	0.8927	1.7380
-21	127.36	0.000735	0.15253	172.99	384.67	211.68	0.8976	1.7371
-20	132.99	0.000736	0.14641	174.24	385.28	211.04	0.9025	1.7362
-19	138.81	0.000738	0.14059	175.49	385.89	210.40	0.9075	1.7353
-18	144.83	0.000739	0.13504	176.75	386.50	209.75	0.9124	1.7345
-17	151.05	0.000741	0.12975	178.01	387.11	209.10	0.9173	1.7336
-16	157.48	0.000743	0.12471	179.27	387.71	208.44	0.9222	1.7328
-15	164.13	0.000745	0.11991	180.54	388.32	207.78	0.9271	1.7320
-14	170.99	0.000746	0.11533	181.81	388.92	207.11	0.9320	1.7312
-13	178.08	0.000748	0.11095	183.09	389.52	206.44	0.9369	1.7304
-12	185.40	0.000750	0.10678	184.36	390.12	205.76	0.9418	1.7297
-11	192.95	0.000752	0.10279	185.65	390.72	205.08	0.9467	1.7289
-10	200.73	0.000753	0.09898	186.93	391.32	204.39	0.9515	1.7282
-9	208.76	0.000755	0.09534	188.22	391.92	203.69	0.9564	1.7275
-8	217.04	0.000757	0.09186	189.52	392.51	202.99	0.9613	1.7269
-7	225.57	0.000759	0.08853	190.82	393.10	202.29	0.9661	1.7262
-6	234.36	0.000761	0.08535	192.12	393.70	201.58	0.9710	1.7255
-5	243.41	0.000763	0.08230	193.42	394.28	200.86	0.9758	1.7249
-4	252.74	0.000764	0.07938	194.73	394.87	200.14	0.9807	1.7243
-3	262.33	0.000766	0.07659	196.04	395.46	199.42	0.9855	1.7237
-2	272.21	0.000768	0.07391	197.36	396.04	198.68	0.9903	1.7231
-1	282.37	0.000770	0.07135	198.68	396.62	197.95	0.9952	1.7225
0	292.82	0.000772	0.06889	200.00	397.20	197.20	1.0000	1.7220
1	303.57	0.000774	0.06653	201.33	397.78	196.45	1.0048	1.7214
2	314.62	0.000776	0.06427	202.66	398.36	195.70	1.0096	1.7209
3	325.98	0.000778	0.06210	203.99	398.93	194.94	1.0144	1.7204
4	337.65	0.000780	0.06001	205.33	399.50	194.17	1.0192	1.7199
5	349.63	0.000782	0.05801	206.67	400.07	193.40	1.0240	1.7194
6	361.95	0.000784	0.05609	208.02	400.64	192.62	1.0288	1.7189
7	374.59	0.000786	0.05425	209.37	401.21	191.84	1.0336	1.7184
8	387.56	0.000788	0.05248	210.72	401.77	191.05	1.0384	1.7179
9	400.88	0.000791	0.05077	212.08	402.33	190.25	1.0432	1.7175
10	414.55	0.000793	0.04913	213.44	402.89	189.45	1.0480	1.7170
11	428.57	0.000795	0.04756	214.80	403.44	188.64	1.0527	1.7166
12	442.94	0.000797	0.04604	216.17	404.00	187.83	1.0575	1.7162
13	457.69	0.000799	0.04458	217.54	404.55	187.01	1.0623	1.7158
14	472.80	0.000802	0.04318	218.92	405.10	186.18	1.0670	1.7154
15	488.29	0.000804	0.04183	220.30	405.64	185.34	1.0718	1.7150
16	504.16	0.000806	0.04052	221.68	406.18	184.50	1.0765	1.7146
17	520.42	0.000809	0.03927	223.07	406.72	183.66	1.0813	1.7142
18	537.08	0.000811	0.03806	224.44	407.26	182.82	1.0859	1.7139
19	554.14	0.000813	0.03690	225.84	407.80	181.96	1.0907	1.7135
20	571.60	0.000816	0.03577	227.23	408.33	181.09	1.0954	1.7132
21	589.48	0.000818	0.03469	228.64	408.86	180.22	1.1001	1.7128
22	607.78	0.000821	0.03365	230.05	409.38	179.34	1.1049	1.7125
23	626.50	0.000823	0.03264	231.46	409.91	178.45	1.1096	1.7122
24	645.66	0.000826	0.03166	232.87	410.42	177.55	1.1143	1.7118
25	665.26	0.000828	0.03072	234.29	410.94	176.65	1.1190	1.7115
26	685.30	0.000831	0.02982	235.72	411.45	175.73	1.1237	1.7112
27	705.80	0.000834	0.02894	237.15	411.96	174.81	1.1285	1.7109
28	726.75	0.000836	0.02809	238.58	412.47	173.89	1.1332	1.7106
29	748.17	0.000839	0.02727	240.02	412.97	172.95	1.1379	1.7103
30	770.06	0.000842	0.02648	241.46	413.47	172.00	1.1426	1.7100
31	792.43	0.000844	0.02572	242.91	413.96	171.05	1.1473	1.7097
32	815.28	0.000847	0.02498	244.36	414.45	170.09	1.1520	1.7094
33	838.63	0.000850	0.02426	245.82	414.94	169.12	1.1567	1.7091
34	862.47	0.000853	0.02357	247.28	415.42	168.14	1.1614	1.7088
35	886.82	0.000856	0.02290	248.75	415.90	167.15	1.1661	1.7085
36	911.68	0.000859	0.02225	250.22	416.37	166.15	1.1708	1.7082
37	937.07	0.000862	0.02162	251.70	416.84	165.14	1.1755	1.7079

부록 7. R-134a(CH2FCF3, 1,1,1,2 – tetrafluoroethane) 포화증기표[Ⅲ]

온도 t ℃	압력 P kPa	비체적 (m³/kg)		비엔탈피 (kJ/kg)			비엔트로피 (kJ/kgK)	
		액(v_f)	증기(v_g)	액(h_f)	증기(h_g)	증발열(h_{fg})	액(s_f)	증기(s_g)
38	962.98	0.000865	0.02102	253.18	417.30	164.12	1.1802	1.7077
39	989.42	0.000868	0.02043	254.67	417.76	163.09	1.1849	1.7074
40	1016.40	0.000871	0.01986	256.16	418.21	162.05	1.1896	1.7071
41	1043.94	0.000875	0.01930	257.66	418.66	161.00	1.1943	1.7068
42	1072.02	0.000878	0.01877	259.16	419.11	159.94	1.1990	1.7065
43	1100.67	0.000881	0.01825	260.67	419.54	158.87	1.2037	1.7062
44	1129.90	0.000885	0.01774	262.19	419.98	157.79	1.2084	1.7059
45	1159.69	0.000888	0.01726	263.71	420.40	156.69	1.2131	1.7056
46	1190.08	0.000892	0.01678	265.24	420.83	155.59	1.2178	1.7053
47	1221.05	0.000895	0.01632	266.77	421.24	154.47	1.2225	1.7050
48	1252.63	0.000899	0.01588	268.32	421.65	153.33	1.2273	1.7047
49	1284.82	0.000903	0.01544	269.86	422.05	152.19	1.2320	1.7044
50	1317.62	0.000906	0.01502	271.42	422.44	151.03	1.2367	1.7041
51	1351.05	0.000910	0.01461	272.98	422.83	149.85	1.2414	1.7037
52	1385.10	0.000914	0.01421	274.55	423.21	148.66	1.2462	1.7034
53	1419.80	0.000918	0.01383	276.13	423.59	147.46	1.2509	1.7030
54	1455.15	0.000922	0.01345	277.71	423.95	146.24	1.2557	1.7027
55	1491.16	0.000927	0.01309	279.30	424.31	145.01	1.2604	1.7023
56	1527.83	0.000931	0.01273	280.90	424.66	143.75	1.2652	1.7019
57	1565.17	0.000935	0.01239	282.51	424.99	142.49	1.2700	1.7015
58	1603.20	0.000940	0.01205	284.13	425.32	141.20	1.2747	1.7011
59	1641.92	0.000944	0.01172	285.75	425.64	139.89	1.2795	1.7007
60	1681.34	0.000949	0.01141	287.39	425.96	138.57	1.2843	1.7003
61	1721.47	0.000954	0.01110	289.03	426.26	137.23	1.2892	1.6998
62	1762.33	0.000959	0.01079	290.68	426.54	135.86	1.2940	1.6994
63	1803.90	0.000964	0.01050	292.35	426.82	134.47	1.2988	1.6989
64	1846.22	0.000969	0.01021	294.02	427.09	133.07	1.3037	1.6983
65	1889.29	0.000974	0.00993	295.71	427.34	131.63	1.3085	1.6978
66	1933.11	0.000979	0.00966	297.40	427.58	130.18	1.3134	1.6973
67	1977.70	0.000985	0.00940	299.11	427.81	128.70	1.3183	1.6967
68	2023.07	0.000991	0.00914	300.83	428.02	127.19	1.3232	1.6961
69	2069.24	0.000997	0.00888	302.57	428.22	125.65	1.3282	1.6954
70	2116.20	0.001003	0.00864	304.31	428.40	124.08	1.3331	1.6947
71	2163.97	0.001009	0.00840	306.07	428.56	122.49	1.3381	1.6940
72	2212.56	0.001016	0.00816	307.85	428.71	120.86	1.3431	1.6933
73	2261.99	0.001022	0.00793	309.64	428.84	119.19	1.3482	1.6925
74	2312.27	0.001029	0.00770	311.45	428.94	117.49	1.3532	1.6917
75	2363.40	0.001036	0.00748	313.27	429.03	115.76	1.3583	1.6908
76	2415.41	0.001044	0.00727	315.11	429.09	113.98	1.3635	1.6899
77	2468.30	0.001051	0.00706	316.97	429.13	112.16	1.3686	1.6889
78	2522.08	0.001060	0.00685	318.86	429.15	110.29	1.3738	1.6879
79	2576.78	0.001068	0.00665	320.77	429.13	108.36	1.3791	1.6868
80	2632.41	0.001077	0.00645	322.69	429.09	106.40	1.3844	1.6857
81	2688.98	0.001086	0.00625	324.63	429.01	104.38	1.3897	1.6844
82	2746.51	0.001095	0.00606	326.60	428.91	102.31	1.3951	1.6831
83	2805.02	0.001105	0.00587	328.61	428.75	100.14	1.4005	1.6817
84	2864.51	0.001116	0.00569	330.64	428.56	97.92	1.4061	1.6802
85	2925.02	0.001127	0.00550	332.71	428.33	95.62	1.4116	1.6786
86	2986.56	0.001139	0.00532	334.81	428.05	93.24	1.4173	1.6769
87	3049.15	0.001152	0.00514	336.95	427.71	90.75	1.4231	1.6751
88	3112.81	0.001165	0.00497	339.14	427.31	88.17	1.4289	1.6731
89	3177.58	0.001179	0.00479	341.37	426.84	85.46	1.4349	1.6709
90	3243.47	0.001195	0.00462	343.66	426.29	82.63	1.4410	1.6685
91	3310.52	0.001212	0.00444	346.01	425.65	79.64	1.4472	1.6659
92	3378.75	0.001230	0.00427	348.44	424.91	76.47	1.4537	1.6631
93	3448.22	0.001250	0.00410	350.95	424.04	73.09	1.4603	1.6599
94	3518.95	0.001273	0.00392	353.56	423.03	69.46	1.4672	1.6564
95	3591.01	0.001298	0.00375	356.30	421.83	65.53	1.4744	1.6524
96	3664.44	0.001328	0.00356	359.21	420.38	61.17	1.4820	1.6477
97	3739.35	0.001362	0.00337	362.33	418.62	56.29	1.4902	1.6422
98	3815.83	0.001405	0.00317	365.77	416.41	50.64	1.4992	1.6356
99	3894.03	0.001461	0.00295	369.72	413.48	43.77	1.5095	1.6271
100	3974.24	0.001544	0.00268	374.70	409.10	34.40	1.5225	1.6147
101	4057.05	0.001758	0.00221	384.42	398.59	14.18	1.5482	1.5861
101.1	4067.00	0.001952	0.00195	391.16	391.16	0.00	1.5661	1.5661

Data from : McLinden, M.O., S.A.Kelin, E.W.Lemmon, and A.P. Peskin. 2000. NIST standard reference database

부록 8. R-152a(CH_3CHF_2, 1,1 - Difluoroethane) 포화증기표

온도 t ℃	압력 P kPa	비체적 (m^3/kg) 액(v_f)	증기(v_g)	비엔탈피 (kJ/kg) 액(h_f)	증기(h_g)	증발열(h_{fg})	비엔트로피 (kJ/kgK) 액(s_f)	증기(s_g)
-100	1.03	0.000872	21.08582	95.45	425.88	330.43	0.5361	2.4444
-90	2.36	0.000885	9.73157	103.27	433.37	330.10	0.5800	2.3823
-80	4.97	0.000899	4.87661	111.47	441.07	329.59	0.6235	2.3299
-70	9.71	0.000913	2.61985	120.14	448.93	328.79	0.6673	2.2857
-65	13.24	0.000921	1.96452	124.68	452.92	328.24	0.6893	2.2662
-60	17.81	0.000928	1.49340	129.36	456.93	327.58	0.7115	2.2483
-55	23.62	0.000936	1.14972	134.19	460.98	326.79	0.7339	2.2319
-50	30.94	0.000944	0.89558	139.18	465.03	325.85	0.7565	2.2167
-45	40.04	0.000953	0.70524	144.35	469.10	324.75	0.7793	2.2028
-40	51.26	0.000961	0.56099	149.70	473.18	323.48	0.8025	2.1899
-38	56.42	0.000965	0.51329	151.89	474.81	322.92	0.8118	2.1851
-36	61.99	0.000969	0.47032	154.12	476.44	322.32	0.8212	2.1804
-35	64.94	0.000970	0.45045	155.24	477.25	322.01	0.8259	2.1781
-34	68.01	0.000972	0.43156	156.37	478.06	321.69	0.8307	2.1758
-32	74.50	0.000976	0.39654	158.66	479.69	321.03	0.8402	2.1714
-30	81.48	0.000980	0.36485	160.98	481.31	320.33	0.8497	2.1671
-28	88.99	0.000983	0.33612	163.34	482.93	319.60	0.8593	2.1630
-26	97.05	0.000987	0.31004	165.72	484.55	318.82	0.8690	2.1590
-25	101.30	0.000989	0.29791	166.93	485.35	318.42	0.8738	2.1570
-24	105.69	0.000991	0.28634	168.14	486.16	318.01	0.8787	2.1551
-22	114.95	0.000995	0.26476	170.60	487.76	317.16	0.8885	2.1513
-20	124.85	0.000999	0.24509	173.09	489.37	316.27	0.8983	2.1477
-18	135.44	0.001003	0.22713	175.62	490.96	315.34	0.9082	2.1441
-16	146.73	0.001008	0.21072	178.18	492.55	314.37	0.9182	2.1407
-15	152.65	0.001010	0.20305	179.47	493.34	313.86	0.9232	2.1390
-14	158.77	0.001012	0.19570	180.78	494.13	313.35	0.9282	2.1374
-12	171.58	0.001016	0.18194	183.41	495.70	312.29	0.9383	2.1341
-10	185.22	0.001020	0.16931	186.08	497.26	311.18	0.9484	2.1309
-8	199.70	0.001025	0.15771	188.79	498.81	310.02	0.9586	2.1279
-6	215.08	0.001029	0.14704	191.54	500.36	308.82	0.9689	2.1249
-5	223.11	0.001032	0.14203	192.92	501.12	308.20	0.9740	2.1234
-4	231.38	0.001034	0.13722	194.32	501.89	307.57	0.9792	2.1219
-2	248.66	0.001039	0.12816	197.14	503.41	306.27	0.9896	2.1191
0	266.94	0.001044	0.11981	200.00	504.91	304.91	1.0000	2.1163
2	286.27	0.001048	0.11209	202.90	506.41	303.51	1.0105	2.1136
4	306.69	0.001053	0.10496	205.83	507.89	302.05	1.0210	2.1109
5	317.32	0.001056	0.10159	207.32	508.62	301.30	1.0263	2.1096
6	328.24	0.001058	0.09835	208.81	509.35	300.54	1.0317	2.1083
8	350.96	0.001064	0.09223	211.82	510.80	298.98	1.0423	2.1057
10	374.91	0.001069	0.08655	214.87	512.23	297.35	1.0531	2.1032
12	400.12	0.001074	0.08128	217.96	513.64	295.67	1.0638	2.1007
14	426.64	0.001080	0.07638	221.09	515.03	293.94	1.0747	2.0983
15	440.40	0.001082	0.07407	222.67	515.72	293.04	1.0801	2.0971
16	454.51	0.001085	0.07183	224.26	516.40	292.14	1.0856	2.0959
18	483.78	0.001091	0.06759	227.47	517.75	290.28	1.0965	2.0935
20	514.50	0.001097	0.06364	230.72	519.08	288.36	1.1075	2.0912
22	546.71	0.001103	0.05995	234.01	520.38	286.38	1.1186	2.0888
24	580.46	0.001109	0.05651	237.33	521.66	284.33	1.1297	2.0865
25	597.93	0.001112	0.05488	239.01	522.30	283.29	1.1352	2.0854
26	615.81	0.001115	0.05330	240.70	522.92	282.22	1.1408	2.0842
28	652.79	0.001122	0.05030	244.10	524.15	280.04	1.1520	2.0819
30	691.46	0.001128	0.04749	247.52	525.35	277.83	1.1632	2.0797
32	731.87	0.001135	0.04486	251.00	526.52	275.52	1.1745	2.0774
34	774.07	0.001142	0.04240	254.52	527.65	273.13	1.1858	2.0751
35	795.86	0.001145	0.04122	256.30	528.21	271.91	1.1915	2.0739
36	818.11	0.001149	0.04008	258.08	528.76	270.68	1.1972	2.0728
38	864.05	0.001156	0.03791	261.68	529.83	268.15	1.2087	2.0705
40	911.92	0.001164	0.03587	265.33	530.86	265.54	1.2202	2.0681
45	1040.44	0.001184	0.03129	274.61	533.28	258.68	1.2491	2.0622
50	1182.24	0.001205	0.02735	284.14	535.44	251.30	1.2783	2.0559
55	1338.14	0.001228	0.02394	293.94	537.29	243.35	1.3078	2.0494
60	1508.98	0.001253	0.02098	304.02	538.81	234.79	1.3376	2.0424
65	1695.60	0.001281	0.01840	314.40	539.93	225.54	1.3679	2.0348
70	1898.83	0.001312	0.01614	325.11	540.60	215.49	1.3985	2.0265
80	2358.51	0.001387	0.01235	347.82	540.17	192.35	1.4620	2.0066
90	2894.69	0.001489	0.00925	373.43	535.95	162.52	1.5313	1.9788

Data from : McLinden, M.O., S.A.Kelin, E.W.Lemmon, and A.P. Peskin. 2000. NIST standard reference database

부록 9. R-401A(R-22/152a/124 : 53.0/13.0/34.0%) 포화증기표[Ⅰ]

온도 t ℃	압력 P ㎪	비체적 (㎥/kg)		비엔탈피 (kJ/㎏)			비엔트로피 (kJ/kgK)	
		액(v_f)	증기(v_g)	액(h_f)	증기(h_g)	증발열(h_{fg})	액(s_f)	증기(s_g)
−99	0.71	0.000651	21.58937	88.42	353.46	265.03	0.5257	2.0475
−95	1.06	0.000654	14.76693	92.11	355.41	263.29	0.5453	2.0232
−90	1.70	0.000659	9.45036	96.78	357.89	261.11	0.5696	1.9953
−85	2.66	0.000664	6.22550	101.52	360.43	258.91	0.5939	1.9700
−80	4.03	0.000669	4.21075	106.32	363.02	256.70	0.6179	1.9469
−75	5.96	0.000675	2.91750	111.18	365.65	254.47	0.6417	1.9260
−70	8.62	0.000680	2.06648	116.11	368.32	252.22	0.6654	1.9070
−65	12.20	0.000686	1.49352	121.10	371.03	249.93	0.6889	1.8897
−60	16.94	0.000692	1.09956	126.16	373.77	247.61	0.7123	1.8740
−58	19.22	0.000694	0.97751	128.20	374.88	246.67	0.7216	1.8681
−56	21.75	0.000696	0.87128	130.26	375.99	245.73	0.7309	1.8625
−54	24.54	0.000699	0.77857	132.32	377.10	244.78	0.7401	1.8570
−52	27.62	0.000701	0.69742	134.40	378.22	243.82	0.7493	1.8518
−50	31.00	0.000704	0.62621	136.49	379.34	242.85	0.7585	1.8468
−49	32.82	0.000705	0.59389	137.53	379.90	242.36	0.7631	1.8443
−48	34.72	0.000707	0.56356	138.59	380.46	241.87	0.7677	1.8419
−47	36.71	0.000708	0.53507	139.64	381.02	241.38	0.7722	1.8396
−46	38.79	0.000709	0.50830	140.70	381.58	240.89	0.7768	1.8373
−45	40.96	0.000711	0.48312	141.75	382.15	240.39	0.7814	1.8350
−44	43.24	0.000712	0.45943	142.82	382.71	239.89	0.7859	1.8328
−43	45.61	0.000713	0.43713	143.88	383.28	239.39	0.7905	1.8306
−42	48.09	0.000715	0.41612	144.95	383.84	238.89	0.7950	1.8285
−41	50.67	0.000716	0.39632	146.02	384.41	238.38	0.7996	1.8264
−40	53.36	0.000717	0.37765	147.09	384.97	237.88	0.8041	1.8244
−39	56.17	0.000719	0.36003	148.17	385.54	237.36	0.8086	1.8224
−38	59.10	0.000720	0.34340	149.25	386.10	236.85	0.8132	1.8204
−37	62.15	0.000722	0.32769	150.33	386.67	236.33	0.8177	1.8185
−36	65.32	0.000723	0.31284	151.42	387.23	235.81	0.8222	1.8166
−35	68.62	0.000724	0.29879	152.51	387.80	235.29	0.8267	1.8147
−34	72.05	0.000726	0.28551	153.60	388.37	234.77	0.8312	1.8129
−33	75.61	0.000727	0.27293	154.70	388.93	234.24	0.8357	1.8111
−32	79.32	0.000729	0.26102	155.79	389.50	233.71	0.8402	1.8093
−31	83.16	0.000730	0.24974	156.89	390.06	233.17	0.8447	1.8076
−30	87.16	0.000732	0.23904	158.00	390.63	232.63	0.8492	1.8059
−29	91.30	0.000733	0.22889	159.11	391.20	232.09	0.8536	1.8043
−28	95.60	0.000735	0.21926	160.22	391.76	231.55	0.8581	1.8026
−27	100.06	0.000736	0.21012	161.33	392.33	231.00	0.8626	1.8010
−26	104.68	0.000738	0.20144	162.45	392.89	230.44	0.8671	1.7995
−25	109.47	0.000740	0.19319	163.57	393.46	229.89	0.8715	1.7979
−24	114.43	0.000741	0.18535	164.69	394.02	229.33	0.8760	1.7964
−23	119.57	0.000743	0.17789	165.82	394.58	228.77	0.8804	1.7950
−22	124.88	0.000744	0.17080	166.95	395.15	228.20	0.8849	1.7935
−21	130.38	0.000746	0.16404	168.08	395.71	227.63	0.8893	1.7921
−20	136.06	0.000747	0.15761	169.22	396.27	227.05	0.8938	1.7907
−19	141.94	0.000749	0.15148	170.36	396.83	226.48	0.8982	1.7893
−18	148.02	0.000751	0.14564	171.50	397.39	225.89	0.9026	1.7880
−17	154.30	0.000752	0.14007	172.65	397.95	225.31	0.9071	1.7867
−16	160.78	0.000754	0.13476	173.80	398.51	224.71	0.9115	1.7854
−15	167.47	0.000756	0.12969	174.95	399.07	224.12	0.9159	1.7841
−14	174.38	0.000757	0.12485	176.11	399.63	223.53	0.9203	1.7829
−13	181.51	0.000759	0.12023	177.27	400.19	222.92	0.9248	1.7816
−12	188.86	0.000761	0.11582	178.43	400.74	222.31	0.9292	1.7804
−11	196.45	0.000763	0.11160	179.60	401.29	221.70	0.9336	1.7793
−10	204.26	0.000764	0.10756	180.77	401.85	221.08	0.9380	1.7781
−9	212.32	0.000766	0.10370	181.94	402.40	220.45	0.9424	1.7770
−8	220.62	0.000768	0.10001	184.02	402.95	218.93	0.9502	1.7759
−7	229.17	0.000770	0.09648	185.19	403.50	218.31	0.9545	1.7748
−6	237.98	0.000772	0.09310	186.36	404.04	217.68	0.9588	1.7737
−5	247.04	0.000774	0.08986	187.53	404.59	217.05	0.9632	1.7726
−4	256.37	0.000775	0.08675	188.71	405.13	216.42	0.9675	1.7716
−3	265.96	0.000777	0.08378	189.89	405.67	215.78	0.9718	1.7706
−2	275.83	0.000779	0.08093	191.08	406.21	215.13	0.9761	1.7695
−1	285.98	0.000781	0.07819	192.27	406.75	214.48	0.9805	1.7685
0	296.42	0.000783	0.07557	193.46	407.29	213.82	0.9848	1.7676
1	307.15	0.000785	0.07305	194.66	407.82	213.16	0.9891	1.7666
2	318.17	0.000787	0.07063	195.86	408.35	212.49	0.9934	1.7657

부록 9. R-401A(R-22/152a/124 : 53.0/13.0/34.0%) 포화증기표[II]

온도 $t\ ℃$	압력 P kPa	비체적 (m³/kg)		비엔탈피 (kJ/kg)			비엔트로피 (kJ/kgK)	
		액(v_f)	증기(v_g)	액(h_f)	증기(h_g)	증발열(h_{fg})	액(s_f)	증기(s_g)
3	329.49	0.000789	0.06831	197.07	408.88	211.82	0.9977	1.7647
4	341.12	0.000791	0.06608	197.94	409.42	211.49	1.0008	1.7639
5	353.06	0.000793	0.06393	199.16	409.95	210.79	1.0051	1.7630
6	365.32	0.000795	0.06187	200.38	410.48	210.09	1.0095	1.7621
7	377.90	0.000797	0.05989	201.61	411.00	209.39	1.0138	1.7612
8	390.81	0.000799	0.05799	202.85	411.52	208.67	1.0182	1.7604
9	404.05	0.000801	0.05615	204.08	412.04	207.95	1.0225	1.7595
10	417.64	0.000803	0.05439	205.92	412.55	206.64	1.0289	1.7587
11	431.57	0.000805	0.05269	207.15	413.07	205.91	1.0332	1.7579
12	445.85	0.000808	0.05106	208.39	413.58	205.19	1.0375	1.7571
13	460.49	0.000810	0.04948	209.63	414.08	204.45	1.0418	1.7563
14	475.49	0.000812	0.04796	210.88	414.59	203.70	1.0461	1.7555
15	490.86	0.000814	0.04650	212.14	415.09	202.95	1.0504	1.7547
16	506.60	0.000817	0.04509	213.40	415.59	202.19	1.0547	1.7539
17	522.73	0.000819	0.04373	214.66	416.09	201.42	1.0590	1.7532
18	539.24	0.000821	0.04242	215.93	416.58	200.65	1.0633	1.7524
19	556.15	0.000823	0.04116	217.20	417.07	199.86	1.0676	1.7517
20	573.46	0.000826	0.03994	218.48	417.55	199.07	1.0719	1.7509
21	591.17	0.000828	0.03876	219.77	418.04	198.27	1.0762	1.7502
22	609.30	0.000831	0.03762	221.05	418.52	197.46	1.0805	1.7495
23	627.84	0.000833	0.03652	222.35	418.99	196.65	1.0848	1.7488
24	646.81	0.000835	0.03546	223.65	419.47	195.82	1.0891	1.7481
25	666.20	0.000838	0.03444	224.95	419.94	194.98	1.0934	1.7474
26	686.04	0.000840	0.03344	226.26	420.40	194.14	1.0977	1.7467
27	706.32	0.000843	0.03249	227.58	420.86	193.28	1.1020	1.7460
28	727.05	0.000846	0.03156	228.90	421.32	192.42	1.1063	1.7453
29	748.24	0.000848	0.03066	230.23	421.77	191.54	1.1107	1.7446
30	769.89	0.000851	0.02980	231.56	422.22	190.66	1.1150	1.7439
31	792.01	0.000853	0.02896	232.90	422.66	189.76	1.1193	1.7432
32	814.61	0.000856	0.02815	234.25	423.10	188.86	1.1237	1.7426
33	837.69	0.000859	0.02736	235.60	423.54	187.94	1.1280	1.7419
34	861.27	0.000862	0.02660	236.96	423.97	187.01	1.1324	1.7412
35	885.34	0.000864	0.02587	238.32	424.40	186.07	1.1367	1.7406
36	909.92	0.000867	0.02515	239.70	424.82	185.12	1.1411	1.7399
37	935.01	0.000870	0.02446	241.07	425.23	184.16	1.1455	1.7392
38	960.62	0.000873	0.02379	242.46	425.64	183.18	1.1498	1.7386
39	986.76	0.000876	0.02314	243.85	426.05	182.20	1.1542	1.7379
40	1013.43	0.000879	0.02251	245.25	426.45	181.20	1.1586	1.7372
41	1040.64	0.000882	0.02190	246.66	426.84	180.19	1.1630	1.7366
42	1068.40	0.000885	0.02131	248.07	427.23	179.16	1.1674	1.7359
43	1096.72	0.000888	0.02073	249.49	427.61	178.12	1.1718	1.7352
44	1125.60	0.000891	0.02018	250.92	427.99	177.07	1.1762	1.7345
45	1155.06	0.000894	0.01964	252.36	428.36	176.00	1.1806	1.7339
46	1185.09	0.000897	0.01911	253.80	428.72	174.92	1.1851	1.7332
47	1215.71	0.000901	0.01860	255.26	429.08	173.83	1.1895	1.7325
48	1246.92	0.000904	0.01811	256.72	429.43	172.71	1.1940	1.7318
49	1278.74	0.000907	0.01762	258.19	429.78	171.59	1.1985	1.7311
50	1311.17	0.000911	0.01716	259.67	430.11	170.44	1.2029	1.7304
52	1377.89	0.000917	0.01626	262.66	430.76	168.11	1.2119	1.7289
54	1447.15	0.000925	0.01541	265.68	431.38	165.70	1.2210	1.7275
56	1519.03	0.000932	0.01461	268.74	431.96	163.22	1.2301	1.7260
58	1593.58	0.000939	0.01385	271.85	432.51	160.66	1.2393	1.7244
60	1670.88	0.000947	0.01314	275.00	433.03	158.02	1.2485	1.7228
65	1876.63	0.000968	0.01150	283.09	434.12	151.04	1.2719	1.7186
70	2101.17	0.000991	0.01006	291.51	434.92	143.41	1.2959	1.7138
75	2345.74	0.001016	0.00878	300.34	435.36	135.02	1.3206	1.7084
80	2611.66	0.001044	0.00764	309.65	435.35	125.69	1.3463	1.7022
85	2900.32	0.001077	0.00662	319.58	434.77	115.20	1.3732	1.6948
90	3213.21	0.001116	0.00570	330.29	433.44	103.15	1.4018	1.6858
95	3551.92	0.001164	0.00485	342.11	431.05	88.94	1.4328	1.6744
100	3918.16	0.001230	0.00404	355.59	426.96	71.37	1.4677	1.6590
105	4313.75	0.001350	0.00324	371.94	419.70	47.76	1.5095	1.6358
108	4565.99	0.001807	0.00275	383.89	412.61	28.72	1.5398	1.6152
108.01	4603.80	0.001960	0.00196	389.11	389.11	0.00	1.5529	1.5529

Data from : McLinden, M.O., S.A.Kelin, E.W.Lemmon, and M.L.Hubber 2002. NIST standard reference database

부록 10. R-401B(R-22/152a/124 : 61.0/11.0/28.0%) 포화증기표

온도 $t\ ℃$	압력 P kPa	비체적 (m³/kg)		비엔탈피 (kJ/kg)			비엔트로피 (kJ/kgK)	
		액(v_f)	증기(v_g)	액(h_f)	증기(h_g)	증발열(h_{fg})	액(s_f)	증기(s_g)
-90	1.94	0.000658	8.44559	96.82	359.19	262.36	0.5703	2.0028
-80	4.54	0.000666	3.79776	106.42	364.31	257.89	0.6187	1.9539
-70	9.64	0.000676	1.87889	116.25	369.58	253.33	0.6664	1.9134
-60	18.81	0.000686	1.00683	126.34	374.99	248.65	0.7133	1.8798
-50	34.20	0.000698	0.57692	136.69	380.49	243.80	0.7595	1.8520
-45	45.06	0.000704	0.44631	141.96	383.26	241.29	0.7824	1.8400
-40	58.54	0.000710	0.34976	147.31	386.04	238.73	0.8051	1.8290
-35	75.09	0.000717	0.27736	152.73	388.82	236.08	0.8276	1.8190
-30	95.16	0.000725	0.22235	158.23	391.59	233.36	0.8501	1.8098
-28	104.29	0.000728	0.20412	160.45	392.70	232.25	0.8590	1.8064
-26	114.10	0.000731	0.18767	162.68	393.81	231.12	0.8680	1.8031
-24	124.62	0.000734	0.17280	164.93	394.91	229.98	0.8769	1.7999
-22	135.89	0.000737	0.15934	167.19	396.01	228.82	0.8858	1.7969
-20	147.95	0.000740	0.14713	169.46	397.11	227.65	0.8946	1.7939
-19	154.28	0.000742	0.14146	170.60	397.65	227.05	0.8991	1.7924
-18	160.82	0.000744	0.13605	171.75	398.20	226.45	0.9035	1.7910
-17	167.58	0.000745	0.13088	172.90	398.74	225.85	0.9079	1.7896
-16	174.56	0.000747	0.12596	174.05	399.29	225.24	0.9123	1.7883
-15	181.77	0.000749	0.12125	175.20	399.83	224.63	0.9168	1.7869
-14	189.18	0.000751	0.11677	176.36	400.38	224.02	0.9212	1.7856
-13	196.83	0.000753	0.11250	177.52	400.93	223.41	0.9256	1.7843
-12	204.71	0.000754	0.10841	178.68	401.46	222.78	0.9300	1.7831
-11	212.84	0.000756	0.10450	179.85	402.00	222.16	0.9344	1.7818
-10	221.22	0.000758	0.10076	181.02	402.54	221.52	0.9388	1.7806
-9	229.84	0.000760	0.09718	183.24	403.08	219.83	0.9472	1.7794
-8	238.73	0.000762	0.09375	184.40	403.61	219.21	0.9515	1.7782
-7	247.88	0.000764	0.09047	185.57	404.14	218.58	0.9558	1.7770
-6	257.30	0.000766	0.08733	186.73	404.67	217.94	0.9601	1.7759
-5	267.00	0.000768	0.08432	187.90	405.20	217.30	0.9644	1.7747
-4	276.97	0.000770	0.08143	189.08	405.73	216.65	0.9687	1.7736
-3	287.23	0.000772	0.07866	190.26	406.25	216.00	0.9730	1.7725
-2	297.80	0.000774	0.07600	191.44	406.77	215.33	0.9773	1.7714
-1	308.66	0.000776	0.07345	192.63	407.29	214.66	0.9816	1.7704
0	319.83	0.000778	0.07100	193.82	407.81	213.99	0.9859	1.7693
1	331.31	0.000780	0.06865	195.02	408.33	213.31	0.9902	1.7683
2	343.10	0.000782	0.06639	196.22	408.84	212.62	0.9945	1.7672
3	355.21	0.000785	0.06422	197.13	409.36	212.22	0.9977	1.7662
4	367.62	0.000787	0.06214	198.35	409.88	211.52	1.0021	1.7653
5	380.34	0.000789	0.06014	199.57	410.38	210.82	1.0064	1.7643
6	393.39	0.000791	0.05822	200.79	410.89	210.10	1.0107	1.7634
7	406.78	0.000794	0.05637	202.01	411.39	209.38	1.0150	1.7624
8	420.51	0.000796	0.05460	203.24	411.90	208.66	1.0193	1.7615
9	434.60	0.000798	0.05289	204.97	412.39	207.43	1.0254	1.7606
10	449.05	0.000801	0.05124	206.19	412.89	206.70	1.0297	1.7597
11	463.86	0.000803	0.04965	207.42	413.38	205.96	1.0339	1.7588
12	479.04	0.000806	0.04812	208.66	413.87	205.21	1.0382	1.7579
13	494.60	0.000808	0.04665	209.90	414.36	204.46	1.0425	1.7570
14	510.54	0.000811	0.04523	211.15	414.84	203.69	1.0468	1.7561
15	526.87	0.000813	0.04386	212.40	415.33	202.92	1.0511	1.7553
16	543.60	0.000816	0.04254	213.66	415.80	202.15	1.0553	1.7544
17	560.72	0.000819	0.04127	214.92	416.28	201.36	1.0596	1.7536
18	578.26	0.000822	0.04004	216.19	416.75	200.56	1.0639	1.7528
19	596.21	0.000824	0.03886	217.46	417.22	199.76	1.0682	1.7519
20	614.58	0.000827	0.03771	218.74	417.68	198.95	1.0725	1.7511
22	652.61	0.000833	0.03554	221.31	418.60	197.29	1.0811	1.7495
24	692.41	0.000839	0.03351	223.90	419.50	195.60	1.0897	1.7479
26	734.01	0.000845	0.03161	226.52	420.39	193.87	1.0983	1.7463
28	777.49	0.000851	0.02984	229.15	421.25	192.10	1.1069	1.7448
30	822.90	0.000858	0.02818	231.82	422.10	190.29	1.1156	1.7432
35	945.18	0.000875	0.02448	238.59	424.15	185.56	1.1373	1.7394
40	1080.74	0.000895	0.02131	245.53	426.05	180.52	1.1591	1.7356
45	1230.51	0.000916	0.01859	252.66	427.81	175.15	1.1812	1.7317
50	1395.44	0.000939	0.01625	260.01	429.39	169.39	1.2036	1.7277
60	1774.91	0.000994	0.01243	275.43	431.93	156.50	1.2493	1.7190
70	2227.87	0.001066	0.00951	292.09	433.36	141.27	1.2971	1.7087
80	2764.20	0.001164	0.00721	310.50	433.20	122.69	1.3481	1.6955

부록 11. R-404A 포화증기표[I]

TEMP.	PRESSURE kPa		VOLUME m³/kg		DENSITY kg/m³		ENTHALPY kJ/kg			ENTROPY kJ/(kg)(K)		TEMP.
°C	LIQUID p_f	VAPOR p_g	LIQUID v_f	VAPOR v_g	LIQUID $1/v_f$	VAPOR $1/v_g$	LIQUID h_f	LATENT h_{fg}	VAPOR h_g	LIQUID s_f	VAPOR s_g	°C
−40	136.7	132.5	0.0008	0.1434	1283.2	6.975	145.6	198.2	343.8	0.7862	1.6380	−40
−39	142.9	138.6	0.0008	0.1374	1280.1	7.278	146.9	197.6	344.5	0.7916	1.6371	−39
−38	149.4	144.9	0.0008	0.1317	1277.0	7.592	148.1	197.0	345.1	0.7970	1.6362	−38
−37	156.1	151.5	0.0008	0.1263	1273.8	7.916	149.4	196.3	345.8	0.8024	1.6353	−37
−36	163.0	158.3	0.0008	0.1212	1270.7	8.250	150.7	195.7	346.4	0.8077	1.6345	−36
−35	170.1	165.3	0.0008	0.1163	1267.5	8.595	152.4	194.6	347.0	0.8150	1.6337	−35
−34	177.5	172.6	0.0008	0.1117	1264.4	8.951	153.7	194.0	347.7	0.8203	1.6330	−34
−33	185.2	180.1	0.0008	0.1073	1261.2	9.319	155.0	193.4	348.3	0.8256	1.6322	−33
−32	193.0	187.8	0.0008	0.1031	1258.0	9.698	156.3	192.7	349.0	0.8309	1.6315	−32
−31	201.2	195.8	0.0008	0.0991	1254.9	10.090	157.5	192.1	349.6	0.8362	1.6308	−31
−30	209.5	204.1	0.0008	0.0953	1251.7	10.492	159.9	190.3	350.3	0.8460	1.6301	−30
−29	218.2	212.5	0.0008	0.0917	1248.5	10.906	161.2	189.7	350.9	0.8512	1.6295	−29
−28	227.0	221.3	0.0008	0.0882	1245.3	11.332	162.5	189.1	351.5	0.8563	1.6289	−28
−27	236.2	230.3	0.0008	0.0849	1242.2	11.772	163.7	188.4	352.2	0.8615	1.6283	−27
−26	245.7	239.7	0.0008	0.0818	1239.0	12.225	165.0	187.8	352.8	0.8667	1.6277	−26
−25	255.4	249.3	0.0008	0.0788	1235.8	12.692	166.3	187.1	353.4	0.8718	1.6271	−25
−24	265.4	259.2	0.0008	0.0759	1232.5	13.174	167.6	186.5	354.0	0.8769	1.6265	−24
−23	275.8	269.4	0.0008	0.0732	1229.3	13.669	168.9	185.8	354.7	0.8821	1.6260	−23
−22	286.4	279.9	0.0008	0.0705	1226.1	14.180	170.2	185.1	355.3	0.8872	1.6255	−22
−21	297.4	290.7	0.0008	0.0680	1222.8	14.705	171.5	184.4	355.9	0.8924	1.6250	−21
−20	308.7	301.8	0.0008	0.0656	1219.6	15.246	172.8	183.8	356.5	0.8975	1.6245	−20
−19	320.3	313.3	0.0008	0.0633	1216.3	15.803	174.1	183.1	357.1	0.9026	1.6240	−19
−18	332.2	325.1	0.0008	0.0611	1213.1	16.376	175.4	182.4	357.8	0.9078	1.6235	−18
−17	344.5	337.2	0.0008	0.0589	1209.8	16.966	176.7	181.7	358.4	0.9129	1.6231	−17
−16	357.1	349.7	0.0008	0.0569	1206.5	17.572	178.0	180.9	359.0	0.9180	1.6226	−16
−15	370.1	362.5	0.0008	0.0550	1203.2	18.196	179.4	180.2	359.6	0.9231	1.6222	−15
−14	383.4	375.7	0.0008	0.0531	1199.8	18.838	180.7	179.5	360.2	0.9282	1.6218	−14
−13	397.1	389.2	0.0008	0.0513	1196.5	19.498	182.1	178.7	360.8	0.9334	1.6214	−13
−12	411.1	403.1	0.0008	0.0496	1193.2	20.177	183.4	178.0	361.4	0.9385	1.6210	−12
−11	425.6	417.4	0.0008	0.0479	1189.8	20.875	184.7	177.2	362.0	0.9436	1.6206	−11
−10	440.4	432.1	0.0008	0.0463	1186.4	21.593	186.1	176.5	362.6	0.9487	1.6202	−10
−9	455.6	447.2	0.0008	0.0448	1183.0	22.331	187.5	175.7	363.2	0.9538	1.6198	−9
−8	471.2	462.6	0.0008	0.0433	1179.6	23.089	188.8	174.9	363.8	0.9589	1.6195	−8
−7	487.2	478.5	0.0009	0.0419	1176.1	23.868	190.2	174.1	364.3	0.9641	1.6191	−7
−6	503.6	494.7	0.0009	0.0405	1172.7	24.669	191.6	173.3	364.9	0.9692	1.6188	−6
−5	520.5	511.4	0.0009	0.0392	1169.2	25.492	193.0	172.5	365.5	0.9743	1.6184	−5
−4	537.7	528.5	0.0009	0.0380	1165.7	26.338	194.4	171.7	366.1	0.9794	1.6181	−4
−3	555.4	546.1	0.0009	0.0368	1162.2	27.207	195.8	170.9	366.6	0.9846	1.6178	−3
−2	573.5	564.1	0.0009	0.0356	1158.6	28.100	197.2	170.0	367.2	0.9897	1.6175	−2
−1	592.1	582.5	0.0009	0.0345	1155.1	29.018	198.6	169.2	367.7	0.9948	1.6171	−1
0	611.1	601.3	0.0009	0.0334	1151.5	29.960	200.0	168.3	368.3	1.0000	1.6168	0
1	630.6	620.7	0.0009	0.0323	1147.8	30.928	201.4	167.4	368.9	1.0051	1.6165	1
2	650.6	640.5	0.0009	0.0313	1144.2	31.923	202.9	166.5	369.4	1.0102	1.6162	2
3	671.0	660.7	0.0009	0.0304	1140.5	32.944	204.3	165.7	369.9	1.0154	1.6159	3
4	691.9	681.5	0.0009	0.0294	1136.8	33.994	205.7	164.7	370.5	1.0205	1.6156	4
5	713.3	702.7	0.0009	0.0285	1133.0	35.072	207.2	163.8	371.0	1.0257	1.6153	5
6	735.1	724.5	0.0009	0.0276	1129.2	36.179	208.6	162.9	371.5	1.0308	1.6150	6
7	757.5	746.7	0.0009	0.0268	1125.4	37.316	210.1	162.0	372.1	1.0360	1.6147	7
8	780.4	769.5	0.0009	0.0260	1121.6	38.485	211.6	161.0	372.6	1.0412	1.6144	8
9	803.8	792.7	0.0009	0.0252	1117.7	39.685	213.1	160.0	373.1	1.0464	1.6141	9
10	827.8	816.5	0.0009	0.0244	1113.7	40.917	214.5	159.1	373.6	1.0515	1.6138	10
11	852.2	840.8	0.0009	0.0237	1109.8	42.184	216.0	158.1	374.1	1.0567	1.6135	11
12	877.2	865.7	0.0009	0.0230	1105.7	43.485	217.5	157.0	374.6	1.0619	1.6132	12
13	902.8	891.1	0.0009	0.0223	1101.7	44.821	219.1	156.0	375.1	1.0671	1.6129	13
14	928.9	917.1	0.0009	0.0216	1097.5	46.194	220.6	155.0	375.6	1.0723	1.6126	14
15	955.6	943.6	0.0009	0.0210	1093.4	47.605	222.1	153.9	376.0	1.0776	1.6123	15
16	982.8	970.7	0.0009	0.0204	1089.1	49.055	223.6	152.9	376.5	1.0828	1.6120	16
17	1010.6	998.4	0.0009	0.0198	1084.9	50.545	225.2	151.8	377.0	1.0880	1.6116	17
18	1039.0	1026.7	0.0009	0.0192	1080.5	52.076	226.7	150.7	377.4	1.0933	1.6113	18
19	1068.1	1055.6	0.0009	0.0186	1076.1	53.650	228.3	149.6	377.9	1.0985	1.6110	19

부록 11. R-404A 포화증기표[II]

TEMP. °C	PRESSURE kPa		VOLUME m³/kg		DENSITY kg/m³		ENTHALPY kJ/kg			ENTROPY kJ/(kg)(K)		TEMP. °C
	LIQUID p_f	VAPOR p_g	LIQUID v_f	VAPOR v_g	LIQUID $1/v_f$	VAPOR $1/v_g$	LIQUID h_f	LATENT h_{fg}	VAPOR h_g	LIQUID s_f	VAPOR s_g	
20	1097.7	1085.1	0.0009	0.0181	1071.7	55.267	229.9	148.4	378.3	1.1038	1.6106	20
21	1127.9	1115.2	0.0009	0.0176	1067.2	56.930	231.5	147.3	378.7	1.1091	1.6103	21
22	1158.7	1145.9	0.0009	0.0171	1062.6	58.640	233.0	146.1	379.2	1.1144	1.6099	22
23	1190.2	1177.2	0.0009	0.0166	1057.9	60.398	234.6	144.9	379.6	1.1197	1.6095	23
24	1222.3	1209.2	0.0009	0.0161	1053.2	62.206	236.3	143.7	380.0	1.1250	1.6091	24
25	1255.0	1241.8	0.0010	0.0156	1048.4	64.066	237.9	142.5	380.4	1.1304	1.6087	25
26	1288.4	1275.1	0.0010	0.0152	1043.5	65.980	239.5	141.3	380.8	1.1357	1.6083	26
27	1322.5	1309.1	0.0010	0.0147	1038.5	67.949	241.2	140.0	381.1	1.1411	1.6079	27
28	1357.2	1343.7	0.0010	0.0143	1033.5	69.975	242.8	138.7	381.5	1.1465	1.6075	28
29	1392.6	1379.0	0.0010	0.0139	1028.3	72.062	244.5	137.4	381.9	1.1519	1.6070	29
30	1428.7	1415.0	0.0010	0.0135	1023.1	74.210	246.2	136.1	382.2	1.1574	1.6065	30
31	1465.4	1451.7	0.0010	0.0131	1017.8	76.422	247.9	134.7	382.6	1.1628	1.6060	31
32	1502.9	1489.1	0.0010	0.0127	1012.3	78.702	249.6	133.3	382.9	1.1683	1.6055	32
33	1541.1	1527.2	0.0010	0.0123	1006.8	81.050	251.3	131.9	383.2	1.1738	1.6050	33
34	1580.0	1566.0	0.0010	0.0120	1001.1	83.472	253.0	130.5	383.5	1.1793	1.6044	34
35	1619.7	1605.6	0.0010	0.0116	995.4	85.968	254.8	129.0	383.8	1.1848	1.6038	35
36	1660.1	1645.9	0.0010	0.0113	989.5	88.543	256.5	127.5	384.1	1.1904	1.6032	36
37	1701.2	1687.0	0.0010	0.0110	983.5	91.201	258.3	126.0	384.3	1.1960	1.6026	37
38	1743.1	1728.8	0.0010	0.0106	977.4	93.944	260.1	124.5	384.6	1.2016	1.6019	38
39	1785.8	1771.4	0.0010	0.0103	971.1	96.777	261.9	122.9	384.8	1.2073	1.6012	39
40	1829.2	1814.8	0.0010	0.0100	964.7	99.704	263.8	121.3	385.0	1.2130	1.6005	40
41	1873.4	1859.0	0.0010	0.0097	958.2	102.730	265.6	119.6	385.2	1.2187	1.5998	41
42	1918.4	1904.0	0.0011	0.0094	951.5	105.860	267.5	117.9	385.4	1.2245	1.5990	42
43	1964.2	1949.8	0.0011	0.0092	944.6	109.098	269.4	116.2	385.6	1.2303	1.5981	43
44	2010.8	1996.4	0.0011	0.0089	937.6	112.452	271.3	114.4	385.7	1.2362	1.5973	44
45	2058.3	2043.9	0.0011	0.0086	930.4	115.926	273.2	112.6	385.8	1.2421	1.5964	45
46	2106.6	2092.2	0.0011	0.0084	923.0	119.529	275.1	110.8	385.9	1.2480	1.5954	46
47	2155.7	2141.3	0.0011	0.0081	915.5	123.267	277.1	108.9	386.0	1.2540	1.5944	47
48	2205.6	2191.3	0.0011	0.0079	907.7	127.150	279.1	107.0	386.1	1.2600	1.5933	48
49	2256.5	2242.2	0.0011	0.0076	899.7	131.185	281.1	105.0	386.1	1.2662	1.5922	49
50	2308.2	2294.0	0.0011	0.0074	891.5	135.384	283.2	102.9	386.1	1.2723	1.5910	50
51	2360.7	2346.6	0.0011	0.0072	883.0	139.757	285.3	100.8	386.1	1.2786	1.5897	51
52	2414.2	2400.2	0.0011	0.0069	874.3	144.317	287.4	98.6	386.0	1.2849	1.5884	52
53	2468.6	2454.6	0.0012	0.0067	865.3	149.078	289.6	96.4	385.9	1.2913	1.5870	53
54	2523.8	2510.0	0.0012	0.0065	856.0	154.056	291.7	94.1	385.8	1.2977	1.5855	54
55	2580.0	2566.4	0.0012	0.0063	846.4	159.270	294.0	91.7	385.7	1.3043	1.5839	55
56	2637.1	2623.7	0.0012	0.0061	836.5	164.738	296.2	89.2	385.5	1.3110	1.5822	56
57	2695.2	2681.9	0.0012	0.0059	826.2	170.486	298.5	86.7	385.2	1.3178	1.5804	57
58	2754.2	2741.1	0.0012	0.0057	815.6	176.541	300.9	84.0	384.9	1.3247	1.5785	58
59	2814.2	2801.4	0.0012	0.0055	804.5	182.935	303.3	81.2	384.6	1.3317	1.5764	59
60	2875.1	2862.6	0.0013	0.0053	792.9	189.706	305.8	78.3	384.2	1.3389	1.5742	60
61	2937.0	2924.8	0.0013	0.0051	780.9	196.901	308.4	75.3	383.7	1.3463	1.5718	61
62	2999.9	2988.0	0.0013	0.0049	768.3	204.575	311.0	72.1	383.1	1.3539	1.5692	62
63	3063.8	3052.3	0.0013	0.0047	755.0	212.799	313.7	68.8	382.5	1.3617	1.5664	63
64	3128.7	3117.6	0.0013	0.0045	741.0	221.659	316.5	65.2	381.8	1.3697	1.5633	64
65	3194.6	3184.0	0.0014	0.0043	726.2	231.271	319.5	61.5	380.9	1.3781	1.5599	65

부록 12. R-407C(R-32/125/134a (23.0/25.0/52.0%)) 포화증기표

온도 t ℃	압력 P kPa	비체적 (m³/kg)		비엔탈피 (kJ/kg)			비엔트로피 (kJ/kgK)	
		액(v_f)	증기(v_g)	액(h_f)	증기(h_g)	증발열(h_{fg})	액(s_f)	증기(s_g)
-90	3.03	0.000645	5.81818	77.54	356.64	279.10	0.4864	2.0103
-80	6.96	0.000659	2.66681	88.92	362.95	274.03	0.5451	1.9638
-70	14.52	0.000675	1.34069	100.51	369.36	268.86	0.6022	1.9256
-65	20.33	0.000682	0.97929	106.39	372.60	266.21	0.6302	1.9091
-60	27.94	0.000690	0.72800	112.34	375.84	263.50	0.6579	1.8942
-55	37.74	0.000699	0.54997	118.37	379.10	260.73	0.6854	1.8806
-50	50.18	0.000707	0.42164	124.46	382.35	257.90	0.7126	1.8683
-45	65.75	0.000716	0.32764	130.62	385.61	254.98	0.7395	1.8571
-40	84.99	0.000725	0.25776	136.87	388.85	251.98	0.7663	1.8470
-38	93.85	0.000729	0.23493	139.39	390.14	250.75	0.7769	1.8432
-36	103.43	0.000733	0.21450	141.93	391.43	249.50	0.7875	1.8396
-35	108.50	0.000735	0.20509	143.21	392.08	248.87	0.7928	1.8378
-34	113.77	0.000737	0.19617	144.48	392.72	248.24	0.7981	1.8361
-32	124.92	0.000740	0.17971	147.05	394.00	246.95	0.8087	1.8327
-30	136.92	0.000744	0.16488	149.63	395.28	245.65	0.8192	1.8295
-28	149.81	0.000748	0.15150	152.53	396.55	244.03	0.8309	1.8264
-26	163.64	0.000752	0.13942	155.13	397.82	242.69	0.8414	1.8233
-25	170.92	0.000754	0.13381	156.44	398.45	242.02	0.8466	1.8219
-24	178.46	0.000757	0.12848	157.75	399.08	241.33	0.8518	1.8204
-22	194.32	0.000761	0.11855	160.38	400.34	239.95	0.8622	1.8176
-20	211.26	0.000765	0.10954	162.63	401.58	238.95	0.8710	1.8149
-18	229.33	0.000769	0.10134	165.32	402.82	237.50	0.8815	1.8123
-16	248.59	0.000774	0.09387	168.02	404.06	236.03	0.8919	1.8098
-15	258.69	0.000776	0.09038	169.36	404.67	235.31	0.8970	1.8086
-14	269.10	0.000778	0.08705	170.72	405.28	234.55	0.9023	1.8073
-12	290.89	0.000782	0.08082	173.47	406.49	233.03	0.9127	1.8050
-10	314.04	0.000787	0.07511	176.23	407.69	231.47	0.9231	1.8027
-8	338.59	0.000792	0.06988	179.01	408.89	229.88	0.9335	1.8005
-6	364.60	0.000796	0.06508	181.81	410.07	228.26	0.9439	1.7983
-5	378.18	0.000799	0.06283	183.22	410.66	227.43	0.9491	1.7973
-4	392.14	0.000801	0.06066	184.50	411.24	226.74	0.9538	1.7962
-2	421.26	0.000806	0.05660	187.38	412.40	225.02	0.9643	1.7942
0	452.02	0.000811	0.05286	190.25	413.54	223.29	0.9748	1.7922
2	484.48	0.000816	0.04940	193.15	414.67	221.52	0.9852	1.7903
4	518.71	0.000821	0.04621	196.06	415.78	219.73	0.9956	1.7884
5	536.51	0.000824	0.04471	197.53	416.33	218.80	1.0008	1.7875
6	554.78	0.000826	0.04326	199.01	416.88	217.87	1.0061	1.7866
8	592.74	0.000832	0.04053	201.99	417.96	215.98	1.0166	1.7847
10	632.66	0.000837	0.03799	204.99	419.03	214.03	1.0271	1.7830
12	674.62	0.000843	0.03564	208.02	420.07	212.05	1.0376	1.7812
14	718.68	0.000848	0.03345	211.09	421.09	210.01	1.0481	1.7795
15	741.52	0.000851	0.03242	212.63	421.60	208.97	1.0534	1.7786
16	764.92	0.000854	0.03142	214.18	422.10	207.92	1.0587	1.7777
18	813.40	0.000860	0.02953	217.31	423.08	205.77	1.0693	1.7760
20	864.20	0.000866	0.02776	220.46	424.04	203.57	1.0799	1.7743
22	917.39	0.000872	0.02612	223.66	424.97	201.31	1.0906	1.7726
24	973.06	0.000879	0.02458	226.89	425.88	198.99	1.1013	1.7709
25	1001.84	0.000882	0.02385	228.51	426.32	197.81	1.1066	1.7701
26	1031.28	0.000885	0.02314	230.15	426.76	196.61	1.1120	1.7692
28	1092.12	0.000892	0.02179	233.46	427.61	194.15	1.1228	1.7675
30	1155.68	0.000899	0.02053	236.80	428.43	191.62	1.1337	1.7658
32	1222.04	0.000906	0.01935	240.19	429.21	189.02	1.1446	1.7640
34	1291.27	0.000913	0.01824	243.63	429.96	186.34	1.1556	1.7622
35	1327.00	0.000917	0.01771	245.36	430.33	184.96	1.1611	1.7613
36	1363.47	0.000920	0.01720	247.11	430.68	183.57	1.1666	1.7604
38	1438.73	0.000928	0.01622	250.64	431.35	180.71	1.1777	1.7585
40	1517.14	0.000936	0.01530	254.23	431.98	177.76	1.1889	1.7566
45	1727.54	0.000957	0.01322	263.44	433.36	169.92	1.2174	1.7515
50	1959.72	0.000980	0.01142	273.07	434.40	161.34	1.2466	1.7458
55	2215.28	0.001005	0.00985	283.18	435.04	151.86	1.2767	1.7395
60	2495.94	0.001034	0.00847	293.88	435.17	141.29	1.3080	1.7321
65	2803.52	0.001068	0.00725	305.33	434.66	129.33	1.3409	1.7234
70	3139.97	0.001109	0.00617	317.77	433.29	115.52	1.3761	1.7128
80	3908.00	0.001238	0.00428	347.84	426.33	78.49	1.4592	1.6814
86.74	4619.10	0.001900	0.00190	378.41	378.41	0.00	1.5403	1.5403

Data from : McLinden, M.O., S.A.Kelin, E.W.Lemmon, and M.L.Hubber 2002, NIST standard reference database

부록 13. R-502(R-22/R-115 : 48.8%/51.2%) 포화증기표

온도 t℃	압력 P kPa	비체적 (m²/kg)		비엔탈피 (kJ/kg)			비엔트로피 (kJ/kgK)	
		액(v_f)	증기(v_g)	액(h_f)	증기(h_g)	증발열(h_{fg})	액(s_f)	증기(s_g)
-69	29.26	0.000643	0.51137	132.48	313.65	181.17	0.7189	1.6063
-65	36.92	0.000648	0.41197	135.77	315.67	179.90	0.7349	1.5991
-60	48.72	0.000655	0.31834	140.00	318.20	178.20	0.7549	1.5909
-55	63.39	0.000662	0.24915	144.35	320.73	176.38	0.7750	1.5835
-50	81.42	0.000668	0.19729	148.82	323.24	174.42	0.7952	1.5768
-45	103.32	0.000676	0.15794	153.41	325.73	172.32	0.8155	1.5708
-40	129.64	0.000683	0.12771	158.12	328.21	170.09	0.8358	1.5654
-38	141.53	0.000686	0.11761	160.04	329.19	169.15	0.8440	1.5633
-36	154.26	0.000689	0.10847	161.98	330.17	168.19	0.8522	1.5614
-35	160.95	0.000691	0.10422	162.95	330.66	167.70	0.8563	1.5604
-34	167.87	0.000692	0.10017	163.93	331.14	167.21	0.8604	1.5595
-32	182.39	0.000696	0.09264	165.91	332.11	166.20	0.8685	1.5577
-30	197.86	0.000699	0.08578	167.91	333.07	165.17	0.8767	1.5560
-28	214.33	0.000702	0.07953	169.92	334.03	164.11	0.8849	1.5544
-26	231.84	0.000706	0.07383	171.95	334.98	163.03	0.8932	1.5528
-25	241.00	0.000707	0.07116	172.98	335.45	162.48	0.8973	1.5520
-24	250.43	0.000709	0.06862	174.01	335.93	161.92	0.9014	1.5513
-22	270.14	0.000713	0.06384	176.08	336.86	160.79	0.9096	1.5498
-20	291.01	0.000716	0.05947	178.16	337.79	159.63	0.9178	1.5484
-18	313.09	0.000720	0.05545	180.27	338.72	158.45	0.9260	1.5470
-16	336.41	0.000724	0.05176	182.39	339.63	157.24	0.9343	1.5457
-15	348.55	0.000725	0.05003	183.46	340.09	156.63	0.9384	1.5451
-14	361.02	0.000727	0.04836	184.54	340.54	156.01	0.9425	1.5445
-12	386.97	0.000731	0.04523	186.69	341.44	154.75	0.9507	1.5433
-10	414.30	0.000735	0.04235	188.87	342.33	153.46	0.9589	1.5421
-8	443.04	0.000739	0.03968	191.06	343.21	152.15	0.9672	1.5410
-6	473.26	0.000743	0.03721	193.27	344.09	150.81	0.9754	1.5399
-5	488.93	0.000745	0.03605	194.38	344.52	150.13	0.9795	1.5394
-4	504.98	0.000747	0.03493	195.50	344.95	149.45	0.9836	1.5389
-2	538.26	0.000752	0.03281	197.74	345.80	148.06	0.9918	1.5378
0	573.13	0.000756	0.03084	200.00	346.64	146.64	1.0000	1.5369
2	609.65	0.000761	0.02901	202.27	347.47	145.20	1.0082	1.5359
4	647.86	0.000765	0.02732	204.55	348.29	143.74	1.0163	1.5350
5	667.61	0.000768	0.02651	205.70	348.70	143.00	1.0204	1.5345
6	687.80	0.000770	0.02574	206.85	349.10	142.25	1.0245	1.5341
8	729.51	0.000775	0.02426	209.17	349.89	140.72	1.0327	1.5332
10	773.05	0.000780	0.02289	211.50	350.67	139.17	1.0408	1.5323
12	818.46	0.000785	0.02160	213.85	351.44	137.59	1.0490	1.5315
14	865.78	0.000790	0.02040	216.22	352.19	135.98	1.0571	1.5306
15	890.17	0.000793	0.01983	217.40	352.56	135.16	1.0611	1.5302
16	915.06	0.000796	0.01928	218.59	352.93	134.34	1.0652	1.5298
18	966.35	0.000801	0.01822	220.99	353.65	132.67	1.0733	1.5290
20	1019.69	0.000807	0.01724	223.39	354.36	130.97	1.0814	1.5281
22	1075.13	0.000813	0.01631	225.81	355.05	129.23	1.0895	1.5273
24	1132.72	0.000819	0.01544	228.25	355.72	127.47	1.0975	1.5265
25	1162.34	0.000822	0.01502	229.47	356.04	126.57	1.1016	1.5261
26	1192.51	0.000825	0.01462	230.70	356.37	125.67	1.1056	1.5257
28	1254.55	0.000832	0.01385	233.16	357.00	123.84	1.1136	1.5248
30	1318.89	0.000839	0.01312	235.63	357.61	121.97	1.1216	1.5240
32	1385.58	0.000846	0.01244	238.13	358.19	120.07	1.1296	1.5231
34	1454.68	0.000853	0.01179	240.63	358.75	118.12	1.1376	1.5222
35	1490.15	0.000857	0.01148	241.89	359.03	117.13	1.1416	1.5218
36	1526.24	0.000860	0.01118	243.15	359.29	116.14	1.1456	1.5213
38	1600.32	0.000868	0.01060	245.69	359.80	114.11	1.1536	1.5203
40	1676.98	0.000877	0.01005	248.25	360.28	112.03	1.1616	1.5193
45	1880.33	0.000899	0.00880	254.71	361.33	106.62	1.1815	1.5166
50	2101.29	0.000925	0.00770	261.30	362.14	100.84	1.2014	1.5135
55	2341.12	0.000954	0.00672	268.07	362.64	94.57	1.2215	1.5097
60	2601.37	0.000990	0.00584	275.07	362.73	87.67	1.2419	1.5050
65	2884.02	0.001033	0.00504	282.41	362.26	79.85	1.2629	1.4991
70	3191.75	0.001091	0.00429	290.40	360.90	70.50	1.2854	1.4909
75	3528.46	0.001175	0.00355	299.62	357.95	58.33	1.3110	1.4785
80	3900.43	0.001342	0.00271	312.75	350.61	37.87	1.3471	1.4543
82.2	4081.80	0.001783	0.00178	331.77	331.77	0.00	1.4000	1.4000

Data from : McLinden, M.O., S.A.Kelin, E.W.Lemmon, and A.P. Peskin. 2000. NIST standard reference database

부록 14. R-717(NH₃, Ammonia) 포화증기표[Ⅰ]

온도 t ℃	압력 P kPa	비체적 (m³/kg)		비엔탈피 (kJ/kg)			비엔트로피 (kJ/kgK)	
		액(v_f)	증기(v_g)	액(h_f)	증기(h_g)	증발열(h_{fg})	액(s_f)	증기(s_g)
-77	6.41	0.001363	14.86265	-140.94	1343.24	1484.19	-0.4613	7.1053
-76	6.94	0.001365	13.80109	-136.64	1345.09	1481.73	-0.4394	7.0763
-75	7.50	0.001368	12.82650	-132.34	1346.93	1479.27	-0.4177	7.0478
-74	8.10	0.001370	11.93092	-128.03	1348.77	1476.80	-0.3960	7.0196
-73	8.75	0.001372	11.10720	-123.72	1350.61	1474.33	-0.3744	6.9917
-72	9.43	0.001374	10.34890	-119.41	1352.43	1471.84	-0.3529	6.9642
-71	10.16	0.001376	9.65020	-115.09	1354.26	1469.35	-0.3315	6.9371
-70	10.94	0.001378	9.00587	-110.78	1356.08	1466.85	-0.3102	6.9103
-69	11.77	0.001381	8.41117	-106.46	1357.89	1464.34	-0.2890	6.8839
-68	12.65	0.001383	7.86181	-102.13	1359.69	1461.83	-0.2679	6.8578
-67	13.58	0.001385	7.35392	-97.81	1361.49	1459.30	-0.2468	6.8320
-66	14.57	0.001387	6.88398	-93.48	1363.29	1456.76	-0.2259	6.8065
-65	15.63	0.001389	6.44881	-89.15	1365.07	1454.22	-0.2050	6.7814
-64	16.74	0.001392	6.04553	-84.81	1366.85	1451.66	-0.1843	6.7565
-63	17.92	0.001394	5.67150	-80.47	1368.63	1449.10	-0.1636	6.7320
-62	19.17	0.001396	5.32434	-76.13	1370.40	1446.53	-0.1430	6.7077
-61	20.50	0.001398	5.00187	-71.78	1372.16	1443.94	-0.1225	6.6838
-60	21.90	0.001401	4.70212	-67.44	1373.91	1441.35	-0.1020	6.6601
-59	23.38	0.001403	4.42328	-63.09	1375.66	1438.74	-0.0817	6.6367
-58	24.94	0.001405	4.16371	-58.73	1377.40	1436.13	-0.0614	6.6136
-57	26.58	0.001408	3.92191	-54.37	1379.13	1433.50	-0.0412	6.5908
-56	28.32	0.001410	3.69649	-50.01	1380.85	1430.86	-0.0211	6.5682
-55	30.15	0.001412	3.48621	-45.65	1382.57	1428.21	-0.0010	6.5459
-54	32.08	0.001415	3.28992	-41.28	1384.27	1425.55	0.0190	6.5239
-53	34.11	0.001417	3.10656	-36.91	1385.97	1422.88	0.0388	6.5021
-52	36.24	0.001419	2.93517	-32.53	1387.66	1420.19	0.0587	6.4805
-51	38.49	0.001422	2.77486	-28.15	1389.35	1417.50	0.0784	6.4592
-50	40.85	0.001424	2.62482	-23.77	1391.02	1414.79	0.0981	6.4382
-49	43.32	0.001427	2.48431	-19.38	1392.68	1412.07	0.1177	6.4173
-48	45.92	0.001429	2.35264	-14.99	1394.34	1409.33	0.1372	6.3967
-47	48.65	0.001432	2.22917	-10.60	1395.99	1406.59	0.1567	6.3764
-46	51.51	0.001434	2.11333	-6.20	1397.63	1403.83	0.1760	6.3562
-45	54.50	0.001437	2.00458	-1.80	1399.25	1401.06	0.1953	6.3363
-44	57.64	0.001439	1.90242	2.60	1400.87	1398.27	0.2146	6.3166
-43	60.93	0.001441	1.80641	7.01	1402.48	1395.47	0.2338	6.2971
-42	64.36	0.001444	1.71612	11.42	1404.08	1392.66	0.2529	6.2778
-41	67.96	0.001447	1.63116	15.84	1405.67	1389.83	0.2719	6.2587
-40	71.71	0.001449	1.55117	20.25	1407.25	1387.00	0.2909	6.2398
-39	75.63	0.001452	1.47582	24.68	1408.82	1384.14	0.3098	6.2211
-38	79.73	0.001454	1.40480	29.10	1410.38	1381.27	0.3286	6.2026
-37	84.01	0.001457	1.33783	33.53	1411.93	1378.39	0.3474	6.1843
-36	88.47	0.001459	1.27465	37.97	1413.46	1375.50	0.3661	6.1662
-35	93.12	0.001462	1.21501	42.40	1414.99	1372.59	0.3847	6.1483
-34	97.97	0.001465	1.15868	46.84	1416.51	1369.66	0.4033	6.1305
-33	103.02	0.001467	1.10545	51.29	1418.01	1366.72	0.4218	6.1130
-32	108.28	0.001470	1.05513	55.74	1419.50	1363.77	0.4403	6.0956
-31	113.76	0.001473	1.00753	60.19	1420.99	1360.80	0.4587	6.0783
-30	119.46	0.001476	0.96249	64.64	1422.46	1357.81	0.4770	6.0613
-29	125.38	0.001478	0.91984	69.10	1423.92	1354.81	0.4953	6.0444
-28	131.54	0.001481	0.87945	73.57	1425.36	1351.80	0.5135	6.0277
-27	137.95	0.001484	0.84117	78.03	1426.80	1348.77	0.5316	6.0111
-26	144.60	0.001487	0.80488	82.50	1428.22	1345.72	0.5497	5.9947
-25	151.50	0.001489	0.77046	86.98	1429.64	1342.66	0.5677	5.9784
-24	158.67	0.001492	0.73779	91.45	1431.04	1339.58	0.5857	5.9623
-23	166.11	0.001495	0.70678	95.93	1432.42	1336.49	0.6036	5.9464
-22	173.82	0.001498	0.67733	100.42	1433.80	1333.38	0.6214	5.9305
-21	181.82	0.001501	0.64934	104.91	1435.16	1330.25	0.6392	5.9149
-20	190.11	0.001504	0.62274	109.40	1436.51	1327.11	0.6570	5.8994
-19	198.70	0.001507	0.59744	113.89	1437.85	1323.95	0.6746	5.8840
-18	207.60	0.001509	0.57338	118.39	1439.17	1320.78	0.6923	5.8687
-17	216.81	0.001512	0.55047	122.90	1440.48	1317.59	0.7098	5.8536
-16	226.34	0.001515	0.52866	127.40	1441.78	1314.38	0.7273	5.8386
-15	236.20	0.001518	0.50789	131.91	1443.07	1311.15	0.7448	5.8238
-14	246.41	0.001521	0.48810	136.43	1444.34	1307.91	0.7622	5.8091
-13	256.95	0.001524	0.46923	140.94	1445.59	1304.65	0.7795	5.7945
-12	267.85	0.001528	0.45123	145.46	1446.84	1301.38	0.7968	5.7800
-11	279.12	0.001531	0.43407	149.99	1448.07	1298.08	0.8140	5.7657
-10	290.75	0.001534	0.41769	154.52	1449.29	1294.77	0.8312	5.7514

부록 14. R-717(NH₃, Ammonia) 포화증기표[II]

온도 t℃	압력 P kPa	비체적 (m³/kg)		비엔탈피 (kJ/kg)			비엔트로피 (kJ/kgK)	
		액(v_f)	증기(v_g)	액(h_f)	증기(h_g)	증발열(h_{fg})	액(s_f)	증기(s_g)
−9	302.77	0.001537	0.40205	159.05	1450.49	1291.44	0.8483	5.7373
−8	315.17	0.001540	0.38712	163.58	1451.68	1288.09	0.8653	5.7233
−7	327.97	0.001543	0.37285	168.12	1452.85	1284.73	0.8824	5.7094
−6	341.17	0.001546	0.35921	172.66	1454.01	1281.35	0.8993	5.6957
−5	354.79	0.001550	0.34618	177.21	1455.16	1277.95	0.9162	5.6820
−4	368.83	0.001553	0.33371	181.76	1456.29	1274.53	0.9331	5.6685
−3	383.31	0.001556	0.32178	186.32	1457.40	1271.09	0.9499	5.6550
−2	398.22	0.001559	0.31037	190.87	1458.51	1267.63	0.9666	5.6417
−1	413.59	0.001563	0.29944	195.43	1459.59	1264.16	0.9833	5.6284
0	429.41	0.001566	0.28898	200.00	1460.66	1260.66	1.0000	5.6153
1	445.71	0.001569	0.27895	204.57	1461.72	1257.15	1.0166	5.6022
2	462.48	0.001573	0.26935	209.14	1462.76	1253.62	1.0332	5.5893
3	479.74	0.001576	0.26014	213.72	1463.79	1250.07	1.0497	5.5764
4	497.50	0.001580	0.25131	218.30	1464.80	1246.50	1.0661	5.5637
5	515.76	0.001583	0.24284	222.89	1465.79	1242.91	1.0825	5.5510
6	534.54	0.001587	0.23471	227.47	1466.77	1239.30	1.0989	5.5384
7	553.85	0.001590	0.22692	232.07	1467.73	1235.66	1.1152	5.5259
8	573.70	0.001594	0.21943	236.67	1468.68	1232.01	1.1315	5.5135
9	594.09	0.001597	0.21224	241.27	1469.61	1228.34	1.1477	5.5012
10	615.04	0.001601	0.20533	245.87	1470.52	1224.65	1.1639	5.4890
11	636.55	0.001604	0.19870	250.48	1471.42	1220.94	1.1800	5.4768
12	658.64	0.001608	0.19232	255.10	1472.30	1217.21	1.1961	5.4647
13	681.32	0.001612	0.18619	259.72	1473.17	1213.45	1.2121	5.4527
14	704.59	0.001616	0.18029	264.34	1474.02	1209.67	1.2281	5.4408
15	728.48	0.001619	0.17462	268.97	1474.85	1205.88	1.2441	5.4290
16	752.98	0.001623	0.16916	273.60	1475.66	1202.06	1.2600	5.4172
17	778.11	0.001627	0.16391	278.24	1476.46	1198.21	1.2759	5.4055
18	803.88	0.001631	0.15885	282.89	1477.24	1194.35	1.2917	5.3939
19	830.30	0.001635	0.15398	287.53	1478.00	1190.46	1.3075	5.3823
20	857.38	0.001639	0.14929	292.19	1478.74	1186.55	1.3232	5.3708
21	885.13	0.001643	0.14477	296.85	1479.47	1182.62	1.3390	5.3594
22	913.56	0.001647	0.14041	301.51	1480.17	1178.66	1.3546	5.3481
23	942.69	0.001651	0.13621	306.18	1480.86	1174.68	1.3703	5.3368
24	972.52	0.001655	0.13216	310.86	1481.53	1170.68	1.3859	5.3255
25	1003.07	0.001659	0.12826	315.54	1482.19	1166.65	1.4014	5.3144
26	1034.34	0.001663	0.12449	320.23	1482.82	1162.59	1.4169	5.3033
27	1066.35	0.001667	0.12085	324.92	1483.43	1158.51	1.4324	5.2922
28	1099.11	0.001671	0.11734	329.62	1484.03	1154.41	1.4479	5.2812
29	1132.64	0.001676	0.11396	334.32	1484.60	1150.28	1.4633	5.2703
30	1166.93	0.001680	0.11069	339.04	1485.16	1146.12	1.4787	5.2594
31	1202.01	0.001684	0.10753	343.76	1485.70	1141.94	1.4940	5.2485
32	1237.88	0.001689	0.10447	348.48	1486.21	1137.73	1.5093	5.2377
33	1274.56	0.001693	0.10153	353.22	1486.71	1133.49	1.5246	5.2270
34	1312.06	0.001698	0.09867	357.96	1487.19	1129.23	1.5398	5.2163
35	1350.38	0.001702	0.09593	362.58	1487.65	1125.07	1.5547	5.2058
36	1389.55	0.001707	0.09327	367.33	1488.09	1120.75	1.5699	5.1952
37	1429.58	0.001712	0.09069	372.09	1488.50	1116.41	1.5850	5.1846
38	1470.47	0.001716	0.08820	376.86	1488.89	1112.03	1.6002	5.1741
39	1512.24	0.001721	0.08578	381.64	1489.26	1107.62	1.6153	5.1636
40	1554.89	0.001726	0.08345	386.43	1489.61	1103.19	1.6303	5.1532
41	1598.45	0.001731	0.08119	391.22	1489.94	1098.72	1.6454	5.1428
42	1642.93	0.001736	0.07900	396.02	1490.25	1094.22	1.6604	5.1325
43	1688.33	0.001740	0.07688	400.84	1490.53	1089.69	1.6754	5.1222
44	1734.67	0.001745	0.07483	405.66	1490.79	1085.13	1.6904	5.1119
45	1781.96	0.001751	0.07284	410.49	1491.02	1080.53	1.7053	5.1016
46	1830.22	0.001756	0.07092	415.34	1491.23	1075.90	1.7203	5.0914
47	1879.45	0.001761	0.06905	420.19	1491.42	1071.23	1.7352	5.0812
48	1929.68	0.001766	0.06724	425.06	1491.59	1066.53	1.7501	5.0711
49	1980.90	0.001771	0.06548	429.93	1491.73	1061.79	1.7650	5.0609
50	2033.14	0.001777	0.06378	434.82	1491.84	1057.02	1.7798	5.0508
51	2086.41	0.001782	0.06213	439.72	1491.93	1052.21	1.7947	5.0407
52	2140.72	0.001788	0.06053	444.63	1491.99	1047.36	1.8095	5.0307
53	2196.09	0.001793	0.05898	449.56	1492.03	1042.47	1.8243	5.0206
54	2252.52	0.001799	0.05747	454.50	1492.04	1037.54	1.8391	5.0106
55	2310.03	0.001805	0.05600	459.45	1492.02	1032.57	1.8539	5.0006
56	2368.64	0.001810	0.05458	464.42	1491.98	1027.56	1.8687	4.9906
57	2428.35	0.001816	0.05320	469.40	1491.91	1022.51	1.8835	4.9806
58	2489.19	0.001822	0.05186	474.39	1491.81	1017.42	1.8983	4.9707

부록 14. R-717(NH₃, Ammonia) 포화증기표[Ⅲ]

온도 t℃	압력 P kPa	비체적 (m³/kg)		비엔탈피 (kJ/kg)			비엔트로피 (kJ/kgK)	
		액(v_f)	증기(v_g)	액(h_f)	증기(h_g)	증발열(h_{fg})	액(s_f)	증기(s_g)
59	2551.15	0.001828	0.05056	479.40	1491.68	1012.28	1.9131	4.9607
60	2614.27	0.001834	0.04929	484.43	1491.52	1007.09	1.9278	4.9508
61	2678.55	0.001840	0.04806	489.48	1491.33	1001.86	1.9426	4.9408
62	2744.01	0.001847	0.04687	494.54	1491.12	996.58	1.9573	4.9309
63	2810.65	0.001853	0.04571	499.61	1490.87	991.25	1.9721	4.9209
64	2878.50	0.001860	0.04458	504.71	1490.58	985.87	1.9869	4.9110
65	2947.57	0.001866	0.04348	509.83	1490.27	980.44	2.0016	4.9011
66	3017.86	0.001873	0.04241	514.96	1489.93	974.96	2.0164	4.8911
67	3089.41	0.001880	0.04137	520.12	1489.55	969.43	2.0312	4.8812
68	3162.22	0.001886	0.04036	525.29	1489.13	963.84	2.0460	4.8713
69	3236.30	0.001893	0.03937	530.49	1488.68	958.19	2.0608	4.8613
70	3311.68	0.001900	0.03841	535.71	1488.20	952.49	2.0756	4.8513
71	3388.35	0.001908	0.03748	540.95	1487.68	946.72	2.0905	4.8414
72	3466.35	0.001915	0.03657	546.22	1487.12	940.90	2.1053	4.8314
73	3545.69	0.001922	0.03568	551.51	1486.52	935.01	2.1202	4.8213
74	3626.38	0.001930	0.03482	556.83	1485.89	929.06	2.1351	4.8113
75	3708.43	0.001937	0.03398	562.17	1485.21	923.04	2.1500	4.8012
76	3791.86	0.001945	0.03316	567.54	1484.49	916.95	2.1649	4.7912
77	3876.70	0.001953	0.03236	572.94	1483.74	910.79	2.1799	4.7810
78	3962.94	0.001961	0.03158	578.37	1482.93	904.56	2.1949	4.7709
79	4050.62	0.001969	0.03083	583.83	1482.09	898.26	2.2099	4.7607
80	4139.74	0.001978	0.03009	589.32	1481.19	891.87	2.2250	4.7505
81	4230.32	0.001986	0.02936	594.84	1480.26	885.41	2.2401	4.7402
82	4322.38	0.001995	0.02866	600.40	1479.27	878.87	2.2553	4.7299
83	4415.94	0.002004	0.02797	606.00	1478.23	872.24	2.2705	4.7195
84	4511.00	0.002013	0.02730	611.63	1477.14	865.52	2.2857	4.7091
85	4607.60	0.002022	0.02665	617.29	1476.00	858.71	2.3010	4.6986
86	4705.74	0.002032	0.02601	623.00	1474.81	851.81	2.3164	4.6881
87	4805.45	0.002041	0.02538	628.75	1473.56	844.81	2.3318	4.6775
88	4906.74	0.002051	0.02477	634.54	1472.25	837.70	2.3473	4.6668
89	5009.63	0.002061	0.02418	640.38	1470.88	830.50	2.3628	4.6561
90	5114.13	0.002071	0.02359	646.26	1469.45	823.18	2.3785	4.6453
91	5220.28	0.002082	0.02302	652.20	1467.95	815.76	2.3942	4.6343
92	5328.07	0.002093	0.02247	658.18	1466.39	808.21	2.4100	4.6233
93	5437.54	0.002104	0.02192	664.22	1464.76	800.55	2.4258	4.6122
94	5548.71	0.002115	0.02139	670.31	1463.06	792.75	2.4418	4.6010
95	5661.58	0.002127	0.02087	676.46	1461.28	784.82	2.4579	4.5897
96	5776.19	0.002138	0.02036	682.67	1459.43	776.76	2.4741	4.5783
97	5892.56	0.002151	0.01986	688.94	1457.49	768.55	2.4904	4.5667
98	6010.69	0.002163	0.01937	695.29	1455.47	760.19	2.5068	4.5550
99	6130.63	0.002176	0.01889	701.70	1453.37	751.67	2.5234	4.5432
100	6252.37	0.002189	0.01842	708.18	1451.16	742.98	2.5401	4.5312
101	6375.96	0.002203	0.01796	714.75	1448.87	734.12	2.5569	4.5190
102	6501.41	0.002217	0.01751	721.39	1446.47	725.08	2.5739	4.5066
103	6628.74	0.002231	0.01707	728.12	1443.96	715.84	2.5910	4.4941
104	6757.97	0.002246	0.01663	734.94	1441.34	706.40	2.6084	4.4814
105	6889.14	0.002262	0.01621	741.86	1438.60	696.74	2.6259	4.4684
106	7022.27	0.002278	0.01579	748.88	1435.73	686.85	2.6437	4.4552
107	7157.37	0.002295	0.01537	756.02	1432.74	676.72	2.6616	4.4418
108	7294.48	0.002312	0.01497	763.35	1429.55	666.21	2.6801	4.4279
109	7433.63	0.002330	0.01457	770.68	1426.28	655.59	2.6984	4.4140
110	7574.83	0.002348	0.01418	778.14	1422.84	644.70	2.7171	4.3997
111	7718.13	0.002368	0.01379	785.74	1419.24	633.49	2.7360	4.3851
112	7863.54	0.002388	0.01341	793.58	1415.40	621.81	2.7555	4.3700
113	8011.10	0.002409	0.01303	801.55	1411.38	609.83	2.7752	4.3545
114	8160.85	0.002432	0.01266	809.69	1407.14	597.44	2.7954	4.3386
115	8312.81	0.002455	0.01229	818.04	1402.66	584.63	2.8159	4.3221
116	8467.01	0.002480	0.01193	826.59	1397.92	571.33	2.8370	4.3051
117	8623.51	0.002506	0.01157	835.38	1392.90	557.51	2.8585	4.2875
118	8782.33	0.002533	0.01121	844.43	1387.55	543.12	2.8807	4.2692
119	8943.51	0.002563	0.01086	853.77	1381.84	528.07	2.9035	4.2501
120	9107.10	0.002594	0.01050	863.44	1375.74	512.30	2.9270	4.2301
125	9962.94	0.002796	0.00870	918.54	1336.69	418.15	3.0604	4.1107
130	10888.47	0.003186	0.00659	999.04	1263.91	264.87	3.2544	3.9114
132	11282.16	0.003656	0.00510	1065.59	1183.18	117.58	3.4157	3.7059
132.3	11353.00	0.004274	0.00427	1122.77	1122.77	0.00	3.5561	3.5561

Data from : McLinden, M.O., S.A.Kelin, E.W.Lemmon, and A.P. Peskin. 2000. NIST standard reference database

부록 15. R-744(CO₂, Carbon dioxide) 포화증기표

온도 $t\,℃$	압력 $P\,\text{bar}$	비체적 (m³/kg) 액(v_f)	증기(v_g)	비엔탈피 (kJ/kg) 액(h_f)	증기(h_g)	증발열(h_{fg})	비엔트로피 (kJ/kgK) 액(s_f)	증기(s_g)
-50	6.836	0.000865	0.05568	92.00	432.53	340.54	0.5750	2.1010
-48	7.410	0.000871	0.05151	96.23	433.15	336.92	0.5936	2.0900
-46	8.018	0.000877	0.04771	100.46	433.72	333.26	0.6121	2.0792
-45	8.336	0.000880	0.04594	102.57	433.99	331.42	0.6212	2.0739
-44	8.663	0.000883	0.04424	104.68	434.25	329.57	0.6303	2.0686
-42	9.346	0.000889	0.04108	108.88	434.74	325.86	0.6483	2.0581
-40	10.067	0.000895	0.03819	113.07	435.19	322.13	0.6661	2.0477
-38	10.828	0.000902	0.03553	117.24	435.59	318.36	0.6836	2.0374
-36	11.631	0.000908	0.03310	121.36	435.95	314.59	0.7007	2.0273
-35	12.048	0.000912	0.03196	123.43	436.11	312.68	0.7093	2.0223
-34	12.477	0.000915	0.03086	125.51	436.26	310.75	0.7179	2.0172
-32	13.367	0.000922	0.02880	129.66	436.51	306.85	0.7348	2.0073
-30	14.303	0.000929	0.02690	133.83	436.71	302.89	0.7516	1.9973
-28	15.286	0.000937	0.02514	138.00	436.86	298.86	0.7684	1.9875
-26	16.318	0.000944	0.02352	142.20	436.95	294.75	0.7850	1.9776
-25	16.852	0.000948	0.02275	144.31	436.97	292.66	0.7934	1.9727
-24	17.400	0.000952	0.02201	146.42	436.97	290.55	0.8016	1.9678
-22	18.533	0.000961	0.02061	150.67	436.94	286.26	0.8182	1.9580
-20	19.720	0.000969	0.01932	154.95	436.83	281.88	0.8347	1.9482
-19	20.334	0.000973	0.01870	157.10	436.75	279.65	0.8430	1.9433
-18	20.961	0.000978	0.01811	159.26	436.65	277.39	0.8512	1.9384
-17	21.603	0.000982	0.01754	161.43	436.54	275.11	0.8594	1.9334
-16	22.259	0.000987	0.01699	163.61	436.40	272.80	0.8677	1.9285
-15	22.929	0.000992	0.01645	165.79	436.25	270.46	0.8759	1.9236
-14	23.614	0.000997	0.01594	167.99	436.07	268.09	0.8841	1.9186
-13	24.313	0.001001	0.01544	170.19	435.88	265.69	0.8923	1.9136
-12	25.028	0.001006	0.01496	172.40	435.66	263.25	0.9005	1.9086
-11	25.758	0.001012	0.01450	174.63	435.42	260.79	0.9088	1.9036
-10	26.504	0.001017	0.01405	176.86	435.16	258.29	0.9170	1.8985
-9	27.265	0.001022	0.01361	179.11	434.87	255.76	0.9252	1.8934
-8	28.042	0.001028	0.01319	181.37	434.56	253.19	0.9335	1.8883
-7	28.835	0.001033	0.01278	183.64	434.22	250.58	0.9417	1.8832
-6	29.644	0.001039	0.01239	185.93	433.86	247.93	0.9500	1.8780
-5	30.470	0.001045	0.01201	188.23	433.46	245.23	0.9582	1.8728
-4	31.313	0.001051	0.01163	190.55	433.04	242.50	0.9665	1.8675
-3	32.173	0.001057	0.01128	192.88	432.59	239.71	0.9749	1.8622
-2	33.050	0.001063	0.01093	195.23	432.11	236.88	0.9832	1.8568
-1	33.944	0.001070	0.01059	197.61	431.60	233.99	0.9916	1.8514
0	34.857	0.001077	0.01026	200.00	431.05	231.05	1.0000	1.8459
1	35.787	0.001084	0.00994	202.42	430.47	228.06	1.0085	1.8403
2	36.735	0.001091	0.00963	204.86	429.85	225.00	1.0170	1.8347
3	37.702	0.001098	0.00933	207.32	429.19	221.87	1.0255	1.8290
4	38.688	0.001106	0.00904	209.82	428.49	218.68	1.0342	1.8232
5	39.693	0.001114	0.00875	212.34	427.75	215.41	1.0428	1.8173
6	40.716	0.001122	0.00847	214.89	426.96	212.07	1.0516	1.8113
7	41.760	0.001131	0.00820	217.48	426.13	208.65	1.0604	1.8052
8	42.823	0.001139	0.00794	220.11	425.24	205.13	1.0694	1.7990
9	43.906	0.001149	0.00768	222.77	424.30	201.53	1.0784	1.7926
10	45.010	0.001158	0.00743	225.47	423.30	197.83	1.0875	1.7861
11	46.134	0.001168	0.00719	228.21	422.24	194.02	1.0967	1.7795
12	47.279	0.001179	0.00695	231.03	421.09	190.06	1.1061	1.7726
13	48.446	0.001190	0.00671	233.86	419.90	186.04	1.1155	1.7657
14	49.634	0.001202	0.00648	236.74	418.62	181.89	1.1251	1.7585
15	50.844	0.001214	0.00626	239.67	417.26	177.60	1.1348	1.7511
16	52.077	0.001227	0.00604	242.70	415.79	173.09	1.1447	1.7434
17	53.332	0.001241	0.00582	245.78	414.22	168.44	1.1548	1.7354
18	54.611	0.001256	0.00561	248.94	412.54	163.60	1.1652	1.7271
19	55.914	0.001271	0.00540	252.19	410.73	158.54	1.1757	1.7184
20	57.242	0.001289	0.00519	255.53	408.76	153.24	1.1866	1.7093
22	59.973	0.001328	0.00478	262.59	404.30	141.71	1.2093	1.6895
24	62.812	0.001376	0.00436	270.32	398.86	128.54	1.2342	1.6667
25	64.274	0.001404	0.00415	274.56	395.65	121.09	1.2477	1.6539
27	67.289	0.001477	0.00371	284.23	387.64	103.41	1.2786	1.6231
28	68.846	0.001526	0.00348	290.02	382.42	92.39	1.2971	1.6039
30	72.065	0.001690	0.00289	306.21	366.06	59.85	1.3489	1.5464
31.06	73.834	0.002155	0.00216	335.68	335.68	0.00	1.4449	1.4449

Data from : McLinden, M.O., S.A.Kelin, E.W.Lemmon, and A.P. Peskin. 2000. NIST standard reference database

부록 16. R-12 Mollier 선도

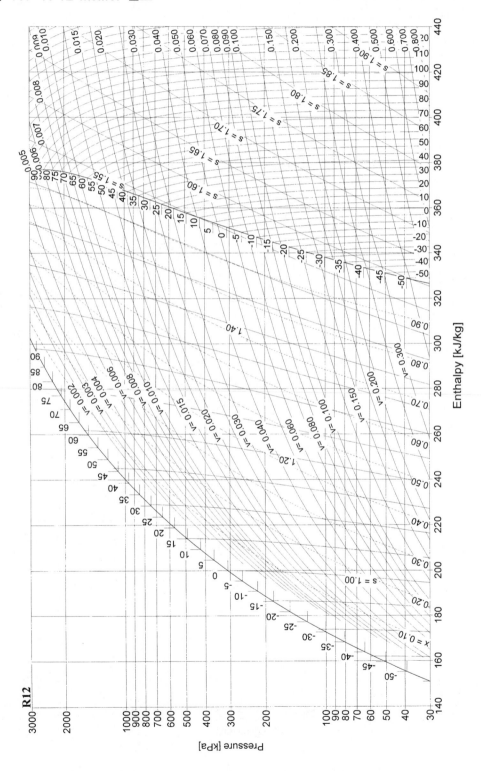

부록 17. R-22 Mollier 선도

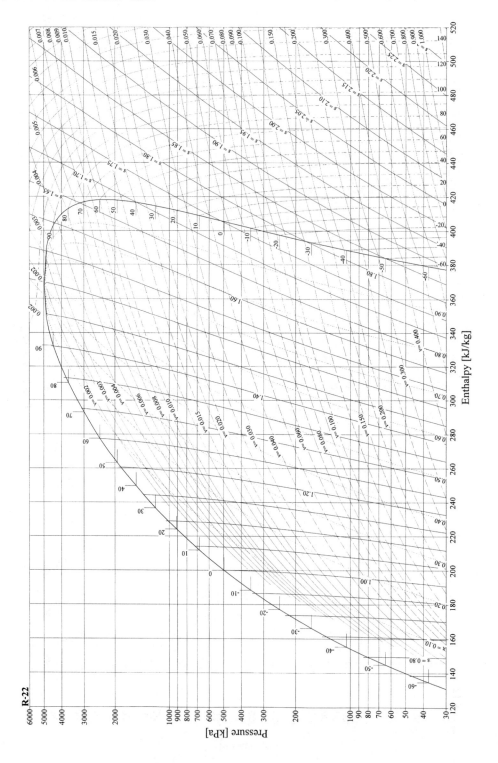

부록 18. R-134a Mollier 선도

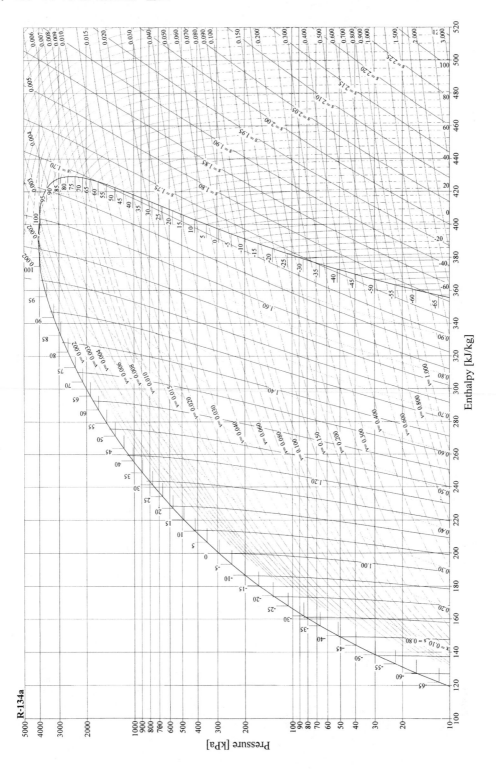

부록 19. R-152a Mollier 선도

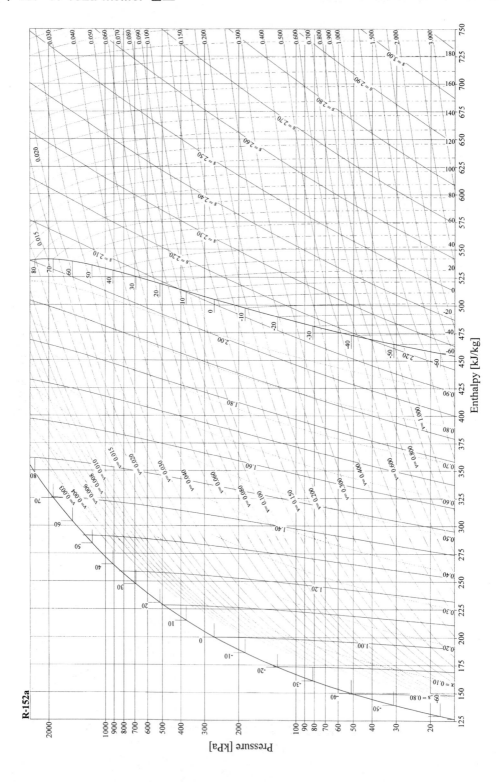

부록 20. R-401A Mollier 선도

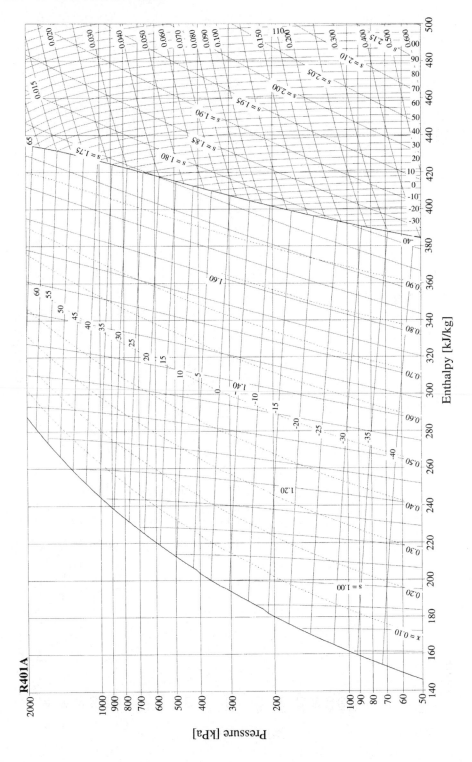

부록 21. R-401B Mollier 선도

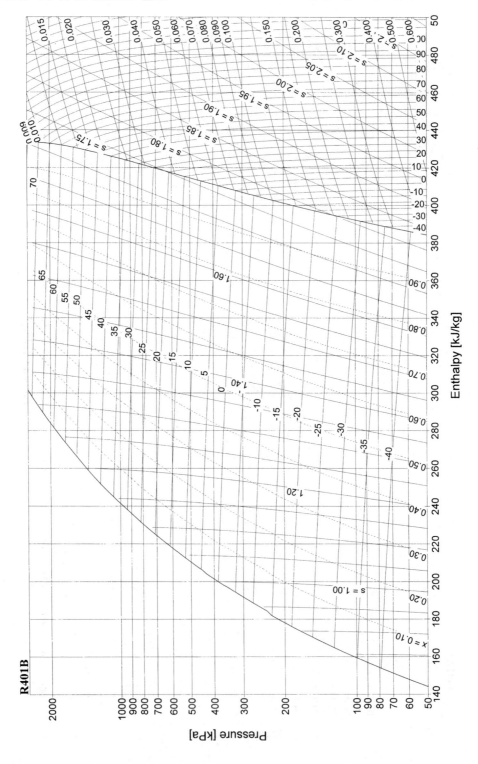

부록 22. R-404A Mollier 선도

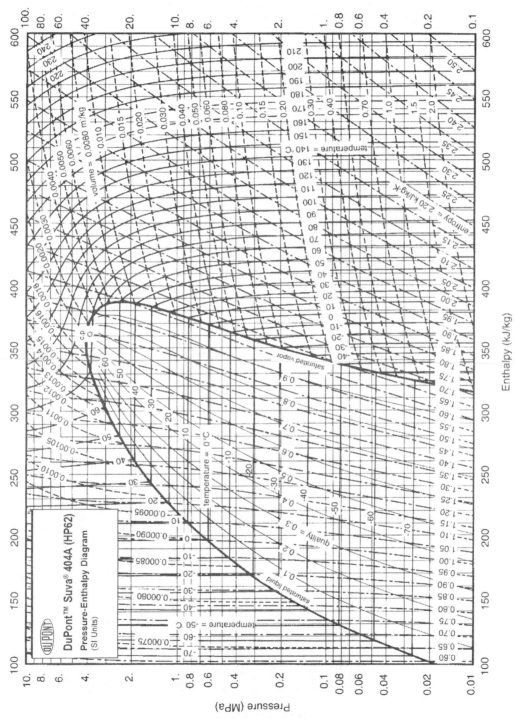

부록 23. R-407C Mollier 선도

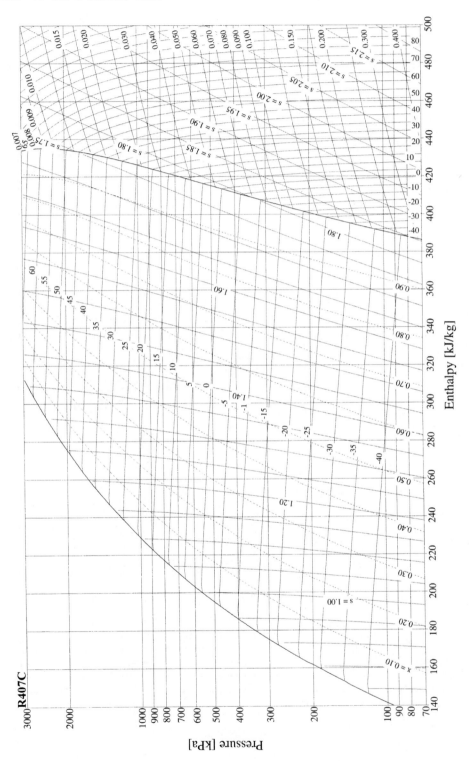

부록 24. R-410A Mollier 선도

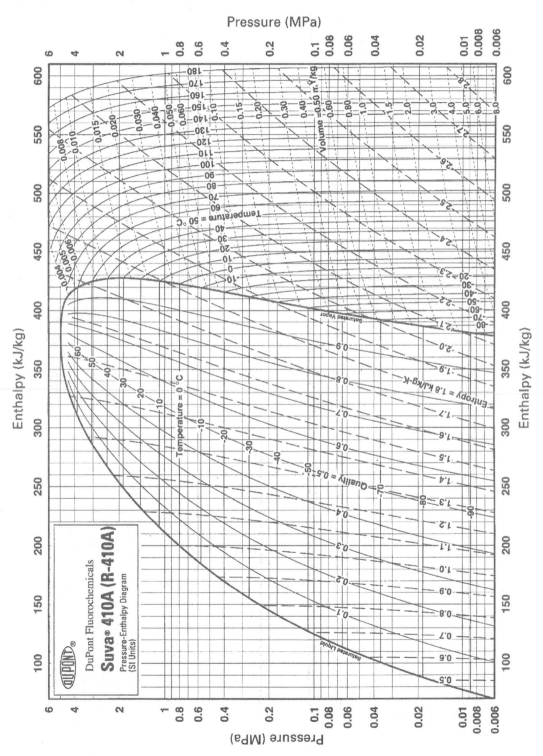

부록 25. R-502 Mollier 선도

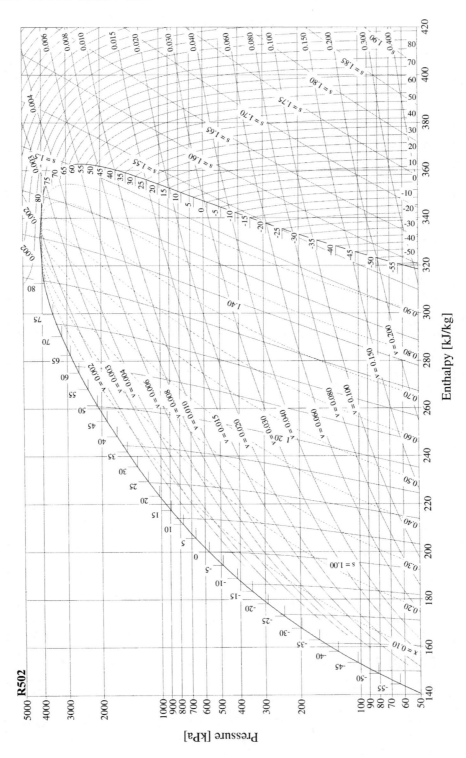

부록 26. R-717(암모니아) Mollier 선도

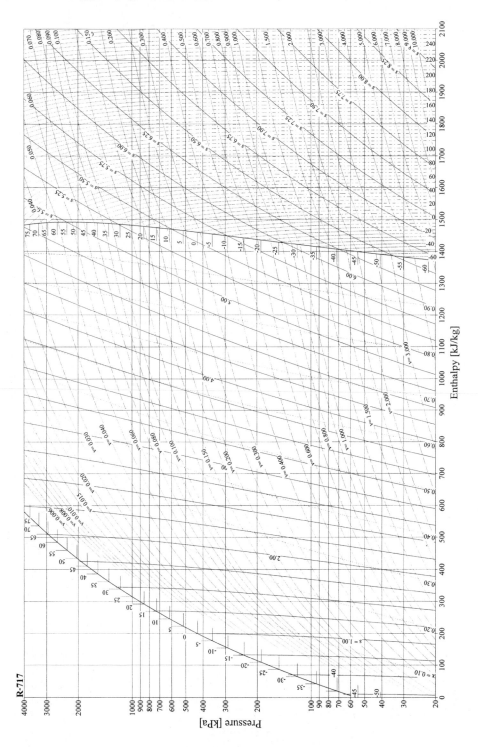

부록 27. R-744 Mollier 선도

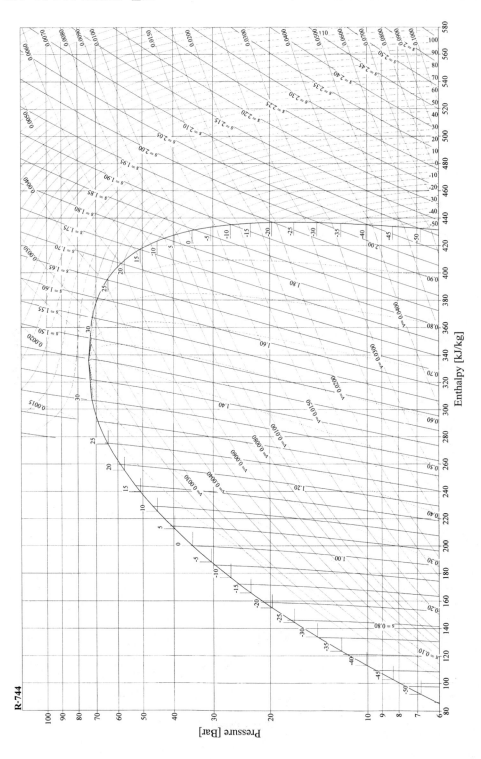

부록 28. 습공기(h-x) 선도

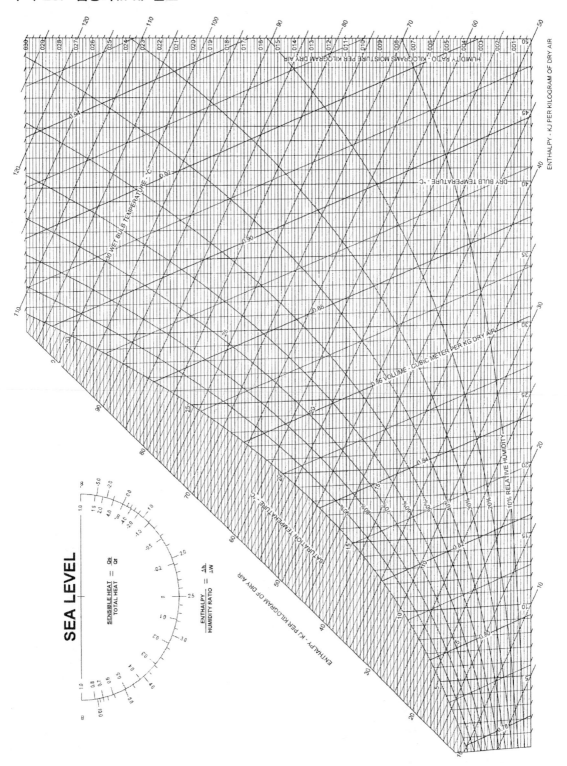

냉동기계기술실무　　　　　　　　　　　정가 26,000원

- 공 저 자　　윤　　　세　　　창
　　　　　　　이　　　정　　　근
　　　　　　　이　　　진　　　국
- 발 행 인　　차　　　승　　　녀

- 2013년　3월　18일　　제1판 제1인쇄발행
- 2014년　3월　15일　　제2판 제1인쇄발행
- 2015년　3월　10일　　제2판 제2인쇄발행
- 2017년　3월　10일　　제3판 제1인쇄발행
- 2020년　4월　20일　　제4판 제1인쇄발행
- 2022년　6월　10일　　제4판 제2인쇄발행
- 2024년　1월　31일　　제4판 제3인쇄발행

도서출판 건기원

(등록 : 제11-162호, 1998. 11. 24)

경기도 파주시 연다산길 244(연다산동 186-16)
TEL : (02)2662-1874~5　　FAX : (02)2665-8281

★ 건기원은 여러분을 책의 주인공으로 만들어 드리며 출판 윤리 강령을 준수합니다.
★ 본 교재를 복제 · 변형하여 판매 · 배포 · 전송하는 일체의 행위를 금하며, 이를 위반할
　경우 저작권법 등에 따라 처벌받을 수 있습니다.

ISBN 979-11-5767-502-9　　13530